PYTHON ARCHITECTURE PATTERNS

Master API design, event-driven structures, and package management in Python

Python架构模式

精通基于Python的API设计、事件驱动架构和包管理

[爱尔兰] 詹姆·布尔塔（Jaime Buelta）著

卢浩 任鸿 金宏斌 陈新 冷毅 译

图书在版编目（CIP）数据

Python 架构模式：精通基于 Python 的 API 设计、事件驱动架构和包管理 /（爱尔兰）詹姆·布尔塔（Jaime Buelta）著；卢浩等译 . —北京：机械工业出版社，2024.1

（架构师书库）

书名原文：Python Architecture Patterns: Master API design, event-driven structures, and package management in Python

ISBN 978-7-111-74287-6

I. ① P…　II. ①詹… ②卢…　III. ①软件工具 – 程序设计　IV. ① TP311.561

中国国家版本馆 CIP 数据核字（2023）第 223370 号

机械工业出版社（北京市百万庄大街 22 号　邮政编码 100037）

策划编辑：王春华　　　　责任编辑：王春华

责任校对：樊钟英　丁梦卓　　责任印制：单爱军

保定市中画美凯印刷有限公司印刷

2024 年 1 月第 1 版第 1 次印刷

186mm × 240mm · 26.75 印张 · 579 千字

标准书号：ISBN 978-7-111-74287-6

定价：139.00 元

电话服务　　网络服务

客服电话：010-88361066　机　工　官　网：www.cmpbook.com

010-88379833　机　工　官　博：weibo.com/cmp1952

010-68326294　金　　书　　网：www.golden-book.com

封底无防伪标均为盗版　机工教育服务网：www.cmpedu.com

The Translator's Words 译者序

基于 Python 简单易学、跨平台、应用范围广，拥有强大的生态系统和社区支持，适用于数据科学和人工智能等新兴领域，同时还可帮助开发者快速构建高性能、可扩展、易维护的 Web 应用程序等特点，近年来，Python 始终保持着高速发展的蓬勃态势。根据 TIOBE 程序设计语言指数排行榜，从 2022 年至今，Python 排名均保持在首位，且自 2018 年以来排名始终在前三。Python 也是 GitHub 上最受欢迎的编程语言之一，在 2022 年的 Octoverse 开源趋势调查报告中，Python 位列第二，仅次于 JavaScript。

然而，如果没有良好的架构设计，任何优秀的编程语言都会随着软件系统的规模增长和日趋复杂，让系统在性能、安全性、稳定性、可扩展性、可维护性等诸多方面面临困境。因架构问题导致的软件系统的失败案例比比皆是，其修复、处理成本之高令企业和组织无法承受，故架构设计在软件开发过程中的重要意义不言而喻。

软件架构设计涉及对软件系统底层结构和组件之间关系的定义。软件系统架构及其设计模式听起来阳春白雪，但并非虚无缥缈的空中楼阁，只需和具体应用系统关联，就能有效发挥其作用。本书围绕一套作为示例的博客 Web 应用系统展开，涵盖了软件开发的全生命周期，从需求分析与设计，到具体实现，再到代码测试与系统部署，乃至后续系统功能迭代和持续运维，并结合博客系统的具体组成，对各种架构模式进行了剖析。涉及各开发阶段的程序、脚本，以及相关文档均采用真实可用的 Python 代码来实现，这样既有利于读者在学习过程中练习，又可参考用于自有软件系统开发。

全书由 16 章构成，内容涉及面非常广。在翻译过程中通读本书数遍后，笔者深刻体会到，独立阅读书中每个章节的内容，似乎并不像“架构模式”听起来那样高大上，但通过前后文对照学习，并从全局的视角来观察、思考，就能不断体会到全书结构及内容的精心编排，以及架构模式在软件系统架构设计中的决定性影响。

本书翻译时除了力求内容准确无误、语言通俗简练之外，对所涉及的专业术语也反复斟酌、查证、权衡，努力做到让读者阅读时能有术语规范、行文流畅之感。但是，由于信息技术发展及演进非常快，以及相关行业标准更新的时效性、用户表述习惯差异等因素，在参考国标文件《GB/T 41778—2022 信息技术　工业大数据　术语》内容的同时，我们在翻译过程中尽可能将同一术语常用的不同表述方式列出。例如，Horizontal Scaling 一词在文中译作“横向扩展”，同时给出另一译法“水平扩展”供读者参考。

在本书翻译过程中，我得到了陆军工程大学张学平教授、潘晨教授，以及空军工程大学杨宝强教授等的大力协助，机械工业出版社的各位编辑也给予笔者耐心、细致的指导和帮助，在此深表感谢！妻子张敏和儿子卢宇轩对我的理解、包容和不断鼓励，是我克服种种困难、保持工作热情、努力高质量组织完成本书翻译的根本动力。

软件改变了世界，并且还在继续改变世界。正如书中所言，软件及其架构的调整“是一项无止境的任务”，软件行业依然处于不断变化和创新的过程中，新的技术和开发工具层出不穷。这就要求软件开发者和架构师必须坚持不懈地学习并掌握新的技术，针对变化的环境和业务需求，对现有系统进行持续调整和改进，不仅需要修复缺陷、添加新的功能，还要使用更高效的算法以优化性能、提供更好的用户体验和用户反馈，以及保障更高的安全性等。所有这些，都对从业者的学习态度、学习能力有着更高的要求，作为其成员之一的我们，在面临巨大挑战的同时，何尝不是在面对着实现自我提升的绝佳机遇！

限于笔者水平，本书翻译中不妥及错漏之处在所难免，恳请广大读者批评指正。

卢浩
2023 年 9 月于武汉

Preface 前　言

软件的发展意味着随着时间的推移系统会变得越来越复杂，需要越来越多的开发人员协同工作。随着软件系统规模的增长，一个总体的架构也随之产生。如果没有对系统架构进行很好的规划，软件系统将会变得非常混乱且难以维护。

软件架构所要解决的问题就是规划和设计软件系统的架构。一个设计良好的架构可以让不同的团队相互交流，同时对各自的责任和目标有清晰的认识。

系统的架构应当被设计成可以在最小的阻碍下进行日常软件开发，而且允许增加功能，以及对系统进行扩展。一个处于运行状态的系统，其架构总是在变化，还可以对其进行功能调整和扩充，从而以一种审慎而平滑的方式重塑不同的软件单元。

在本书中，我们将学习软件架构系统的各方面内容，从顶层设计到用于支持高层功能的低层细节。本书内容分为四个部分，涵盖软件开发生命周期中的各个阶段：

- 编写代码之前首先进行设计；
- 采用经验证的架构模式；
- 用代码实现设计；
- 持续运维以适应变化，并确保系统按预期状态运行。

本书内容将包含上述所有相关内容的不同技术实现。

目标读者

本书是为那些想要扩充其软件架构知识的开发人员准备的，无论是经验丰富的开发人员，还是想提高自身能力的软件开发新手，都可以通过学习本书内容，用更宽广的视野来应对更大规模的软件系统开发。

本书使用 Python 编写的代码作为示例。虽然不要求读者是 Python 开发专家，但需要具备一定的 Python 基础知识。

本书内容

第 1 章介绍什么是软件架构以及为什么它很有用，同时还提供一个设计示例。

第一部分涵盖编写软件代码之前的设计阶段的相关内容：

第 2 章展示设计可用 API 的基础知识，这些 API 可以方便地抽象出各种操作。

第 3 章讲述存储系统的特殊性以及如何为应用程序设计合适的数据表示。

第 4 章讨论处理存储数据的代码，以及如何使其满足需求。

第二部分包含各种不同的架构模式，这些模式重用了已被验证的软件架构：

第 5 章展示“十二要素 App”方法论在有效处理 Web 服务时的良好实践，并将其应用于不同场景。

第 6 章阐述 Web 服务器以及在实施和软件设计过程中需要考虑的相关要素。

第 7 章描述另一种类型的异步系统，它接收信息时不立即返回响应。

第 8 章阐述更多异步系统的高级用法，以及一些不同的可创建的模式。

第 9 章介绍两种针对复杂系统的架构，并阐述它们之间的区别。

第三部分是本书的代码实现部分，介绍如何编写代码：

第 10 章阐述测试的基本原理以及如何在编码过程中使用 TDD（Test Driven Development，测试驱动开发）。

第 11 章讨论创建可重复使用的代码的过程，以及如何对其进行分发。

第四部分是关于持续运维的内容，即系统正在运行，并且需要在调整和修改的同时对其进行监控：

第 12 章阐述如何记录运行中的系统正在做什么。

第 13 章讨论如何多方汇集数据以查看整个系统的状况。

第 14 章阐述如何了解代码的执行情况以提高其性能。

第 15 章涵盖深入挖掘代码执行的过程以发现并修复其中的错误。

第 16 章描述如何在运行的系统中有效地进行架构调整。

充分利用本书

- 本书的示例代码使用 Python 语言，并假定读者能够自如地阅读，但不需要专家级别的水平。

- 如果之前接触过包含多种服务的复杂系统，将有利于理解软件架构所带来的各种挑战。这对于有几年或更多经验的开发人员来说应该很简单。
- 熟悉 Web 服务和 REST 接口有助于更好地理解某些原理。

下载示例代码文件

本书的代码包托管在 GitHub 上，地址是 `https://github.com/PacktPublishing/Python-Architecture-Patterns`。

下载彩色图片

我们还提供了一个 PDF 文件，其中包含本书所用到的屏幕截图、图表的彩色图片文件。可以从 `https://static.packt-cdn.com/downloads/9781801819992_ColorImages.pdf` 下载。

排版约定

本书中使用了以下排版约定。

`CodeInText`（代码体）：表示文本中的程序代码、对象名、模块名、文件夹名、文件名、文件扩展名、路径名、虚拟 URL 和用户输入等。下面是一个例子：“对于这个方法，我们需要导入 `requests`（请求）模块”。

示例代码块如下：

```
def leonardo(number):

    if number in (0, 1):
        return 1

    #  注释示例
    return leonardo(number - 1) + leonardo(number - 2) + 1
```

请注意，为简洁起见，书中列出的代码可能被编辑过。必要时可参考 GitHub 上的完整代码。

本书中所有在命令行输入或输出的内容均为如下形式（注意 $ 符号）：

```
$ python example_script.py parameters
```

本书中所有在 Python 解释器中输入的内容均为如下形式（注意 >>> 符号）。预期的程序输出信息将出现在没有 >>> 符号的地方：

```
>>> import logging
>>> logging.warning('This is a warning')
WARNING:root:This is a warning
```

要进入 Python 解释器，需运行不带参数的 **python3** 命令：

```
$ python3
Python 3.9.7 (default, Oct 13 2021, 06:45:31)
[Clang 13.0.0 (clang-1300.0.29.3)] on darwin
Type "help", "copyright", "credits" or "license" for more information.
>>>
```

本书中所有在命令行输入或输出的内容均为如下形式：

```
$ cp example.txt copy_of_example.txt
```

黑体字：表示一个新术语、一个重要的词或在界面上看到的词，比如，菜单或对话框中的词。例如：“在 Administration（管理）面板上选择 System info（系统信息）菜单”。

表示警告或重要说明。

表示提示或技巧。

About the Author 关于作者

詹姆·布尔塔（Jaime Buelta）是拥有20多年经验的杰出程序员，其中10余年全职从事Python开发。在此期间，他接触了很多不同的技术，帮助航空航天、工业系统、在线视频游戏服务、金融服务和教育工具等多个行业领域的客户达成目标。自2018年以来，Jaime一直在撰写技术书籍，总结职业生涯中的经验教训，除本书外，他还著有*Python Automation Cookbook*和*Hands On Docker for Microservices in Python*。Jaime目前居住在爱尔兰都柏林。

一本书的出版非一人之功。这离不开直接参与完善、改进文稿的人员的辛苦付出，还有与Python基金会及其技术社区那些出色的技术人员进行的大量沟通和交流，这些沟通和交流形成了书中的观点。当然，如果没有我了不起的妻子Dana付出的爱和支持，本书也不可能完成。

关于审校者 About the Reviewer

Pradeep Pant是一名计算机程序员、软件架构师、人工智能研究员和开源软件倡导者。Pradeep已经用各种编程语言和平台从事计算机程序开发达20多年，包括微处理器/汇编、C、C++、Perl、Python、R、JavaScript、AI/ML、Linux、云等。Pradeep拥有物理学硕士学位和计算机科学硕士学位。闲暇时，Pradeep喜欢在网站 https://pradeeppant.com 上记录其科技之旅和学习心得。

Pradeep在Ockham BV工作，这是一家总部位于比利时的软件开发公司。该公司开发质量和文档管理系统领域的软件。

可以通过电子邮件或专业网络与Pradeep联系：

- 电子邮件：pp@pradeeppant.com
- LinkedIn（领英）：https://www.linkedin.com/in/ppant/
- GitHub：https://github.com/ppant

Contents 目 录

第二部分 架构模式

第三部分 实现

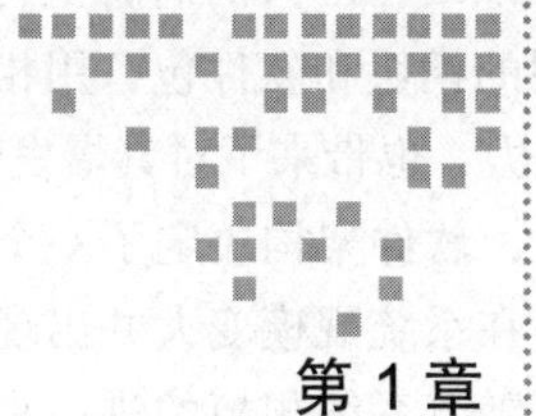

第 1 章 Chapter 1

软件架构简介

本章将阐述什么是软件架构并介绍其相关用途。我们将学到在设计软件系统架构时所使用的一些基础技术，以及一个最基本的 Web 服务器架构的示例。

本章会讨论软件架构对团队组成和沟通效率的影响。由于所有非小型软件的成功构建在很大程度上都取决于一个或多个团队之间的有效沟通和协作，而这些团队由多名开发人员组成，因此应该考虑这一因素。此外，软件系统的架构会对各组件的访问方式产生深远的影响，因而也影响着软件系统的安全性。

除此之外，本章还将简要介绍一个示例系统的架构，我们将使用它来呈现不同的架构模式并对其进行讨论。

1.1 设计软件系统的架构

就其核心内容而言，软件开发是关乎创建并管理复杂系统的工作。

早期的时候，计算机程序都比较简单。那时，程序也许仅用于抛物线轨迹计算或数值分解。世界上首个计算机程序是由 Ada Lovelace（爱达·洛芙莱斯）在 1843 年设计的，用于计算一个 Bernoulli（伯努利）数的序列。100 多年后，第二次世界大战刚结束不久，人类就发明了电子计算机用于破解加密的代码。随着这项新发明的潜力被不断发掘，越来越多的复杂运算功能和系统被设计出来。编译器和高级语言等工具使其能力不断增强，硬件的快速发展使得越来越多的功能得以实现。这样很快就催生了一类需求，即管理软件开发过程中日益增长的复杂性，并将一致性工程原则应用于其中。

在计算行业诞生 50 多年之后，我们所拥有的软件工具已经变得令人难以置信地多样和强大。我们可以站在巨人的肩膀上构建自己的软件。现在可以利用高级语言和API，或者使用开箱即用的模块和软件包，用相对较少的付出迅速地增加许多软件功能。伴随着这种大幅增长的能力，也带来了对其爆发性增加的复杂性的管理责任。

简而言之，软件架构决定了一个软件系统的结构。通常，在项目的早期阶段这种架构会逐步成型。在系统规模变大并出现某些需求变更之后，仔细考量软件架构的需求也变得越来越重要。随着系统规模的进一步增长，其架构也变得很难进行调整，这样就会影响后续的工作。遵循系统架构来实现系统功能调整相对容易，逆架构而行则不然。

让某些功能调整难以实现并不一定总是坏事。实现起来比较困难的功能调整可能涉及需要由不同团队监督的因素，也可能涉及那些影响外部客户的因素。虽然重点在于创建一个将来易于有效调整的系统，但聪明的架构设计会根据需求在难易程度上做一些适当的权衡。在本章后面，我们将研究安全有关的问题，并以其为例清晰地说明在何时需要保持某些操作难以实现。

由此可知，软件架构的核心要义是着眼于宏观，关注系统未来的发展方向，能够将这一设想具体化，但同时也要对当前的状况有所帮助。在开发过程中，在短期便捷和长期可维护性之间的选择非常重要，最常见的情况是不当选择所导致的技术负债（technical debt）。软件架构主要用于处理长期影响。

软件架构需考虑的因素相当多，需要在其间做出取舍，例如：

- **商业愿景**，如果系统将用于商业化环境，就需要考虑这一因素。这可能包括来自市场、销售或管理层等利益相关者的要求。商业愿景通常是由客户驱动的。
- **技术要求**，比如要确保系统可扩展且可应对特定数量用户的访问请求，或者系统对其应用场景来说要足够快。对一个新闻网站来说，它所需要的更新时间与一个实时交易系统是不一样的。
- **安全和可靠性**，其重要性取决于应用程序和所存储的数据面临的风险大小或关键程度。
- **任务划分**，允许专注于不同领域的多个团队，以灵活的方式同时在同一个系统上工作。随着系统的发展，将其划分为半自主的、更小的组件的需求变得更加迫切。小项目采用“单块”(single-block）或单体（monolithic）架构的方式可能会存活得更久。
- **使用特定的技术**，例如，允许与其他系统集成，或利用团队现有的知识。

这些考虑因素将影响系统的架构和设计。从某种意义上说，软件架构师负责实现应用程序的预期目标，并使其与用于开发的具体技术和团队相匹配。这使得软件架构师成为业务团队和技术团队之间，以及不同技术团队之间的重要中介。沟通是从事这项工作的关键性内容。

为了实现有效的沟通，一个好的架构应该设定各方面的界限，并明确分配其责任。软件架构师除了定义清晰的边界外，还应该推动系统组件之间接口通道的创建，并跟进其实施细节。

理想情况下，软件架构设计应该在系统设计的起始阶段进行，根据项目的需求进行周密的设计。这是本书介绍的一般性方法，因为它是最易于用来阐明不同选择和技术的方法。但这并不是现实环境中最常见的场景。

软件架构师的主要挑战之一是，在需要调整的现有系统环境下开展工作，既要让系统朝着更好的方向渐进式发展，同时又不中断维持业务运行的日常操作。

1.2　划分为较小的单元

软件架构的主要技术是将整个系统划分为较小的部分，并约定它们之间如何相互作用。每个较小的部分或单元，都应该有明确的功能和接口。

例如，在一个典型系统中，常见的是一个由以下几部分组成的提供 Web 服务的架构（如图 1-1 所示）：

- 一个将所有数据存储于 MySQL 中的数据库。
- 一个 Web Worker，用于解释执行基于 PHP 编写的动态 HTML 内容。
- 一个 Apache Web 服务器，用于处理所有 Web 请求，并返回所有静态文件，如 CSS 和图片，同时将动态请求转发给 Web Worker。

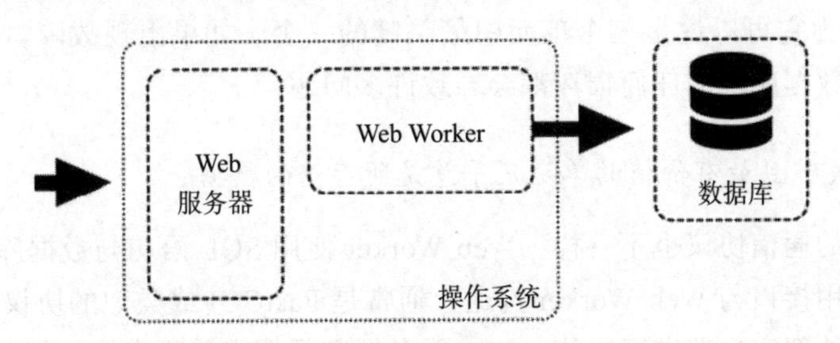

图 1-1　典型的 Web 服务架构

这种架构和技术栈自 21 世纪初以来一直非常流行，称为 LAMP，这是由所涉及的几个开源项目名称组成的缩写：作为操作系统的 (L)inux，以及 (A)pache、(M)ySQL 和 (P)HP。现在，这些组合可被同类项目替代，比如用 PostgreSQL 代替 MySQL，用 Nginx 代替 Apache，但仍然使用 LAMP 的名称。在使用 HTTP 设计基于 Web 的客户端 / 服务器（Client/Server）系统时，LAMP 架构可当作默认的起点，它为建立更复杂的系统提供了稳定可靠的基石。

正如你看到的，每个不同的组成单元在系统中都有其特定的功能，并以明确的方式定义了彼此之间如何交互。这就是所谓的**单一责任原则**（Single-Responsibility Principle）。当需要新的功能时，大多数情况下将只涉及系统中的单个组成单元。所有前端页面样式的变化都将由 Web 服务器处理，而动态内容的变化则由 Web Worker 处理。各个组成单元之间存在依赖关系，因为存储在数据库中的数据可能需要修改，以支持动态请求，但它们可以在访问请求处理过程中被及早发现。

我们将在第 9 章更详细地描述此架构。

每个组成单元都有不同的要求和特点：

- 数据库系统要做到可靠，因为它存储了所有的数据。备份和恢复等相关的维护工作非常重要。数据库系统本身不会频繁更新，因为数据库是非常稳定的。数据库中表的模式（schema）的更改需要重启 Web Worker。
- Web Worker 要有可扩展性，并且不存储任何状态。也就是说，所有数据都来自数据库，或发送给数据库。Web Worker 会经常更新，它可以在同一台机器或者多个不同机器上运行多个副本，以实现横向扩展（horizontal scaling，亦称水平扩展）。
- Web 服务器则需要为新的前端页面样式做一些调整，但这种情况不常发生。一旦完成了对 Web 服务器的正确配置，这个组成单元就将保持相当稳定的状态。每台机器只需要一个 Web 服务器单元，因为它能够在多个 Web Worker 之间实现负载均衡。

由此可见，各组成单元的任务负载状况是很不一样的，大多数新的工作任务都是交给 Web Worker，而其他两个单元则比较稳定。数据库需要我们进行相关的维护，以确保它处于良好状态，因为它可以说是三个单元中最关键的一个。如果出现故障，其他两个单元可以迅速恢复，但数据库中的任何损坏都会导致许多问题。

系统中最关键且最有价值的单元几乎总是所存储的数据。

各单元所用的通信协议也不一样。Web Worker 使用 SQL 语句与数据库进行对话。Web 服务器则使用专用接口与 Web Worker 沟通，通常是 FastCGI 或类似的协议。Web 服务器通过 HTTP 请求与外部客户端进行通信。Web 服务器和数据库间不直接进行交互。

这三种协议各不相同。并非所有的系统都必须如此，不同的组件也可以共享同一协议。例如，有的系统中可能有多个 RESTful 接口，这在微服务架构中很常见。

进程间通信

看待不同单元的典型方法是将其视为独立运行的不同进程，但也并非总是如此。同一进程内的两个不同模块也可以遵循单一责任原则。

单一责任原则可以应用在不同的层面，用于定义功能或其他块之间的划分。因此，它可以在越来越小的范围内应用。这是一个“Turtles All the Way Down”问题（龟背上的世界，意指刨根问底、没完没了、无穷无尽，详见霍金《时间简史》中的故事）！但是，从软件系统架构的角度来看，较高层次的组成单元是最重要的，因为高层单元决定着架构。掌握好在细节方面该达到什么程度，显然是非常重要的。在设计系统架构的过程中，与其关注“太多细节”方面的问题，不如把关注重点放在“宏观”层面。

典型的例子是独立维护的程序库，它同时也可能是代码库中的某些模块。例如，你可能创建一个模块，用于完成各种外部HTTP调用，并处理各种复杂的保持连接、重试、错误处理等操作，也可能会创建一个模块，用于根据特定的参数生成不同格式的报告。

问题的关键在于，要创建一个独立的单元，需要清楚地定义其API，并且要很好地界定其职责。该模块应当可以被提取到不同的代码仓库中，并作为第三方单元来使用，这样才能被当作真正的独立单元。

创建一个只有内部功能职责划分的大型软件组件是一种众所周知的模式，称为单体架构。上面描述的LAMP架构就是一个例子，因为大部分的代码都被定义在Web Worker里面。事实上，项目最初通常采用的都是单体架构，因为一般来说在项目最开始的时候并没有长远的规划，当代码库规模很小时，把系统严格地分成多个组件并没有太大的优势。随着代码库和系统越来越复杂，单体架构系统内部单元的划分开始变得有意义，可能后来我们才逐渐意识到要将其分成多个组件。我们将在第9章进一步讨论单体架构相关的问题。

在同一组件内，通信通常是直接进行的，因为可以使用内部API。在绝大多数情况下，会基于相同的编程语言来完成通信。

1.3　康威定律：对软件架构的影响

在进行软件系统架构设计时，要始终牢记的一个关键概念是康威定律（Conway's Law）。康威定律是一条广为人知的格言，它认为组织中引入的软件系统反映了组织结构的沟通模式（https://www.thoughtworks.com/insights/articles/demystifying-conways-law）：

> 任何组织在设计一个系统（广义的）时，都会产生如下设计结果，即其结构就是该组织沟通结构的写照。
>
> ——Melvin E. Conway

这意味着构成组织内人员的架构会被复制，无论是显式地还是以其他方式，并基于此形成组织所创建的软件架构。来看一个非常简单的例子，某家有两个大部门（比如采购部和销售部）的公司会倾向于创建两个大的系统，其中一个专注于物资采购，另一个专注于产品销售，两个部门之间互相沟通时不可能采用其他的架构，比如一个按产品划分的系统。

这看起来是自然而然的事情。毕竟，团队之间的沟通比团队内部的沟通更困难。团队之间的沟通需要更多有组织的、更积极主动的工作。单个团队内部的沟通则会更顺畅，不会那么刻板。这些因素是设计一个好的软件系统架构的关键。

对于任何软件架构的成功实施，最主要的一点是，开发团队的架构要尽可能贴近所设计的软件架构。试图偏离太多则将形成阻碍，因为软件应用会趋同于组织架构，事实上，所有业务都是依据团队的划分而开展的。同样，系统架构的调整很可能需要对组织进行重构。这是一个艰难而痛苦的过程，所有经历过公司重组的人都深有体会。

职责分工也是一个关键因素。每个独立的软件单元都应当有一个明确的所有者，且所有者不应位于多个团队中。不同的开发团队有不同的任务目标和关注重点，否则会导致系统的长期愿景复杂化并带来麻烦。

反过来说，一个团队负责多个单元肯定是可行的，但也需要仔细考虑，以确保这不会给团队带来过大压力。

如果工作单元与开发团队的映射存在明显的不平衡（例如，一个团队的工作任务太多，而另一个团队的工作任务太少），则很可能是系统的架构出现了问题。

随着远程工作变得越来越普遍，越来越多的团队位于世界的不同地方，沟通也会受到影响。这就是要设立不同的分支机构来处理构成系统的不同单元的原因，同时还要使用详细设计的API来克服地理距离差异所带来的物理上的屏障。网络通信能力的改善也对协作能力产生了影响，它使远程工作变得更加有效，各团队可以完全远程地基于同一代码库进行紧密合作。

近年受新冠疫情影响，远程工作的趋势大幅增加，特别是在软件领域。这导致了更多的人基于远程的方式进行工作，也催生出更适应于这种工作方式的工具。虽然时差问题仍然是远程沟通面临的一大障碍，但越来越多的公司和团队正在学习如何在完全远程的模式下有效开展工作。请记住，虽然康威定律在很大程度上取决于组织的沟通依赖性，但沟通本身是可以进行调整和改善的。

康威定律不应被看作一个需要克服的障碍，而是反映了组织结构对软件系统架构的影响。软件系统架构与不同团队间的沟通协调和责任划分方式密切相关，人际沟通因素是其重要内容。

牢记这一点将有助于你设计出一个良好的软件系统架构，使得沟通过程始终保持顺畅，从而可以提前发现问题。当然，软件架构与人的因素密切相关，因为架构最终也将由工程师来实施和维护。

1.4 应用示例：概述

在本书中，我们将以一个应用程序为例来演示所介绍的各系统组成单元和模式。这是一个简单的应用，但出于演示的目的，它被分成不同的单元。这个例子的完整代码可以在GitHub上找到，其各组成部分将在后续章节进行介绍。本示例是用Python写的，使用了知名的框架和模块。

这个示例应用程序是一个用于搭建微博的 Web 应用，与 Twitter[㊀]非常相似。用户可以基于此应用写一些简短的文字信息，供其他用户阅读。

图 1-2 描述了示例系统的架构。

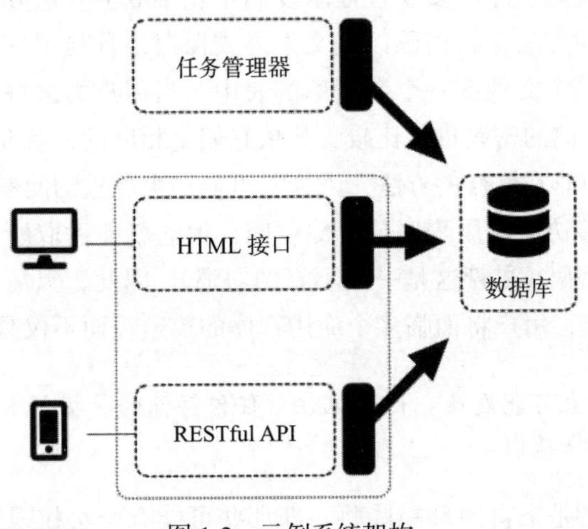

图 1-2　示例系统架构

它包含以下高层次的功能单元：

- 一个可以访问的基于 HTML 的公共网站。它包括登录、注销、撰写新微博和阅读其他用户的微博的功能（无须登录）。
- 一个公共的、非 HTML 网站的 RESTful API，使其可以通过其他客户端（手机、JavaScript 等）访问。该 API 使用 OAuth 协议进行用户验证，并执行类似于网站的操作。

这两个单元虽然不同，但将被做成一个单独的应用程序，如图 1-2 所示。该应用程序的前端部分还包含一个 Web 服务器，正如我们在 LAMP 架构介绍中看到的，但为简洁起见，这里没有显示。

- 一个任务管理器（task manager），用于执行事件驱动（event-driven）的任务。在示例中，我们将添加定期任务，计算每天的统计数据，并且当用户的微博文章被点赞时，向其发送电子邮件通知。
- 一个用于存储所有信息的数据库。请注意，各单元之间对数据库的访问是共享的。
- 在内部，还有一个公用的包，以确保所有的服务都能正确地访问数据库。这个包以独立单元的方式运行。

㊀ 现改名为 X。——译者注

1.5 软件架构安全

设计架构时要考虑的一个重要因素是安全性方面的需求。并非所有应用程序情况都一样，所以有些应用程序在这方面的需求可能比其他应用程序宽松一些。例如，与讨论猫的网络论坛相比，银行应用程序的安全性需求要高不止 100 倍。这方面最常见的例子是密码的存储问题。最幼稚的方法是将密码以纯文本形式保存，且与用户名或电子邮件地址相关联——例如，存储在一个文件或一个数据库的表中。当用户尝试登录时，系统接收输入的密码，并将其与之前存储的密码进行比较，如果它们是相同的，就允许用户登录，对吧？

事实上，这是一种非常糟糕的方法，因为它可能产生严重的问题：

- 如果攻击者能够访问应用程序的存储空间，他们就能读取所有用户的密码。用户通常会重复使用密码（尽管这是一个不好的习惯），因此，只需将密码与他们的电子邮件地址进行匹配，用户将面临多个应用程序的攻击，而不仅是被突破的那个。

> 这种情况似乎不太可能发生，但请记住，任何存储的数据副本都面临着攻击的威胁，包括备份数据在内。

- 另一个现实问题是来自内部的威胁，即那些可能有合法权限进入系统，但出于恶意目的或误操作而复制了数据的工作人员。对于非常敏感的数据，这应该当作一个非常重要的考虑因素。
- 诸如在状态日志中将用户密码显示出来这样的错误。

为了保障系统的安全，数据的存放应当在不暴露用户的真实密码的情况下进行，尽可能地保护其不被访问和复制。对此，通常的解决方案如下：

1. 不存储密码本身。取而代之的是存储密码加密之后的散列值（hash，亦称哈希值）。这个过程是采用数学函数对密码明文进行运算，产生一个可复制的比特序列，但其逆向操作在计算上是非常困难的。

2. 由于散列值是基于输入的信息，其结果是确定的，因此恶意攻击者可以检测到重复的密码，因为针对同样的密码明文，它们的散列值也会相同。为了避免这个问题，可以为每个账户添加一个随机的字符序列，称之为盐（salt）。在散列运算之前盐会被添加到每个密码中，这意味着两个拥有相同密码但盐值不同的用户将拥有不同的散列值。

3. 生成的密码散列值和盐值都被存储起来。

4. 当用户尝试登录时，他们输入的密码被添加到盐中，然后将其散列运算结果与存储的散列值进行比较。如果是正确的，则允许用户登录。

注意，在这个设计中，实际的密码对系统来说是未知的。它并没有被存储在任何地方，只是在经过处理之后临时被接受，用来与预期的散列值进行比较。

这个例子是以一种简化的方式呈现的。有多种方法可以使用这个模式，并且可以采取不同的方式来比较散列值。例如，bcrypt 函数可以应用多次，每次都强化密码，这样会增加生成有效散列值的时间，从而使其能更有效地防御暴力破解攻击。

这种系统比直接存储密码的系统更安全，因为操作该系统的人也不知道密码，同时也不会把密码存储在系统中的任何地方。

错误地在状态日志中显示用户密码的问题仍然可能发生！应该格外小心，以确保敏感信息不会因失误而被记录下来。

在某些情况下，可以采取与密码保护相同的方法对其他存储的数据进行加密，这样只有客户可以访问自己的数据。例如，我们可以为某个信道启用端到端的加密功能。

安全性与系统的架构有着非常密切的关系。正如我们之前看到的，架构决定了哪些方面容易调整，哪些方面难以改变，可以使一些不安全的操作无法进行，比如我们在前面的例子中讨论的关于用户密码的问题。其他做法还包括不存储来自用户的数据以保护其隐私，或者减少内部 API 中发布出来的数据等。软件安全是一个非常困难的问题，而且往往是一把双刃剑，为了让系统更加安全，可能会产生使操作变得烦琐和不方便的副作用。

1.6 小结

在本章中，我们学习了什么是软件架构，什么时候需要它，以及其特征——对系统的长期运行有着重要影响。我们明白了软件系统的底层架构很难调整，在设计和修改软件系统时，应当考虑到这方面的问题。

我们阐述了进行软件架构设计时，最重要的是如何将一个复杂的系统划分为较小的部分，并为每个部分指定明确的目标和任务，同时牢记这些较小的部分可以使用多种编程语言来实现，并涉及不同的功能界限。还介绍了 LAMP 架构，以及在创建简单的 Web 服务系统时，它是一个被广泛应用的好的开端。

本章还讨论了康威定律是如何影响系统架构的，因为底层的团队构成对软件的实现和架构有着直接的影响。毕竟，软件是由人来设计和开发的，要成功实施软件，需要考虑到人与人之间的沟通交流问题。

本章还介绍了将在后续章节中使用的示例，用其对应于我们将学习到的各种系统组成单元和模式。最后，我们讨论了软件架构的安全性问题，以及作为系统架构设计的一部分，如何创建访问数据的屏障从而降低安全风险。

下面，我们将探讨设计系统时需考虑的各个方面的问题。

第一部分 Part 1

设 计

- 第2章 API设计
- 第3章 数据建模
- 第4章 数据层

首先，我们要花一些时间来阐述进行系统设计的基本步骤。我的建议如下：“设计是任何成功的系统的第一个阶段，它包含了你在开始实施之前的所有工作。”在这部分内容中，我们将重点讨论构成系统的每个组成单元的一般性原则及其核心内容。

在设计系统的每个组成部分时，有两个主要的核心内容是首先要面对的：**接口**（interface），意味着系统中的组成单元如何与其他单元进行沟通；**数据存储**（data storage），即该组成单元将如何存储用于后续检索的数据。

两者都很关键。接口从所有用户的视角定义了系统是什么以及它的功能。一个精心设计的接口会隐藏内部功能实现的细节，并对其进行抽象，使之能够以一致、全面的方式来完成操作。

几乎每个成功的业务软件系统的核心都是数据，数据正是系统的价值所在。所有经验丰富的工程师都会告诉你，相比陷入应用程序代码可用、数据完全丢失，导致需要去进行数据恢复这样的困境，宁愿面对数据可用，而产生数据的代码丢失这种情况。

也就是说，数据存储就是系统的核心。谈到存储数据时，我们有很多种选择。采用什么样的数据库？将数据存储在一个数据存储设备中，还是几个设备中？传统的用于直接访问数据库的方式，通常是普通的SQL语句，这样做并不是最有效的选择，当涉及复杂的系统时，这种方式很容易出现问题。目前还有其他类型的数据库存在，甚至不使用SQL。我们将了解到各种不同的选择以及它们的优点和缺点。

一旦系统开始运行，再来改变数据在系统中的存储方式是很困难的。这并非不可能，但需要做大量的工作。在设计一个新的系统时，存储选择可以说是奠基石，所以要确保所选的方式符合你的需求。随着应用程序的运行，必将存储越来越多的数据，要设计出既不过于复杂，又可以让分配的空间能伴随应用数据增长的数据存储模式，这可不是一件容易的事情。

本书这一部分的主要内容如下：

- 第2章阐述如何创建有效而灵活的接口。
- 第3章介绍处理和表示数据的各种方法，以确保从系统设计一开始就充分考虑到这个关键因素。
- 第4章介绍如何创建一个与存储交互的软件数据层，以抽象存储数据的具体细节。

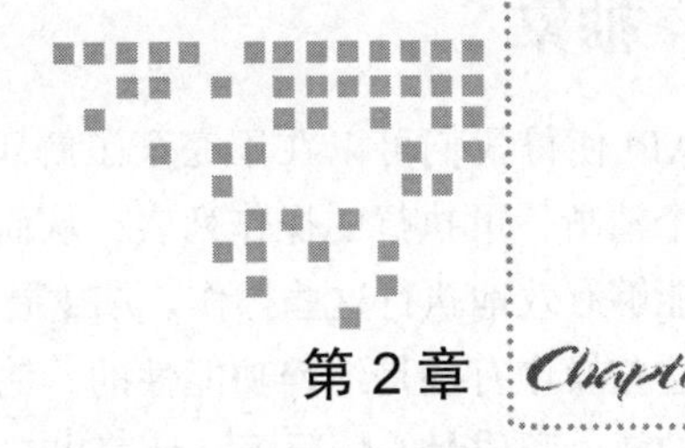

第2章 Chapter 2

API 设计

在这一章，我们首先讨论 API（Application Programming Interface，应用程序接口）设计的基本原则。这里将看到如何通过定义有效的抽象来开始我们的设计，这些抽象将为系统设计打下基础。

然后介绍 RESTful 接口的原则，包括严格的、学术性的定义以及更实用的定义，以便在做系统设计时有所帮助。接着还会研究设计方法和相关技术，以帮助创建一个基于标准实践的实用 API。之后还会花一些时间讨论认证问题，因为这是大多数 API 的一个关键因素。

本书会重点讨论 RESTful 接口，因为这是目前最常见的接口架构形式。在此之前，还有其他的选择，包括 20 世纪 80 年代的 RPC（Remote Procedure Call，远程过程调用），这是一种进行远程函数调用的方式，或者 21 世纪初的 SOAP（Single Object Access Protocol，简单对象访问协议），它实现了远程调用格式标准化。目前的 RESTful 接口可读性更好，并且更充分地利用了已经被广泛接受的 HTTP 使用习惯，虽然从理论上讲，它们是可以通过这些旧的接口规范进行整合的。

现在旧的接口依然可以使用，尽管主要是用于较老的系统中。

本章还将讨论如何为 API 创建一个版本管理系统，并关注可能受影响的各种应用场景。

我们还将学习前端和后端之间的区别，以及两者之间的交互方式。尽管本章的主要目的是讨论 API 接口，但这里也会讨论 HTML 接口，以了解它们的区别以及其怎样与其他 API 进行交互。在本章最后，还会阐释后续章节将使用的示例的设计。

首先，让我们来看看抽象。

2.1 抽象

API 使得我们可以在不完全了解所涉及的具体步骤的情况下，也能使用软件。它呈现了一个清晰、可执行的操作列表，从而使其他用户在不一定掌握操作的具体细节的前提下，依然能够有效地执行这些操作。API 提供了简化的过程实现。

这些操作有些是纯粹功能性的，输出只与输入有关。例如某个数学函数，在给定行星、恒星的轨道和质量的情况下，计算出它们的重心。

或者，它们也可用于状态处理，因为同样的操作重复两次可能会有不同的结果。例如，检索系统时间的操作。也可以用一个 API 调用对计算机的时区进行设置，而随后两次 API 调用进行时间检索，此时也许会返回完全不一样的结果。

在这两种情况下，API 都在定义**抽象**的概念。通过一次操作来完成系统时间检索是非常容易的，但也许实现这个操作的细节并不那么简单，它往往涉及以特定方式去读取某些用于跟踪系统时间信息的硬件的操作。

不同的硬件通常会以不同的格式来表示时间，但 API 的返回结果应始终以标准化的格式呈现，时区和时差也需要进行调整。所有这些复杂的细节问题都是由提供 API 模块的开发者来处理的，并为所有用户提供一个清晰、可理解的约定。“调用这个函数，将返回 ISO（International Organization for Standardization，国际标准化组织）格式的时间”。

> 虽然这里主要讨论的是 API，而且本书将主要描述与在线服务有关的 API，但抽象的概念其实可以应用于任何场景。一个管理用户的网页就是一个抽象，因为它定义了“用户账户”的概念和相关参数。另一个无处不在的例子是电子商务中的“购物车”。给人以简洁的印象是好的做法，因为它有助于为用户提供一个更清晰、更一致的界面。

当然，这只是一个很简单的例子，但 API 能将大量的复杂细节隐藏于其接口之下。一个很好的值得研究的范例是像 `curl` 这样的程序。即使只是实现向某个 URL 发送 HTTP 请求，并输出返回的头部（header）信息这样的功能，也涉及大量复杂的细节问题：

```
$ curl -IL http://google.com
HTTP/1.1 301 Moved Permanently
Location: http://www.google.com/
Content-Type: text/html; charset=UTF-8
Date: Tue, 09 Mar 2021 20:39:09 GMT
Expires: Thu, 08 Apr 2021 20:39:09 GMT
Cache-Control: public, max-age=2592000
Server: gws
Content-Length: 219
X-XSS-Protection: 0
X-Frame-Options: SAMEORIGIN
```

```
HTTP/1.1 200 OK
Content-Type: text/html; charset=ISO-8859-1
P3P: CP="This is not a P3P policy! See g.co/p3phelp for more info."
Date: Tue, 09 Mar 2021 20:39:09 GMT
Server: gws
X-XSS-Protection: 0
X-Frame-Options: SAMEORIGIN
Transfer-Encoding: chunked
Expires: Tue, 09 Mar 2021 20:39:09 GMT
Cache-Control: private
Set-Cookie: NID=211=V-jsXV6z9PIpszplstSzABT9mOSk7wyucnPzeCz-TUSfOH9_F-
07V6-fJ5t9L2eeS1WI-p2G_1_zKa2Tl6nztNH-ur0xF4yIk7iT5CxCTSDsjAaasn4c6mfp3
fyYXMp7q1wA2qgmT_hlYScdeAMFkgXt1KaMFKIYmp0RGvpJ-jc; expires=Wed, 08-
Sep-2021 20:39:09 GMT; path=/; domain=.google.com; HttpOnly
```

这条命令执行后会访问网站 `www.google.com`，并在执行命令的参数中使用 `-I` 以显示 HTTP 响应的头部信息。添加 `-L` 参数是为了自动重定向命令执行过程中的所有 HTTP 请求。

与服务器建立远程连接涉及多个不同单元的操作：

- DNS 访问，从而将服务器地址 `www.google.com` 解析成一个实际的 IP 地址。
- 同各服务器进行通信，这涉及使用 TCP 协议来创建一个持久的连接，并保证可靠接收数据。
- 根据第一个请求的结果进行重定向，因为服务器会返回一个指向另一 URL 的地址。这是通过使用 `-L` 参数来实现的。
- 将网站访问请求重定向到一个 HTTPS 的 URL，这个操作需要在之前访问地址的基础上添加一层验证和加密的功能。

上述过程中的每一步也都会调用其他 API 来执行更细微的操作，其中可能涉及操作系统的功能，或者调用远程服务器的功能（比如通过 DNS 服务器进行域名解析的操作），以便从其中获取数据。

> 这里，`curl` 提供的接口是在命令行中使用的。虽然严格意义上的 API 规定了，其面向的最终用户并非是人类（而是面向计算机），但两者其实并没有什么实质性的区别。好的 API 应该也是便于人类用户测试使用的。命令行接口还可以很容易地通过使用 bash 脚本或其他语言来实现操作自动化。

但是，从 `curl` 用户的角度来看，这些细节过程并不需要关注。它被简化成通过带有几个参数的一行命令，就可以执行一个含义明确的操作，而不必操心从 DNS 获取数据的格式，以及如何使用 SSL 协议对请求过程中的通信数据进行加密等问题。

2.1.1 使用合适的抽象

一个良好的接口，其本质在于创建一系列的抽象，并将其呈现给用户，以便用户能够执行所需的操作。因此，在设计一个新的 API 接口时，最重要的问题是决定哪些是最合适的抽象。

有组织地进行系统设计时，抽象概念大多是在进行设计的过程中决定的。首先有了基本的设想，确认是对所需解决的问题的正确理解之后，再进行调整。

例如，通过给用户添加不同的参数来启动某个用户管理系统是很常见的情况。这样的话，用户可以拥有执行 A 操作的权限，还可以通过参数来执行 B 操作，以此类推。每次执行操作时添加一个参数，乃至可能需要添加十余个参数，这个过程最终会变得非常混乱。

针对这种场景，可以使用新的抽象概念，即角色（role）和权限（permission）。某些类型的用户可以执行不同的操作，比如说具备管理员角色的用户。每个用户都可以拥有一个角色，而该角色在这里就是用于描述其相关权限的。

注意，这样抽象之后能简化前述问题，因为这种方式很容易理解和管理。然而，实现从“一个特定的参数集合”到“几个角色”这种方式的转变，也许会是一个复杂的过程，而且可用的选项组合会有所减少，也许现有的某些用户会用到某个奇特的参数组合。所有这些因素都需要仔细考虑。

在设计一个新的 API 时，最好尽可能准确地描述 API 用户所需使用的内部抽象，至少针对高层次抽象来说应当如此。这样做还有一个好处，那就是可以从 API 用户的角度去考虑问题，看看整个流程能否顺畅运转。

在软件开发人员的工作实践中，最有价值的观点之一，是让自己从“内部视角”中跳出来，站在软件实际使用者的立场上去看待问题。要做到这点比听起来更困难，但这绝对是一个值得去努力掌握的技能。这样将使你成为一个更好的软件系统设计师。不要怕请朋友或同事来检测你的设计中的“盲点”。

然而，每个抽象都有其局限性。

2.1.2 抽象失效

当某个抽象在实现过程中暴露了其细节，并且没有呈现出一个理想的“不透明”的形象时，这种情况就称为抽象失效（leaky abstraction，亦称抽象泄漏）。

虽然一个好的 API 应当尽量避免出现这种情况，但有时却难以避免。这可能是由实现 API 的底层代码中的 bug 造成的，有时也可能归因于代码在某些操作中的实现方式。

在这方面常见的案例是关系数据库。SQL 语句是对数据库中进行数据检索的具体实现过程的抽象，可以用复杂的 SQL 查询进行搜索并得到结果，且无须知道数据在系统中是如何组织的。但是，有时你会发现某个 SQL 查询操作很慢，并且调整 SQL 查询的参数会显著影响这种情况的发生，这就是失效的抽象。

这是比较常见的情况，也因此有许多工具用于帮助确定运行 SQL 查询时背后到底发生了什么，这与 API 的设计初衷完全是背道而驰的。相关的 SQL 语句主要是 `EXPLAIN`。

操作系统是一个很好的例子，它会生成适当的抽象，而且在大多数情况下不会失效。有很多相关案例，由于空间不足而无法读写文件（与 30 年前相比，现在这个问题已经不那么普遍了）、由于网络问题而与远程服务器中断连接，或者由于打开的文件描述符数量达到上限而无法创建新的连接。

从某种程度上来说，抽象失效是不可避免的，这是由于它们并非存在于一个绝对完美的世界。软件难免有 bug，理解并为之做好准备至关重要。

> “所有非基本抽象，在一定程度上都存在抽象失效”。
>
> ——Joel Spolsky 的抽象失效定律

在设计 API 时，出于几个方面的原因，必须考虑到以下情况：

- **清晰地对外呈现错误和提示**。好的设计都会考虑到出错的情况，并尽可能用对应的错误代码或错误处理来清楚地进行提示。
- **处理可能来自内部依赖服务的错误**。依赖服务可能会失效或出现其他问题。API 应该在一定程度上抽象出这种情况，先尽可能尝试修复问题，如无法修复，则以完善的方式进行故障处理，并返回对应的结果信息。

最好的设计，不仅在于当系统按预期状态工作时能够有效地运转，而且能对意外出现的问题进行预先准备，并确保可以对故障进行分析和纠正。

2.1.3 资源与操作抽象

设计 API 时值得考虑的一个非常有用的模式，是提出一套可以执行操作（或动作）的资源。这种模式使用两类元素：**资源和操作**。

资源是被引用的元素，操作则是针对资源所做的事情。

例如，让我们设计一个非常简单的接口，用来玩一个简单的猜硬币游戏。这是一个猜三次硬币投掷结果的游戏，如果猜中两次及以上，则用户获胜。

该游戏的资源和操作可按下表设计：

资源	操作	详细信息
正面（HEADS）	无（None）	一种硬币投掷结果
反面（TAILS）	无（None）	一种硬币投掷结果
游戏（GAME）	开始（START）	开始新游戏
	读取（READ）	返回当前回合（1 到 3）和当前的正确猜测
硬币投掷（COIN_TOSS）	投掷（TOSS）	投掷硬币。如果猜测值还没产生，则返回错误
	猜测（GUESS）	接受“正面”或“反面”作为猜测值
	结果（RESULT）	返回“正面”或“反面”以及猜测是否正确

某次游戏中可能出现的过程输出信息如下：

```
GAME START
> (GAME 1)
GAME 1 COIN_TOSS GUESS HEAD
GAME 1 COIN_TOSS TOSS
GAME 1 COIN_TOSS RESULT
> (TAILS, INCORRECT)
GAME 1 COIN_TOSS GUESS HEAD
GAME 1 COIN_TOSS TOSS
GAME 1 COIN_TOSS RESULT
> (HEAD, CORRECT)
GAME 1 READ
> (ROUND 2, 1 CORRECT, IN PROCESS)
GAME 1 COIN_TOSS GUESS HEAD
GAME 1 COIN_TOSS TOSS
GAME 1 COIN_TOSS RESULT
> (HEAD, CORRECT)
GAME 1 READ
> (ROUND 3, 2 CORRECT, YOU WIN)
```

请注意，每个资源都有一套自己的可执行的操作。如果需要的话，操作可以重复，但并非必需。资源可以被组合成一个层次结构的形式（比如本例中，COIN_TOSS依赖于更高层次的GAME资源）。操作可以要求带参数，这些参数可以是其他资源。

然而，抽象是围绕着有一套具备一致性的资源和操作来组织的。这种明确地组织API的方式非常有用，因为它明确定义了系统中什么是被动的，什么是主动的。

> OOP（Object-Oriented Programming，面向对象编程）使用了这些抽象单元，因为所有的一切都是对象，可以通过接收信息来完成某些操作。另一方面，函数式编程并不太适合这种方式，因为“操作”可以像资源一样工作。

这是一种常见的模式，它被用于RESTful接口中，我们接下来将会看到。

2.2 RESTful接口

RESTful接口的应用现在非常普遍，这是有原因的。RESTful接口已经成为服务于其他应用程序的Web服务的事实标准。

REST（REpresentational State Transfer，表现层状态转换）是Roy Fielding在2000年的一篇博士论文中定义的，它以HTTP标准为基础，创建了一种软件架构风格的定义。

一个系统要被认为是RESTful的，需要符合这些规范：

- **客户端–服务器架构**。它基于远程调用机制来运行。
- **无状态**。所有与特定请求相关的信息都应该包含在请求本身中，使其独立于服务该请求的特定服务器。
- **缓存能力**。响应的缓存能力必须明确，要么是可缓存的，要么是不可缓存的。

- **分层系统**。客户端无法知道他们是直接连到最终服务器，还是通过中间服务器进行的连接。
- **统一接口**。有四个先决条件：
  - **请求资源识别**。意味着资源被明确地表示出来，而且其呈现是独立的。
  - **基于表现层来操纵资源**。使得客户端在具备表现层权限时，即掌握了所有需要的信息来对资源进行修改。
  - **自我描述的信息**。意味着信息本身是完整的。
  - **用超媒体作为应用状态引擎**。意味着客户端可以使用引用的超链接来遍历系统。
- **按需代码**。这是一个可选的要求，通常不使用。意味着服务器可以提交响应的代码，以帮助执行操作或改进客户端。例如，提交 JavaScript 以在浏览器中执行。

这是非常正式的定义。正如你所看到的，它不一定基于 HTTP 请求。为了便于使用，我们需要在一定程度上对其进行约束，并建立一个通用的框架。

2.2.1 实用性定义

一般提到 RESTful 接口时，往往将其理解为基于 HTTP 资源、使用 JSON 格式请求的接口。这与我们之前看到的定义是一致的，但需要考虑到某些关键因素。

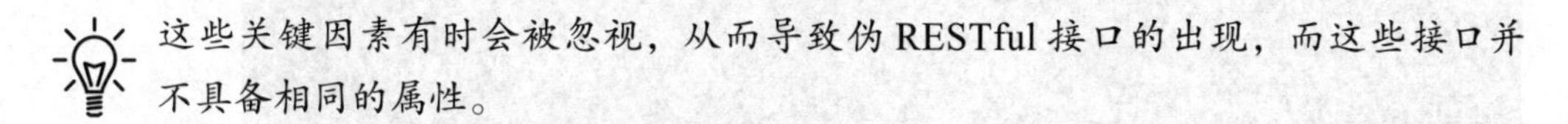

这些关键因素有时会被忽视，从而导致伪 RESTful 接口的出现，而这些接口并不具备相同的属性。

最主要的是，URI（Uniform Resource Identifiers，统一资源标识符）应当描述确定的资源，以及 HTTP 方法和基于 CRUD（Create Retrieve Update Delete，增删改查；亦称增删查改）方法来对其执行的操作。

CRUD 接口有利于这些操作的执行：创建（Create；保存一个新条目）、检索（Retrieve；读取）、更新（Update；覆盖）和删除（Delete）条目。这些是任何持久性存储系统都具备的基本操作。

URI 有两种，无论是描述单一资源还是描述资源的集合，从下表中可以看出：

资源	示例	方法	描述
集合	/books	GET	列表操作。返回资源集合中的所有可用元素，例如，所有书籍
		POST	创建操作。创建一个新的集合元素。返回新创建的资源
单一	/books/1	GET	检索操作。返回资源中的数据，例如，ID 为 1 的书籍
		PUT	修改（更新）操作。发送该资源的新数据。如果不存在，则创建它。如果存在，则它将被覆盖
		PATCH	部分更新操作。只覆盖资源的部分字段值，例如，只发送并写入用户对象的电子邮件地址字段
		DELETE	删除操作。即删除该资源

这种设计的关键要点在于将一切都定义为资源，正如我们之前看到的。资源是由其URI定义的，URI包含了资源的分层视图，比如说：

`/books/1/cover` 定义了ID为1的书籍的封面图像资源。

为简单起见，我们会在本章中使用整数ID来识别各项资源。在实际的系统中则不建议这么做，因为这样的整数完全不具备任何意义。更糟糕的是，它们有时会泄露系统中元素的数量或其内部顺序的信息。例如，竞争者可以估计出每周有多少个新条目被添加。为了撇开所有与内部相关联的信息，在可能的情况下，尽量都使用外部的自然密钥，例如书籍的ISBN号码，或者创建一个随机的UUID（Universally Unique Identifier，通用唯一标识符）。

用连续的整数标识资源的另一个问题是，很有可能系统无法正确地创建它们，因为不可能同时创建两个ID相同的对象。这种情况也许会给系统规模增长带来限制。

大多数资源的输入和输出都将以JSON格式表示。例如，下面分别为请求、响应的示例，用于检索某个用户的数据：

```
GET /books/1

HTTP/1.1 200 OK
Content-Type: application/json
{"name": "Frankenstein", "author": "Mary Shelley", "cover": "http://
library.lbr/books/1/cover"}
```

这里的响应数据是用JSON格式表示的，正如在示例中 `Content-Type` 属性所指明的那样。因此能很方便地对其进行自动解析和分析。请注意，在响应数据中，封面图像 `cover` 字段返回了一个指向另一资源的超链接。这使得API接口具有适应性，从而减少了客户端需要事先准备的信息量。

这是设计RESTful接口时最容易被遗忘的属性之一。最好是返回资源的完整URI，而不是间接引用诸如无上下文信息的ID等内容。

例如，当创建一个新资源时，在HTTP响应中 `Location` 头部信息内包含新的URI。

用HTTP `PUT` 方法发送新的数据覆盖原值，也需使用同样的数据格式。注意，有些元素可能是只读的，比如封面图像 `cover`，且非必填字段：

```
PUT /books/1
Content-Type: application/json
{"name": "Frankenstein or The Modern Prometheus", "author": "Mary
Shelley"}
HTTP/1.1 200 OK
Content-Type: application/json
```

```
{"name": "Frankenstein or The Modern Prometheus", "author": "Mary
Shelley", "cover": "http://library.com/books/1/cover"}
```

输入和输出数据应该使用相同的表示方法，这样客户端就能很容易地检索到资源，进行修改，然后重新提交。

这种方法确实很方便，且具备一致性，在实现客户端操作时很值得推荐。在测试时，应尽量确保数据检索、重新提交功能可用，且不会产生问题。

当资源直接以二进制内容表示时，也能以适当的格式返回数据，可在 HTTP 头部信息的 `Content-Type` 属性中指定。例如，检索图像资源 `cover` 将返回一个图像文件：

```
GET /books/1/cover

HTTP/1.1 200 OK
Content-Type: image/png
...
```

同样，当创建或更新一个新的图像时，它也应当以适当的格式发送给服务器。

虽然 RESTful 接口的初衷是能支持多种数据格式，例如，XML 和 JSON 都能支持，但这在实践中并不常见。总的来说，JSON 是现在最标准的格式。不过，有些系统可能会从多种格式支持中受益。

另一个重要的属性是，确保某些操作是**幂等的**（idempotent），而另一些则不具备幂等性。幂等操作可以重复多次，且都产生相同的结果，而重复非幂等操作则会产生不同的结果。显然，这里所说的前提是，操作本身是一样的。

一个显而易见的例子是创建一个新元素。如果我们提交两个相同的 `POST` 请求，用于创建新的资源列表元素，请求提交后将创建出两个新的元素。例如，提交两本具有相同名称和作者的书，则将创建两个完全一样的关于书的元素。

这里假设对资源的内容没有做限制。如果有的话，第二个请求会失败，而且在任何情况下都会产生与第一个请求不同的结果。

另一方面，两个 `GET` 请求会产生相同的结果。`PUT` 或 `DELETE` 请求也是如此，因为它们会覆盖或“再次删除”相关资源。

唯一的非幂等请求是 `POST` 操作，这样就大大简化了针对问题处理的流程设计，当存在是否应该进行故障重试的问题时。任何时候幂等请求都可以安全地进行重试，因而简化了对网络问题等错误的处理。

2.2.2 HTTP 头部及状态

HTTP 协议有一个重要细节有时会被忽视，就是它的头部信息和状态码。

头部信息包含了关于请求或响应的元数据。其中有些信息是自动添加的，如请求或响应 HTTP 正文（HTTP body，亦称 HTTP 主体）的大小。以下是一些值得关注的有趣的 HTTP 头部字段：

头部	类型	细节
Authorization	标准	用于验证请求的凭据
Content-Type	标准	HTTP 请求正文内容的类型，如 application/json 或 text/html
Date	标准	信息的创建时间
If-Modified-Since	标准	请求发送者此时有一份资源的副本。如果资源从那之后未发生改变，则返回一个 304 Not Modified（未修改）响应（包含一个空的 HTTP 正文）。这样就实现了数据缓存功能，并通过不返回重复的信息来节省时间和带宽，可以用于 GET 请求
X-Forwarded-From	非官方标准	存储信息来源的 IP，以及它所经过的不同网络代理
Forwarded	标准	与 X-Forwarded-From 相同。这是一个较新的 HTTP 头部字段，比 X-Forwarded-From 更不常见

一个良好设计的 API 会利用 HTTP 头部来传递相关的信息，例如，正确地设置 Content-Type（正文内容类型）或尽可能地接受缓存参数。

完整的 HTTP 头部字段列表可参见：https://developer.mozilla.org/en-US/docs/Web/HTTP/Headers。

另一个需关注的重要细节是，充分利用有效的状态码。状态码会提供有关出现什么情况的重要信息，对每种情况尽可能使用最详细的信息进行说明，有利于实现一个更好的 API 接口。

部分常见的状态码如下：

状态码	描述
200 OK	成功的资源访问或修改。请求会返回一个 HTTP 正文；如果未返回，则使用 204 No Content（无内容）
201 Created	创建新资源的成功的 POST 请求
204 No Content	不返回 HTTP 正文的成功请求，例如，一个成功的 DELETE 操作请求
301 Moved Permanently	所访问的资源现在永久性地位于某个不同的 URI 中。请求将返回一个带有新 URI 的 Location 头部。大多数程序会自动跟进发出 GET 访问请求。例如，API 只能用 HTTPS 访问，但客户端发出的是 HTTP 请求
302 Found	所访问的资源暂时位于某个不同的 URI 中。典型的例子是，经过验证之后，访问请求将被重定向到一个登录页面
304 Not Modified	缓存的资源仍然有效。请求返回的 HTTP 正文应该为空。只有当客户端请求缓存信息时才会返回这个状态码，例如，使用了 If-Modified-Since 头部时
400 Bad Request	请求时出现的一般性错误。这是服务器在说，“你那边出错了。”应该在 HTTP 正文中添加更具体的描述信息。如果包含了具体的状态码，则此为首选

（续）

状态码	描述
401 Unauthorized	该请求不被允许，因为请求发起方没有经过应用的认证。可能是因为该请求缺乏有效的认证头信息
403 Forbidden	该请求已认证过，但它不能访问该资源。这种状况与 401 Unauthorized 状态不同，该请求已认证，但无访问权限
404 Not Found	这可能是最著名的状态码！意味着无法找到 URI 所描述的资源
405 Method Not Allowed	请求的方法不能使用。例如，资源不能被删除
429 Too Many Requests	如果对客户请求的数量有限制，服务器可能会返回这个状态码。同时还会在 HTTP 正文中返回相关描述及其他信息，理想情况下还会包含一个 Retry-After（多久后重试）头部字段，表明下一次重试的时间，以秒为单位
500 Server Error	服务器中的一般性错误。这个状态码应该只在服务器发生意外错误时使用
502 Bad Gateway	正在将请求重定向到另一个服务器，且到该服务器的网络通信不正常。这个错误通常出现在某些后端服务不可用或配置不正确的时候
503 Service Unavailable	服务器目前无法处理请求。通常情况下，这是一种临时的状况，比如服务器出现了负载过重等问题。它可以用来标识停机维护时间，但这一做法比较罕见
504 Gateway Timeout	类似于 502 Bad Gateway，但这种情况是因为后端服务无响应，导致了超时的状况

一般来说，非描述性的错误代码，如 400 Bad Request 和 500 Server Error，应当用于处理常见的情况。然而，如果有一个更好的、更具描述性的状态码，则建议用新的代码来将其替换。

例如，一个用于改写参数的 HTTP PATCH 请求，如果受某些原因影响而使参数未正确设置，此时应返回 400 Bad Request，但如果是没有找到资源 URI，则应返回 404 Not Found。

还有其他状态码。可以到这里查看完成的清单，包括每一个的细节：https://httpstatuses.com/。

在返回状态码时，注意尽可能将额外的信息反馈给用户，并说明其原因。对状态的一般性描述符有助于处理意外情况，并简化对问题的调试过程。

这种做法对状态码为 4XX 的错误特别有用，因为能帮助访问 API 的用户修复他们程序中的 bug，并迭代改进他们软件整合的操作。

例如，前面提到的 HTTP PATCH 请求可能会返回如下 HTTP 正文：

```
{
   "message": "Field 'address' is unknown"
}
```

返回的信息中给出了关于该问题的具体细节。还可在其他选项中包含错误代码，在有多种可能导致错误的情况下则返回多项提示信息，还可以将状态码复制到返回的 HTTP 正文信息中。

2.2.3 资源设计

RESTful API 中的可用操作仅限于 CRUD 操作。因此，资源是 API 的基本构造单元。

把一切都变成资源有助于创建用途非常明确的 API，并有利于满足 RESTful 接口的无状态要求。

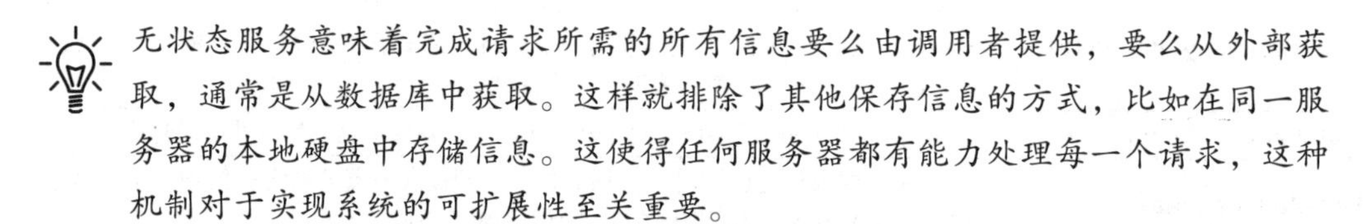

无状态服务意味着完成请求所需的所有信息要么由调用者提供，要么从外部获取，通常是从数据库中获取。这样就排除了其他保存信息的方式，比如在同一服务器的本地硬盘中存储信息。这使得任何服务器都有能力处理每一个请求，这种机制对于实现系统的可扩展性至关重要。

能够创建并执行各种不同操作的组件，可被分为不同的资源。例如，一个模拟 pen（笔）的界面可能需要以下组件：

- 打开、关闭 pen。
- 写点什么。只有处于打开状态的 pen 才能进行写操作。

在某些 API 实现（比如面向对象的 API）中，通常需要创建一个 pen 对象并改变其状态：

```
pen = Pen()
pen.open()
pen.write("Something")
pen.close()
```

而在一个 RESTful API 中，我们需要为 pen 和它的状态创建不同的资源：

```
# 创建一个 id 为 1 的新 pen
POST /pens
# 打开 id 为 1 的 pen
POST /pens/1/open
# 更新 id 为 1 的 pen 的文字
PUT /pens/1/open/1/text
# 删除并关闭打开的 pen
DELETE /pens/1/open/1
```

这看起来好像有点麻烦，但 RESTful API 通常定位于比典型 OOP（面向对象编程）API 更高的层次。要么直接创建文字，要么创建一个 pen，然后再创建其文字，而不需要执行打开 / 关闭操作。

请记住，RESTful API 用于远程调用的场景。这意味着它不会位于低层，因为与本地 API 相比，每次调用都意味着较大的资源开销，所以操作过程中其时间消耗是可以接受的。

还要注意的是，各组件及其步骤都会在系统中注册，并且拥有各自的一套标识符，所以可以实现对其寻址。这比 OOP 中的内部状态更加明确。正如前文所述，我们希望它是无状态的，而 OOP 中的对象是需要状态的。

请记住，资源无须直接转换为数据库对象。需要的是逆向思维，即从存储到 API。而且，你可以做的不止于此，还可以将从多个来源获取到的信息，或者不适合直接转换的资源，组合成新的资源。我们将在下一章中看到示例。

如果之前熟悉比较传统的 OOP 环境，那么掌握资源的使用可能需要一段时间来适应，但资源是一种相当灵活的工具，可以为其分配多种方式来执行操作。

2.2.4 资源与参数

虽然一切都是资源，但有些组件作为与资源进行交互的参数会更有意义。在修改资源的时候，这是很自然的。修改后所有发生变化的内容都需要提交，以更新资源。但是，在特定情况下，某些资源可能受其他原因影响而被修改，最常见的情况是在执行搜索操作时。

典型的搜索端点会定义一个搜索资源并检索其结果。然而，没有参数过滤功能的搜索其实是没法用的，所以需要用额外的参数来设定搜索，例如：

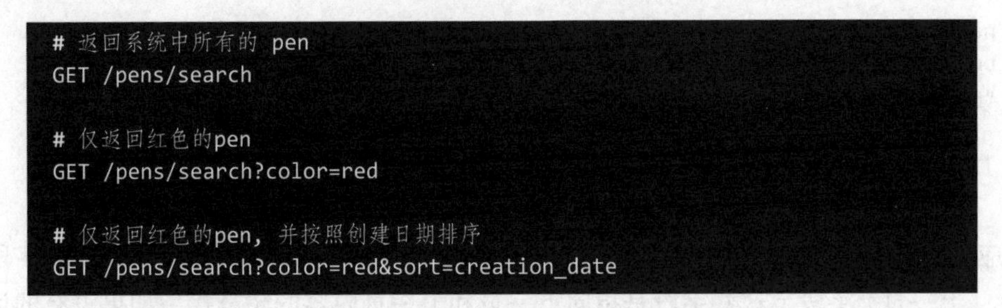

```
# 返回系统中所有的 pen
GET /pens/search

# 仅返回红色的pen
GET /pens/search?color=red

# 仅返回红色的pen，并按照创建日期排序
GET /pens/search?color=red&sort=creation_date
```

这些参数被存储在查询参数中，是检索功能的自然延伸。

一般来说，应当只针对 GET 请求使用查询参数。针对其他类型的请求方法，则应将参数放在 HTTP 请求正文中。

当包含查询参数时，GET 请求也可很容易地实现缓存。如果是幂等请求，则搜索操作对每个请求都将返回相同的值，完整的 URI 及所含的查询参数都可以实现缓存，甚至从第三方进行查询时也可以。

按照惯例，所有存储 GET 请求的日志都将存储查询参数，而位于 HTTP 请求头部或在请求正文中发送的那些参数则不会被记录。这种机制会影响到系统的安全性，例如，密码等所有敏感信息都不应该作为查询参数发送出去。

有时候，这就是创建 POST 操作的原因，这些操作通常是由 GET 请求来完成的，但出于安全考虑，将其改为在 HTTP 请求正文中设置参数，而不是使用查询参数的方式。虽然

HTTP 协议允许在 GET 请求正文中设置参数，但这种情况无疑是罕见的。

这类安全风险的案例之一是，通过电话号码、电子邮件或其他个人信息执行搜索操作时，中间人可拦截并了解这些信息。

使用 POST 请求的另一个原因是为了给参数留出更大的空间，因为包括查询参数在内的完整的 URL，其尺寸通常被限制在 2 K 以内，而 HTTP 请求正文的尺寸限制则要宽松得多。

2.2.5 分页

在 RESTful 接口中，所有返回的达到一定元素数量的 LIST（列表）请求都应当被分页。

这意味着可以在请求中调整元素和页面的数量，返回只包含特定数量元素的页面。这样就限定了请求数据的范围，避免出现响应缓慢、浪费传输带宽的情况。

例如，可以使用参数 page（页号）和 size（每页元素数量）来发送请求：

```
# 仅返回前 10 个元素
GET /pens/search?page=1&size=10
```

构建良好的响应通常采用类似这样的格式：

```
{
    "next": "http://pens.pns/pens/search?page=2&size=10",
    "previous": null,
     "result": [
         # elements
     ]
 }
```

该响应返回的内容包含了 result（请求结果）列表字段，以及 next（下一页）字段、previous（上一页）字段，这些字段是指向下一页和上一页内容的超链接，如果没有的话，则其值为 null（空）。这样就可以很方便地浏览所有的查询结果。

设定一个 sort（排序参数）对于确保页面的连贯性也很有用。

这种技术还允许并行地检索多个页面，从而加快信息的下载速度，可以通过几个小的请求而不是一个大的来实现。不过，分页的主要目的是通过提供足够的过滤参数，使得一般情况下请求不会返回太多的信息，从而实现只检索所需的相关信息。

分页机制存在一个问题，就是收集的数据在多次检索请求之间可能会发生变化，特别是在检索许多页面时。问题的过程是这样的：

```
# 获取第一页的内容
GET /pens/search?page=1&size=10&sort=name

# 创建新的资源，并将其添加到第一页
POST /pens
```

```
# 获取第二页的内容
GET /pens/search?page=2&size=10&sort=name
```

第二页现在有一个重复的元素，该元素之前是在第一页，但现在移到了第二页，这样就导致有一个元素没有被返回。通常情况下，新资源未被返回并不是什么大事情，因为毕竟信息的检索操作是在该资源创建之前进行的。然而，同一资源被返回两次则有问题。

为了避免这种情况的发生，返回数据时可以默认按照创建日期或类似的条件来对数据进行排序。这样一来，任何新的资源都会被添加到分页的末尾，并且能保持数据连贯性。

> 对于始终返回“新”元素的资源，比如通知信息或类似的内容，可以在发送检索请求时添加 updated_since 参数，从而只检索最近一次访问之后的新资源。这种检索实现方式加快了访问速度，并且只检索需关注的信息。

创建一个灵活的分页系统可以增加 API 的实用性，在进行系统设计时要注意确保对分页的定义在所有不同的资源中是一致的。

2.2.6 RESTful API 流程设计

设计 RESTful API 的最好方法是明确地规定资源，然后对它们进行描述，包括以下内容：

- 描述：描述所要执行的操作。
- 资源 URI：注意，这可能会被几个操作共享，并通过方法来区分（例如，用 GET 请求实现检索，用 DELETE 请求实现删除）。
- 适用的方法：在此定义操作中所要用到的 HTTP 方法。
- （仅用于相关场合）输入的正文：请求时输入的正文。
- 正文中的预期结果：返回的结果。
- 可能出现的错误：根据具体错误返回状态码。
- 描述：描述所要执行的操作。
- （仅用于相关场合）输入查询参数：针对附加功能添加到 URI 中的查询参数。
- （仅用于相关场合）相关的头部信息：支持的 HTTP 头部信息。
- （仅用于相关场合）返回非正常的状态码（200 和 201）：与错误状态的场景不同，其用在状态码被当作操作成功的不常见的状况时。例如，重定向操作成功时返回的状态码。

这些就足以创建一个可以被其他工程师理解的设计文档，并使得他们可以基于此接口开展工作。

尽管如此，好的做法应该是从那些 URI 和方法的初稿开始，在不涉及太多细节的情况下，快速浏览一遍系统中的所有资源，例如正文描述或错误。这样有助于发现遗漏的资源缺陷或 API 中其他类型的矛盾问题。

例如，本章中描述的 API 包含以下操作：

```
GET    /pens
POST   /pens
POST   /pens/<pen_id>/open
PUT    /pens/<pen_id>/open/<open_pen_id>/text
DELETE /pens/<pen_id>/open/<open_pen_id>
GET    /pens/search
```

这里可以对其中几个细节进行调整和改进：

- 看起来我们忘了在创建 pen 之后添加删除 pen 的操作。
- 应该添加几个 `GET` 操作，用于检索已创建资源的信息。
- 在 `PUT` 操作中，添加 `/text` 似乎有点多余。

有了这些反馈，我们可以再次将 API 描述如下（修改处有一个箭头指示）：

```
GET    /pens
POST   /pens
GET    /pens/<pen_id>
DELETE /pens/<pen_id> ←
POST   /pens/<pen_id>/open
GET    /pens/<pen_id>/open/<open_pen_id> ←
PUT    /pens/<pen_id>/open/<open_pen_id> ←
DELETE /pens/<pen_id>/open/<open_pen_id>
GET    /pens/search
```

请注意资源层次结构的内容组成，它有助于我们看清所有的元素，并找到第一眼可能看不出来的缺陷或元素间的关联。

接下来就可以进行细节设计了。可以使用本节开头提及的模板，或者任意其他适当的模板。例如，我们可以定义端点，用于创建新 pen 并读取系统中的 pen：

创建一个新 pen：

- 描述：创建一个新 pen，并指定其颜色。
- 资源 URI：`/pens`
- 方法：`POST`
- 输入正文：

```
{
    "name": <pen name>,
    "color": (black|blue|red)
}
```

- 错误：

```
400 Bad Request
```

正文中的错误，如无法识别的颜色，重复的名称，或错误的格式。

检索现有的 pen：

- 描述：检索一个现有的 pen。
- 资源 URI：`/pens/<pen id>`
- 方法：`GET`
- 返回正文：

```
{
    "name": <pen name>,
    "color": (black|blue|red)
    }
```

- 错误：

```
404 Not Found
The pen ID is not found.
```

这些简单的模板对当前场景很有用。你可以随意调整，在错误或细节问题上不用过于追求完美，关键是能用它们解决问题。例如，此时添加一个`405 Method Not Allowed`（该方法不被允许）的消息可能是多余的。

也可以使用 Postman（`www.postman.com`）等工具来设计 API，这是一个 API 平台，可以用来设计或测试/调试现有的 API。虽然工具很管用，但能够在没有外部工具的情况下设计一个 API 是很有必要的，以防不时之需，而且这样可以迫使你专注于设计而不是一定要依靠工具。后面我们还将看到如何使用 Open API，它更多地关注 API 设计，而不是提供一个测试环境。

设计和定义 API 时也可以基于标准的方式组织其结构，以便后续工作中可以享受工具带来的便利。

2.2.7 使用 Open API 规范

可以使用工具来实现更加结构化的 API 设计，如 Open API（`https://www.openapis.org/`）。Open API 是一个通过 YAML 或 JSON 文档来定义 RESTful API 的规范。通过它能实现在 API 定义过程中与其他工具的互动，并自动为 API 生成文档。

Open API 让各组件的定义过程可以重复进行，包括输入组件和输出组件，以便建立一致且可重复使用的对象。它还可通过一些方法实现组件之间的相互继承或组合，以创造出丰富的接口。

详细描述整个 Open API 规范超出了本书的讨论范围。大多数常见的 Web 框架都支持与之集成，可自动生成 YAML 文件或我们以后会看到的 Web 文档。Open

API以前被称为Swagger，它的网站（https://swagger.io/）上有一个非常有用的编辑器和其他资源。

例如，这里有一个YAML文件，描述了上述的两个端点。该文件可在GitHub上找到：https://github.com/PacktPublishing/Python-Architecture-Patterns/blob/main/pen_example.yaml：


```
openapi: 3.0.0
info:
  version: "1.0.0"
  title: "Swagger Pens"
paths:
  /pens:
    post:
      tags:
      - "pens"
      summary: "Add a new pen"
      requestBody:
        description: "Pen object that needs to be added to the store"
        required: true
        content:
          application/json:
            schema:
              $ref: "#/components/schemas/Pen"
      responses:
        "201":
          description: "Created"
        "400":
          description: "Invalid input"
  /pens/{pen_id}:
    get:
      tags:
      - "pens"
      summary: "Retrieve an existing pen"
      parameters:
      - name: "pen_id"
        in: path
        description: "Pen ID"
        required: true
        schema:
          type: integer
          format: int64
      responses:
        "200":
          description: "OK"
          content:
            application/json:
              schema:
                $ref: "#/components/schemas/Pen"
        "404":
          description: "Not Found"
```

```
components:
  schemas:
    Pen:
      type: "object"
      properties:
        name:
          type: "string"
        color:
          type: "string"
          enum:
            - black
            - blue
            - red
```

上述 YAML 文件中，在 `components`（组件）部分，定义了 `Pen` 对象并用于两个端点。这里可以看到 `POST/pens` 和 `GET/pens/{pen_id}` 这两个端点是如何定义的，并描述了预期的输入和输出，同时考虑了可能会出现的各种错误。

Open API 最令人感兴趣的特性之一，是能够自动生成一个包含所有信息的文档页，以便于后续的 API 实现。生成的文档如图 2-1 所示。

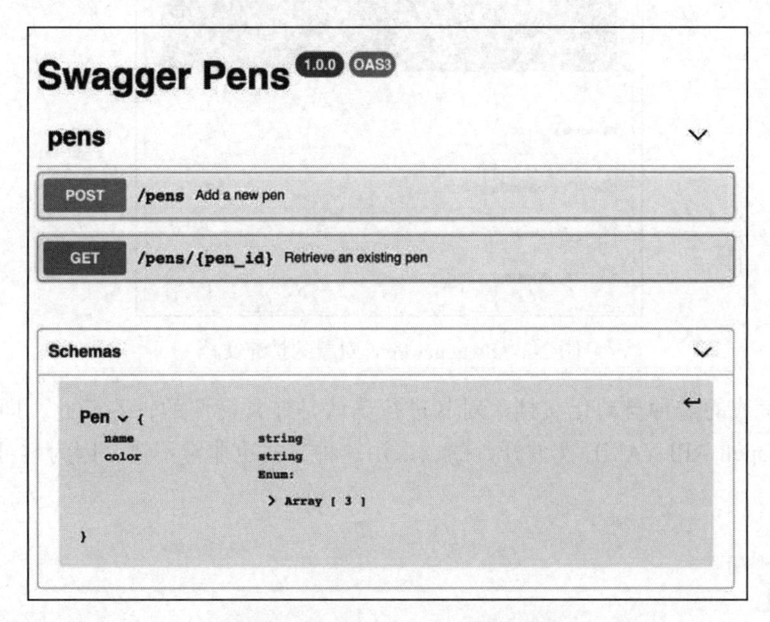

图 2-1 Swagger Pens 对象的文档

如果 YAML 文件恰当而准确地描述了所设计的接口，就会很管用。在某些情况下，这些文档有助于从 YAML 到 API 的实现过程。先生成 YAML 文件，再基于此，分步骤在前端和后端两个方向开展工作。对于 API 优先的设计思路来说，这是很有意义的。甚至还可以用多种语言自动创建客户端和服务端的框架，例如，用 Python Flask 或 Spring 创建服务端，用 Java 或 Angular 创建客户端。

请记住，能否做到准确匹配 API 的实现与定义取决于你自己。现有的这些框架还需要相当的工作量才能使它们正常运转起来。Open API 能简化这一过程，但也不至于神奇到能解决所有的问题。

每一个端点都包含了更深层次的信息，甚至还可以在同一文档中进行测试，因而能给要使用该 API 的第三方开发人员提供有效帮助，如图 2-2 所示。

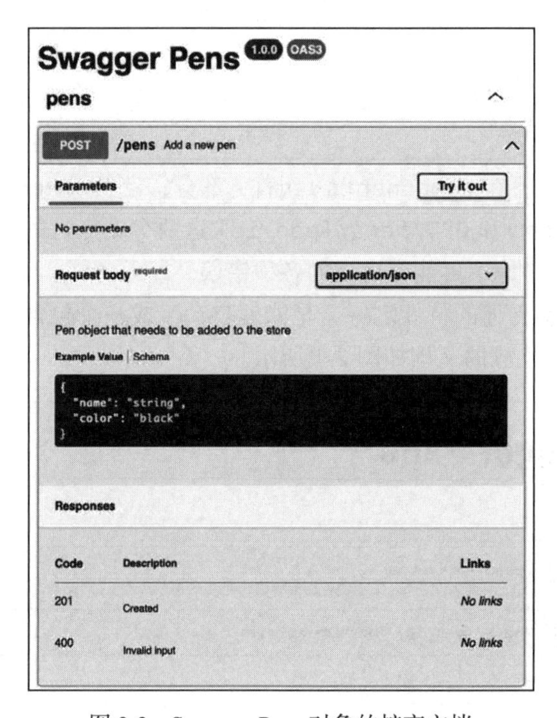

图 2-2 Swagger Pens 对象的扩充文档

服务器生成的这种自动化文档，对其进行确认是非常简便的，鉴于此，即使 API 的设计不是基于 Open API YAML 文件开始的，采用这种方式也非常不错，因为它可以创建自生成的文档。

2.3 认证

对几乎所有的 API 来说，其关键内容之一就是区分授权和未授权访问的能力。能够正确地记录用户是很关键的，从安全的角度看这也是一个令人头痛的问题。

要做到安全并不容易，所以最好依照标准做法来实施以简化操作。

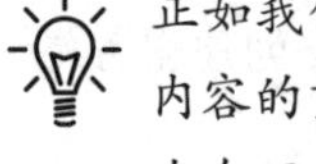

正如我们之前所说，这些只是一般性的提示，绝不是一套全面的安全实践，本书内容的重点也不在于安全。请保持对安全问题和解决方案的关注，因为这是个一直在不断发展的领域。

说到认证，其最重要的安全问题就是应当**在生产环境中始终使用 HTTPS 端点**。这样可以保护信息传输通道不被窃听，并且实现通信过程的保密。请注意，一个 HTTP 网站，仅意味着通信过程是私密的，而事实上你却有可能是在与“魔鬼”进行对话。但是，当 API 的用户向你发送密码和其他敏感信息时，为了避免外部用户会收到这些信息，采用 HTTPS 是最基本的要求。

通常情况下，大多数架构都会使用 HTTPS，直到请求的数据到达数据中心或安全的网络以后，才在其内部使用 HTTP。这样就可以对内部流动的数据进行检查，同时也保护了在互联网上流动的数据的安全性。虽然当前在内部安全网络中免加密不再那么重要了，但这么做依然能提高效率，因为用 HTTPS 进行编码的请求需要消耗更多的计算资源。

HTTPS 端点对所有的访问都是有效的，但取决于采用的是 HTML 接口还是 RESTful 接口，其他具体实现的细节也各不相同。

2.3.1 HTML 接口认证

通常情况下，HTML 网页中的认证流程是这样的：

1. 向用户展示一个登录界面。
2. 用户输入他们的登录用户名和密码，并将其发送到服务器。
3. 服务器验证该密码。如果正确，则返回一个带有会话 ID 的 cookie。
4. 浏览器收到响应数据并存储该 cookie。
5. 所有新的请求都将包含此 cookie。服务器会验证该 cookie 并实现对用户的有效识别。
6. 用户可以注销，删除 cookie。用户进行此操作时，会向服务器发送一个请求，以删除会话 ID。通常情况下，会话 ID 都会有一个到期时间，用于清理到期会话。这个到期时间可在每次访问时自动更新，或者在到期时强制用户重新登录。

设置 cookie 的 `Secure`、`HttpOnly` 和 `SameSite` 属性很重要。`Secure` 属性确保 cookie 只会发送到 HTTPS 端点，而不是 HTTP 端点。`HttpOnly` 属性能让 cookie 无法被 JavaScript 访问，这使得通过恶意代码获取 cookie 更加困难。该 cookie 将被自动发送到设置它的主机上。`SameSite` 属性确保只有当源头是来自同一主机的 Web 页面时，才会发送 cookie。`SameSite` 属性可设置为 `Strict`（严格）、`Lax`（宽松）和 `None`（无）。`Lax` 允许从不同的网站导航到该页面并发送 cookie，而 `Strict` 则不允许这么做。

可以在 Mozilla SameSite Cookie 网站获取更多 cookie 相关的文档：`https://developer.mozilla.org/en-US/docs/Web/HTTP/Headers/Set-Cookie/SameSite`。

针对 cookie 可能存在的不良用途是进行 XSS（Cross-Site Scripting，跨站脚本）攻击。

一个恶意构造的脚本会读取 cookie，然后伪装成合法用户的身份向服务端发起恶意请求。

另一种突出的安全问题是 CSRF（Cross-Site Request Forgery，跨站请求伪造）攻击。这种攻击方法的原理是，基于用户在其他服务上成功登录的状况，利用其构造一个将在不同的、被攻击的网站上自动执行的 URL。

例如，在访问某个论坛时，一个目的地是银行的 URL 会被调用，并以图像的形式呈现。如果用户登录到这家银行的网站，该 URL 构造的操作就会被执行。

`SameSite` 属性大大降低了 CSRF 攻击的风险，但如果旧的浏览器不能识别该属性，那么此时银行网站返回的响应数据中，应当向用户提供一个随机的令牌，进而让用户在发送认证请求的同时带上 cookie 和一个有效的令牌。其他网站的页面并不会掌握有效的随机令牌，因而使得 CSRF 攻击难以实现。

cookie 所包含的会话 ID 可以存储在数据库中，作为一个随机的唯一标识符或富数据令牌（rich token）。

随机标识符是一个随机的数字，用于在数据库中存储相关的信息，其内容主要是谁在访问系统以及会话何时到期。用户每次访问时，服务器都会对此会话 ID 进行查询，并检索相关信息。进行大规模系统部署时，访问量非常高，这时可能会出问题，因为这种模式的可扩展性比较差。所有 Web Worker 都要访问存储会话 ID 的数据库，所以可能会导致性能瓶颈。

可选的解决方案之一是创建一个富数据令牌。其原理是将所有需要的信息直接添加到 cookie 中，例如，在 cookie 中直接存储用户 ID、到期时间等。这样就避免了对数据库的访问，但同时也使得 cookie 有可能被伪造，因为所有信息都是公开的。要解决这个问题，可采取 cookie 数字签名的机制。

cookie 数字签名能证明数据是由一个受信任的登录服务器发出的，并且可以被任何其他服务器独立验证。这种方式更具可扩展性，从而避免了性能瓶颈。还可选择对传输的内容进行加密，以免被非法读取。

这种机制的另一个优点是，令牌的生成可以独立于常规业务系统。如果令牌能独立验证，那么就没必要把登录服务与普通的业务放在同一台服务器上。

还可以更进一步，单个令牌签署者可以为多个服务签发令牌。这也是实现 SSO（Single Sign-On，单点登录）的基础：登录到某个认证服务提供者，然后在几个相关的服务中使用同一个账户。这种机制在 Google、Facebook 或 GitHub 等服务中很常见，以避免为了某些网站专门去开发特定的登录流程。

这种通过令牌进行授权的操作模式，是 OAuth 授权框架的基础。

2.3.2 RESTful 接口认证

OAuth 已经成为 API 认证访问的通用标准，特别是针对 RESTful API 接口。

认证（authenticating）和授权（authorizing）是有区别的，从本质上讲，OAuth是一个授权系统。认证是确定用户是谁，而授权则是确定用户能够做什么。OAuth使用 scope（作用域）的概念，并返回相关用户所具备的能力范围。

大多数 OAuth 的实现，如 OpenID Connect，会在返回的令牌中同时包含用户信息，以验证用户并返回用户是谁。

OAuth 基于这样的理念：通过一个授权者来检查用户的身份，并向他们提供一个令牌，令牌内带有允许用户登录的信息。服务提供者将收到这个令牌并登记该用户，如图 2-3 所示。

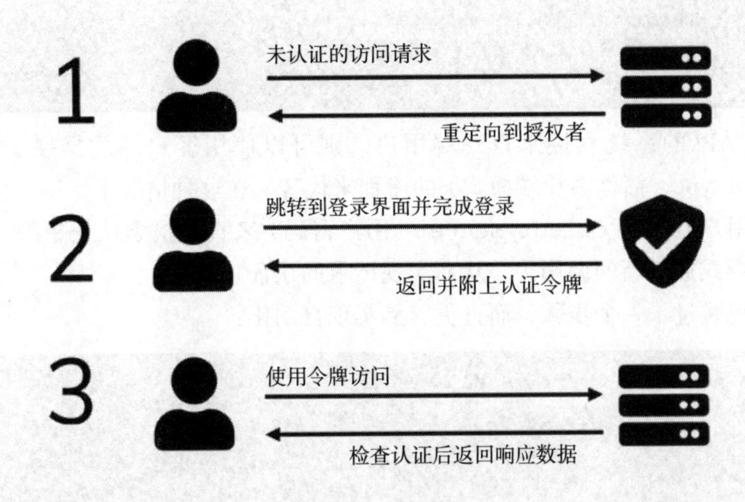

图 2-3　认证流程

目前最常见的版本是 OAuth 2.0，它具备灵活的登录和流程管理机制。请记住，OAuth 并不完全是一个协议，而是提供了某些理念，这些理念可以根据具体的应用场景进行调整。

这意味着你可以用不同的方式来实现 OAuth，关键是，不同的授权者会有不同的实现方式。在进行系统整合时，请仔细核实对应的文档。

一般来说，授权者使用 OpenID Connect 协议，该协议基于 OAuth。

访问 API 的系统，可以直接是最终用户，也可以代表用户进行访问，两种方式有着显著区别。后者可能是某个访问 Twitter 等服务的智能手机 App，或者是某个需要访问 GitHub 中用户所存数据的服务，如代码分析工具。应用程序本身并不执行 API 访问操作，而是传递用户的操作请求。

这个过程称为授权码授予（Authorization Code grant）。其主要特点是，授权提供者将向用户提供一个登录页面，并将其与认证令牌一起重定向至服务端。

例如，以下可作为授权码授予过程的调用流程：

```
GET https://myservice.com/login
    Return a page with a form to initiate the login with authorizer.com

Follow the flow in the external authorize until login, with something
like.

POST https://authorizer.com/authorize
  grant_type=authorization_code
  redirect_uri=https://myservice.com/redirect
  user=myuser
  password=mypassword
    Return 302 Found to https://myservice.com/redirect?code=XXXXX

GET https://myservice.com/redirect?code=XXXXX
-> Login into the system and set proper cookie,
   return 302 to https://myservice.com
```

如果访问API的系统直接来自终端用户，则可以使用客户端凭据授予模式（Client Credential grant type，简称客户端模式）的流程来代替。在这种情况下，第一次调用将发送 `client_id`（用户ID）和 `client_secret`（用户密码）来直接检索认证令牌。这个令牌将以头部字段的形式放到新的调用中，从而实现请求的认证。

注意，这里跳过了一个步骤，而且更容易实现自动化：

```
POST /token HTTP/1.1
  grant_type=authorization_code
  &client_id=XXXX
  &client_secret=YYYY
    Returns a JSON body with
    {
  "access_token":"ZZZZ",
  "token_type":"bearer",
  "expires_in":86400,
}

设置新调用请求头部字段的认证令牌:
Authorization: "Bearer ZZZZ"
```

虽然OAuth允许使用第三方服务器来检索访问令牌，但这并非严格的限定，也可以使用与其他业务相同的服务器。这种特性对最后的认证流程是很有用的，因为在此阶段，Facebook或Google等第三方认证服务提供者所提供的登录功能并不是那么有用。在我们的示例系统中将使用客户端凭据授予模式。

自编码令牌

授权服务器返回的令牌内能够包含大量的信息，从而无须通过授权者进行外部检查。

正如我们所看到的，在令牌数据中包含用户信息对于确定用户是谁很重要。否则，流程虽然能以允许该请求的方式结束，但却没有区分具体用户的信息。

为了做到这一点，令牌通常被编码为 JWT（JSON Web Token，JSON Web 令牌）。JWT 是一种标准规范，它将 JSON 对象编码成一个 URL 安全的字符序列。

每个 JWT 令牌都包含以下元素：

- 一个头部。它包含了关于令牌如何编码的信息。
- 一个有效载荷。令牌的正文。这个对象中的某些字段称为 claim（声明），是标准约定的，但它也可以分配自定义的 claim。标准的 claim 并非必需字段，可以用来描述一些元素，如 issuer（简称 `iss`，即颁布者），或基于 UNIX Epoch（纪元时间，亦称 UNIX 时间或 POSIX 时间，简称 `exp`）格式的令牌到期时间。
- 一个数字签名。用于验证令牌是由适当来源产生的。签名数据基于头部的信息，使用了不同的算法。

一般来说，JWT 令牌的数据是编码过的，但没有加密。标准的 JWT 库能解码其各部分的内容，并验证其数字签名是否正确。

可以在交互式工具中测试 JWT 令牌数据的不同字段和构成：`https://jwt.io/`。

例如，要用 `PyJWT`（`https://pypi.org/project/PyJWT/`）来生成一个令牌，如果之前没有安装过，则需要先使用 pip 命令安装 PyJWT：

```
$ pip install PyJWT
```

然后，在打开 Python 解释器的同时，要创建一个带有用户 ID 的有效载荷的令牌，并以 `"secret"` 作为密钥、使用 HS256 算法对其进行签名，可以使用以下代码：

```
>>> import jwt
>>> token = jwt.encode({"user_id": "1234"}, "secret",
algorithm="HS256")
>>> token
'eyJ0eXAiOiJKV1QiLCJhbGciOiJIUzI1NiJ9.eyJ1c2VyX2lkIjoiMTIzNCJ9.
vFn0prsLvRu00Kgy6M8s6S2Ddnuvz-FgtQ7nWz6NoC0'
```

接下来就可以对 JWT 令牌进行解码并提取有效载荷。如果密钥不正确，就会产生一个错误：

```
>>> jwt.decode(token,"secret", algorithms=['HS256'])
{'user_id': '1234'}
>>> jwt.decode(token,"badsecret", algorithms=['HS256'])
Traceback (most recent call last):
 …
  jwt.exceptions.InvalidSignatureError: Signature verification failed
```

所要使用的算法存储在头部信息中，但出于安全考虑，最好只使用预期的算法来验证令牌，而不要依赖头部信息。以前，有的 JWT 实现存在一些安全问题，以及令牌伪造问题，可以到这里了解相关内容：https://www.chosenplaintext.ca/2015/03/31/jwt-algorithm-confusion.html。

不过，最有趣的不是像 HS256 这样在编码和解码时采用相同数据的对称加密算法，而是类似 RSA-256（RS256）这种非对称的公钥 – 私钥加密算法。这类算法可以用私钥对令牌进行编码，用公钥对其进行验证（即解码）。

这种应用模式很常见，因为公钥可以被公开广泛传播，但只有拥有私钥的专属授权者才能作为令牌的合法来源对其进行解密。

有效载荷内包含了用于用户识别的信息，同样也可以使用载荷内的信息对请求进行验证，在验证完成之后，则如前文所述继续后续流程。

2.4 API 版本管理

很少有接口是完全从头开始创建的。它们会不断地进行调整，增加新的功能，修复 bug 或不一致的地方。为了更好地管理这个过程，采用版本管理系统来保留这些变更的过程是很有必要的。

2.4.1 为何需要版本管理

版本管理的主要优点是形成关于什么时候包含了哪些东西的过程记录。这些记录可能是 bug 修复、新增的功能，乃至新引入的错误。

如果已知目前发布的接口版本是 `v1.2.3`，而我们即将发布 `v1.2.4`，其中修复了 bug X，那么采用版本管理系统就可以更容易地对其进行描述，并生成发布说明，以告知用户这一情况。

2.4.2 内部版本与外部版本

这里有两类版本系统，也许会让人有点迷惑。其一是内部版本，这是对项目开发者有意义的版本，通常与软件的版本有关，一般都会有如 Git 这样的版本管理系统（亦称版本控制系统）的辅助。

内部版本是非常详细的，可能会涵盖非常细微的变化，包括小的 bug 修复。它的目的是能够检测到软件版本之间哪怕是最小的变化，从而可以让软件开发人员了解 bug 或代码的变更。

另一类是外部版本。外部版本是指要使用外部服务的人能够感知到的版本。虽然也可以做到和内部版本一样详细，但这样做通常对用户没有什么帮助，而且容易造成混乱的印象。

选择采用哪种版本管理机制，在很大程度上取决于系统的类型，以及预期的用户群体。专业技术型的用户会喜欢更多的细节，而非专业的用户则不然。

例如，某个内部版本可用于区分针对两个不同bug的修复，因为这对bug重现（亦称复现）很有用。而一个用于对外沟通的版本，则可以把它们都整合到一次“多个bug修复和改进”的版本中去。

另一个很好的例子是，当界面出现大的调整时，区分内外版本是很有用的。例如，某个网站的外观和体验的全新改版，可以使用“第2版界面”，但其改版过程可能是在多个内部新版本中实现的，由内部员工或特定的群体（例如，beta版软件测试者）对其进行测试。最后，等“第2版界面”准备好了，再提交给所有用户。

在描述外部版本的时候，也可称之为“市场版本”。

请注意，这里我们避免使用“发布版本”(release version）这一术语，因为它可能会产生误解。该版本仅用于对外沟通交流。

这个版本更多地取决于市场营销，而不是技术实现。

2.4.3 语义化版本管理

定义版本的一种常见模式是使用语义化版本管理（semantic versioning)。语义化版本管理约定了一种具有三个递增的整数的方法，这些整数具有不同的含义，按照其不兼容性依次降序排列如下：

`vX.Y.Z`

`X`是**主**版本号。所有主版本号的变化都意味着软件出现了向后不兼容的调整。

`Y`是**次**版本号。次版本号较小的改动说明可能会增加新的功能，但所有改动都会向后兼容。

`Z`是**修订**版本号。修订版本号表明只做了一些细微的改变，如bug修复和安全补丁，但并不会改变其接口。

版本号中开头的字符`v`是可选的，但保留它有助于表明这是一个版本号。

上述约定意味着为`v1.2.15`版本设计的软件可以在`v1.2.35`和`v1.3.5`版本上运行，但不能在`v2.1.3`版本或`v1.1.4`版本上运行。它可以兼容`v1.2.14`版，但可能有一些bug，后来被修复了。

有时，还可添加额外的细节来描述尚未准备好的接口，例如，`v1.2.3-rc1`（release candidate，候选发行版）或`v1.2.3-dev0`（development version，开发版）。

通常情况下，在软件准备发布之前，主版本编号被设置为零（例如，`v0.1.3`），将`v1.0.0`版本作为第一个公开发行的版本。

这种语义化的版本管理非常容易理解，并且能有效提供软件变化的相关信息。这种方式被广泛使用，但在某些情况下会有一些问题：

- 对于没有明确的向后兼容性的系统来说，严格采用主要版本的规则可能会很困难。这就是 Linux 内核停止使用严格意义上的语义化版本管理的原因，因为每一个版本都需要向后兼容，这导致永远不会更新主版本号。在这种情况下，一个主版本号可能会被“冻结”很多年，导致它不再是有用的参考信息。在 Linux 内核中，这种情况发生在 2.6.X 版本的内核上，主版本号一直保持了 8 年，直到 2011 年才发布 3.0 版本的内核，其间都没有出现任何向后兼容性方面的变更。
- 语义化的版本管理需要对接口进行非常严格的定义。就像有些在线服务经常出现的情况，如果接口随着新功能的出现而经常变化，那么次版本号的数量就会迅速增加，而修订版本号则几乎不会用到。

对于在线服务来说，这两者的结合会使得只有一个数字是有用的，这并不是一种很好的做法。例如，对于需要多个 API 版本同时工作的情况来说，语义化版本管理的效果更好：

- API 非常稳定，变化非常少，尽管有定期的安全更新。每隔几年就会有一次重大的更新。其中一个很好的例子就是数据库系统，如 MySQL。操作性系统也是这样的。
- API 属于某个可能被多个支持环境使用的软件库。例如，某个与 Python 2 兼容的 Python 库将其设为 v4 版，与 Python 3 兼容的 Python 库设为 v5 版。这样就能根据需要让几个版本的软件库同时保持活跃。

如果系统实际上在同一时间只有某一个版本在运行，那么最好不要付出额外的努力来保持完全的语义化版本管理，因为相比所需的那些投入，这种努力得到的回报是不值得的。

2.4.4 简单的版本管理

与严格的语义化版本管理不同，还可以采取简化的版本管理。简化后的版本号没有语义化版本管理中的那些内涵，但它将是一个不断增长的计数器。这种版本号有助于团队协作，尽管它不涉及特定的含义。

这样的方式与编译器可以自动创建的构建版本号（build number）的理念是一样的，一个不断增加的数字可以将某个版本与其他版本区分开来，并作为参考。然而，普通形式的构建版本号用起来可能会显得有点单调。

最好是使用类似于语义化版本管理系统的结构，因为这样便于大家理解。但并不采用具体的规则来约束，而是用略宽松的方式：

- 对于一个新的版本，通常要增加修订版本号。
- 当修订版本号变得太高时（比如说，到了 100、10，或其他某些数字），则增加次版本号，并将修订版本号设置为零。
- 有的时候，当相关的项目进展达到某些特定的里程碑阶段时，根据项目负责人的设定，可提前增加次版本号。

❑ 对主版本号也是如此。

这样就使得版本号以一致的规则增长，而且不必太在意其具体意义。

这种结构对于像在线云服务这样的系统非常有效，从本质上讲，这类系统需要一个增长的计数器，因为在同一时间只会部署单一版本的系统。在这种情况下，版本号本身的首要用途在于内部使用，不会像严格的语义化版本管理那样需要维护。

2.5 前端与后端

通常划分不同服务的方法是人们常说的“前端”（frontend）和“后端”（backend），用以描述软件的层次，其中靠近最终用户的这一层是前端，后面那层是后端。

传统意义上的前端是负责表现层的这一层，在用户这边，而后端则是数据访问层，服务于业务逻辑。在 C/S（Client-Server，客户端–服务器）架构中，客户端是前端，服务器是后端，如图 2-4 所示。

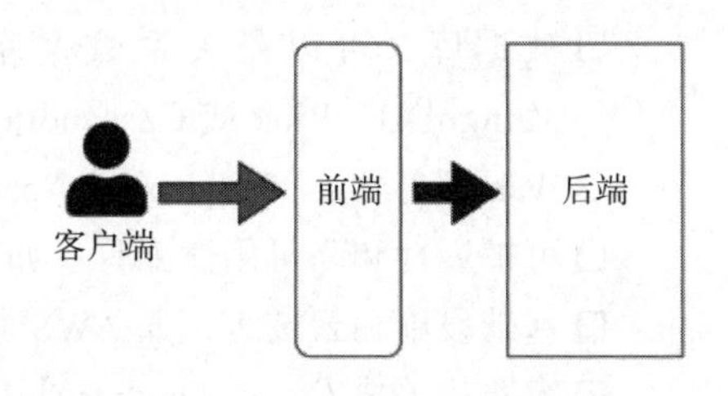

图 2-4 客户端–服务器架构

随着软件系统的架构变得越来越复杂，这些术语也变得容易产生歧义，其理解通常要取决于上下文。前端几乎总是被直接理解为用户界面，而后端则可对应于多个层次，它指的是为所讨论的那些系统提供支持服务的下一个层次。例如，在云计算应用中，Web 应用可使用 MySQL 这样的数据库作为存储后端，或者使用 Redis 这样的内存存储作为缓存后端。

通常前端和后端的实现方法是完全不同的。

前端关注的焦点是用户体验，所以最重要的问题是可用性、令人愉悦的设计、响应能力等。针对这些问题，很多时候需要对“最终外观”以及如何让操作更加易用等有独到的见解。前端代码在最终用户那里执行，所以对不同类型终端硬件的兼容性很重要。同时，前端的业务负载分散于各用户终端，所以从用户界面的角度来看，其运行性能是最重要的。

后端则更注重于稳定性。在这里，硬件受到严格的控制，但负载并不分散，因而通过控制所使用的资源总量来优化后端系统的性能显得尤为重要。调整后端功能是比较容易的，因为只需修改一次，对所有的用户都会同时生效。但这也意味着风险更大，因为相关的问题会影响到所有用户。这样的需求环境更加注重扎实的工程实践和故障的可重现性。

全栈工程师这个词通常用来形容那些能自如地从事多种类型工作的人。虽然这种情况在某些领域是可行的，但事实上很难找到一个完全适合或愿意长期从事多种工作的人。

大部分工程师会自然而然地倾向于只做特定类型的工作任务，而且大多数公司都会安排不同的团队来从事各领域的工作。从某种程度上说，每类工作任务的特点都是不一样的，前端工作更注重的是设计的格调，而后端用户则更在意达成系统的稳定性和可靠性。

一般来说，用于前端的常用技术包括以下这些：

- HTML 和相关技术，如 CSS。
- 用于增加互动性的 JavaScript 和库或框架，如 jQuery 或 React。
- 设计工具。

由于操作和控制更直接，后端技术更加多样化，例如：

- 多种编程语言，可以是脚本语言，如 Python、PHP、Ruby 甚至是使用 Node.js 的 JavaScript，或者是编译型语言，如 Java 或 C#。它们甚至可以进行混合编程，用不同的语言实现不同的组件。
- 数据库，可以是关系数据库，如 MySQL 或 PostgreSQL，或非关系数据库，如 MongoDB、Riak 或 Cassandra。
- Web 服务器，如 Nginx 或 Apache。
- 可扩展性和高可用性工具，如负载均衡器。
- 基础设施和云技术，如 AWS 服务。
- 容器相关技术，如 Docker 或 Kubernetes。

前端可以利用后端定义的接口，以用户友好的界面呈现其操作。同一后端可以有多个前端，典型的例子是，针对不同平台的多个智能手机接口，可以使用相同的 API 与后端进行通信。

请记住，前端和后端只是概念上的划分，并不一定需要将不同的流程或存储库按照前端、后端进行区分。常见的前端和后端共存的情况是 Web 框架，如 Ruby on Rails 或 Django，在这样的环境里，可以同时定义前端 HTML 接口，以及处理数据访问和业务逻辑的后端控制器。这些案例中，HTML 代码直接由执行数据访问的同一进程提供。这个过程中使用 MVC（Model View Controller，模型 – 视图 – 控制器）架构来进行逻辑划分。

MVC 架构

MVC（模型 – 视图 – 控制器）是一种将程序的逻辑划分为三个不同组件的设计模式。

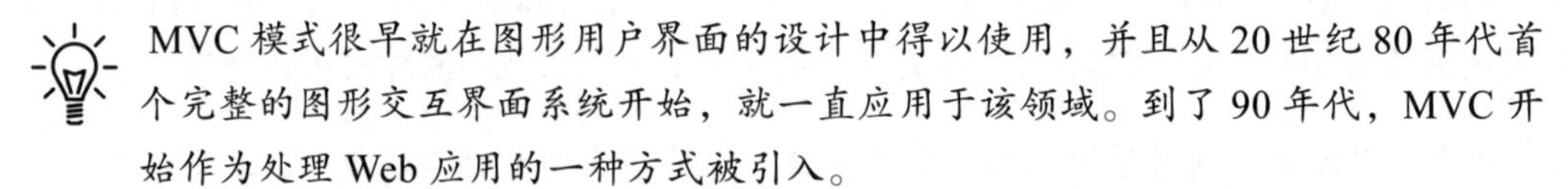

MVC 模式很早就在图形用户界面的设计中得以使用，并且从 20 世纪 80 年代首个完整的图形交互界面系统开始，就一直应用于该领域。到了 90 年代，MVC 开始作为处理 Web 应用的一种方式被引入。

- 这种架构确实非常成功，因为它实现了清晰的概念分离。
- Model（模型）用于管理数据。
- Controller（控制器）接收用户的输入并将其转化为对模型的操作。

❑ View（视图）用于呈现用户想要了解的信息。

从本质上讲，模型是系统的核心，因为它完成的是数据处理相关操作。控制器反映用户的输入，而视图则描绘操作的输出。MVC 模式如图 2-5 所示。

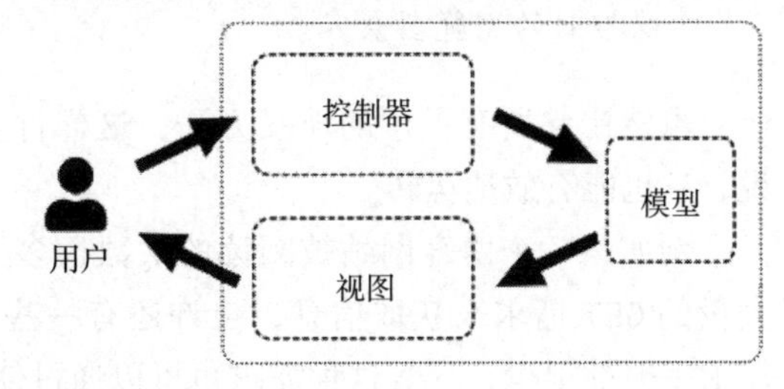

图 2-5 MVC 模式

MVC 架构可以在不同的层面上来考量，也可以将其看作是分成不同层级的。如果几个元素间有交互，它们也可以有自己的 MVC 架构，系统的模型部分也能与提供信息的后端进行对话。

MVC 模式可以用不同的方式来实现。例如，Django 声称它是一个模型视图模板，因为控制器更像是框架本身。然而，这些都是次要的细节问题，与总体设计并不矛盾。

模型可以说是 MVC 架构三个组成部分中最重要的元素，因为它是其核心内容。模型包含数据访问，同时也包含业务逻辑。完善的模型组件可以抽象的方式将应用程序的逻辑从数据输入和信息输出的操作中分离出来。

通常情况下，控制器之间的某些界限会有点模糊。各种输入信息可能在控制器中进行处理，并发起对模型的不同调用。同时，输出信息也可在控制器中进行调整，然后再传递给视图。虽然强制执行明确、严格的界限总是很困难的，但好的做法是，牢记每个组件的主要目标是什么，以便提供清晰的思路。

2.6 HTML 接口

虽然严格定义的 API 对那些旨在被其他程序访问的接口是有效的，但花点时间谈谈关于如何创建一个成功的人机接口的基础知识也很有必要。为此，我们将主要讨论 HTML 接口，其目的是让终端用户在浏览器中使用它。

我们将讨论的大部分概念都适用于其他类型的人机接口，如图形用户界面或移动应用程序。

HTML 技术与 RESTful 技术高度相关，因为它们在互联网的早期是并行发展的。通常情况下，两者在现代 Web 应用中是交织在一起的。

2.6.1 传统 HTML 接口

传统 Web 接口的工作方式是基于 HTTP 请求，只使用 GET 和 POST 方法。GET 方法能从服务器上检索一个页面，而 POST 方法则与某些提交数据给服务器的表单搭配使用。

这个是先决条件，因为早期的浏览器只实现了这些方法。虽然现在大多数现代浏览器可以在请求中使用所有的 HTTP 方法，但这仍然是一种常见的需求，从而可以与旧的浏览器兼容。

虽然比起所有可用的那些方法，这样肯定会带来更多限制，但对于简单的网站界面来说，它也能有效地运转。

例如，一个博客网站被阅读的次数远多于在其上撰写博文的次数，所以读者可以使用大量的 `GET` 请求来获取信息，也许还有一些 `POST` 请求用于发表评论。删除或更改评论的需求一般都很少，尽管这种需求也可以通过使用 `POST` 并结合其他 URL 来实现。

请注意，浏览器在重试 `POST` 请求之前会询问你，因为这并非是幂等操作。

由于这些限制，HTML 接口的工作方式与 RESTful 接口是不一样的，但如果在设计中考虑采用抽象和资源的方法，情况也能得到改善。

例如，博客系统常见的一些抽象如下：

- 所有博文（post），以及相关的评论（comment）。
- 一个包含最新博文的主页面。
- 一个搜索页面，能返回包含某个词或标签的博文。

这与资源中的接口非常相似，只有“评论”和“博文”这两类资源，其以 RESTful 的方式进行区分，并以同样的方式结合起来。

传统 HTML 接口的主要局限在于，页面内容的每一点变化都需要刷新整个页面。对于像博客这样的简单应用，这种方式能良好运转，但是针对较复杂的应用则需要采用支持动态内容的系统来实现。

2.6.2 动态页面

为了给浏览器增加交互性，我们可以添加一些 JavaScript 代码，从而直接在浏览器呈现的内容上执行修改页面的操作。例如，从一个下拉菜单中选择界面的颜色。

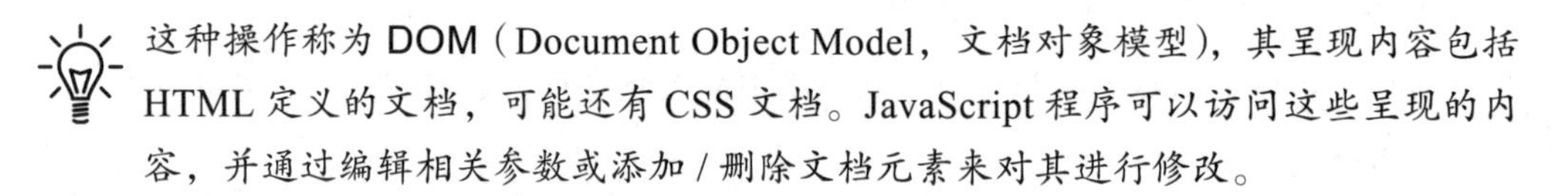

这种操作称为 DOM（Document Object Model，文档对象模型），其呈现内容包括 HTML 定义的文档，可能还有 CSS 文档。JavaScript 程序可以访问这些呈现的内容，并通过编辑相关参数或添加 / 删除文档元素来对其进行修改。

在 JavaScript 程序中，也可以发起独立的 HTTP 请求，所以我们可以用它来完成特定的调用，以检索数据细节来改善用户体验。

例如，有个输入地址的表单，可以用下拉菜单选择国家。在选择某个国家之后，通过对服务器的调用将检索出该国家所对应的地区，并更新输入选项菜单。例如，如果用户选择美国，则美国所有州的列表将被检索出来，并填入界面上的下拉菜单中供选择；如果用户选择加拿大，则将使用地区和省的列表来代替，如图 2-6 所示。

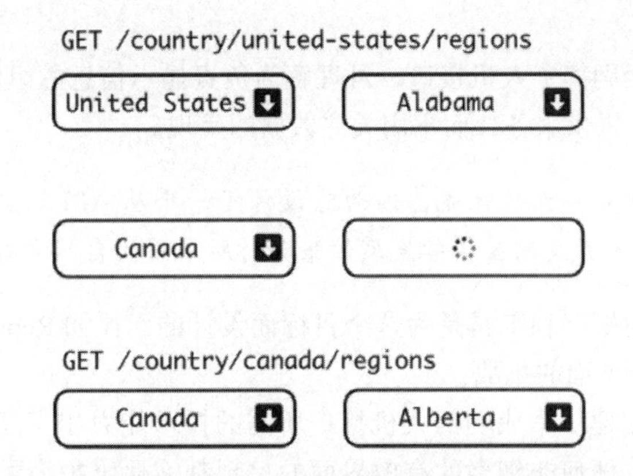

图 2-6 通过下拉菜单内容的自动匹配来改善用户体验

还有一个在某种程度上实现界面逆向更新的例子，就是可以使用邮政编码来自动确定州。

实际上，网上有一个服务可以检索此信息，地址是 https://zippopotam.us/。访问该网站不仅能查询到结果，而且还会以 JSON 格式返回更详细的信息。

这种类型的调用被称为**异步 JavaScript 和 XML**（AJAX）。虽然名字中提到了 XML，但这并不是必需的，所有格式的信息都可以进行检索。目前，使用 JSON 格式乃至纯文本都是非常普遍的。当然还可以使用 HTML，所以页面的某个区域可以用来自服务器的信息片段（snippet）来代替，如图 2-7 所示。

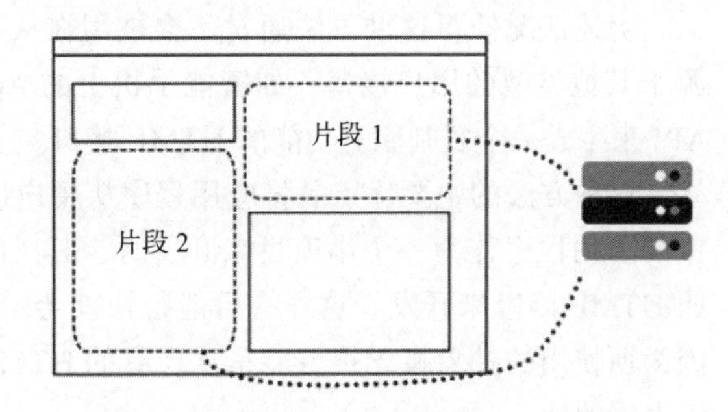

图 2-7 使用 HTML 来替换页面中的区域

纯 HTML 的内容虽然显得有点不那么优雅，但其实也很有效，所以很普遍的做法是，使用 RESTful API 来检索这些小的 HTML 元素，预期数据以 JSON 格式返回，然后通过 JavaScript 代码来完成基于 DOM 的页面修改操作。鉴于这个 API 的目的并不是要完全取代 HTML 接口，而是对其进行补充，所以当前 RESTful API 的功能实现可能并不那么完善。仅使用这些 RESTful 调用，是无法创造出完整的用户体验的。

其他的应用程序可直接采取 API 优先（API-first，即以 API 为中心）的技术路线，并基于此开发完善用户浏览体验。

2.6.3 单页应用程序

单页应用程序（single-page App）蕴含的理念很简单，就是打开单个 HTML 页面并动态地改变其内容。如果有任何新的数据需要，它将通过一个特定的（通常是 RESTful）API 来访问。

这种应用模式完全剥离了人机接口，可理解为负责显示信息的组件与后端服务的分离。后端只为 RESTful API 提供服务，而不用关注数据的呈现。

这种方法有时被称为 API 优先，因为它设计了一个从 API 到呈现的系统，而不是逆向创建，这是开发需要持续发展的服务时所采用的自然方式。

虽然有一些特定的框架和工具是为这个目标而设计的，比如 React 或 AngularJS，但这种方法主要面临着两个方面的挑战：

- 在单个页面上创建一个成功的人机接口所需的技术能力相当高，即使在有工具的帮助下也是如此。任何非细微的有效界面的呈现都需要维护大量的状态，并处理多个调用。这种情况下很容易出现错误，从而影响到页面的稳定性。传统浏览器采用的是完全独立的页面，会限制每个操作步骤的作用域，这样的方式更容易把握。

请记住，浏览器本身带有一些可能难以避免或取代的界面，例如，点击后退按钮。

- 由于需要事先设计和准备 API，因此项目在启动阶段进展会相对比较缓慢。它需要更多的规划和前期准备，即使前、后端并行开发，也会有一定困难。

上述情况使得这种方法通常不会被用在从头开发的新应用中。然而，如果应用程序起源于其他类型的用户接口，如智能手机上的 App，那么它就可以利用已经存在的 RESTful API 来生成一个复制原有功能的 HTML 接口。

这种方法的主要优点是将应用程序从用户接口中分离出来。当把一个有常规 HTML 接口的应用程序作为一个小项目来开发时，其风险在于，任何其他的用户接口都会倾向于遵照 HTML 接口来开发。这样有可能很快就会带来大量的技术负债，并影响到 API 的设计，因为所使用的抽象概念很可能是从现有的 HTML 接口衍生出来的，而并不是最合适系统后续发展的。

纯粹的 API 优先方法很大程度做到了接口分离，所以创建出的新接口和已经存在的 API 同样易于使用。对于需要多种接口的应用，比如既要支持 HTML 接口，也要支持 iOS 和 Android 这些不同智能手机的 App，这种方法也许是一种好的解决方案。

在呈现完整的用户接口方面，单页应用程序也相当具有创新性。它可以生成丰富而复杂的界面，甚至超越传统意义上的“网页”，比如游戏或交互式应用的场景。

2.6.4 混合模式

正如我们所看到的，系统完全基于单页应用程序来开发可能是相当具有挑战性的。从某种程度上来说，这种方式是让浏览器来完成相关业务。

所以通常情况下，在进行系统设计时不会采取这么极端的方式，而是创造一个更为传统的 Web 界面。这种界面依然会被当作 Web 应用程序，但它在很大程度上依赖于

JavaScript，并使用 RESTful 接口获取信息。可以将其作为从传统的 HTML 接口过渡到单页应用程序的一个顺理成章的步骤，但也可能是一个有意识的决定。

这种方法结合了前述的两种模式。一方面，它仍然需要 HTML 接口来呈现界面上常规性的内容，提供清晰的页面供浏览。另一方面，它创建了 RESTful API 来填充大部分的信息，并使用 JavaScript 来调用该 API。

这种方法与动态页面的方法类似，但有一个重要的区别，那就是其目的在于设计一系列关联的 API，可以不必遵照 HTML 接口来使用。这种实现方法是完全不一样的。

在具体实践过程中，这种方法往往会创建出不太完整的 RESTful API，因为某些元素可能会被直接添加到它的 HTML 部分。但与此同时，它允许先将部分元素迭代迁移到 API 中来实现，并随着时间的推移再对更多的元素进行迁移，具体实施步骤可以非常灵活地进行调整。

2.7 API 设计示例

正如本书 1.4 节所讨论的，我们需要对示例中的不同接口进行定义。请记住，这个例子是一个微博应用，它允许用户自己撰写博文，以供其他人阅读。

在这个例子中，有两个主要的接口：

- 一个 HTML 接口，允许用户使用浏览器与服务端进行交互。
- 一个 RESTful API，允许创建其他客户端，如智能手机 App。

接下来讨论第二个接口的设计。我们首先将对各种基本概念和所要使用的资源进行描述：

- **用户**（user）：代表应用程序的用户。它将定义为一个用户名和密码，用于登录系统。
- **博文**（micropost）：由用户发布的最多包含 255 个字符的小段文字。可以选择将博文发给用户。博文包含其创建时间。
- **博文列表**（collection）：用户博文的集合。
- **关注人**（follower）：用户可以关注其他用户。
- **时间线**（timeline，亦称时间轴）：按序排列的被关注用户的博文列表。
- **搜索**（search）：允许搜索用户，或搜索博文中的文字。

我们可以用 RESTful 的方式将这些元素定义为资源，就像本章前面介绍的那样，首先是 URI 速览：

```
POST   /api/token
DELETE /api/token
GET    /api/user/<username>
```

```
GET    /api/user/<username>/collection
POST   /api/user/<username>/collection
GET    /api/user/<username>/collection/<micropost_id>
PUT    /api/user/<username>/collection/<micropost_id>
PATCH  /api/user/<username>/collection/<micropost_id>
DELETE /api/user/<username>/collection/<micropost_id>
GET    /api/user/<username>/timeline
GET    /api/user/<username>/following
POST   /api/user/<username>/following
DELETE /api/user/<username>/following/<username>
GET    /api/user/<username>/followers
GET    /api/search
```

请注意，我们为 /token 添加了 POST 和 DELETE 资源，以处理登录和注销操作。

完成这个简单的设计之后，接下来就是定义每个端点。

2.7.1 端点

我们将按照本章前面介绍的模板来详细描述所有的 API 端点。

登录：

- 描述：使用适当的认证凭据，返回一个有效的访问令牌。该令牌作为 Authorization（授权）头部信息包含在请求中。
- 资源 URI：/api/token
- 方法：POST
- 请求正文：

```
{
 "grant_type": "authorization_code"
    "client_id": <client id>,
    "client_secret": <client secret>
}
```

- 返回正文：

```
{
  "access_token": <access token>,
  "token_type":"bearer",
  "expires_in":86400,
}
```

- 错误：

```
400 Bad Request Incorrect body.
400 Bad Request Bad credentials.
```

注销：

- 描述：将访问令牌作废。如果操作成功，则返回 204 No Content 错误。

- ❑ 资源 URI：/api/token
- ❑ 方法：DELETE
- ❑ 错误：
- ❑ 头部信息：Authentication: Bearer: <token>

```
401 Unauthorized Trying to access this URI without being
properly authenticated.
```

检索用户：

- ❑ 描述：返回用户名资源。
- ❑ 资源 URI：/api/users/<username>
- ❑ 方法：GET
- ❑ 头部信息：Authentication: Bearer: <token>
- ❑ 查询参数：

```
size Page size.
page Page number.
```

- ❑ 返回正文：

```
{
    "username": <username>,
    "collection": /users/<username>/collection,
}
```

- ❑ 错误：

```
401 Unauthorized Trying to access this URI without being
authenticated.
404 Not Found Username does not exist.
```

检索用户的博文列表：

- ❑ 描述：以分页的形式返回某用户所有博文的列表。
- ❑ 资源 URI：/api/users/<username>/collection
- ❑ 方法：GET
- ❑ 头部信息：Authentication: Bearer: <token>
- ❑ 返回正文：

```
{
    "next": <next page or null>,
    "previous": <previous page or null>,
    "result": [
        {
            "id": <micropost id>,
            "href": <micropost url>,
            "user": <user url>,
            "text": <Micropost text>,
```

```
            "timestamp": <timestamp for micropost in ISO 8601>
        },
        ...
    ]
}
```

- 错误：

```
401 Unauthorized Trying to access this URI without being
authenticated.
404 Not Found Username does not exist.
```

创建新的博文：

- 描述：创建一篇新的博文。
- 资源 URI：`/api/users/<username>/collection`
- 方法：POST
- 头部信息：`Authentication: Bearer: <token>`
- 请求正文：

```
{
    "text": <Micropost text>,
    "referenced": <optional username of referenced user>
}
```

- 错误：

```
400 Bad Request Incorrect body.
400 Bad Request Invalid text (for example, more than 255
characters).
400 Bad Request Referenced user not found.
401 Unauthorized Trying to access this URI without being
authenticated.
403 Forbidden Trying to create a micropost of a different user
to the one logged in.
```

检索博文：

- 描述：返回指定 ID 的一篇博文。
- 资源 URI：`/api/users/<username>/collection/<micropost_id>`
- 方法：GET
- 头部信息：`Authentication: Bearer: <token>`
- 返回正文：

```
{
    "id": <micropost id>,
    "href": <micropost url>,
    "user": <user url>,
    "text": <Micropost text>,
    "timestamp": <timestamp for micropost in ISO 8601>,
```

```
"referenced": <optional username of referenced user>
}
```

- 错误:

```
401 Unauthorized Trying to access this URI without being
authenticated.
404 Not Found Username does not exist.
404 Not Found Micropost ID does not exist.
```

更新博文:

- 描述：更新指定 ID 博文中的文字。
- 资源 URI：`/api/users/<username>/collection/<micropost_id>`
- 方法：PUT，PATCH
- 头部信息：`Authentication: Bearer: <token>`
- 请求正文：

```
{
    "text": <Micropost text>,
"referenced": <optional username of referenced user>
}
```

- 错误:

```
400 Bad Request Incorrect body.
400 Bad Request Invalid text (for example, more than 255
characters).
400 Bad Request Referenced user not found.
401 Unauthorized Trying to access this URI without being
authenticated.
403 Forbidden Trying to update a micropost of a different user
to the one logged in.
404 Not Found Username does not exist.
404 Not Found Micropost ID does not exist.
```

删除博文:

- 描述：删除指定 ID 的一篇博文。如果成功，则返回 204 No Content 错误。
- 资源 URI：`/api/users/<username>/collection/<micropost_id>`
- 方法：DELETE
- 头部信息：`Authentication: Bearer: <token>`
- 错误:

```
401 Unauthorized Trying to access this URI without being
authenticated.
403 Forbidden Trying to delete a micropost of a different user
to the one logged in.
404 Not Found Username does not exist.
404 Not Found Micropost ID does not exist.
```

检索用户的时间线：

- 描述：以分页的形式返回用户时间线上所有博文的列表。博文将按照时间戳的顺序返回，时间最久的最先返回。
- 资源 URI：/api/users/<username>/timeline
- 方法：GET
- 头部信息：Authentication: Bearer: <token>
- 返回正文：

```
{
    "next": <next page or null>,
    "previous": <previous page or null>,
    "result": [
        {
            "id": <micropost id>,
            "href": <micropost url>,
            "user": <user url>,
            "text": <Micropost text>,
            "timestamp": <timestamp for micropost in ISO 8601>,
            "referenced": <optional username of referenced user>
        },
        ...
    ]
}
```

- 错误：

```
401 Unauthorized Trying to access this URI without being
authenticated.
404 Not Found Username does not exist.
```

检索某个用户所关注的用户：

- 描述：返回所选用户关注的所有其他用户的列表。
- 资源 URI：/api/users/<username>/following
- 方法：GET
- 头部信息：Authentication: Bearer: <token>
- 返回正文：

```
{
    "next": <next page or null>,
    "previous": <previous page or null>,
    "result": [
        {
            "username": <username>,
            "collection": /users/<username>/collection,
        },
        ...
    ]
}
```

❑ 错误：

```
401 Unauthorized Trying to access this URI without being
authenticated.
404 Not Found Username does not exist.
```

关注某用户：

❑ 描述：让指定的用户关注另一用户。

❑ 资源 URI：/api/users/<username>/following

❑ 方法：POST

❑ 头部信息：Authentication: Bearer: <token>

❑ 请求正文：

```
{
    "username": <username>
}
```

❑ 错误：

```
400 Bad Request The username to follow is incorrect or does not
exist.
400 Bad Request Bad body.
401 Unauthorized Trying to access this URI without being
authenticated.
404 Not Found Username does not exist.
```

取消关注某用户：

❑ 描述：取消关注某个用户。如果成功，则返回 204 No Content 错误。

❑ 资源 URI：/api/users/<username>/following/<username>

❑ 方法：DELETE

❑ 头部信息：Authentication: Bearer: <token>

❑ 错误：

```
401 Unauthorized Trying to access this URI without being
authenticated.
403 Forbidden Trying to stop following a user who is not the
authenticated one.
404 Not Found Username to stop following does not exist.
```

检索关注某用户的其他用户信息：

❑ 描述：以分页形式返回所有关注该用户的用户列表。

❑ 资源 URI：/api/users/<username>/followers

❑ 方法：GET

❑ 头部信息：Authentication: Bearer: <token>

❑ 返回正文：

```
{
    "next": <next page or null>,
    "previous": <previous page or null>,
    "result": [
        {
            "username": <username>,
            "collection": /users/<username>/collection,
        },
        ...
    ]
}
```

❑ 错误：

```
401 Unauthorized Trying to access this URI without being
authenticated.
404 Not Found Username does not exist.
```

搜索博文：

❑ 描述：以分页的形式返回符合搜索条件的博文。

❑ 资源 URI：`/api/search`

❑ 方法：`GET`

❑ 头部信息：`Authentication: Bearer: <token>`

❑ 查询参数：

```
username: Optional username to search. Partial matches will be
returned.
text: Mandatory text to search, with a minimum of three
characters. Partial matches will be returned.
```

❑ 返回正文：

```
{
    "next": <next page or null>,
    "previous": <previous page or null>,
    "result": [
        {
            "id": <micropost id>,
            "href": <micropost url>,
            "user": <user url>,
            "text": <Micropost text>,
            "timestamp": <timestamp for micropost in ISO 8601>,
            "referenced": <optional username of referenced user>
        },
    ]
}
```

❑ 错误：

```
400 Bad Request No mandatory query parameters.
400 Bad Request Incorrect value in query parameters.
401 Unauthorized Trying to access this URI without being
authenticated.
```

2.7.2 设计及实现审查

针对新的 API 所采用的这种先描述、再设计的“两步法”，让你能够迅速地看到设计过程中是否有问题。然后再对其进行迭代，直至问题得到修复。下一步要做的是开始实现所设计的 API，我们将在后续章节中看到。

2.8 小结

在本章中，我们介绍了 API 设计的基本原理，即如何创建一套有用的抽象概念，使用户能够完成相关操作且无须关心其内部细节。因此我们首先阐述了如何用资源和操作来定义一个 API。

API 定义相关的内容中涵盖了 RESTful 接口，该接口所具备的某些特性，使其非常有利于进行 Web 服务器的设计。在设计 RESTful 接口时，我们描述了包括 OpenAPI 工具在内的一系列实用的标准和技术，以创建符合一致性且完整的接口。然后还讨论了认证过程的细节，因为这些是非常重要的 API。

需要牢记的是，涉及使用外部的安全 API 时，得格外小心。我们介绍了一些基本的理念和常见的策略，但请注意，安全问题并非本书的重点。这是进行任何 API 设计时都要考虑的关键问题，应当小心谨慎。

我们还介绍了版本管理的概念，以及如何根据 API 的具体使用情况来选择合适的版本管理模式。在讨论了前端和后端的区别，以及如何将其同具体应用相结合之后，还阐述了 MVC 模式，这是一种应用非常广泛的软件架构模式。

接着讨论了 HTML 接口的各种实现方式，从而了解 Web 服务中多种接口的总体概况。关于如何构建 HTML 服务并与其他 API 交互，本章介绍了各种不同的技术路线。

在结尾部分，我们还介绍了基于 RESTful 接口设计的范例，同时结合前述理论提供了具体且实用的 API 和端点设计。

API 设计还有一个关键因素，那就是数据结构。我们将在下一章继续相关内容的学习。

Chapter 3 第3章

数据建模

所有应用程序的核心都在于它的数据。从本质上讲，任何计算机应用程序都是用于处理信息的系统，接收信息，转换信息，然后返回信息或从信息中提取洞察结果。系统存储的数据是这个闭环中的关键部分，因为它让你可以利用之前已经处理过的信息。

在这一章，我们将讨论如何在应用程序中对所存储的数据进行建模，以及有哪些不同的方法可用来组织和存储要持久化的数据。

首先介绍各种数据库类型，这对于理解它们的不同应用场景至关重要，但在本章中，我们主要关注关系数据库，因为这是最常见的类型。我们还将了解事务的概念，以确保那些对数据的修改能一次性完成。

接着讨论的是，通过使用多个服务器来增加关系数据库的适用范围的各种方法，以及每种方法的应用场景。

之后，还将学习在进行数据库模式设计时的各种方法，以确保我们的数据能以最好的方式进行组织。这部分内容还涉及如何通过索引的使用来实现对数据的快速访问。

让我们先来了解各种类型的数据库。

3.1 数据库的类型

应用程序的所有持久性数据都应当存于某个数据库中。正如前文所述，数据是一切应用程序中最关键的部分，正确地处理数据对于确保项目的可行性尤为重要。

从技术上讲，数据库是数据本身的集合，由DBMS（DataBase Management System，数据库管理系统）处理，它可以完成数据的输入和输出。通常情况下，

“数据库”这个词既指数据集合，也指管理系统，具体含义取决于上下文。大多数 DBMS 允许访问所含的多个同类型数据库，但基于实现数据在逻辑上分离的考虑，不能在各数据库之间交叉连接。

在软件系统发展历程的大部分过程中，数据库都是关键性的工具。它们创建了一个抽象层，允许访问数据，而不必过多地关心硬件设备是如何对数据进行组织的。大多数数据库可以自行定义数据的结构，而不必担心其幕后实现过程。

正如我们在第 2 章所讨论的，这种抽象并不完美，有时我们不得不了解数据库的内部结构，以提高性能或以“有效的方式”做事。

DBMS 是软件系统中投资最多且最成熟的项目之一。每个 DBMS 都有自己的独有特性，以至于有一种专门针对“数据库专家”的工作职位：DBA（DataBase Administrator，数据库管理员）。

在很长一段时间内，DBA 的岗位在市场上非常受欢迎，且需要高度专业化的工程师，DBA 在工作中专门负责某种特定的 DBMS。作为数据库系统的专家，DBA 既要掌握如何访问数据库，又要确保对数据库所做的任何调整都能让系统充分地发挥作用。他们通常是唯一被允许更改或维护数据库的人。

硬件和软件的性能改进，以及用于处理数据库复杂性的外部工具的发展，使得 DBA 的角色不再那么常见，尽管还存在于某些机构中。在某种程度上，系统架构师的角色取代了 DBA 的部分职责，虽然架构师的角色在工作中更侧重于监督而非守门人。

市场上有多种 DBMS，有高质量的开源软件供选择，可支持大多数的应用场景。简单来说，我们可以把当前可用的 DBMS 大致分为以下几类：

- **关系数据库**（relational database）：数据库中默认的标准。使用 SQL 查询语言，且有着定义的模式。例如，类似 MySQL 或 PostgreSQL 这样的开源软件，或者像 Oracle 或 MS SQL Server 这样的商业产品。
- **非关系数据库**（non-relational database）：非传统的新型、多样化的数据库系统，包括特性各不同的产品，如 MongoDB、Riak 或 Cassandra。
- **小型数据库**（small database）：这类数据库的定位是嵌入系统中使用，最著名的例子是 SQLite。

下面让我们更深入地了解这些数据库系统。

3.1.1 关系数据库

关系数据库又称为关系型数据库，这是最常见的数据库类型，也是提到数据库时首先就会想到的。数据库的关系模型是在 20 世纪 70 年代建立的，它的基础是创建一系列可以相互关联的表（table）。自 20 世纪 80 年代以来，关系数据库已经变得非常普及。

关系数据库中定义的每个表都有一些固定的字段（field）或列（column），数据被表述为记录（record）或行（row）。表的容量在理论上是无限的，所以可以添加越来越多的行到表中。其中的某一列被定义为主键（primary key），用于唯一地描述每行记录。因此，主键的内容在表中必须是独一无二的。

如果有某种足够独特且具备描述性的值，则它可以用于主键，这种称为自然键（natural key）。自然键也可以是字段的组合，尽管这种做法会影响其易用性。当自然键不可用时，数据库可以直接采用一个递增的计数器，以确保它在每一行都是唯一的，这种称为代理键（surrogate key）。

在需要时，主键可以用来在其他表中引用该记录，这样就建立了表间的关系。当表中的某列引用了另一个表时，该列就称为外键（foreign key）。

通过这些引用可以建立一对一的关系；或当某条记录引用了另一个表中的多条记录时，可建立一对多的关系；或者还可建立多对多的关系，此时需要一个中间表来实现交叉连接。

所有这些信息都需要在数据库的模式（schema）中进行定义。模式描述了数据库包含的每个表，每个表的字段和类型，以及它们之间的关系。

关系数据库中的关系实际上是约束。这意味着，如果数据还在某处被引用，它就不能被删除。

关系数据库有着严谨的数学背景，尽管它是以不同程度的约束来实现的。

需要注意的是，定义模式需要提前规划，并考虑到后续可能会进行的调整。在录入数据之前定义字段类型时，也需要意识到后续可能要做的调整。虽然模式可以再修改，但这毕竟是一个敏感操作，如果不注意的话，可能会导致数据库在一段时间内无法访问，在最糟糕的情况下，数据甚至会出现错误或不一致的情况。

还可以在数据库上执行查询操作，以搜索符合设定条件的数据。为此，可以根据表的关系将其连接起来。

几乎所有的关系数据库都是使用 SQL（Structured Query Language，结构化查询语言）来进行交互的。这种语言已经成为与关系数据库配套使用的标准，并同样遵循这里所说的概念。SQL 语言既描述了如何查询数据库，又描述了如何添加或修改其数据。

SQL 最主要的特点在于，它是一种声明式（declarative）的语言。这意味着它的语句描述的是结果，而不是像典型的命令式（imperative）语言那样描述获取结果的过程。SQL 语言关注于“做什么”，从而把内部实现细节从“怎么做”中抽象出来。

命令式语言描述控制流，是最常见的语言。命令式语言的例子有 Python、JavaScript、C 和 Java。声明式语言通常被限制在特定的领域，即领域特定语言

（Domain-Specific Language，DSL），可以用更简单的术语描述结果，而命令式语言则更加灵活。

这一特点使得 SQL 在系统之间可以移植，因为在不同的数据库中，同样的 SQL 操作，其内部实现过程可能是不同的。在使用特定的某个关系数据库时，再去匹配其他数据库相对会比较容易。

这种特性有时被用于测试本地数据库，它与系统生产环境最终所用的数据库不同。在部分 Web 框架中这种测试是可行的，但有些情况需要注意，因为复杂的系统有时必须使用特定数据库的独有特性，因而无法进行这种简单的替换。

虽然关系数据库非常成熟和灵活，并被用于很多不同的场景，但也有两方面的主要问题难以处理。一方面需要一个预设的数据模式，正如前文所述。另一方面，更严重的问题是，当数据量达到一定规模后关系数据库难以处理。关系数据库被当作系统中用于提供服务的中心访问节点，一旦达到纵向扩展（vertical scaling，亦称垂直扩展）的极限，系统规模的增长就需要一些复杂的技术来实现。

本章后续内容中，我们将讨论处理该问题的具体技术，以提高关系数据库系统的可扩展性。

3.1.2 非关系数据库

非关系数据库是一类不符合关系范式的、多样化的数据库管理系统。

非关系数据库也被称为 NoSQL，强调了其 SQL 语言的关系特性，意味着“Not（非）SQL”或“Not Only（不仅是）SQL”，以进一步反映出相比 SQL 其功能的增强而非减弱。

虽然在关系数据库问世之前就已经有了非关系数据库，但自 21 世纪以来，业界一直在引入或寻求非关系数据库的替代方案和设计。它们中的大多数旨在解决关系数据库的两个主要弱点，即其数据局限性和可扩展性问题。

非关系数据库系统的种类繁多，结构迥异，但最常见的有以下几类：

- 键值存储型数据库
- 文档存储型数据库
- 宽列数据库
- 图数据库

让我们来逐一了解这几种类型的非关系数据库系统。

键值存储型数据库

就其功能而言，键值存储型（key-value store）数据库可以说是所有数据库中最简单的。

定义一个键，用于存储对应的值。这个值对系统来说是完全不透明的，不能以任何方式进行查询。在某些键值存储型数据库的实现中，甚至没办法查询系统中的键，取而代之的是，这些键需要某些操作来输入。

这种数据库与散列表或字典非常相似，但规模更大。缓存系统通常是基于这种数据库来存储数据的。

虽然技术上相似，但高速缓存（cache）和数据库之间有一个重要的区别。缓存是一种用于存储已经计算过的数据的系统，以加快其检索速度，而数据库则用于存储原始数据。如果数据不在缓存中，那么可以到不同的系统中去检索，但如果数据不在数据库中，要么是因为数据未被存储，要么就是系统出现了严重故障。

因此，缓存倾向于仅在内存中存储信息，它对系统重启或故障有更强的容错能力，能轻松应对这些情况。没有缓存，系统依然可以运转，只是速度较慢而已。

很重要的是，信息最终不应存储在缺乏有效备份机制的缓存系统中。这种错误偶尔会出现，比如，对临时数据来说，其风险在于，如果系统在特定时刻出了故障，就会导致数据丢失，所以需要注意此类问题。

键值存储型数据库的主要优点是：基于其简单的机制，可以快速存储和检索数据；系统还能横向扩展到很大的规模。由于每个键都是独立的，它们甚至可以存储在不同的服务器中。也可以在系统中采用冗余机制，为每个键和值存储多个副本，尽管这样会降低信息的检索速度，因为需要对多个副本进行比对以检测数据损坏。

典型的键值存储型数据库系统是 Riak 和 Redis（如果使用时启用了持久性）。

文档存储型数据库

文档存储型（document store）数据库基于“文档”的概念，它类似于关系数据库中的“记录”。不过，文档更灵活，因为它不需要遵循预定义的数据格式。它们通常还允许在子字段中嵌入更多的数据，这是关系数据库通常做不到的，对于类似的需求，关系数据库需要创建一个关系并将相关数据存储在不同的表中。

例如，某个文档可能是这样的，以 JSON 格式表示如下：

```
{
    "id": "ABCDEFG"
    "name": {
        "first": "Sherlock",
        "surname": "Holmes"
     }
    "address": {
        "country": "UK",
        "city": "London",
        "street": "Baker Street",
        "number": "221B",
        "postcode": "NW16XE"
```

```
    }
}
```

文档通常以分组的形式存放在集合（collection）中，集合类似于关系数据库中的“表”。一般情况下，文档是通过作为主键的唯一ID来进行检索的，但也可以构建查询以便搜索在文档中创建的字段。

因此，在这个例子中，我们可以检索键（ID）`ABCDEFG`，就像在键值存储型数据库中一样，或者执行更复杂的查询，例如“在detectives（侦探）集合中获取所有`address.country`等于UK的条目”。

请记住，虽然从技术上讲可以创建一个具有完全独立和不同格式的文档的集合，但在实践中，一个集合中的所有文档通常都基于某种类似的格式，有可选的字段或嵌入的数据。

集合中的文件可以通过它们的ID与其他集合中的文件进行关联，形成一个引用（reference），但通常这些数据库不能创建连接查询。同时，应用层可以检索这种关联信息。

一般来说，文档倾向于嵌入信息而不是创建引用。这可能会导致信息的非规范化，造成在多处存在重复信息。我们将在本章后面继续讨论数据非规范化问题。

典型的文档存储型数据库系统是MongoDB（`https://www.mongodb.com/`）和Elasticsearch（`https://www.elastic.co/elasticsearch/`）。

宽列数据库

宽列数据库（wide-column database）用列分隔、组织其数据，并通过某些可选列来创建表。宽列数据库也不能将表中的记录与其他表进行关联。

与纯粹的键值存储型数据库相比，宽列数据库的查询功能要强一些，但需要更多的前期设计工作，以确定系统中哪些类型的查询是允许的。这比面向文档的存储限制更多，后者在设计完成后更加灵活。

通常情况下，各列的数据是有关联的，只能以特定的顺序进行查询。举个例子，比如数据库存在A、B、C三列，查询某行数据时，可以按A、A、B，或者A、B、C进行查询，但不能仅查询C列，或仅查询B、C两列。

宽列数据库定位于具有高可用性和副本数据的、规模非常大的数据库部署。典型的宽列数据库系统是Apache Cassandra（`https://cassandra.apache.org/`）和Google的Bigtable（`https://cloud.google.com/bigtable`）。

图数据库

图数据库（graph database）又称为图形数据库。前述非关系数据库都放弃了在元素之间建立关系的能力，基于此获得其他功能（如可扩展性或灵活性），而图数据库则采取了相反的思路。它极大增强了在元素之间建立关系的功能，因而可以创建复杂的图结构。

图数据库存储的对象是节点（node）和边（edge），或节点之间的关系。节点和边都可以用属性（property）来更好地描述。

图数据库的查询功能可实现根据关系检索信息，如图 3-1 所示。例如，给定一个公司和供应商的列表，在某个特定公司的供应链中，是否有哪些供应商在指定的国家？上到多少个层次？这类问题对于关系数据库中的第一层（获得公司的供应商和他们所属的国家）来说可能很容易解决，但对于第三层关系的数据查询来说则相当复杂且费神。

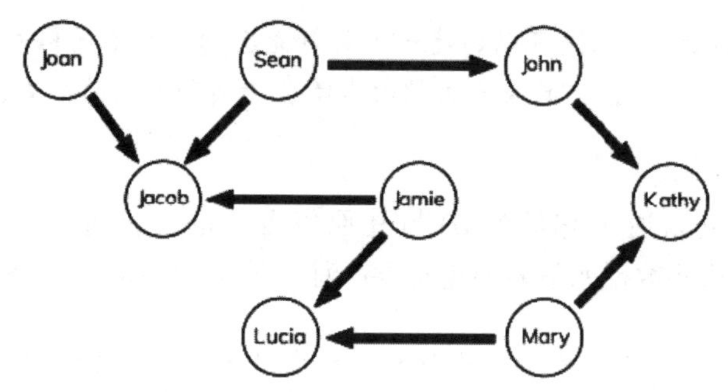

图 3-1 图数据库的典型数据示例

图数据库通常用于社交图谱，即人们或组织之间的联系。典型的图数据库系统是 Neo4j（`https://neo4j.com/`）或 ArangoDB（`https://www.arangodb.com/`）。

3.1.3 小型数据库

与其他的类型相比，这类数据库有些特别。小型数据库系统并非以一个独立的客户端–服务器结构的形式存在，而是被嵌入应用程序的代码中，直接从硬盘驱动器中读取数据。它们通常用于仅需运行单一进程的简单应用程序，且希望以结构化的方式保存信息。

一种简单有效的实现方法是，将信息作为 JSON 对象保存到文件中，并在需要时还原其内容，例如，智能手机 App 的客户端配置信息。当 App 从内存中启动时，加载其配置文件，如果配置发生变化，则将其保存。

举个例子，用 Python 代码实现如下：

```
>>> import json
>>> with open('settings.json') as fp:
...    settings = json.load(fp)
...
>>> settings
{'custom_parameter': 5}
>>> settings['custom_parameter'] = 3
>>> with open('settings.json', 'w') as fp:
...    json.dump(settings, fp)
```

对于少量的数据，这种方式也许可以解决问题，但其局限性是查询不便。最有效的替代方案是采用 SQLite，它是一个成熟的 SQL 数据库，但被嵌入应用系统中，不需要从外部进行调用。SQLite 的数据存储在二进制文件中。

SQLite 非常受欢迎，乃至很多标准库中都包含对它的支持，且无须外部模块，例如，Python 的标准库就是如此：

```
>>> import sqlite3
>>> con = sqlite3.connect('database.db')
>>> cur = con.cursor()
>>> cur.execute('''CREATE TABLE pens (id INTEGER PRIMARY KEY DESC,
name, color)''')
<sqlite3.Cursor object at 0x10c484c70>
>>> con.commit()
>>> cur.execute('''INSERT INTO pens VALUES (1, 'Waldorf', 'blue')''')
<sqlite3.Cursor object at 0x10c484c70>
>>> con.commit()
>>> cur.execute('SELECT * FROM pens');
<sqlite3.Cursor object at 0x10c484c70>
>>> cur.fetchall()
[(1, 'Waldorf', 'blue')]
```

这个模块遵循 DB-API 2.0 规范，它是用于数据库连接的 Python 标准。其目的是实现对不同数据库后端访问的标准化。这会使创建一个可以访问多个 SQL 数据库的高级模块变得很容易，并能以最小的改动将其用于其他应用程序。

可以在 PEP-249 中查看完整的 DB-API 2.0 规范：https://www.python.org/dev/peps/pep-0249/。

SQLite 数据库实现了大部分标准的 SQL 功能。

3.2 数据库事务

对一个数据库来说，在其内部存储数据的过程也许是很复杂的操作。某些情况下，它可能包括修改某个地方的数据，但有时也许会在一个操作中影响到数百万条记录，例如，“更新此时间戳之前创建的所有记录”这个操作。

这些操作的作用范围和合理性如何，高度取决于数据库，但它们与关系数据库非常相似。在这种情况下，通常会涉及事务的概念。

事务是一次性完成的操作。它要么发生，要么不发生，但数据库不会处于中间的状态而导致数据不一致。例如，如果前面所说的操作“更新此时间戳之前创建的所有记录”，会出现由某个错误而导致只有一半的记录被更新这样的情况，那么它就不是一个事务，而是多个独立的操作。

可能出现的情况是，在一个事务的中间出现错误。此时，数据将回到执行事务操作前的初始状态，所以不会有任何记录被更新。

这个特性在某些应用中会被当作对数据库的强制性要求，称为原子性（Atomicity）。也就是说，事务在执行时是原子性的。原子性是被称为 ACID 的四大特性中的主要特性之一。

ACID 中的其他几个特性是一致性（Consistency）、隔离性（Isolation）和持久性（Durability）。这四个特性的具体含义如下：

- 原子性意味着事务是作为一个单元来执行的。它包含的操作要么全部发生，要么不发生。
- 一致性表示事务的操作要符合数据库中定义的所有限制。例如，符合外键约束，或所有修改数据的存储触发器都将被应用。
- 隔离性意味着并行事务的工作方式与它们逐个运行的方式相同，即确保每个事务都不会被其他事务影响。显然，与此不同的是，事务运行顺序的差异可能会影响结果。
- 持久性表明当一个事务确实完成后，即使发生灾难性的故障，如数据库进程崩溃，数据也不会丢失。

这些特性是数据管理的黄金准则。符合 ACID 即意味着数据是安全和一致的。

大多数关系数据库都有这样的概念：启动某个事务后，执行几个操作，然后最终提交事务，这样所有的变化都会一次性提交生效。如果出现问题，事务会失败，恢复到之前的状态。在执行操作的过程中如果发生任何问题，比如约束条件不满足，事务也会被中止。

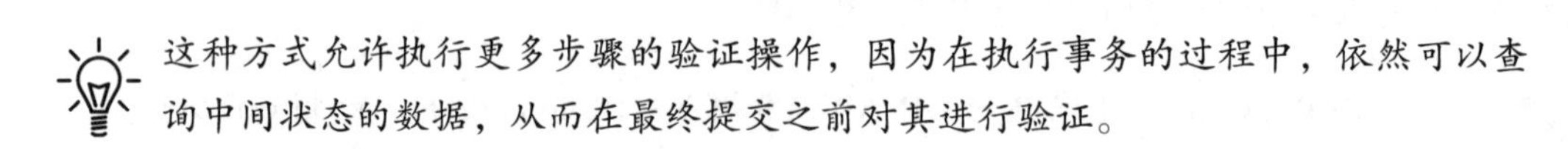

这种方式允许执行更多步骤的验证操作，因为在执行事务的过程中，依然可以查询中间状态的数据，从而在最终提交之前对其进行验证。

ACID 事务在性能方面是有代价的，特别是在可扩展性方面。对持久性的需求意味着数据在从事务中返回之前需要存储在磁盘或其他永久性存储上。隔离性需求意味着每个打开的事务都要以不能看到数据最新状态的方式运行，这样就需要在事务完成之前存储临时数据。一致性则需要复杂的检查，以确保满足所有的约束条件。

几乎所有的关系数据库都是完全符合 ACID 的，这已经成为它们的决定性特征之一。非关系数据库则灵活一些。

即使如此，事实证明，用多个具有这些特性的服务器或节点来扩展数据库系统也是很困难的。这类系统创建了分布式事务，同时在多个服务器上运行。在由多个服务器组成的数据库中维护完全遵循 ACID 的事务相当不容易，而且在性能方面也会有很大的损失，因为系统要了解其他数据库节点所做的事情，并在其中任意一个节点出现故障时回滚事务，这会造成额外的延时。这些问题还会以非线性的方式增加，某种程度上违背了通过多个服务器进行系统规模扩展以提高性能的初衷。

虽然可能会出现这些情况，但很多应用程序都可以规避这些局限。后文中我们将看到一些有效的应对方法。

3.3 分布式关系数据库

正如我们之前讨论的，关系数据库系统在设计时并没有考虑到可扩展性。它们对于实现强数据保证（包括 ACID 事务）是很有效的，但是关系数据库倾向于基于单台服务器的方式进行部署。

这种特性造成了基于关系数据库的应用程序在规模上的限制。

值得注意的是，数据库服务器可以纵向扩展，这意味着要使用更好的硬件。增加服务器的容量或用更高级的服务器取代它，对于高端需求来说，这是实现起来比采用这些技术更容易的解决方案，但这种扩展方式也是受限的。无论什么时候都应仔细核对预期的系统规模是否足够大。目前，在云计算供应商中，有的服务器拥有高达 1 TB 甚至更大的内存。这完全可以满足大量应用场景的需求。

请注意，这些技术对于扩充上线后的系统的规模是非常有用的，而且适用于大多数关系数据库。

ACID 特性的不足之处在于最终一致性（eventual consistency）。其数据处理不是一次性得到处理后的结果的原子操作，而是逐渐转变为最终的状态。即在同一时间系统的每个部分并非都有相同的状态。因此，这种状态变化在系统中传播时会有一定的延迟。这类系统还有一个显著的优点，就是我们可以提高其可用性，因为它不依赖单个节点，任何不可用的节点都可从故障状态恢复。基于集群的分布式特性，这个过程中需要咨询其他各节点，并通过仲裁机制尝试建立足够数量的有效冗余节点。

在考虑是否值得放宽某些 ACID 特性的约束时，在很大程度上取决于你所关注的应用。关键数据延时或数据损坏问题对系统影响会更大，如果无法接受这种状况，也许并不适合用分布式数据库。

为了扩充数据库系统的规模，首先要了解应用程序的数据访问模型是什么样的。

3.3.1 主库 / 副本

很常见的一种情况是，数据读取量远高于写入量。或者用 SQL 术语来说，SELECT 语句的数量远多于 UPDATE 或 DELETE 语句。这是非常典型的应用场景，在这些应用中，对信息的查询操作远多于对信息的更新操作，例如，针对一份报纸，会有大量的访问来阅读其新闻和文章，但相比之下，新的文章并没有那么多。

针对这种情况的常用模式是创建一个集群，加入一个或多个数据库的只读副本（replica），然后将对数据库的读操作分摊到这些副本中，如图 3-2 所示。

对数据的所有写操作都会交给主库（primary）节点，然后数据的变更会自动传播到副本节点。因为副本节点同样包含了整个数据库，而唯一的写操作仅存在于主库节点，这样就加大了系统中可以同时运行的读查询的数量。

大多数关系数据库都支持这种机制，尤其是最常见的MySQL和PostgreSQL数据库。写入节点被配置为主节点，副本节点指向主节点以复制数据。一段时间后，副本节点就有了最新的数据，并与主数据库保持同步。

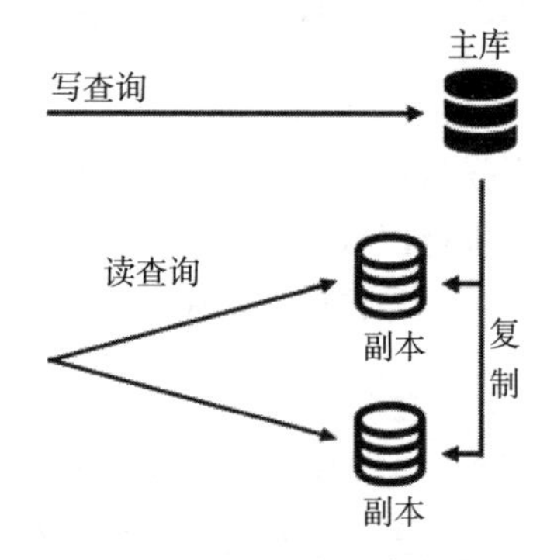

图 3-2 处理多个读查询

主节点的所有数据变化都会被自动复制。不过，复制过程会有点延迟，称为复制延时（replication lag）。这意味着刚写入的数据在一段时间内是无法被读取的，这个时间通常少于一秒钟。

复制延时是衡量数据库健康状况的有效指标。如果延时随着时间的推移而增加，则表明集群没有足够的能力处理当前的访问流量，需要对其进行调整。每个节点的网络状况、设备的基本性能都会对延时的大小产生显著影响。

因此，要避免出现的情况是，在外部数据操作中写入并立即读取该数据或相关的数据，因为这可能会导致数据不一致。这个问题可以通过临时保留数据来解决，以避免立即查询，或者以指定读取主节点数据的方式来解决，从而确保数据的一致性，如图3-3所示。

直接读取主节点的方式应当仅用于必要时，因为这样做不符合减少主服务器查询负担的理念，这也是设立多台服务器的原因！

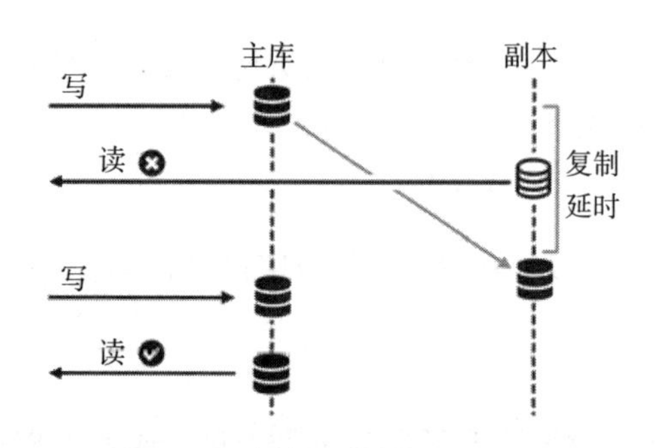

图 3-3 指定读取主库节点的查询

这种机制也可以实现数据冗余，因为主库的数据会持续复制到副本中。当主库出现问题时，副本节点可以被提升为新的主节点。

副本服务器与备份（backup）的作用并不完全相同，尽管它可以用于类似的目的。副本的目的是实现快速操作，并保持系统的可用性。备份实现起来更容易、更便宜，让你可以保留数据的历史记录。备份有可能位于与副本完全不一样的位置，而副本节点则需要与主库服务器之间有良好的网络连接。

> 不要忽视备份系统，即使在有副本可用的情况下。当发生灾难性故障时，备份系统能提供多一层的安全保障。

请注意，这种结构的数据库部署方式可能需要调整应用程序的等级，以了解所有的变化和对不同数据库服务器的访问。有些现成的工具，如 Pgpool（用于 PostgreSQL）或 ProxySQL（用于 MySQL），它们作为数据库访问的中间人并重定向数据访问操作。应用程序将查询发送到这些工具提供的代理程序，然后代理程序根据配置将其重定向。类似上文中的读写模式这样的情况，通过工具难以解决，此时可能需要对应用程序代码进行专门的修改。在应用程序中运行这些工具之前，一定要了解这类工具的工作原理，并进行测试和验证。

基于这种部署结构更简单的案例是采用离线副本（offline replica）。离线副本可以来自备份数据，并且不做实时数据更新。这些副本对于创建无须最新信息的查询非常有用，这种情况下，也许每天的快照就足够了。离线副本在统计分析或数据仓库（data warehouse）等应用中很常见。

3.3.2　分片

如果应用程序有较多的写操作，则采用主库/副本架构可能不太合适。太多的写入操作被导向同一台服务器，这样就会形成性能瓶颈。或者，如果系统流量增长得太快，就会超过单台服务器所能承载的写入操作上限。

可采取的解决方案之一，是对数据进行水平分区（horizontal partitioning）。这意味着根据某个特定的键将数据分为不同的数据库，将所有相关的数据放入同一个服务器。每个不同的区（partition）被称为一个分片（shard）。

> 请注意，“分区”（partitioning）和“分片”（sharding）可以当作同义词，尽管在现实中，分片只是用于水平分区的情况下，将一张表分离到不同的服务器。分区的操作则更广泛，比如把一个表分成两个，或者分成不同的列，这种操作通常不叫分片。

分区键（partition key）被称为分片键（shard key），根据它的值的不同，每一行数据记录将被分配到一个特定的分片，如图 3-4 所示。

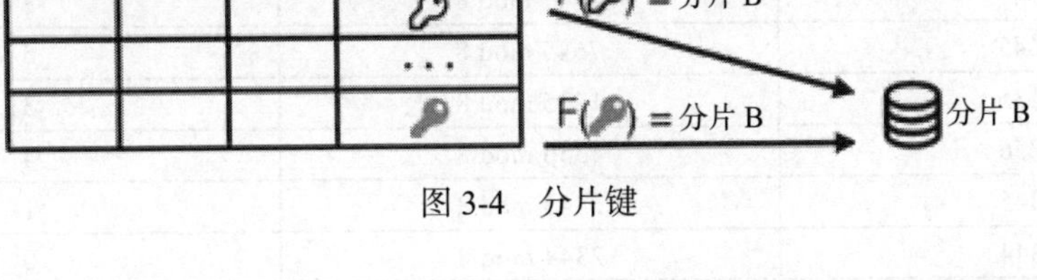

图 3-4　分片键

分片这一名称来自电子游戏《网络创世纪》(*Ultima Online*)，该游戏在 20 世纪 90 年代末使用类似的策略创造了一个“多元宇宙”，多位玩家可以在不同的服务器上玩同一个游戏。玩家们称之为“shard”(游戏中译为碎片)，因为这些碎片是同一现实的各个方面，其中包含了不同的玩家。shard 这个名称延续至今，依然被用来描述这种结构。

所有数据操作都需要先确定适合采取哪种分片。任何涉及两个或更多分片的操作都有可能无法进行，或者只能依次执行。当然，这样就排除了在一个事务中执行这些操作的可能性。无论何时，这些操作的代价都会非常高，应当尽可能避免。当数据分区顺利时，分片是一个很好的主意，而当执行影响多个分片的查询时，采用分片就非常糟糕。

有些 NoSQL 数据库允许本地分片能自动处理所有这些问题。常见的例子之一是 MongoDB，它甚至能够以一种透明的方式在多个分片中运行查询。不过，这些查询通常都会比较慢。

分片键的选择也很关键。一个好的键应该遵循数据之间的自然分区特性，因此不需要执行跨分片的查询。比如，如果用户的数据是独立于其他用户的，这种情况可能发生在照片共享应用中，此时，用户标识符可能就是一个很好的分片键。

还有一个重要的特性就是，分片查询的实现取决于分片键。也就是说每个查询都要有分片键可用，分片键应当作为每个操作的输入。

分片键的另一个属性是，数据最好以分片的方式进行分配，即分片具有相同的大小，或者至少它们足够相似。如果一个分片比其他分片大得多，可能会导致数据不平衡的问题，使得查询的任务分布不够充分，并且可能会导致部分分片存在性能瓶颈。

完全分片

完全分片时，数据会全都被分割成分片，每个操作的输入都包含分片键。分片是根据分片键来确定的。

为了确保分片的均衡，每个键都以在多个分片之间平均分布的方式进行散列。例如，典型的情况是使用 mod（取模）操作。现在有 8 个分片，可以根据一个平均分配的数字来确定数据被划分到哪个分片，如下表所示。

用户 ID	操作	分片
1234	1234 mod 8	2
2347	2347 mod 8	3
7645	7645 mod 8	5
1235	1235 mod 8	3
4356	4356 mod 8	4
2345	2345 mod 8	1
2344	2344 mod 8	0

如果分片键不是数字，或者它不是均匀分布的，那么可以使用散列函数。例如，在Python中的实现如下：

```
>>> import hashlib
>>> shard_key = 'ABCDEF'
>>> hashlib.md5(shard_key.encode()).hexdigest()[-6:]
'b9fcf6'
>>> int('b9fcf6', 16)  # 以16 为基数进行数字转换
12188918
>>> int('b9fcf6', 16) % 8
6
```

这种策略只有在分片键总是可以作为每个操作的输入时才能实现。当这种方式不可行时，我们需要采用其他方法。

改变分片的数量不是一件容易的事，因为每个键的目的地都是由一个固定的公式决定的。不过，在事先做好准备的情况下，增加或减少分片的数量是可行的。

还可以创建指向同一服务器的“虚拟分片”。例如，要创建100个分片，并使用两个服务器，最初的虚拟分片分布是这样的。

虚拟分片	服务器
0 ～ 49	服务器A
50 ～ 99	服务器B

如果需要增加服务器的数量，虚拟分片的构成就会变成这样。

虚拟分片	服务器
0 ～ 24	服务器A
25 ～ 49	服务器C
50 ～ 74	服务器B
75 ～ 99	服务器D

调整每个分片所对应的服务器可能需要对程序代码做一些修改，但由于分片键的计算没有变动，所以比较容易处理。也可以反过来做类似的操作，但可能会造成负载不平衡，所以需要谨慎行事。

虚拟分片	服务器
0 ～ 24	服务器A
25 ～ 49	服务器C
50 ～ 99	服务器B

每次操作都需要根据分片键调整数据的位置。这是比较耗费资源的操作，尤其是在需要交换大量数据的时候。

混合分片

有时无法做到完全分片，而是需要对输入数据进行转换以确定分片键。例如，如果分

片键是用户 ID，那么当用户登录时就会出现这种情况。用户使用他们的电子邮件信息登录，但邮件地址需要被转换成对应的用户 ID，才能确定要搜索的分片信息。

在这种情况下，可以简单地使用一个外部表（external table）来将特定查询的输入转换成分片键，如图 3-5 所示。

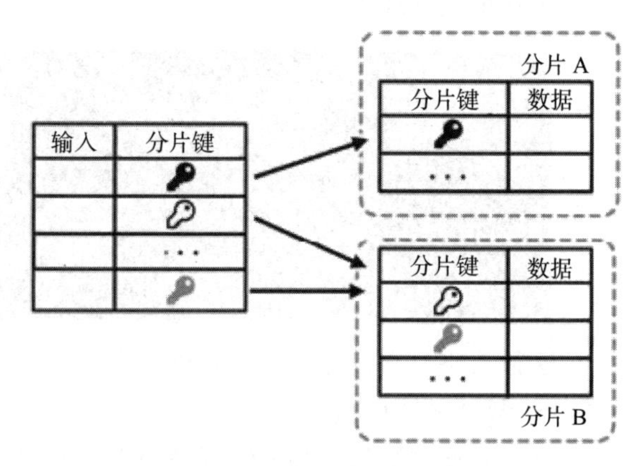

图 3-5 转换分片键输入的外部表

因此就会出现这样一种情况，即由某个分片负责这个转换层。该分片可以专门用于此，也可以用于任意其他分片。

请记住，当参数不是分片键时，这种方式对每个可能的输入参数来说都需要转换层，而且需要将所有分片的信息都保存在一个数据库中。所以我们应当对其加以控制，存储尽可能少的信息以避免出现问题。

这种策略也可以用来直接存储从分片键到分片的对应关系，且可供查询，而不是像我们上面看到的那样直接操作，如图 3-6 所示。

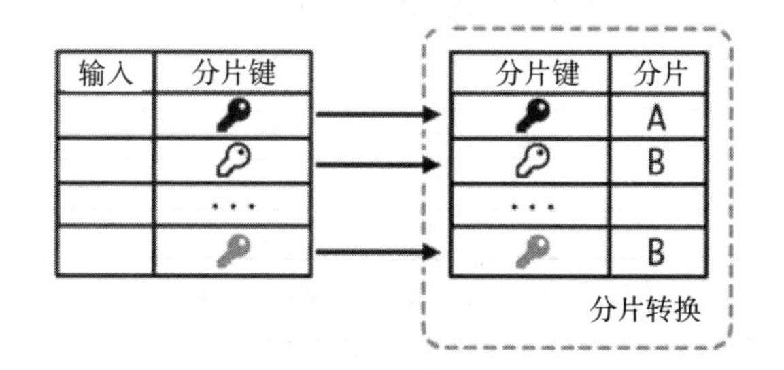

图3-6 将分片键存储到分片中

这样做的不便之处在于，根据分片键确定分片时，需要先在数据库中进行查询，特别是对于一个大的数据库来说。但是这种做法提供了统一的方式来实现对数据分片的修改，因而可以用来调整分片的数量，比如增加或减少分片。而且这些调整可以在无须系统停机的情况下完成。

如果是具体的分片而不仅是分片键被存储在这个转换表中，那么分片键到分片所对应的分配过程就可以逐一进行修改，而且能以连续的方式进行。这个过程大致是这样的：

1. 分片键 X 被分配给参考表中的服务器 A，这是起始状态。

2. 分片键 X 的数据从服务器 A 被复制到服务器 B。请注意，还没有涉及分片键 X 的查询指向服务器 B。

3. 一旦所有的数据复制完成，参考表中分片键 X 对应的条目就会被改为服务器 B。

4. 后续所有关于分片键 X 的查询都被引导到服务器 B。

5. 清理服务器 A 中的分片键 X 相关的数据。

第 3 步是关键的一步，需要在所有的数据被复制后，在执行新的写入之前进行。确保这一点的方法是在参考表中设置一个标志，使得在相关操作进行时停止或延迟数据的写入。这个标志将在开始第 2 步之前设置，并在第 3 步完成之后移除。

随着时间的推移，以上流程将实现平滑的分片迁移，但它需要足够的工作空间，还有可能需要大量的时间。

缩减系统规模的操作比规模扩展更为复杂，因为扩展时只需增加容量即可具备充足的空间。幸运的是，数据库集群需要进行规模缩减的情况很少，因为大多数应用程序所需资源会随着时间的推移而增长。

请留出充足的时间来完成数据迁移工作。取决于数据集的大小和复杂性的差异，迁移可能需要很长时间，极端情况下可能需要数小时甚至几天。

表分片

对于较小的集群来说，按分片键来实施分片的另一种方法是按服务器来分离表或集合。这意味着表 X 中的所有查询都会被引导到某个特定的服务器上，而其他表的查询则被引导到另一个服务器上。这种策略只适用于不相关的表，因为不可能在不同服务器的表之间进行连接（join）操作。

请注意，这样通常会被当作呆板的做法，因为没有合理地进行分片，尽管数据组织结构类似。

这种做法并不复杂，但它的灵活性要差一些。建议仅用于相对较小的集群，且其中的一两个表和其他表之间在规模上存在明显不平衡的场景，例如，某个表存储的日志比数据库中其他表大得多，并且它很少被访问。

3.3.3 分片的优势和劣势

综上所述，分片的主要优势是：

- 将写操作分散到多个服务器上，增加系统的写吞吐量。
- 数据被存储在多个服务器中，因此可以存储大量的数据，不受单个服务器可存储数据容量的限制。

从本质上讲，采用分片可以创建大型且可扩展的系统。但它也有劣势：

- 分片系统实现比较复杂，在配置多个服务器等方面有一些开销。虽然任何大型系统的部署都会有其问题，但部署分片需要比主库 / 副本模式更大的工作量，因为其维护和管理需要更周密的计划，所需运维时间也更长。
- 只有少数数据库（如 MongoDB）提供了对分片的原生支持，但关系数据库并没有原生实现这一功能。这意味着需要用专门的代码来处理这些复杂问题，因而需要一定的开发投入。
- 数据被分片之后，某些查询将不可能或几乎不可能执行。比如聚合（aggregation）和连接操作，这些依赖于数据分区方式的查询，都将无法实现。分片键需要仔细选择，因为它会对哪些查询可行、哪些不可行产生很大的影响。数据库系统的 ACID 特性也不复存在，因为有些操作可能会涉及一个以上的分片。总之，分片数据库的灵活性较差。

正如我们所看到的，设计、操作和维护一个分片数据库只对非常大的系统有意义，当系统中的数据操作数量足够大时，才需要这种复杂的系统。

3.4 数据库模式设计

对于需要定义模式的数据库来说，具体采取什么样的设计是需要考虑的问题。

本节将专门谈论关系数据库，因为这是执行比较严格的模式（schema）的数据库。其他数据库的模式调整更为灵活，但也能受益于花时间为其设计的结构。

改变模式是一件很重要的事情，需要进行规划，当然，在设计时也应当有长远的打算。

我们将在本章后面讨论如何改变数据库的模式。这里先提醒一下，在构建系统的过程中，数据库模式的改变是不可避免的。然而，在这个过程中，我们需要重视并理解可能出现的问题。花时间思考并确保对模式的良好设计绝对是一个好主意。

开始设计模式的最好方法是绘制不同的表、字段，以及它们之间的关系，如果有指向其他表的外键的话。具体情况如图 3-7 所示。

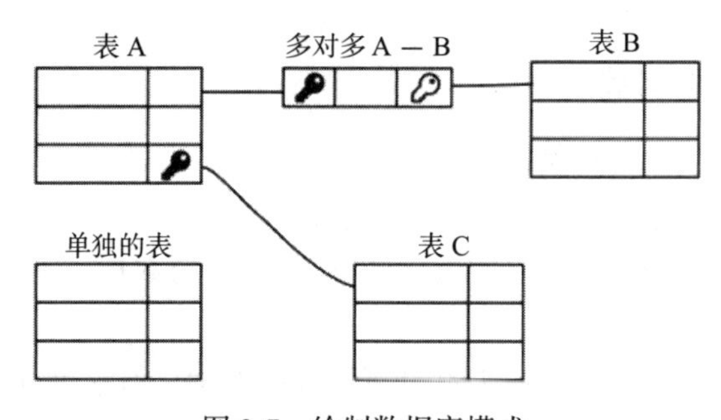

图 3-7 绘制数据库模式

通过展示这些信息，以便发现其中可能存在的盲点或重复的元素。如果表太多，或许有必要将其分为几组。

虽然有些工具可以帮助完成这项工作，但就我个人而言，手绘这些关系图表有助于思考这些关系，并在脑海中构建系统设计。

每个表都可能与其他表有不同类型的外键关系：

- **一对多**（one-to-many），即为另一个表的多个元素添加引用。例如，某个作者在他所有的书中都被引用。在这种情况下，建立一个简单的外键关系是可行的，因为图书表将会有一个外键指向作者表中的条目。多个图书表的记录可以引用同一个作者，如图 3-8 所示。

- **一对零或一**（one-to-zero or one）是特殊情况，即一条记录只能与另一条记录相关。例如，假设出版社的某个编辑在加工某本书（而且同一时刻只能加工一本书）。编辑在书籍表中的引用是一个外键，如果当前没有正在加工的书籍，可以设置为 `null`（空）。另一个从编辑到书的反向引用将确保这种关系是唯一的。这两个引用都需要在同一事务中进行修改，如图 3-9 所示。

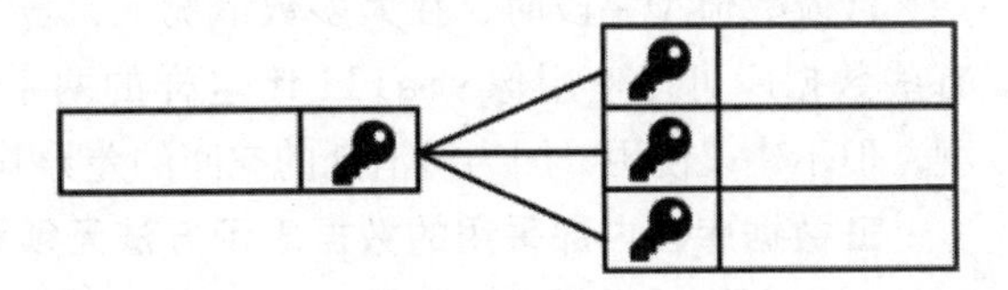

图 3-8 第一个表中的键引用第二个表中的多条记录

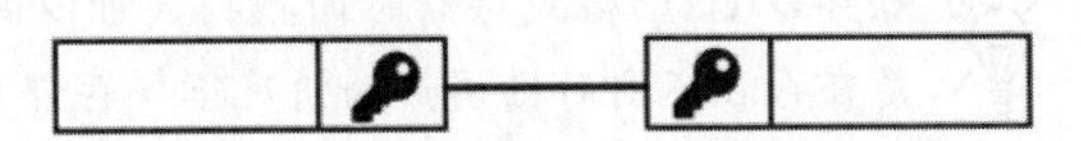

图 3-9 这种关系只能匹配特定的两行记录

严格的一对一关系，比如一本书和一个书名，两者始终都是相关的，通常这种情况下较好的做法是将所有的信息添加到同一个表中。

- **多对多**（many-to-many），即双向都可能有多条记录匹配。例如，一本书可能被归类到不同的体裁下，同时一个体裁可能会包含多本书。在关系型数据结构中，需要有一个额外的中间表来建立这种关系，它将同时指向书和体裁两个表，如图 3-10 所示。

这个额外的中间表可能包括更多的信息，例如，关于书的体裁的详细信息。这样一来，可以用它描述那些 50% 是恐怖类、90% 是冒险类的书。

除了关系数据库之外，有时对创建多对多关系的需求并不那么迫切，而是直接将其作为标签的集合来添加。有些关系数据库现在可以进行更灵活的设置，决定字段是列表值还是 JSON 对象，通过这种方式来简化设计。

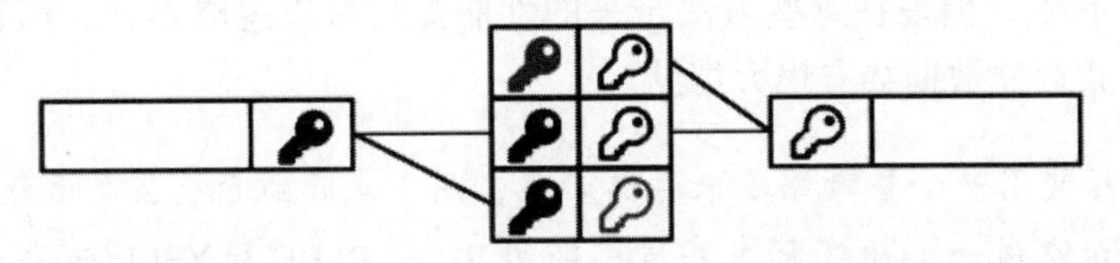

图 3-10 注意中间表可能有多种组合。第一个表可以引用第二个表的多条记录，且第二个表可以引用第一个表的多条记录

大多数情况下，每个表存储的字段类型都是很简单易懂的，但还应考虑某些细节问题：

- **预留足够的空间以适应未来增长**。有些字段，如字符串，需要定义一个最大的存储尺寸。例如，存储一个代表电子邮件地址的字符串最多需要 254 个字符。但有时尺寸的需求并不明确，比如存储客户的名字。这种时候，最好是在确保足够的尺寸上再留一定余地。

- 这些限制不仅应该应用于数据库中，而且应该在更高的级别上执行，以便始终让所有访问该字段的 API 或用户接口能够优雅地处理相关数据。

涉及数值型字段时，在大多数情况下，普通的整数就足以满足各种场景的需要。虽然有些数据库可以使用像 `smallint` 这样的两字节或 `tinyint` 这样的单字节数值的字段类型，但不建议使用，因为所消耗的空间的差异其实是非常小的。

- **数据库在内部采用的数据表示方法无须和外部所用的保持一致**。例如，存储在数据库中的时间通常都是 UTC 格式的，待使用时再转换成用户时区对应的格式即可。

> 始终以 UTC 格式存储时间数据，可以做到让服务器提供统一的时间格式，特别是在存在不同时区用户的情况下。存储用户时区格式的时间数据，容易导致数据库中出现不可比较的时间，而使用服务器默认时区的时间则会因服务器位置差异导致不同的结果，更糟的是，如果涉及不同时区的多个服务器，还会产生不一样的数据。所以应确保所有的时间都以 UTC 格式存储在数据库中。

另一个例子是，如果数据库中涉及价格信息，最好以分为单位存储，以免出现浮点数字，呈现数据时转换成元和分的形式即可。

> 举个例子，这意味着 99.95 美元的价格将被存储为整数 `9995`。处理浮点运算会给价格字段的数值带来问题，价格可以先转换成分，以便于处理。

有时受某种原因影响，需要用不同的格式存储数据才有更好的效果，此时内部的数据表示无须遵循同样的约定。

- **与此同时，最好以自然的方式表示数据**。典型的例子是，过度使用数字 ID 来表示有自然键的行，或者使用枚举型数据（将 `smallint` 用于表示选项列表）而不是使用短字符串。虽然这些做法在以前是有意义的，因为那时计算机设备的存储容量和处理能力非常有限，但现在这些做法带来的性能提高可以忽略不计，而且在开发时以可理解的方式存储数据会有很大帮助。

> 例如，与其使用一个整数字段来存储颜色，用 `1` 表示红色，`2` 表示蓝色，`3` 表示黄色，不如使用一个短字符串字段，即用 `RED`、`BLUE` 和 `YELLOW` 来表示。即使有数以百万计的记录，其存储消耗的差异也可以忽略不计，而且浏览数据时可读性会更好。

我们将在后文中看到与这个概念有关的规范化做法和去规范化做法。

- **任何设计都不会是完美的或完备的**。在一个处于开发阶段的系统中，模式经常需要调整。这是很正常且在意料之中的事情，应当接受这种情况。完美是优秀的敌人。

在满足系统当前需要的前提下，设计应当越简单越好。过度设计，试图满足每一个未来可能的需求并导致设计复杂化，才是真正的问题所在，这样可能会导致为那些从未实现的需求打基础而浪费过多精力。请保持你的设计简洁而灵活。

3.4.1 模式规范化

众所周知，在关系数据库中，外键是很关键的一个概念。存储在表中的数据，可以与另一个表中的数据关联。这种数据分离方式意味着一组有限的数据可以不集中存储在一个表中，而是分成两个表存放。

例如，让我们看看下面这个表，开始时字段 House 是一个字符串。

Characters

Id	Name	House
1	Eddard Stark	Stark
2	Jon Snow	Stark
3	Daenerys Targaryen	Targaryen
4	Jaime Lannister	Lannister

为了确保数据的一致性和正确性，可以将 House 这个字段规范化。这意味着将它存储到一个不同的表中，并以如下方式强制执行一个 FOREIGN KEY（外键，简称 FK）约束。

Characters

Id	Name	HouseId（FK）
1	Eddard Stark	1
2	Jon Snow	1
3	Daenerys Targaryen	3
4	Jaime Lannister	2

Houses

Id	Name	Words
1	Stark	Winter is coming
2	Lannister	Hear me roar
3	Targaryen	Fire and blood

这种操作方式能使数据规范化。除非首先在 Houses（家族）表中引入对应的新条目，否则无法在 Characters（人物）表中添加新家族成员的条目。同样，当 Characters 表的记录包含某个家族的引用时，Houses 表的对应条目也不能被删除。这样就能确保数据的一致性，并且不会出现任何问题，例如，录入新记录时出现 House Lanister（漏了一个字符 n）这样的错误，这会给以后的数据查询带来麻烦。

这样做还有一个好处，就是能够为 Houses 表中的每个条目添加额外的信息。本例中，我们给 Houses 表添加了 Words（格言）字段。数据也更紧凑，因为重复的信息被存储在单个记录中。

另外，这种方式也带来几个问题。首先，所有想要了解人物的家族信息的操作，都需要执行 JOIN（连接）查询。在第一种模式的人物表中，我们可以通过以下 SQL 语句得到所需的结果：

```
SELECT Name, House FROM Characters;
```

而在第二种模式的人物表中，得使用这条语句：

```
SELECT Characters.Name, Houses.Name
FROM Characters JOIN Houses ON Characters.HouseId = Houses.id;
```

这个查询需要更长的时间才能完成，因为信息需要从两个表中组合起来。对于很大的表来说，这个时间可能会很漫长。有时可能要从不同的表中进行 JOIN 操作，例如，当我们为每个人物添加一个 PreferredWeapon（首选武器）字段和一个 Weapons（武器）规范化表时。也许随着任务表字段的增加，还会添加更多的表。

数据的插入和删除操作所需时间也会更久，因为需要进行更多的检查。一般的数据操作也会花费更长的时间。

第二个问题是，规范化的数据很难进行分片。规范化的理念就是把每个元素都放在它自己的表中描述，并引用那里的数据，这种机制本身就很难进行分片，因为此时数据分区非常困难。

还有一个问题，就是数据库更难读取和操作。删除数据时需要以一种有序的方式进行，随着字段的增加，这种方式变得更加难以实现。此外，对于简单的操作也需要进行复杂的 JOIN 查询。这些查询的时间更长，产生的结果也更复杂。

这种通过数字 ID 外键实现数据规范化的应用非常典型，但并非唯一的实现方式。

为了提高数据库的可读性，可以使用自然键来简化数据描述方式。可以不用整数作为主键，而是采用 Houses 表中的 Name 字段。

Characters

Id	Name	House (FK)
1	Eddard Stark	Stark
2	Jon Snow	Stark
3	Daenerys Targaryen	Targaryen
4	Jaime Lannister	Lannister

Houses

Name (PK)	Words
Stark	Winter is coming
Lannister	Hear me roar
Targaryen	Fire and blood

这样不仅在 Houses 表中省去了额外的 ID 字段，而且还实现了基于描述性的值的引用。在数据被规范化的同时，现在恢复了原来的查询操作方式。

正如前文所述，存储字符串而非整数，所需增加的空间是可以忽略不计的。有些开发者非常抵制自然键，喜欢使用整数值，但事实上，现在从技术上并没有具备充足说服力的原因去限制字符串的使用。

只有当我们想获得 Words 字段中的信息时，才需要执行 JOIN 查询：

```
SELECT Name, House FROM Characters;
```

总而言之，这种技巧可能无法避免在平常的操作中使用 JOIN 查询。也许会有很多引用，导致系统在执行查询的时间上会长一些。在这种情况下，可能有必要减少对 JOIN 表的需求。

3.4.2　去规范化

去规范化是与规范化相反的操作。规范化将数据分成不同的表，以确保所有的数据都是一致的，而去规范化则是将信息重新组合到一个表中，以避免表连接操作。

继续上面的例子，现在想替换这样的一个 JOIN 查询：

```
SELECT Characters.Name, Houses.Name, House.Words
FROM Characters JOIN Houses ON Characters.House = Houses.Name;
```

它基于以下模式。

Characters

Id	Name	House（FK）
1	Eddard Stark	Stark
2	Jon Snow	Stark
3	Daenerys Targaryen	Targaryen
4	Jaime Lannister	Lannister

Houses

Name（PK）	Words
Stark	Winter is coming
Lannister	Hear me roar
Targaryen	Fire and blood

针对单个表查询，使用以下 SQL 语句：

```
SELECT Name, House, Words FROM Characters
```

要实现去规范化，需要将数据重新组织到单个表中。

Characters

Id	Name	House	Words
1	Eddard Stark	Stark	Winter is coming
2	Jon Snow	Stark	Winter is coming
3	Daenerys Targaryen	Targaryen	Fire and blood
4	Jaime Lannister	Lannister	Hear me roar

请注意，这里的信息存在重复。每个人物都有一份家族格言的副本，这种重复在数据去规范化之前是不存在的。这意味着去规范化会用到更多的空间，如果是一个有很多行的大表，所需空间要大得多。

去规范化也增加了数据不一致的风险，因为没有任何机制可以确保新记录中不会出现与旧记录相关的拼写错误，或者因误操作导致添加了非正常的家族信息。

但是，另一方面，我们现在不必再去做连接表的操作了。对于大表来说，这样可以显著提升处理速度，无论是读操作还是写操作。同时还消除了分片的顾虑，因为现在表可以在任意合适的分片键上进行分区，且分片后的表包含了所有信息。

对于通常属于 NoSQL 数据库的应用场景来说，去规范化是一个极为常见的做法，它删除了执行 JOIN 查询的功能。例如，文档数据库将数据作为子字段嵌入一个更大的实体中。虽然去规范化也有缺点，但在某些业务场景中，做这样的取舍和权衡是很有意义的。

3.5 数据索引

随着数据量的增长，对数据的访问开始变得越来越慢。要想从一个充满信息的大的数据表中准确地检索出合适的数据，需要执行更多的内部操作来定位这些数据。

虽然我们讨论的是与关系数据库有关的数据索引问题，但大部分的基本原理都适用于其他类型的数据库。

以一种易于搜索的方式巧妙地组织数据，可以大大加快这一定位过程。所以要创建数据库的索引，从而能够通过搜索来快速定位数据。索引的基本原理是创建一个外部的有序数据结构，指向数据库中每条记录的一个或多个字段。这个索引结构总是随着表中数据的变化而保持有序。

例如，有个简单的包含了以下信息的数据表。

Id	Name	Height/cm
1	Eddard	178
2	Jon	173
3	Daenerys	157
4	Jaime	188

在没有索引的情况下，要查询哪个条目的 Height（高度）值最大，数据库将需要单独检查每条记录并对其进行排序。这个操作称为**全表扫描**（full table scan）。如果表有数以百万计的行，全表扫描的开销会非常大。

通过为 Height 字段创建索引，一个始终有序的数据结构将与原表数据保持同步。

Id	Name	Height/cm
1	Eddard	178
2	Jon	173
3	Daenerys	157
4	Jaime	188

Height/cm	Id
188	4
178	1
173	5
157	3

因为索引表始终保持有序，所以执行任何与高度有关的查询都很容易。例如，要获取前三名的高度，现在不需要做任何 Height 字段比对操作，只需从索引表中检索前三条记录。要确定 180 和 170 之间的高度也很容易，只需到排好序的列表中的对应位置搜索即可，像二进制搜索一样快。再次强调，如果这个索引表不存在，那么找到这些所需数据的唯一方法是检查原始表中的每一条记录。

请注意，这个索引表并未包含所有的字段。例如，Name（姓名）字段就没有索引。别的字段需要其他索引，同一张表可以有多个索引。

一个表的主键总是有索引的，因为主键的值必须唯一。

索引可以组合，即为两个或更多的字段创建一个索引。这些复合索引根据两个字段的有序组合对数据进行排序，例如，复合索引（Name，Height）能够快速返回姓名以J开头的人的高度。而（Height，Name）的复合索引返回的结果则相反，即高度排序在前，然后才对姓名字段进行排序。

在复合索引中可以只对索引的第一部分进行查询。在本例中，（Height，Name）的索引可用于仅查询高度。

检索信息时用或不用索引，是由数据库自动处理的，对SQL查询的操作方式没有影响。在数据库系统内部，执行查询操作之前会先运行查询分析器（query analyzer）。数据库软件此时会决定如何检索数据，以及使用什么索引，如果有的话。

查询分析器的执行要快才行，因为确定什么是搜索信息的最佳方式，可能比直接运行查询并返回数据需要更长时间。也就是说，查询分析器有时会出错，导致没有使用最佳组合。在下一条SQL语句之前执行EXPLAIN命令，可显示查询操作是如何被解释和执行的，这样可以了解并调整查询操作，以改善其执行效率。

请记住，在同一个查询中使用不同的独立索引是不可行的。有时，数据库无法通过组合两个索引来执行更快的查询，因为数据要与索引文件进行关联，而这可能是一个比较耗资源的操作。

使用索引后查询速度会大幅提高，特别是对于有数千或数百万行的大表来说。索引是自动使用的，所以也不会给查询操作带来额外的负担。那么，如果索引这么好，为什么不对所有的一切都进行索引？实际上，索引也有一些问题：

- 每个索引都需要额外的存储空间。虽然经过优化，但在一个表中添加大量索引会占用更多的空间，无论是在硬盘上还是在内存中。
- 每当表的内容发生变化时，表中的所有索引都需要更新，以确保索引数据始终保持正确排序。这在写入新的数据时更为明显，如添加记录或索引字段数据更新时。索引是在花更多的时间用于数据写入，和加快数据读取速度两者之间所做的一种权衡。对于写入量大的表来说，仅靠这种权衡可能还不够，维护一个或多个索引可能会适得其反。
- 小型数据表并不能真正从索引中受益。如果行数低于数千，全表扫描和基于索引的搜索之间的性能差异很小。

根据经验，最好是在明确需求之后再尝试创建索引。当发现查询操作执行缓慢时，先分析索引是否会改善情况，然后才去创建索引。

基数

衡量每个索引有效性的一个重要特征是其**基数**（cardinality）。它代表着索引数据字段所包含的不同值的数量。

例如，下面这个表中的高度索引的基数是 4，因为表中有四个不同的高度值。

像这样的表的高度索引的基数只有 2。

Id	Height/cm
1	178
2	165
3	167
4	192

Id	Height/cm
1	178
2	165
3	178
4	165

基数小意味着索引质量不高，因为它不能像预期的那样加快搜索速度。索引可以被理解为一个过滤器，它可以减少要搜索的行的数量。如果在应用过滤器之后，数据量没有明显减少，那么索引就无法发挥其作用。让我们用一个极端的例子来体会一下。

假设有一个 100 万行的表，其索引字段在表的所有记录中都有着相同的值。现在，假设我们对该表做一次查询，在另一个未索引的字段中去找某条记录。即便使用了索引，显然也不会加快这个过程，因为索引会返回表中的每一条记录，如图 3-11 所示。

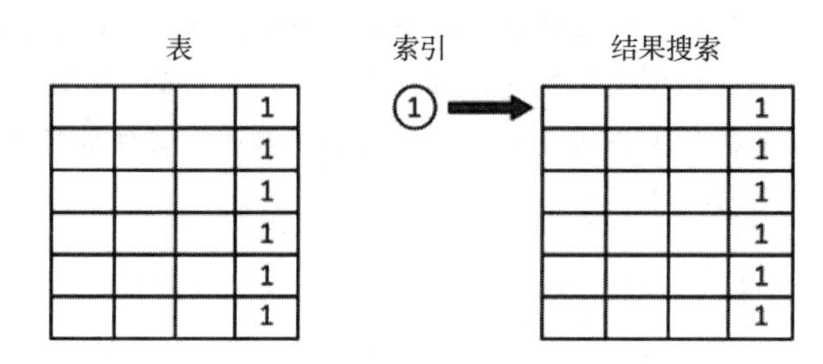

图 3-11　使用无用索引时查询会返回每一条记录

现在假设该字段有两种值。此时索引会先返回表中一半的记录，然后在这些记录中检索，如图 3-12 所示。这样效果要好一点，但是与直接进行全表扫描相比，使用索引需要一定的开销，所以在实践中，这种优势并不明显。

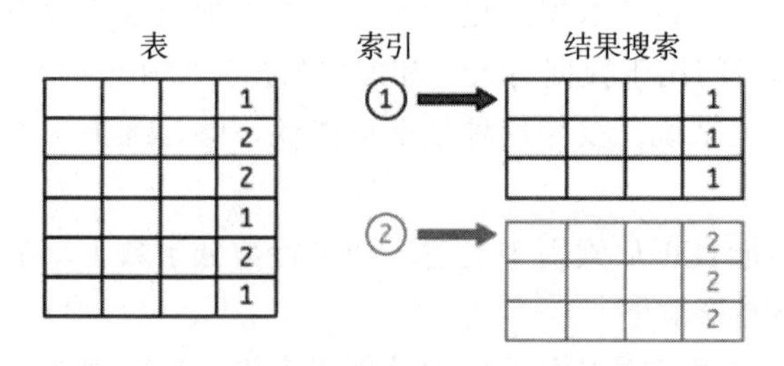

图 3-12　使用有两种值的索引时返回的记录

如图 3-13 所示，当索引的基数增加，即索引字段的值越来越多时，索引就会更加有用。

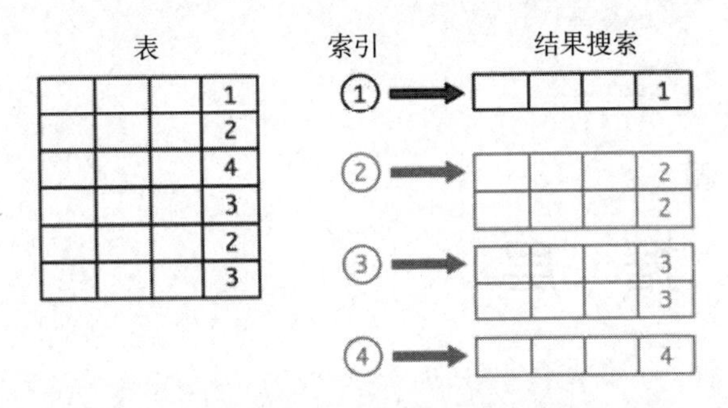

图 3-13 使用有四种值的索引时返回的记录

随着基数的增加，数据能更好地进行区分，并趋向于更小的数值分段，从而能极大地加快对目标数据的访问。

按照一般的经验，应确保索引的基数达到 10 或者更大。低于这个数值的，就不应作为索引使用。查询分析器会将基数值作为参考因素，看是否使用该索引。

请记住，只存在少量数值的字段，如布尔（`Booleans`）运算和枚举型（`Enums`）字段，其基数总是有限的，这使得它们不适合被索引，至少对这些字段本身来说如此。另外，各条记录倾向于不同值的字段，其基数会很大，这种字段是索引的上选。考虑到这个原因，所以主键总是被自动索引。

3.6 小结

在本章中，我们从数据库本身的规模差异及选型的角度，介绍了处理存储层的各种方法和技术，以及应用程序代码完成存储、检索信息的交互方式。

接着阐述了不同类型的数据库，包括关系数据库和非关系数据库，以及每种数据库的区别和用途，还有事务这个概念，这是关系数据库的基本特征之一，介绍了怎样才能符合 ACID 特性。像那些分布式的、目的在于处理大规模数据的非关系数据库一样，本章还讨论了一些用于扩展关系数据库的技术，因为这种数据库最初的设计目的并非用于多服务器场景。

最后讨论了如何设计数据库模式，并阐述了数据规范化和去规范化的利弊。还阐明了为何要对字段进行索引，以及什么时候索引会不起作用。

在第 4 章，我们将讨论如何设计数据层。

Chapter 4 第4章

数 据 层

同应用程序代码进行交互时，数据建模与数据的存储方式同样重要。数据层是开发人员打交道最多的层，因此，设计一个好的接口对于建成卓有成效的系统至关重要。

在本章中，我们将学习如何创建一个与存储交互的软件数据层，以抽象存储数据的具体细节。包括介绍什么是DDD（Domain-Driven Design，领域驱动设计），如何使用ORM（Object-Relational Mapping，对象–关系映射）框架，以及更高级的模式，如CQRS（Command Query Responsibility Segregation，命令查询职责分离）。

我们还将讨论如何随着应用程序的发展来对数据库进行调整，最后介绍在开发之前数据结构已经被定义时，如何处理遗留的数据库的相关技术。

作为MVC（Model-View-Controller，模型–视图–控制器）模型的一部分，首先让我们来介绍一下数据设计的背景。

4.1 模型层

正如我们在第2章中介绍MVC架构时看到的，模型层是与数据、数据存取密切相关的部分。

模型抽象了所有的数据处理操作，不仅包括对数据库的访问，还包括相关的业务逻辑。这样就形成了一个两层的结构：

- 内部数据建模层，实现数据库中数据的存储和检索。这一层需要理解数据在数据库中的存储方式，并进行相应的处理。
- 另一层用于创建业务逻辑，并由内部数据建模层提供支持。这一层负责确保要存储的数据是一致的，并强制执行所有的数据关联和约束。

将数据层纯粹看作对数据库设计的扩充是很常见的，同时去除业务层或将其作为代码存储在MVC模型的控制器部分。虽然这种方式是可行的，但最好考虑一下直接在顶层添加业务层是否合适，能否确保实体模型和数据库模型之间的分离，前者对业务颇为重要，后者则包含了如何访问数据库的细节。

4.1.1 DDD

作为DDD（领域驱动设计）的一部分，这种操作方式已经变得非常普遍。当DDD最初被引入时，它的目的主要是在具体的应用和实现它的技术之间架起一座桥梁，以尝试使用正确的术语，并确保代码能够和代码的用户所做的真实操作同步。例如，银行软件使用的是存入（lodging）和取出（withdrawing）资金的方法，而不是在账户中添加（adding）和减少（subtracting）其金额。

DDD不仅要以符合领域内正确术语的方式来命名方法和属性，还要复制其用法和流程。

当与OOP（Object-Oriented Programming，面向对象编程）配合时，DDD技术会把特定领域所需的概念复制为对象。在前面的例子中，会有一个支持`lodge()`和`withdraw()`方法的`Account`（账户）对象。这些方法可用于`Transfer`（转账）对象，该对象会让资金来源保持适当的平衡。

如今，DDD被当作在模型层创建的这种面向业务模式的接口，因此我们可以抽象业务内部数据库映射访问的过程，并提供复制业务流程的一致接口。

DDD需要对特定领域有深入的了解，以创建有意义的接口，还需对业务行为全面建模。它需要与业务专家密切沟通、协作，确保没有遗漏。

很多时候，MVC中的模型纯粹是当作数据库中的模式（schema）来用的。因此，对一个数据库的表来说，它会被转换成一个访问该表的模型，并复制字段等。相关的例子是，将用户存储在一个有用户名、全名、订阅和密码字段的表中。

但请记住，这并不是硬性的要求。模型可以使用多个表或以对业务更有意义的方式组合多个字段，甚至不将某些字段发布出来，因为这些字段应该保持仅内部可见。

这里将使用一个基于SQL的关系数据库作为默认示例，因为这是最常见的数据库类型。但是我们所讨论的一切都高度适用于其他类型的数据库，尤其是基于文档的数据库。

例如，上面关于用户信息的例子，在SQL数据库中包含以下字段：

字段	类型	描述
Username	String	用户名，唯一
Password	String	密码散列值字符串
Full name	String	用户姓名的全名
Subscription end	Datetime	订阅结束时间
Subscription type	Enum (Normal, Premium, NotSubscribed)	订阅类型

而模型可能会呈现出以下内容：

属性 / 方法	类型	描述
username	String 属性	直接取自 username 字段
full_name	String 属性	直接取自 full_name 字段
subscription	只读属性	返回 Subscription type 字段内容。如果订阅已经结束（如 Subscription end 中所示），则返回 NotSubscribed
check_password(password)	方法	与密码散列值字段进行比较，在内部检查并返回密码输入是否有效

请注意，模型呈现的内容隐藏了密码本身，因为其内部细节在数据库之外是没有意义的。模型还隐藏了内部的订阅字段，取而代之的是，仅呈现出进行相关检查后单一的订阅状态的属性。

这个模型将原始的数据库访问操作转化为一个完全限定的对象，抽象了对数据库的访问。这种把某个对象映射到一个表或集合的操作方式称为 ORM（对象 – 关系映射）。

4.1.2 使用 ORM

如前文所述，本质上，ORM 是对数据库中的集合或表进行映射，并在 OOP 环境下生成对象。

虽然 ORM 本身指的是一种技术，但人们通常把它当作一类工具。有多种 ORM 工具可以完成从 SQL 表到 Python 对象的转换。这意味着我们不用自己编写 SQL 语句，只需设置类和对象的属性定义即可，然后由 ORM 工具自动转换并连接到数据库。

例如，在 pens 表中进行查询的底层数据访问操作是这样的：

```
>>> cur = con.cursor()
>>> cur.execute('''CREATE TABLE pens (id INTEGER PRIMARY KEY DESC,
name, color)''')
<sqlite3.Cursor object at 0x10c484c70>
>>> con.commit()
>>> cur.execute('''INSERT INTO pens VALUES (1, 'Waldorf', 'blue')''')
<sqlite3.Cursor object at 0x10c484c70>
>>> con.commit()
>>> cur.execute('SELECT * FROM pens');
<sqlite3.Cursor object at 0x10c484c70>
>>> cur.fetchall()
[(1, 'Waldorf', 'blue')]
```

注意，我们使用的是 DB-API 2.0 标准的 Python 接口，它抽象了不同数据库之间的差异，可以使用标准的 `fetchall()` 方法来检索信息。

用 Python 连接 SQL 数据库，最常见的 ORM 是 Django 框架（https:// www.djangoproject.com/）中所包含的 ORM 工具，以及 SQLAlchemy（https://www.sqlalchemy.org/）。还有其他一些不太常用的工具，比如 Pony（https://ponyorm.org/）或 Peewee（https://github.com/coleifer/peewee），这两者着眼于更简单的实现方法。

使用 ORM，比如 Django 框架中的 ORM 工具，无须创建 `CREATE TABLE` 语句，而是在代码中把数据库中的表描述成一个 `Pens` 类：

```
from django.db import models

class Pens(models.Model):
    name = models.CharField(max_length=140)
    color = models.CharField(max_length=30)
```

我们可以使用这个类来检索、添加元素：

```
>>> new_pen = Pens(name='Waldorf', color='blue')
>>> new_pen.save()

>>> all_pens = Pens.objects.all()
>>> all_pens[0].name
'Waldorf'
```

在原始 SQL 语句中，`INSERT` 操作用于创建一个新对象，然后使用 `.save()` 方法将数据持久化到数据库中。以类似上面的方式，可以无须编写 `SELECT` 查询，而是调用搜索 API。例如，使用这段代码：

```
>>> red_pens = Pens.objects.filter(color='red')
```

其作用相当于下面这条 SQL 语句：

```
SELECT * FROM Pens WHERE color = 'red;
```

与直接编写 SQL 语句相比，使用 ORM 的优势在于：

- 使用 ORM 实现了代码与数据库的分离。
- 无须使用（或学习）SQL。
- 避免了编写 SQL 查询的某些问题，比如安全隐患。

下面让我们来详细了解这些优势及其局限性。

独立于数据库

首先，使用 ORM 能将数据库的使用从代码中分离出来。这意味着所采用的数据库可以更换，而运行的代码无须修改。这对于在不同环境中运行程序代码，或者快速更换所用的数据库来说，有时是非常管用的。

有一个很常见的场景，就是在 SQLite 中运行测试，一旦代码被部署到生产环境中，就采用另一种数据库，如 MySQL 或 PostgreSQL。

这种做法并非没有问题，因为有些操作可能在某种数据库中可用，而在另一种数据库中不可用。对于新项目来说，这或许是一个可行的策略，但最好是在相同的环境中进行测试和生产环境部署，以避免意想不到的兼容性问题。

独立于 SQL 和仓库模式

采用 ORM 的另一个优势是，你不需要学习 SQL（或任何数据库后端使用的语言）来处理数据。相反，ORM 使用自己的 API，这样可能更直观，更接近于 OOP。其可以降低代码开发门槛，让不熟悉 SQL 的开发人员能够更快地理解 ORM 的代码。

使用类来抽象出数据库对持久层的访问，称为**仓库模式**（repository pattern，亦称存储库模式）。采用 ORM 时会自动使用这种模式，因为它将使用程序化的操作，无须了解数据库内部的任何情况。

这个优势也有对应的问题，那就是有些操作的转换可能会很笨拙，导致产生的 SQL 语句效率很低。这种问题对于需要连接多个表的复杂查询来说尤为突出。

关于这个问题的典型例子，可参见下面的示例代码。`Books`（书籍）对象有一个对其 `author`（作者）的引用，该引用存储在不同的表中，且为该表的外键引用：

```
for book in Books.objects.find(publisher='packt'):
    author = book.author
    do_something(author)
```

这段代码的作用如下：

```
Produce a query to retrieve all the books from publisher 'packt'
For each book, make a query to retrieve the author
Perform the action with the author
```

当书籍的数量较多时，所有这些额外的查询操作会导致很大的开销。我们真正想做的是：

```
Produce a query to retrieve all the books from publisher 'packt',
joining with their authors
For each book, perform the action with the author
```

这样一来，只需产生一个查询，比第一种做法要有效得多。

这里的 `JOIN` 操作必须以如下方式手动向 API 指明：

```
for book in Books.objects.find(publisher='packt').select_
related('author'):
    author = book.author
    do_something(author)
```

要添加额外的信息才能达到预期的效果，这是抽象失效的典型案例，在第 2 章中讨论过。所以还是有必要了解数据库操作的细节，以便创建高效的代码。

对于 ORM 框架来说，在直观的操作和有时需要了解底层实现细节两者之间取得平衡，是需要注意把握的问题。框架本身或多或少能提供一些灵活的方法，这取决于如何将所使用的 SQL 语句抽象到某个适当的 API 上。

无 SQL 构建问题

即使开发者掌握了如何使用 SQL，在具体处理相关问题时也会有不少“坑”。使用 ORM 有一个很重要的优势，就是可以避免直接使用 SQL 语句时会遇到的一些问题。直接编写 SQL 语句时，它最终会变成一个纯粹的字符串命令，进而执行所需的查询。这可能会产生很多问题。

最明显的问题是必须编写出正确的 SQL 语句，而不能是一个语法上无效的 SQL 语句。例如，考虑下面的代码：

```
>>> color_list = ','.join(colors)
>>> query = 'SELECT * FROM Pens WHERE color IN (' + color_list + ')'
```

这段代码对包含值的 `colors` 变量有效，但如果 `colors` 变量为空，则会产生错误。

更糟糕的是，如果直接采用输入的参数来生成查询，则容易产生安全问题。有一种攻击被称为 **SQL 注入攻击**，针对的就是这种场景。

例如，假设上面的查询是在用户调用一个通过不同颜色对结果进行过滤的搜索时产生的，且直接要求用户输入颜色信息。恶意用户可能会在提示时输入 `'red'; DROP TABLE users;`。这样一来，输入的字符串会被当作后续将执行的 SQL 命令，从而生成一个包含隐藏的非预期操作的恶意攻击字符串。

为了避免这种问题，任何可能作为 SQL 查询（或其他语言）命令内容的输入信息，都需要先进行安全检查。这意味着要先删除那些可能会影响预期查询操作的字符串，或先对其进行转义处理。

转义字符（escaping character）意味着对字符进行正确的编码，从而将其当作一个普通的字符，而不是语法的一部分。例如，在 Python 中，要将双引号字符 " 转义为字符串中的双引号字符，而不是代表字符串结束，需要在它前面加上反斜线字符 \，即用 \" 来表示。当然，如果要在一个字符串中使用 \ 这个字符，也需要转义，在这种情况下，需要将其写两次，即用 \\ 来表示。

示例如下：

```
"This string contains the double quote character \"
and the backslash character \\."
```

虽然有些针对性的技术可以实现手动编写SQL语句并对输入信息进行安全检查，但所有ORM框架都会自动对这些信息进行安全处理，默认情况下就能大大降低SQL注入的风险。这种机制对其安全性有着巨大的影响，这可能是ORM框架的最大优势。手动编写SQL语句通常被认为是不好的做法，应当依靠一种间接的方式来保证所有输入都是安全的。

与之相对应的是，即使对ORM API有很好的理解，对于某些查询或结果，读取元素的方式也是有限的，这可能会导致使用ORM框架的操作比采用定制的SQL查询要复杂得多或效率更低。

这种情况通常发生在完成复杂的SQL连接操作时。在ORM中生成的查询对简单的数据检索比较有效，但如果有太多的表间关联，性能就会大打折扣，因为它会导致查询过于复杂化。

ORM框架对性能也会有一定影响，因为它需要时间来构建适当的SQL查询，还要对数据进行编码和解码，以及做其他检查。虽然对于大多数查询来说，这个时间可以忽略不计，但对于特定的查询来讲，也许这会显著增加用于检索数据的时间。不幸的是，很可能在某些时候，需要为某些操作生成一个特定的、定制的SQL查询。在使用ORM框架时，总是要在便利性和能够为手头的任务创建精确的查询之间取得平衡。

ORM框架还有一个限制，就是直接SQL访问有时可以完成在ORM界面中无法实现的操作。这或许是由特定插件导致的，也可能是采用的数据库所特有的功能。

如果使用的是SQL，常见的方法是使用准备好的语句，也就是带有参数的不可变的查询，参数将被替换成DB API中的一部分来执行。例如，下面的代码以类似SQL的print语句的方式执行：

```
db.execute('SELECT * FROM Pens WHERE color={color}', color=color_input)
```

这段代码能安全地用适当的输入来替换color（颜色）变量的值，并以安全的方式进行编码。如果有一系列需要替换的元素，则可以分两步完成：首先，准备适当的模板，针对每个输入都有一个参数；其次，逐一替换参数。比如：

```
# 输入列表
>>> color_list = ['red', 'green', 'blue']
# 创建一个字典，每个参数 (color_X) 都有唯一的名字和对应的值

>>> parameters = {f'color_{index}': value for index, value in
enumerate(color_list)}
>>> parameters
{'color_0': 'red', 'color_1': 'green', 'color_2': 'blue'}
# 创建一个带有参数名称的查询条件，
# 用于字符串替换
# 注意，{{ 将被替换成一个 {
```

```
>>> query_params = ','.join(f'{{{param}}}' for param in  parameters.
keys())
>>> query_params
'{color_0},{color_1},{color_2}'
# 构建完整的查询语句，替换掉准备好的字符串
>>> query = f'SELECT * FROM Pens WHERE color IN ({query_params})'
>>> query
'SELECT * FROM Pens WHERE color IN ({color_0},{color_1},{color_2})'
# 执行时，在字典前面使用 ** 会把它的所有键作为输入参数
as
# input parameters
>>> query.format(**parameters)
'SELECT * FROM Pens WHERE color IN (red,green,blue)'
#  用类似的方式执行查询，它将处理所有需要
# 进行编码和转义的输入字符串
   >>> db.execute(query, **query_params)
```

在这个例子中，为简单起见，我们使用了一个 SELECT * 语句，它会返回表中的所有列，但这并非正确的处理方式，生产环境中应当避免。其问题在于，返回所有的列的做法，有时其结果并不确定。

因为表中也许会添加新的列，所以在查询所有列时可能会影响到检索结果，从而增加对数据进行格式化处理时出现错误的概率。例如：

```
>>> cur.execute('SELECT * FROM pens');
<sqlite3.Cursor object at 0x10e640810>
# 这里会返回一行记录
>>> cur.fetchone()
(1, 'Waldorf', 'blue')
>>> cur.execute('ALTER TABLE pens ADD brand')
<sqlite3.Cursor object at 0x10e640810>
>>> cur.execute('SELECT * FROM pens');
<sqlite3.Cursor object at 0x10e640810>
# 这里返回的是之前同一行记录，但现在结果里包含了更多元素
>>> cur.fetchone()
(1, 'Waldorf', 'blue', None)
```

ORM 会自动处理这种情况，但使用原始 SQL 则需要你考虑到这类问题，并且总是需要指明所要检索的列，以避免数据库模式修改后出现问题：

```
>>> cur.execute('SELECT name, color FROM pens');
<sqlite3.Cursor object at 0x10e640810>
>>> cur.fetchone()
('Waldorf', 'blue')
```

在处理所存储的数据时，向后兼容是至关重要的。我们将在本章后面详细讨论这个问题。

通过编程构建并生成查询语句的方式称为**动态查询**（dynamic query）。虽然默认的策略是尽量避免使用这种方式，而是倾向于使用准备好的语句，但在某些情况下，动态查询仍然非常有用。除非使用动态查询，否则无法实现一定程度的定制。

究竟什么才是动态查询，可能取决于具体环境。在某些情况下，所有不是存储查询（事先存储在数据库本身并带着一些参数调用的查询）的查询都可被视为动态查询。我们的观点是，任何需要对字符串进行操作以生成查询的查询，都将被视为动态查询。

即使访问数据库的方式是基于原始的 SQL 语句，创建一个抽象层来处理访问中的那些具体细节也是很好的做法。这个层用于负责将数据以适当的格式存储在数据库中，而无须对其业务逻辑进行处理。

ORM 框架通常不太赞成这种做法，因为框架能处理很多复杂的问题，并且期望你用业务逻辑来重载每个定义的对象。如果业务概念和数据库表对象之间的转换能直接完成，例如，一个用户对象，那么这样做非常好。在所存储的数据和有意义的业务对象之间创建一个额外的中间层是完全可行的。

4.1.3 工作单元模式及数据封装

如前文所述，ORM 框架直接在对象和数据库表之间进行转换，以其在数据库中的存储方式将数据呈现出来。

在大多数情况下，数据库的设计与我们在 DDD 理念中介绍的业务实体紧密相关。但这种设计也许还需要一个额外的步骤，因为有些实体被存储在数据库内，与数据的内部表示可能是相分离的。

创建以独特实体完成操作的方法，称为**工作单元模式**（Unit of Work pattern）。这意味着在高层级操作中发生的所有事情都是作为一个单元来执行的，即使其内部过程需要多个数据库操作来完成。该操作对调用者来说是原子性的。

如果数据库允许，一个工作单元中的所有操作都应该在单个事务中出现，以确保整个操作能一次性完成。工作单元这个名字与事务和关系数据库有着非常紧密的联系，通常不会用于不支持创建事务的数据库，尽管这个模式在概念上仍然可以使用。

例如，我们在前面看到过一个支持 `.lodge()` 和 `.withdraw()` 方法的 `Account`（账户）对象类的例子。虽然可以直接实现用整数代表资金的 `Account` 数据库表，但我们也可以通过调整来自动创建一个复式记账系统（double-entry accountability system），对该系统进行跟踪。

这里的 `Account` 可称为**领域模型**（domain model），因为它独立于数据库呈现。

要做到这一点，每个账户在内部都应该有相应变化的 debit（借记）和 credit（贷记）值。如果我们还在另外的表中添加一个额外的 Log（账目记录）条目，以记录资金变动情况，那么它可以用三个不同的类来实现。Account 类用于封装记录，而 InternalAccount（内部账户）和 Log 则对应于数据库中的表，如图 4-1 所示。请注意，一次对 .lodge() 或 .withdraw() 的调用将产生多次对数据库的访问，我们将在后文中看到这一点。

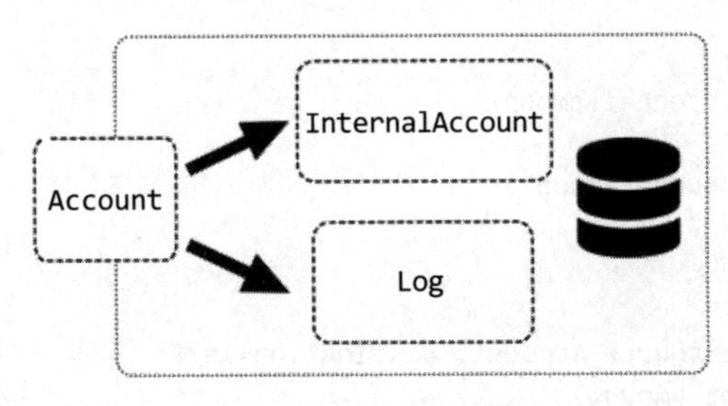

图 4-1 Account 类设计

相关代码如下所示：

```
class InternalAccount(models.Model):
    ''' 这是与数据库表相关的模型 '''
    account_number = models.IntegerField(unique=True)
    initial_amount = models.IntegerField(default=0)
     amount = models.IntegerField(default=0)


class Log(models.Model):
    ''' 该模型存储相关操作 '''
    source = models.ForeignKey('InternalAccount',
                               related_name='debit')
    destination = models.ForeignKey('InternalAccount',
                                    related_name='credit')
    amount = models.IntegerField()
    timestamp = models.DateTimeField(auto_now=True)


    def commit():
        ''' 在这里进行操作 '''
        with transaction.atomic():
            # 更新 amounts（金额）
               self.source.amount -= self.amount
        self.destination.amount += self.amount
            # 保存所有数据
            self.source.save()
            self.destination.save()
            self.save()


class Account(object):
    ''' 这是发布出来用于处理操作的对象 '''
```

```
    def __init__(self, account_number, amount=0):
        # 检索或创建账户
        self.internal, _ = InternalAccount.objects.get_or_create(
            account_number=account_number,
            initial_amount=amount,
            amount=amount)

    @property
    def amount(self):
        return self.internal.amount

    def lodge(source_account, amount):
        '''
        该操作从来源转入资金
        '''
        log = Log(source=source_account, destination=self,
                  amount=amount)
        log.commit()

    def withdraw(dest_account, amount):
        '''
        该操作将资金转出到目的地
        '''
        log = Log(source=self, destination=dest_account,
                  amount=amount)
        log.commit()
```

Account 类是预期的接口。它和数据库中的任何内容都没有直接联系，仅将 account_number 作为唯一的引用同 InternalAccount 保持联系。

存储不同元素的逻辑是在一个与 ORM 模型不同的类中呈现的。这可以理解为，ORM 模型类是**仓库**类，而 Account 模型是**工作单元**类。

有些手册中，在使用工作单元类时，会让它们没有太多的上下文关联，只是作为一个容器来完成存储多个元素的操作。然而，更有用的做法是，基于其上下文和意义为 Account 类分配明确的概念，而且可能还有几个对应业务实体的操作。

每当有操作需要另一个账户时，就会产生新的 Log（账目记录）。该记录会引用资金的来源、目的地和金额信息，并在一个事务中完成操作。这是在 commit（提交）方法中完成的：

```
def commit():
    ''' 在这里进行操作 '''
    with transaction.atomic():
        # 更新 amount（金额）
          self.source.amount -= self.amount
          self.destination.amount += self.amount
        # 保存所有数据
        self.source.save()
        self.destination.save()
        self.save()
```

在这个事务中，通过使用 with transaction.atomic() 语句及其上下文管理器，完成账户资金增加、减少操作，然后保存三行相关的记录，即资金来源、资金目的地和账目记录本身。

Django ORM 要求使用这种原子性的操作方式，但其他 ORM 能够以不同方式工作。例如，SQLAlchemy 更倾向于多工作，即向队列中添加操作，并要求在批处理操作中明确应用所有的操作。请查看所使用的特定软件的文档，了解其具体情况。

出于简单考虑，这里缺少一个细节，就是应当先验证是否有足够的资金来执行该操作。在没有足够资金的情况下，则产生一个异常，中止该交易。

请注意，这种方式允许针对每个 InternalAccount 检索与事务相关的每一项 Log，包括借方和贷方的。因此可以检查当前的金额是否正确。下面这段代码能根据账目记录计算出账户中的余额，用于资金核对：

```
class InternalAccount(models.Model):
    ...

    def recalculate(self):
        '''
        根据账目记录重新计算余额
        '''
        total_credit = sum(log.amount for log in self.credit.all())
        total_debit = sum(log.amount for log in self.debit.all())
        return self.initial_amount + total_credit - total_debit
```

这里应当还有一个初始金额。debit 和 credit 字段是对 Log 的反向引用，正如在 Log 类中定义的那样。

从只对操作 Account 对象感兴趣的用户的角度来看，所有这些细节都无须关心。额外新增的这一层，让我们能清晰地从数据库实现的细节中抽象出来，并在其中存储所有相关的业务逻辑。它可以当作所发布业务的模型层（属于领域模型），用适当的逻辑和术语处理相关的业务操作。

4.1.4 CQRS 使用不同的读写模型

有时候，简单的 CRUD 数据库模型并不足以表达数据在系统中的流动方式。在某些复杂的环境中，可能需要使用不同的方式来读取、写入数据，或与数据交互。

存在这样一种可能，就是数据的发送和读取位于数据管道的两端。例如，在事件驱动的系统中，数据先是被记录在一个队列中，然后再经过处理。大多数情况下，这些数据会由不同的数据库进行处理或汇集。

让我们来看一个更具体的例子：某个存储了不同产品销售状况的系统。销售状况信息包含 SKU（所销售产品的唯一标识符）和价格。但在销售过程中，我们不知道利润有多少，因为产品的交易结果受市场波动的影响。储存的销售信息会放入一个队列，并启动与支付价格进行核对的过程。然后，还有一个关系数据库用于存储最终的销售记录，其中包括购买价格和利润。

信息流从领域模型来到队列，接着通过一些外部流程来到关系数据库，然后在那里用关系模型以 ORM 的方式呈现出来，最后再回到领域模型。

这种架构称为 CQRS（命令查询职责分离），意味着命令（写操作）和查询（读操作）是分开的。这种模式并不是事件驱动架构所独有的，它通常会出现在类似事件驱动这样的系统中，因为其本质是将输入数据与输出数据分离。

领域模型可能需要以不同的方式来处理信息。输入和输出的数据有多种内部表示方式，这样有时可以更容易、清晰地区分它们。无论如何，针对 CQRS 使用一个明确的领域模型层是一个好主意，便于将功能分组并作为一个整体来处理。在某些情况下，模型和数据对于读操作和写操作来说可能是完全不同的。例如，如果有一个步骤是要生成汇总的结果，此时可能会在读操作时临时产生额外的数据，而这些数据是永远不会被写入的。

读操作和写操作如何进行联系，其具体过程在此不做讨论。在我们的例子中，知道数据是怎样存储在数据库中的即可，包括支付金额信息。

图 4-2 描绘了 CQRS 架构中的信息流。

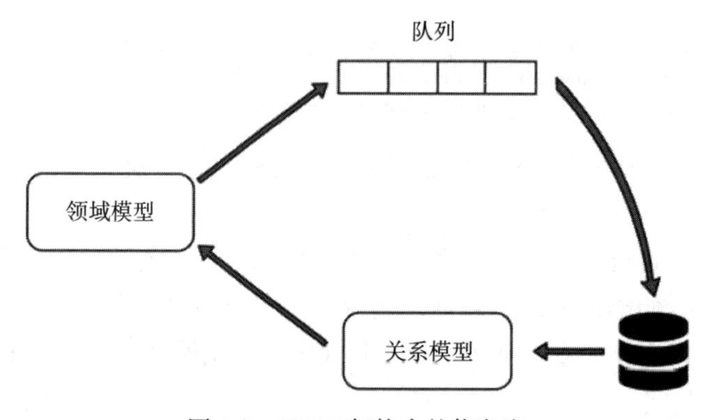

图 4-2　CQRS 架构中的信息流

我们的模型定义如下所示：

```
Class SaleModel(models.Model):
    ''' 这是常用的ORM模型 '''
    Sale_id = models.IntegerField(unique=True)
    sku = models.IntegerField()
    amount = models.IntegerField()
    price = models.IntegerField()

class Sale(object):
```

```
    '''
        这是发布的领域模型，它以一种有领域意义的
        方式处理操作，而不暴露内部信息
    '''

    def __init__(self, sale_id, sku, amount):
        self.sale_id = sale_id
        self.sku = sku
        self.amount = amount
        # 创建新元素时，它们不会被赋值
        self._price = None
        self._profit = None

    @property
    def price(self):
        if self._price is None:
            raise Exception('No price yet for this sale')
        return self._price

    @property
    def profit(self):
        if self._profit is None:
            raise Exception('No price yet for this sale')
        return self._profit


        def save(self):
            # 把销售信息发送到队列中
            event = {
                'sale_id': self.sale_id,
                'sku': self.sku,
                'amount': self.amount,
            }
            # 把事件发送到外部队列中
            Queue.send(event)
@classmethod
def get(cls, sale_id):
    # 如果销售信息仍然不可用，则将引发一个异常
    sale = SaleModel.objects.get(sale_id=sale_id)
    full_sale = Sale(sale_id=sale_id, sku=sale.sku,
                     amount=sale.amount)
    # 填入私有属性
    full_sale._price = sale.price
    full_sale._profit = sale.amount - full_sale._price
    return full_sale
```

注意保存和检索流程的区别：

```
# 创建一条新的销售信息
sale = Sale(sale_id=sale_id, sku=sale.sku, amount=sale.amount)
```

```
sale.save()

# 等待一段时间，直到完成处理
full_sale = Sale.get(sale_id=sale_id)
# 检索销售利润
full_sale.profit
```

CQRS 系统很复杂，因为数据的输入和输出处理方式是不同的，在获取信息检索结果时通常也会产生一些延时，这或许会带来一些影响。

CQRS 系统还有一个重要问题，就是各项操作需要保持同步，包括读写模型，也包括所有管道内发生的转换操作。随着时间的推移，得不断对其进行维护，特别是要保持向后兼容性时。

这些问题让 CQRS 系统变得比较复杂。因而只有在确实必要的情况下，才应谨慎考虑使用。

4.2 数据库迁移

软件开发过程中不可避免的情况是，系统总是在不断变化。虽然数据库的变化速度通常不像其他领域那么频繁，但还是存在变化，而且需要谨慎对待。

数据相关的变化大致可分为两种不同的类型：

- **格式或模式调整**：添加或删除新元素，如字段或表，或者调整某些字段格式。
- **数据调整**：需要修改数据本身，而不修改格式。例如，规范地址字段的邮政编码信息，或将某个字符串字段转换为大写。

4.2.1 向后兼容性

处理数据库变更问题的基本原则是要向后兼容。也就是说，数据库中的所有变化都要确保代码不做任何修改，系统依然能正常运行。

这样就可以实现在不中断业务的情况下对系统进行更改。如果需要修改代码才能识别变化后的数据，那么系统提供的服务将被迫中断。因为如果有不止一处的服务器在运行相关代码，那么我们就无法让两处的修改同时生效。

当然，还有一种办法，那就是停止服务，完成所有的变更，然后重新启动服务。虽然这样不太好，但对于小型服务系统或可以接受计划内停机的情况来说，这么做也是一种选择。

数据库不同，处理数据变化的方法也不同。

对关系数据库来说，因为需要定义一个固定的结构，任何涉及数据库模式改变的操作都会影响到整个数据库。

对于其他非强制定义模式的数据库，可以采取一些迭代的方式来更新数据库。

让我们来看看数据库迁移的各种实现方法。

4.2.2 关系数据库迁移

在关系数据库中，数据库模式的每项调整都是通过 SQL 语句来完成的，其操作方式和事务类似。模式的修改称为**迁移**（migration），可以在进行某些数据转换（例如，将整数转换为字符串）时来完成。

迁移是通过执行原子性的 SQL 命令来完成的。迁移涉及改变数据库中表的格式，可能还包括其他操作，如修改数据或一次性多项内容的修改。可以将这些要变化的操作先进行分组，然后通过单一的事务来实现。大多数 ORM 框架都包含对迁移操作的支持，且内置了实现方法。

例如，Django 框架可以通过执行 `makemigrations` 命令自动创建一个迁移文件。这条命令需要手动运行，执行后会对模型的变化进行检测，并完成对应的调整。

例如，如果我们在之前介绍的类中添加一个额外的值 `branch_id`：

```
class InternalAccount(models.Model):
    ''' 这是与数据库表相关的模型 '''
    account_number = models.IntegerField(unique=True)
    initial_amount = models.IntegerField(default=0)
    amount = models.IntegerField(default=0)
    branch_id = models.IntegerField()
```

运行 `makemigrations` 命令后，会生成对应的迁移描述文件：

```
$ python3 manage.py makemigrations
Migrations for 'example':
  example/migrations/0002_auto_20210501_1843.py
    - Add field branch_id to internalaccount
```

注意，Django 会跟踪模型中的状态，并自动调整变化，创建适当的迁移文件。等待迁移的任务可以通过命令 `migrate` 来启动：

```
$ python3 manage.py migrate
Operations to perform:
  Apply all migrations: admin, auth, contenttypes, example, sessions
Running migrations:
  Applying example.0002_auto_20210501_1843... OK
```

Django 会在数据库中存储已完成迁移的状态，以保证每个迁移任务确实被执行过。

请记住，要想通过 Django 有效地使用迁移，就不应该另外再做任何其他改动，因为这可能会导致混乱和冲突。如果要进行不能随着模型的改变而自动复制的迁移操作，比如数据迁移，则可以先创建一个空的迁移，然后填写自定义的 SQL 语句。这样就可以创建复杂的、自定义的迁移，但这些迁移启动后，会与其他自动创建的 Django 迁移保持同步。也可以将模型明确标记为不被 Django 处理，以便手动管理它们的迁移操作。

关于 Django 框架中迁移相关的更多细节，请查看 `https://docs.djangoproject.com/en/3.2/topics/migrations/` 处的文档。

不停机迁移

迁移数据的过程需按以下步骤进行：

1. 原有程序代码和原有数据库模式已经就位，这是初始状态。
2. 数据库完成向后兼容原有程序代码的迁移。由于数据库支持在运行中进行这种迁移操作，所以服务不会中断。
3. 部署使用新模式的新代码。这个部署过程不需要任何专门的停机时间，可以在不中断进程的情况下完成。

这个过程中的关键因素是步骤 2，要确保迁移后能与之前的程序代码向后兼容。

通常，大多数数据库模式调整都比较简单，比如添加一个新表，或在表中添加一个新列，这些调整都比较容易。旧的代码不会使用这个新增的列或表，这样是完全没有问题的。但是，其他有些迁移操作恐怕就比较复杂了。

举个例子，让我们设想一下，有一个到目前为止一直是整数的字段 `Field1` 需要转换成字符串。转换后用于存储数字，但也会有一些特殊的值，如 `NaN`（Not a Number，非数字）或 `Inf`（Infinite，无穷大），这些都是数据库不支持的。新的代码需要对它们进行解码，才能正确地处理这些值。

但是很明显，如果在旧代码中没有考虑到这一点，数据从整数迁移到字符串后，就会产生程序错误。

为了解决这个问题，需要按以下步骤处理：

1. 原有程序代码和原有数据库模式已经就位，这是初始状态。
2. 迁移数据库，增加一个新的字段 `Field2`。在此迁移操作中，`Field1` 的值被转换为一个字符串并复制到 `Field2`。
3. 部署新版本的代码，作为中间代码使用。该代码知道，可能有一个（`Field2`）或两个（`Field1` 和 `Field2`）字段。读取数据时使用 `Field2` 而非 `Field1` 中的值，但如果有写操作，则同时写入两个字段。

> 为了避免在迁移的应用和新代码之间出现更新问题，代码会先检查 `Field1` 是否存在，如果存在且与 `Field2` 的值不同，则在执行任何操作之前都会先更新后者。

4. 执行新的迁移，删除现在未使用的 `Field1` 字段。

在此迁移中，应该采用与上面一样的原则——如果 Field1 中的值与 Field2 中的值不同，就用 Field1 的值覆盖后者。请注意，唯一可能发生这种情况的场景是，该字段已经用旧代码进行了更新。

5. 现在可以安全地部署仅知道 Field2 字段的新代码。

根据 Field2 这个字段名称被接受与否的情况，有可能还需要进行一次迁移，将字段名从 Field2 再改为 Field1。这种情况下，新代码需要先准备好使用 Field2，或者，如果 Field1 字段不存在，则使用 Field1。

然后再做一次新的部署，让最终代码仅使用 Field1 这个字段名，如图 4-3 所示。

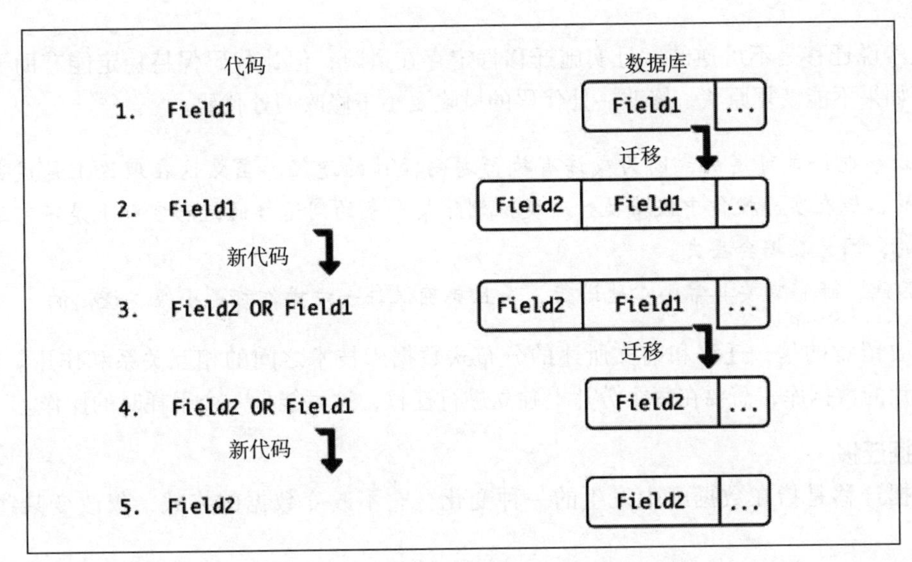

图 4-3 从 Field1 字段迁移到 Field2 字段

这个过程看起来好像有很多事要做，确实如此。所有这些步骤都是为了顺利地执行操作并实现不停机迁移。还有一种方法，就是停止使用旧代码，在 Field1 中进行格式转换的迁移，然后再启动新代码。但这可能会带来几个问题。

最突出的问题是系统停机。虽然可以通过设置适当的停机维护窗口将影响降到最低，但大多数的现代应用程序都期望能 7 天 ×24 小时不间断工作，哪怕再短的停机时间都难以接受。如果该应用程序拥有全球性的受众，那么就很难有理由进行本来可以避免的停机维护。

停机时间有可能会持续一段时间，这取决于迁移过程中的具体情况。常见的问题之一，就是测试迁移是在比生产环境规模小很多的数据库系统中进行的。当在生产环境中实施迁移时，可能会产生意想不到的问题，导致花费的时间比预期的要长很多。根据数据量大小的不同，复杂的迁移可能需要几小时来完成。而且，鉴于迁移是作为事务的一部分来运行的，在继续后续任务之前需要完成全部任务，否则会回滚数据。

如果可能的话，试着用一套足够大的、有代表性的测试数据库来验证系统的迁移计划。执行某些操作可能需要相当大的代价。有可能某些迁移细节需要进行调整，以使其运行速度更快，或者可能需要将迁移分成更细的步骤，这样每个步骤就可以在自己的事务中运行，从而在适当的时间内完成。甚至在某些情况下，数据库系统可能需要更多的内存，以利于在合理的时间内完成迁移。

还有一个问题，就是在新代码刚开始运行时，可能会有与迁移相关或不相关的问题和错误。在这个过程中，因为已经部署了迁移，所以不可能再使用旧代码了。如果新代码中存在错误，那么需要修复该错误并部署更新后的代码版本。这种情况下可能会产生很严重的故障。

虽然说迁移是不可逆的，且实施迁移肯定存在风险，但让代码保持稳定能有助于减少问题。如果不能恢复原状，修改一处代码的风险要小于修改两处代码。

迁移也许是可逆的，因为或许有执行逆向操作的途径。虽然这在理论上是成立的，但在实际操作中极难执行。类似删除某个表的列这样的迁移实际上是不可逆的，因为数据会丢失。

因此，迁移需要非常小心地进行，而且要确保每一步操作都是小幅、谨慎的。

需要留意的是，迁移和前文所述的分布式数据库技术之间的相互关系和作用。例如，对于分片的数据库，需要在每个分片上独立进行迁移，这可能是一个很耗时的操作。

数据迁移

数据迁移是指在数据库中发生的一种变化，它不改变数据的格式，仅改变某些字段的值。

这种迁移需求的产生通常是为了纠正数据中的某些问题，比如存储的值出现了编码错误，或是为了将旧的记录转换为最新的格式。例如，在所有的地址中加入邮政编码（如果没有的话），或者将数据测量单位由 inch（英寸）改为 cm（厘米）。

针对这两种情况，都需要对全部或部分数据记录进行迁移。这些操作应当尽可能只对相关的子集进行，这样可以大大加快处理速度，尤其是对大型数据库。

在上述调整测量单位的例子中，为确保调整前后代码都能对其进行区分并处理，进行数据迁移可能需要更多的步骤，比如说，用一个额外的字段来表示测量单位。此时迁移过程如下：

1. 创建一个迁移，为所有行设置一个新的字段，名为 `scale`（测量单位），默认值为 `inches`（英寸）。任何由旧代码引入的新记录都自动使用默认值，以保持该字段设置正确。
2. 部署一套新版本的代码，能够同时处理 inch 和 cm 两种单位，并读取 `scale` 字段的值。

3. 另建一个迁移来改变测量数据。将单位的默认值设置为 cm。将每条记录的数据都换算成以 cm 为单位。
4. 现在，数据库中所有的测量数据都是以 cm 为单位的。
5. 可选步骤，通过部署一套新版本的代码来清理数据，该代码只采用 cm 单位计算，无须再访问 `scale` 字段，因为 `scale` 对应的 inch 单位已不再使用。这之后，还可以执行一个新的迁移，将 `scale` 字段删除。

第 5 步是可选的，通常情况下，进行这种清理的必要性不大，因为它并非必须要做的事情，而且拥有额外的字段所带来的多功能特性，或许值得将其保留以便后续使用。

正如我们之前讨论的，数据迁移的关键在于，部署能够同时访问并理解新、旧两种格式字段数据的代码。这样就可以在新、旧数据之间实现平滑过渡。

4.2.3 非关系数据库迁移

非关系数据库的灵活性的体现之一是，通常没有强制的数据库模式。取而代之的做法是，它们所存储的文档支持多种不同的格式。

也就是说，这类数据库在进行迁移时，并非像关系数据库那样采取全有或全无的数据更新，而是进行更加连续不断的修改，并可处理多种数据格式。

应用程序迁移的概念在这里已不再适用，代码将不得不随着时间的推移进行修改。针对这类数据库环境，其迁移步骤是这样的：

1. 原有程序代码和原有数据库模式已经就位，这是初始状态。
2. 数据库中的每个文档都有一个 `version`（版本）字段。
3. 新的代码包含一个模型层，其中有从旧版本到新版本的迁移规程——在我们上面的例子中，要把 `field1` 字段从整数类型转换成字符串。
4. 每次访问特定的文档时，都会检查其版本。如果它不是最新版，`Field1` 将被转化为字符串，并更新版本。这个动作发生在执行任何操作之前。版本更新完成后，再正常执行操作。

这个操作与系统的正常运行同时进行。经过一段时间以后，就能逐一完成整个数据库中文档的迁移（如图 4-4 所示）。

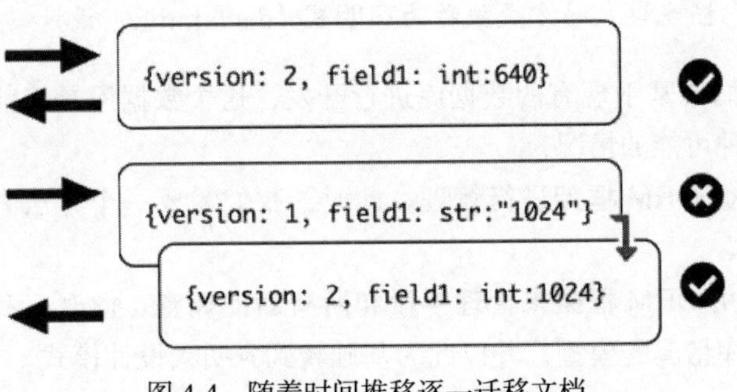

图 4-4 随着时间推移逐一迁移文档

version 字段并非必不可少，因为 field1 的类型很容易识别和修改。但是设置 version 字段带来的好处是，它让整个数据迁移过程保持条理清晰，并且可以把流程串起来，从而通过一次访问实现各种旧版文档的迁移。

如果 version 字段不存在，可将其理解为从 version 0 迁移到 version 1，且迁移后隐含了这个 version 字段。

这个过程非常简洁，但有时即使未对其进行访问，让数据长期处于旧版本的状态也不合适。因为这样可能会导致该代码从 version 1 迁移到 2，version 2 迁移到 3 等，如果仍然存在于代码中的话。这样一来，相关的附加进程就得处理每一个文档的更新和保存操作，直到整个数据库的迁移完成。

这个过程类似于数据迁移，尽管强制模式的数据库需要通过迁移来改变数据格式。在一个无模式（schema-less）的数据库中，数据格式和值可以同时修改。

同样，纯粹只修改数据时，和之前看到的修改 scale 字段值的例子一样，无须进行迁移，而是逐步修改数据，就像这里所描述的。不过，用迁移的方式来做，可以确保数据改得更彻底，而且还能同时调整数据格式。

还有一点需要注意，如果这个功能被封装在内部数据库的访问层中，上面这个逻辑通常会使用较新的功能，而不关心旧版的格式，因为会对这些数据进行实时转换。

虽然数据库中仍然有旧版本的数据，但代码需要能够理解它们。这可能会造成一些旧技术的积累，所以也可以在后台迁移所有的数据，因为可以做到在系统正常运行的情况下，通过旧版本的过滤来完成文档到文档的迁移。后台迁移完成之后，就可以对代码进行重构和清理，删除用于过时版本数据的处理流程。

4.3 处理遗留数据库

ORM 框架可以生成适当的 SQL 命令来创建数据库模式。当从头开始设计数据库系统时，这意味着我们可以在代码中创建 ORM 模型，ORM 框架会做出相应的调整。

这种在代码中描述模式的方式被称为**声明式**（declarative）设计。

不过，有时我们要基于现有的数据库进行开发，这个数据库是以前通过手动运行 SQL 命令创建的。有两种可能的情况：

- **模式从未遵循 ORM 框架进行管理**。此时，我们需要一个方法来检测现有模式并使用它。
- **后续想要使用 ORM 框架来管理字段和所有新的调整**。此时，我们需要创建一个反映当前数据库情况的模型，并以此为基础转到声明式设计模式。

让我们来看看如何处理这些情况。

4.3.1 检测数据库模式

对于某些应用程序，如果数据库是稳定的或者足够简单，那么它就可以按原样直接使用，此时可以尝试尽量减少相关处理代码。SQLAlchemy 能够自动检测并使用已有数据库的模式。

SQLAlchemy 是一个非常强大的 ORM 库，可以说是对关系数据库进行复杂定制访问的最佳解决方案。它能够定义表之间复杂的关系，让你调整查询并创建精确的映射。同时它比其他 ORM 框架（如 Django ORM）更复杂，可能也更难于掌握。

自动检测数据库的模式，可以从表和列的检测开始：

```
>>> from sqlalchemy.ext.automap import automap_base
>>> from sqlalchemy.sql import select
>>> from sqlalchemy import create_engine

# 读取并检测数据库
>>> engine = create_engine("sqlite:///database.db")
>>> Base = automap_base()
>>> Base.prepare(engine, reflect=True)

# Pens 类映射了数据库中名为 "pens" 的表
>>> Pens = Base.classes.pens

# 创建一个会话
>>> session = Session(engine)

# 创建一个 select 查询
>>> query = select(Pens).where(Pens.color=='blue')
# 执行查询
>>> result = session.execute(query)
>>> for row, in result:
...     print(row.id, row.name, row.color)
...
1 Waldorf blue
```

请注意，表 `pens` 以及列 `id`、`name` 和 `color` 的描述名称是如何被自动检测出来的。查询的格式和 SQL 也非常类似。

SQLAlchemy 支持更复杂的用法和类的创建。更多信息请参考其文档：`https://docs.sqlalchemy.org/`。

Django ORM 还有一条 inspectdb 命令，可以用来转储数据库的表和关系的定义：

```
$ python3 manage.py inspectdb > models.py
```

这条命令会创建一个 models.py 文件，其中包含了 Django 探测到的数据库信息及其注解。这个文件的具体内容可能还需要调整。

这些方法对于简单的情况来说是很理想的，最重要的是，无须花太多的精力在代码中去复制原数据库的模式。此外，有时如果模式发生了变化，要对代码进行更好的处理和控制，则需采用不同的方法。

更多信息请查看 Django 文档：https://docs.djangoproject.com/en/3.2/howto/legacy-databases/。

4.3.2 同步现有模式至 ORM

有这么一种情况，某个遗留数据库是采取不可复制的方法创建的。也许它是通过手动命令完成的。当前的代码要用到这个数据库，但我们想迁移代码使其与之保持同步，这样一方面可以准确地理解不同的关系和格式，另一方面可以让 ORM 以兼容的方式对模式进行可控的修改。这里可以把后者看作迁移。

这种情况下的挑战是，需要在 ORM 框架中创建一堆与数据库定义同步的模型。这个事情说起来容易做起来难，有几个原因：

- 可能有一些数据库的特性没有被 ORM 完全表达出来。例如，ORM 框架并不直接处理存储过程。如果数据库有存储过程，要么删除，要么将其复制后作为软件操作的一部分。

存储过程（stored procedure）是数据库内部由代码构成的函数，用于修改数据库。存储过程可以通过 SQL 查询来手动调用，但通常是由某些操作来触发的，如插入新行或改变某列。如今，存储过程并不常见，因为其运行方式可能会令人困惑。相反，在大多数情况下，系统设计倾向于将数据库视为仅实现数据存储的系统，而不具备改变所存数据的能力。管理存储过程比较复杂，因为其调试以及与外部代码保持同步比较困难。

存储过程可以通过代码进行复制，当操作被触发时，执行的相关操作是由某个工作单元来完成的，这是目前最常见的方法。除此之外，显而易见的是，将已经存在的存储过程迁移到外部代码中通常都很不容易，需要有计划、谨慎地进行。

- ORM 框架在对某些元素进行设置时有些特殊的限制，因而有可能与已经存在的数据库不兼容。例如，对某些元素的命名方式。Django ORM 不能为索引和约束设置自定义的名称。在一段时间内，约束条件只能保留在数据库中，对 ORM 来说是“隐藏”的，但从长远来看，这样可能会带来问题。因为有些时候，需要在外部将索引名改为兼容的名称。

- 另一个例子是 Django ORM 中缺乏对复合主键的支持，此时可能需要添加一个新的数值型字段来创建一个代理键。

这些限制要求在创建模型时要加倍小心，并且需要进行检查以确保它们能在当前模式下按预期的方式运行。基于 ORM 框架中的代码模型所创建的模式可以提取出来，并与实际的模式进行比较，直到两者一致或足够接近。

例如，对于 Django，通常可以采用以下流程：

1. 创建一个数据库模式的转储（dump），用来当作参考模式。
2. 创建对应的模型文件。可以用上述 `inspectdb` 命令的输出作为初始状态。

> 注意，在用 `inspectdb` 命令创建模型时，将其元数据设置为不跟踪数据库中的变化。也就是说，Django 将模型标记为不跟踪迁移的变化。完成模型验证之后，再将设置改回来。

3. 创建一个迁移，包含所需的数据库所有的变化。这个迁移是用 `makemigrations` 命令正常创建的。
4. 使用 `sqlmigrate` 命令生成一个 SQL 转储，其中包含迁移过程中要用到的 SQL 语句。该命令执行后将生成一个数据库模式，可以同参考模式进行比较。
5. 调整差异，并从第 2 步开始迭代。记住，每次在生成新的迁移文件之前，都要先删除旧的，以便从头开始生成迁移文件。

当迁移被调整到所产生的结果和当前的完全一致以后，就可以使用参数 `--fake` 或 `-fake-initial` 来部署这个迁移，也就是说，它将被注册为已启用，且不再需要运行 SQL。

> 这是一个大幅简化后的流程。前面曾讨论过，或许有些元素难以复制。还有可能需要对外部数据库进行修改以解决不兼容的问题。
>
> 另一方面，对于不会造成任何问题的小的差异，有时是可以接受的。例如，不同的主键索引名，一般都可以接受，可在以后进行修复。通常，对于一个复杂的模式来说，完成这类操作需要很长的时间。应做好相应的计划，并以小幅递增的方式进行。

在这之后，修改模型然后自动生成迁移，就可以正常地启用变化后的模式。

4.4 小结

本章介绍了 DDD（领域驱动设计）的原则、面向存储数据的抽象，使用遵循业务原则的富对象。还阐述了 ORM 框架，及其是如何有助于消除对特定底层交互代码库的依赖，从而与存储层协调运行的。接着讨论了代码与数据库交互的各种实用技术，如工作单元模式，它与事务的概念有关，以及 CQRS，用于将写操作和读操作导向不同后端的高级应用场景。

本章还讨论了如何处理数据库的调整，包括改变模式的显式迁移，以及那些在应用程序运行时迁移其数据的软变化。

最后，我们阐释了处理遗留数据库的各种方法，以及当无法掌握当前的数据模式时，怎样创建模型以建立适当的软件抽象。

第二部分 Part 2

架构模式

成功的设计无须一切从零开始。事实上，努力的重点应当是了解那些已经证明非常成功的架构模式。

在本书的这一部分，将看到很多成功系统中常见的各种案例。相关的这些原理在各自特定的环境下都非常有用，我们将在接下来的章节中学习并掌握它们的优势和局限性：

- 第 5 章阐释十二要素 App 方法论。
- 第 6 章学习如何有效地处理请求 – 响应服务。
- 第 7 章介绍如何使用事件，以实现不同服务之间的通信。
- 第 8 章用高级事件驱动架构来创建复杂的信息流、优先级和 CQRS。
- 第 9 章分析微服务与单体之间的区别及其相关工具。

首先介绍的是十二要素 App 方法论，它包含了处理具体服务时的实用建议清单。还将深入探讨 Web 服务器请求 – 响应结构的实现，这通常是服务器的基础。

接着会讨论事件驱动系统，用两章的篇幅来确保内容涵盖其基本概念和高级用法。事件驱动系统本质上是异步的，这意味着发起调用后无须等待处理完成，而且在很多情况下，甚至不会有类似于响应的东西。这类系统对于处理同一输入触发多个服务，或生成需长时间处理的操作都非常有用。

这部分内容的最后，还将学习微服务与单体系统，包括两种情况下所使用的各种工具和技术，以及如何实现两种模式之间的迁移。

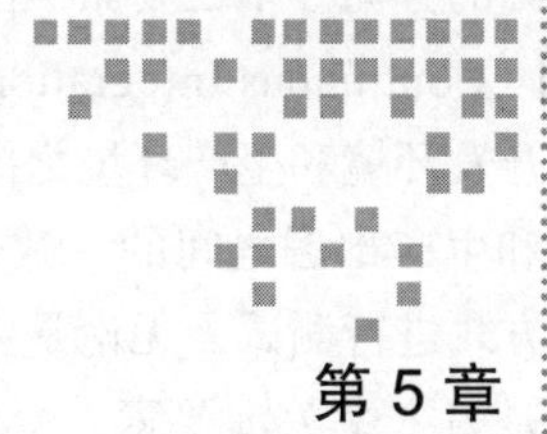

第 5 章 Chapter 5

十二要素 App 方法论

在设计软件系统时，每次都为新的项目重新发明“轮子”并不是一个好主意。软件的某些部分在大多数 Web 服务项目中都是通用的。掌握一些已证明成功的实践方法，对于避免犯那些低级错误非常重要。

在本章中，我们将重点讨论十二要素 App 方法论（Twelve-Factor App methodology）。这个方法论包含一系列的建议，对于部署在网络上的 Web 服务来说，这些建议的实用性已经被充分证明。

十二要素 App 起源于 Heroku，这是一家提供便捷系统访问部署的公司。其中部分要素比其他那些更具普遍性，这些要素都应作为一般性的建议，而非强制性的要求。该方法论在 Web 云服务之外的场景不那么适用，但回顾其内容并尽可能提取有用的信息仍然会很有帮助。

我们将在本章介绍这一方法论的基本细节，然后花些时间详细阐述其中最重要的内容。让我们先来了解十二要素 App 的基本概念。

5.1 十二要素 App 简介

十二要素 App 是一种方法论，包括 12 个不同的方面或要素，涵盖了设计 Web 系统时需要遵循的良好实践规范。其目的是提供清晰的思路，简化实施过程，详细说明已知有效的模式。

这些要素是通用的，不会就如何实施做出限定，也不会强制要求使用特定的工具，同时还给出了明确的方向。十二要素 App 方法论的目标定位是，以可扩展的方式构建云服务，同时提倡将 CI（Continuous Integration，持续集成）的理念作为这类业务的重要支撑。CI 能有效减少本地开发环境和生产环境之间的差异。

本地环境和生产部署之间的一致性，以及 CI，两者是相互影响的，因为它们使得系统能够以一致的方式进行测试，无论是在开发环境中还是在 CI 系统中运行测试时。

可扩展性是另一个关键要素。由于云服务所承担的工作负载是变化的，系统需要提供可增长的服务能力，能够处理更多访问请求而不出现任何问题。

我们将涉及的第三个普遍性问题，也是十二要素 App 的核心，就是关于配置的挑战。通过配置可以实现在不同环境中使用相同的代码，同时还可以调整系统的功能特性，以便在某些情况下对其进行优化。

5.2 CI

CI（持续集成）是指当新代码被提交到一个中央仓库（central repository，亦称中央存储库）时，自动运行测试的做法。在 1991 年最初引入 CI 的概念时，它被理解为运行“nightly build”（字面意指“每夜构建”，目前此术语通常用来形容软件的“每日构建”版本），因为进行软件测试需要时间，而且很昂贵，而现在，CI 通常被理解为在每次提交新代码时运行一组测试。

CI 的目标是产生始终有效的代码。如果代码出现问题，就会因测试失败而迅速将其检测出来。这种快速的反馈回路有助于开发人员提高效率，并建立起一套安全网，使他们能够专注于功能实现，并将其留给 CI 系统来运行全面的测试。自动运行测试的机制及所做的每项测试，都非常有助于确保高质量的代码，因为任何错误都会被及时发现。

代码质量还取决于所运行测试的质量，所以要想有一套高效的 CI 系统，必须了解良好测试的重要性，并定期完善测试程序，既要确保它给我们足够的信心，又要保证它运行的速度足够快，不会带来问题。

CI 系统中，足够快的速度并没有绝对的标准。要知道测试是在后台自动运行，没有开发人员的参与，所以可能需要一段时间才能返回结果，而开发人员在调试时总是期望尽快得到反馈。通常的目标是，让你的测试管道（pipeline，亦称流水线）在约 20 分钟或更短的时间内完成，如果可能的话。

CI 系统的基础，是能够自动化所有位于中央代码仓库的系统，所以一旦开发人员发布了新的代码，测试就会立即启动。使用像 `git` 这样的源码管理系统是很常见的，还可添加一个 `git` hook 来自动运行测试。

在实际应用中，`git` 通常运行在云系统环境，如 GitHub（`https://github.com/`）或 GitLab（`https://about.gitlab.com/`）。两者都有其他服务与之集成，并可通过配置实现自动运行操作。例如 TravisCI（`https://www.travis-ci.com/`）和 CircleCI（`https://`

`circleci.com/`）。就 GitHub 而言，它们有自己的原生 CI 系统，称为 GitHub Action。所有这些 CI 系统，都通过添加一个专用文件来配置服务，从而简化管道的创建和运行。

CI 管道是按顺序运行的一系列操作步骤。如果出现错误，管道将停止执行，并报告检测到的问题，以便及早发现并反馈给开发人员。通常情况下，我们将软件构建成可测试的状态，然后运行测试。如果有不同种类的测试，比如单元测试和集成测试，则都运行，以逐一或并行的方式。

典型的运行测试的管道会做以下这些事情：

1. 从新的、空的环境开始，先安装运行测试所需的依赖工具。例如，特定版本的 Python 和编译器，或步骤 3 中要用到的静态分析工具。
2. 执行构建（build）命令来准备代码，如编译或打包。
3. 运行静态分析工具，如 `flake8`，以检测编码风格问题。如结果反馈有错误，则停止流程并报告。
4. 运行单元测试。如果结果不正确，则停止流程并提示错误。
5. 准备并运行其他测试，如集成测试或系统测试。

某些时候，这些步骤可以并行开展。例如，步骤 3 和步骤 4 可以同时运行，因为两者之间没有依赖关系，而步骤 2 需要在进入步骤 3 之前完成。在某些 CI 系统中可以对这些步骤进行描述，以便更快地执行。

CI 管道的关键词是**自动化**。为了执行管道任务，所有的步骤都要求能够自动运行，无须任何人工干预。这意味着要做到自动建立所有的依赖关系。例如，如果测试会用到，则需要分配数据库或类似的其他依赖项。

常见的一种模式是，CI 工具分配一个可运行数据库的虚拟机，以便它在测试环境中可用，包括常用的 MySQL、PostgreSQL 和 MongoDB。需要注意的是，数据库启动时是空的，如果需要填充测试数据，则需要在建立测试环境时完成。请检查所采用工具的文档以了解更多细节。

还可以使用 Docker 来构建一个或多个容器，这样可以实现测试过程标准化，并在测试环境构建过程中明确所有的依赖关系。基于容器的方式正在成为一种越来越普遍的选择。

我们将在第 8 章进一步讨论 Docker。

十二要素 App 中的某些要素在 CI 管道的建立中发挥了作用，因为其目标是拥有易于构建的代码，以便部署后，将这些代码用于系统测试或系统运维与配置。

5.3 可扩展性

云系统希望在高负载下依然能有效运转，或至少能适应各种不同的负载。这就要求软件系统具有**可扩展性**。可扩展性是指软件系统支持增长并接受更多访问请求的能力，可扩展性主要通过增加资源来实现。

有两种类型的可扩展性：

- 纵向可扩展性（vertical scalability）：增加每个节点的资源，使其更加强大。这相当于购买一台更强大的计算机，增加更多的内存、更多的硬盘空间、更快的 CPU 等。
- 横向可扩展性（horizontal scalability）：在系统中增加更多的节点，但单个节点不一定更强大。例如，不是使用两台 Web 服务器，而是增加到五台。

一般来说，横向扩展（即横向可扩展性）被认为是更理想的。在云系统中，增加和删除节点的操作可以自动化完成，并可根据当前系统的访问量自动进行调整。相比之下，在传统的模式中，必须按照系统最大负载时刻的需求来确定系统的资源规模，因而横向扩展可以大大降低成本，而大多数时候，传统模式下系统资源利用率较低。

举个例子，让我们比较一下这样一种情况：中午的时候，系统需要 11 台服务器，这时大多数客户都接入系统。而在午夜时分，系统处于最低利用率状态，只需要 2 台服务器。

图 5-1 显示了服务器的数量随负载增长的典型场景。

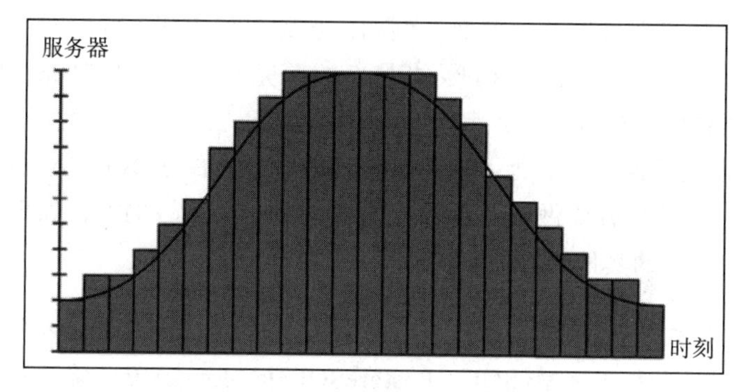

图 5-1　不同时刻的服务量

传统模式下需使用 264 个成本单位（11 台服务器 ×24 小时），而自动扩展模式下只使用大约 166 个成本单位，节省了相当数量的资源。

更为重要的是，传统系统需要额外的余量，以应对可能意外出现的访问峰值。通常，系统会设置为允许至少 30% 的额外负载，甚至可能更多。在这种情况下，成本就会永久性地增加。

为了让系统能够进行横向扩展，它需要是无状态的，也就是说各节点是不可区分的。每个请求将以某种方式轮流分配给某个节点，负载分配会面向所有节点。每个请求的所有状态都来自请求本身（输入参数）或来自外部存储源。从应用程序的角度来看，每个请求都是空的，且不能结转任何信息。这意味着各请求不能在服务端硬盘或内存中存储任何东西。

在请求中存储信息，例如，用数据库中的信息组成一个文件，并在请求中返回，这样是可以的，尽管如果可能的话，把它保存在内存中会比使用硬盘更快。

外部存储源通常是数据库，但使用面向文件或其他大块二进制数据的存储服务也很常见，例如AWS S3。

AWS S3是一个网络服务，能基于URL存储、检索文件。通过S3服务能创建bucket（存储桶），存储桶包含密钥及其访问路径。例如，访问一个类似于`https://s3.amazonaws.com/mybucket/path/to/file`的URL，通过它可以上传和下载文件等对象。有大量的库可用于访问AWS S3服务，比如Python的boto3。

该服务对于以可扩展方式处理文件非常有用，它能以可公开读取访问的方式进行配置，从而启用通过系统存储数据的模式，并允许用户使用公共的URL读取数据，因而简化了系统。

更多信息请参考AWS文档：`https://aws.amazon.com/s3/`。

缓存也应当保存在每个独立节点之外，可使用Riak或Memcached等工具。使用本地内存的内部缓存有一个问题，即它们很可能不会被用到，因为相关的下一个请求可能会由系统中的另一个节点来提供服务。使用外部服务的缓存则可让所有节点都能访问缓存，并提高系统的总体性能。

要注意的是，整个系统不能是无状态的。特别是存储系统，如数据库和缓存，需要以不同的方式来操作，因为它们是用于存储数据的。我们在第3章曾讨论过如何扩展存储系统。

5.4 配置

十二要素App的基本思想之一是，代码通常只有一份，但可以通过配置（configuration）来对其进行调整。这使得相同的代码可以在不同的环境中使用和部署。

测试系统可以建立在不同的环境中，可在其中运行测试而不影响生产数据。测试环境是一处更受控的地方，用于试验或尝试在沙盒中重现真实问题。还有一种环境通常不用于此目的，那就是本地开发环境，开发人员可以在这里检查系统是否正常运转。

创建一个全面且易于使用的本地环境是影响开发人员生产力的关键因素。使用单个服务或进程（如Web服务器）时，环境搭建相对容易，因为大多数项目都允许在开发模式下启动，而一旦有了更多的系统组件，完成搭建就比较困难。

多年以来，关于环境搭建复杂的问题非常普遍。近年采用从头搭建的虚拟机让这种情况得到极大改善，还有近期的容器化技术，让我们可以很容易地进入特定的环境状态并开始工作。

对系统进行配置比表面上看起来更加困难，需要进行设置的参数总是越来越多。在复杂的系统中，以特定方式来构造参数是很重要的，以便于把它们分成多个更易于管理的部分。

配置参数主要分为两个类别：

- **操作性配置**：这些是连接系统各组成部分的参数，或者与监控有关的参数。例如，数据库的地址和访问凭据，访问外部 API 的 URL，或者将日志级别设置为 `INFO`。这些配置参数只有在集群发生变化时才会改变，但应用程序的外部行为不会变化。例如，改为只记录 `WARNING` 或更高级别的日志，或者更换凭据以对其进行轮换。

这些参数在运维的控制下，其修改通常透明地进行，或在维护期间调整。错误地配置这些参数往往会产生严重的问题，因为它们可能会影响系统的功能。

- **功能性配置**：这些参数会改变系统的外在表现，启用或禁用功能或者改变软件的外观。例如，调整颜色设置、标题图像等主题参数，或启用高级功能以实现相关功能的收费访问，或更新数学模型的参数，改变轨道的内部计算方式等。

这些参数与软件的运行功能不直接相关。其配置错误一般不会造成问题，因为软件能继续保持正常运行。对这些参数的调整大多是在开发人员或业务经理的安排下，在特定的时间点启用某个功能。

用于启用或禁用完整功能的配置参数被称为功能标志（feature flag）。它们被用来在某个特定的时间产生一个“业务版本”，将新的代码部署到没有该功能的生产环境中，而该功能正在内部开发。

待发布的功能准备好之后，经过充分测试的代码可以事先部署在生产环境中，只需改变特定的配置参数，就可以激活完整的功能。

这样我们就能朝着大功能改进的方向不断地小幅增长，比如用户界面的改造，同时又能频繁地建立和发布小的变更。功能发布后，就可以重构代码以移除该参数。

这两个类别的配置参数有着不同的目的，而且通常由不同的人员维护。操作性配置参数与特定的环境密切相关，并且要求参数适用于环境，而功能性配置通常用在多个本地开发环境内，以对其进行测试，直到同样的配置用于生产环境中。

习惯上，配置通常按环境分组并存储在一个或多个文件中。这样就产生了 `production.cnf` 文件和 `staging.cnf` 文件，这些文件被附加在代码库中，根据环境的不同，可选择使用其中的某一个。这种方式存在一些问题：

- 对配置的修改事实上就是对代码的修改。这样会限制实施系统调整的速度，并导致作用域的问题。
- 当环境的数量增加时，文件的数量也会随着增长。这可能会受复制操作影响而导致出错。例如，一个改错了文件的错误未被修复，且意外地在后续工作中被部署。旧文件也有可能未被删除。
- 开发人员集中控制问题。正如我们所看到的，其中有些参数不一定是由开发人员控制，而是由运营团队控制。将所有的配置数据存储在代码库中，会让工作职责的界限划分更加困难，因为两个团队都要访问相同的文件。虽然这对小团队来说没多大影响，但随着时间的推移，应当尽量减少让大家访问同样文件的需求，而只需关心其中部分文件，这样做是很有意义的。

- 在文件中保存敏感的参数（如密码）并将其存储在代码库中的做法明显存在安全风险，因为任何有权限访问代码库的人，都可以使用这些凭据来访问所有的环境，包括生产环境。

这些问题使得将配置直接作为文件存储在代码库中是不可取的。在配置要素中，我们会看到十二要素 App 具体是如何处理的。

5.5　十二要素

十二要素 App 方法论的要素包括：

1. **代码库**（code base）。将代码存储在一个单一的仓库（repo, repository 的简写，亦称存储库）中，并仅以配置来区分。
2. **依赖项**（dependency）。明确、清楚地声明这些依赖项。
3. **配置**（config）。针对各种环境进行配置。
4. **后端服务**（backing service）。所有后端服务都应视为附属资源。
5. **构建、发布、运行**（build, release, run）。区分构建和运行状态。
6. **进程**（process）。以无状态进程的方式执行应用程序。
7. **端口绑定**（port binding）。通过端口发布服务。
8. **并发性**（concurrency）。将服务设置为进程。
9. **易处置性**（disposability）。快速启动、优雅关闭的能力。
10. **环境对等**（dev/prod parity）。所有的开发或生产环境都应该尽可能相似。
11. **日志**（log）。将日志发送到事件流。
12. **管理进程**（admin process）。独立运行一次性的管理进程。

这些要素可以依据不同的概念进行分组：

- 代码库，构建、发布、运行，以及环境对等，基于生成在不同环境中运行的单一应用程序的思路来协同工作，应用程序在不同环境中只通过配置进行区分。
- 配置、依赖项、端口绑定和后端服务，围绕着不同服务的配置和连接开展工作。
- 进程、易处置性和并发性，与可扩展性概念相关。
- 日志和管理进程，是与监控和一次性进程有关的实践方法。

让我们来看看这四组的具体情况。

5.5.1　一次构建，多次运行

十二要素 App 方法论的关键概念之一，就是它的应用程序要易于构建和管理，但同时，它又是一个统一的系统。也就是说，没有从一个版本到另一个版本的临时代码，只有可配置的选项。

代码库要素的目的是，一个应用程序的所有软件都是一个单一的仓库，具有单一的状态，没有针对每个客户的特殊分支（branch），或仅在特定环境下可用的特殊功能。

典型的、非常特殊的环境是Snowflake（雪花）公司的环境。任何和这个环境打过交道的人都知道维护它有多么痛苦，这就是十二要素App的目标是要排除这类环境的原因，或者至少要让它们只能根据配置做调整。

也就是说，要部署的代码总是相同的，只有配置会发生变化。这样就可以很容易地测试所有的配置变化，而不会引入盲点。

请注意，一个系统可能有多个项目，位于多个仓库中，它们分别都满足十二要素App的要求，并一起工作。其他要素还会谈到应用程序间互操作的问题。

通过协同API让多个应用程序一起工作始终是一种挑战，需要各团队间良好的协调。有些公司采用monorepo的方法，即采用单一的仓库，所有的公司项目都位于不同子目录下，以确保整个系统有完整的视图，整个组织有着单一的状态。这种做法也有其自身的局限性，它需要更多地进行团队间的协调，对大型软件仓库来说会存在较大的困难。

单一的代码库允许严格区分构建、发布、运行要素中的各个阶段。该要素确保有三个不同的阶段：

- 构建阶段将代码库的内容转变为之后要运行的包或可执行文件。
- 发布阶段使用这个构建好的软件包，将其与所选环境的适当配置结合起来，并为执行做准备。
- 运行阶段最终在选定的环境中执行该软件包。

正如前文所述，配置与代码库位于不同的地方。这种分离的方式很有必要，它同样可以实现源代码管理。配置能以文件形式存储，访问时可按环境分开，其意义在于，有些环境（如生产环境）比其他环境更为关键。将配置作为代码库的一部分存储，则很难实现这种分离。

需注意的是，可以组合多个文件，从而可将参数分为功能性配置和操作性配置。

因为各阶段是严格划分的，所以在部署后不能再改变配置或代码，此时必须要生成一个新的版本。这使得发布的版本非常明确，且每个版本都应独立执行。注意，如果添加了新的服务器，或有服务器崩溃，那么运行阶段可能需要再次执行，所以应该尽可能让它更容易执行。正如我们所看到的，始终贯穿十二要素App的理念是严格分离，以便每个元素都易于识别和操作。我们将检查如何在其他要素中定义配置。

在构建阶段之后进行测试，也可以确保代码在测试和发布及运行过程中保持不变。

由于这种严格的分离，特别是在构建阶段，可以很容易地遵循（开发 / 生产）环境对等原则。从本质上讲，开发环境和生产环境是一样的，因为它们在构建阶段是相同的，但有对应的不同配置在本地运行。这种特性也使得使用相同（或尽可能接近）的后端服务成为可能，如数据库或队列，以确保本地开发与生产环境一样具有代表性。容器工具（如 Docker）或配置工具（如 Chef 或 Puppet）也可以帮助自动建立包含所有必要依赖项的环境。

快速简单的开发、构建和部署过程，对于加快系统建设周期和快速调整至关重要。

5.5.2 依赖项和配置

十二要素 App 方法论主张明确地定义依赖项和配置，同时，在如何做这些配置方面有自己的见解，并且提供了经过验证的可靠标准。

因此，在配置要素中，其内容涉及将系统中的所有配置存储在**环境变量**中。环境变量是独立于代码的，因而可以实现我们在构建、发布、运行要素中谈到的严格区分，并避免之前所说的将配置存储在代码库中的问题。环境变量也是独立于语言和操作系统的，且易于操作，将其注入新环境中也很容易。

这种方式比其他的替代方法更好，比如在代码库中设置不同的文件来描述像 `staging`（预发布 / 模拟 / 暂存）或 `production`（生产）这样的环境，因为需要实现更多样的粒度，而且这些处理方式最终会创建太多的文件，并改变不受影响的环境的代码。例如，不得不为一个临时的 `demo`（演示）环境更新代码库。

尽管十二要素 App 鼓励以不依赖变量的方式来处理配置，但实际工作中环境数量是有限的，它们的配置需要存储在某个地方。关键在于要将其存储在与代码库不同的地方，只在发布阶段进行管理，这样才有足够的灵活性。

要记住的是，对于本地开发来说，这些环境变量可能需要独立进行调整，以测试或调试不同的功能。

可以使用标准库直接从环境内的配置文件中获取配置。例如，在 Python 中：

```
import os
PARAMETER = os.environ['PATH']
```

这段代码将在常量 `PARAMETER` 中存储 `PATH` 环境变量的值。这里要小心，因为如果环境变量 `PATH` 不存在，即 `environ` 字典中找不到该变量，则会产生一个 `KeyError` 错误。

对于下面的例子要注意，需要在你的环境中定义所需的环境变量。为简单起见，本书中未包含这些定义。可以通过命令 `$MYENVVAR=VALUE python3`，来运行 Python，并添加本地环境变量。

为了使用可选的环境变量，并防止其值丢失，可以使用 .get 方法来设置其默认值：

```
PARAMETER = os.environ.get('MYENVVAR', 'DEFAULT VALUE')
```

通常的建议是，由于配置变量的缺失而引发异常比继续使用默认参数要好。这样更容易发现配置问题，因为进程开始时就会以醒目的状态提示错误并终止。别忘了，按照十二要素 App 的理念，需要明确地描述情况，出现任何问题都应该尽可能早地失败，以便及时修复，而不是不经检测就通过。

注意，环境变量总是被定义为文本。如果该值需要采用不同的格式，则需先进行转换，例如：

```
NUMBER_PARAMETER = int(os.environ['ENVINTEGERPARAMETER'])
```

在定义 Boolean（布尔）值时，会出现一个常见的问题。按如下方式对其进行转换的代码是不正确的：

```
BOOL_PARAMETER = bool(os.environ['ENVBOOLPARAMETER'])
```

如果 ENVBOOLPARAMETER 的值是 "TRUE"，BOOL_PARAMETER 的值就是 True（布尔值）。但如果 ENVBOOLPARAMETER 的值是 "FALSE"，BOOL_PARAMETER 的值也会是 True。这是因为字符串 "FALSE" 是一个非空字符串，会被转换为 True。要解决这个问题，可以使用标准库 distutils 里面的 strtobool 函数：

```
import os
from distutils.util import strtobool
BOOL_PARAMETER = strtobool(os.environ['ENVBOOLPARAMETER'])
```

strtobool 函数返回的不是 Boolean（布尔）运算的 True 或 False，而是整数 1 或 0。这样使用通常也没问题，但如果你需要使用严格的 Boolean 值，则可以用这样的语句：bool(strtobool(os.environ['ENVBOOLPARAMETER']))。

环境变量中也可以注入敏感值，如密钥，而无须将其存储在代码库中。请记住，在运行环境中，可以检查密钥，但通常这类操作是受保护的，所以只有授权的团队成员才可以通过 ssh 或类似的环境来访问。

作为配置的一部分，所有后端服务以及环境变量都应该定义好。后端服务是应用程序通过网络使用的外部服务。它们可以是数据库、队列、缓存系统，或类似的服务，也可以是同网络中的本地服务，还可以是外部服务，例如由外部公司提供的 API 或 AWS 服务。

从应用程序的角度来看，这种区别是没有影响的。这些服务资源通过 URI 和安全凭据来访问，并且作为配置的一部分，可以根据环境来调整。这样就实现了资源的松耦合，而且意味着它们可以被轻易替换。如果有迁移操作需要在两个网络之间移动数据库，我们可以启动新的数据库，通过配置的调整来执行新的发布，而应用程序将指向新的数据库。整个过程可以在不修改代码的情况下完成。

为了实现多个应用程序之间的关联，端口绑定要素能确保所有发布出来的服务都是同一个端口，通常不同的服务有不同的端口。这样就能很容易地将每个应用程序视为一个后端服务。端口最好是以 HTTP 方式发布，因为这是非常标准的连接方式。

对于应用程序来说，尽可能使用基于 `80` 端口的 HTTP。这样可以让所有的连接都很容易实现，采用形如 `http://service-a.local/` 的 URL。

有些应用程序需要几个进程联合起来工作。例如，Python 应用程序的 Web 服务器（如 Django）通常使用 uWSGI 这样的应用程序服务器，然后使用 nginx 或 Apache 这样的 Web 服务器来提供服务及静态文件支持（如图 5-2 所示）。

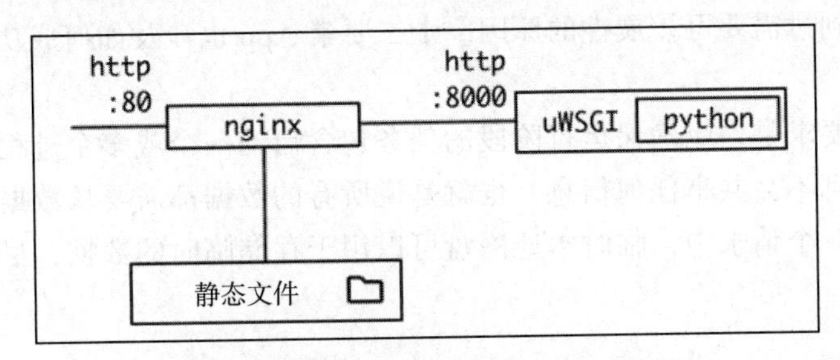

图 5-2　连接 Web 服务器和应用程序服务器

它们都是通过发布一个已知的端口和协议来连接的，故其环境准备非常简单。

同样，为清楚起见，所有库的依赖项都应该明确地设置，而不是依靠现有操作系统中预安装的某些包。应通过依赖声明来描述这些依赖项，就像 Python 中 `requirements.txt` 这样的 pip 文件一样。

然后，使用诸如 `pip install -r requirements.txt` 这样的命令来安装各依赖项，并将其作为构建阶段的一部分。

请记住，特定的 Python 版本也是应当被严格控制的依赖项。其他所需的操作系统依赖项也是如此。理想情况下，操作系统环境应该基于指定的依赖项从头创建。

更重要的是，依赖项应该被隔离开来，以确保不存在未严格控制的隐性依赖项。依赖关系的定义也应该尽可能严密，以避免当上游发布新版本时还要去安装不同版本的依赖项的问题。

例如，在 pip 文件中，依赖项可以用不同的方式来描述：

```
requests
requests>=v2.22.0
requests==v2.25.1
```

第一种方式表示能接受任何版本，所以它通常会使用最新的。第二种方式描述了一个最低（和可选的最高）的版本。第三种方式则指明了需要特定的某个版本。

这相当于操作系统中的那些软件包管理系统，如 Ubuntu 中的 `apt`。你可以用 `apt-get install dependency=version` 来安装某个特定的版本。

使用非常明确的依赖项使得构建工作可以重复进行并具有可预知性。它确保在构建阶段不会因为新版本的发布而出现未知的变化。虽然大多数新的软件包是兼容的，但有时也可能会带来影响系统行为的变化。更糟糕的是，这些变化会在不经意间被引入，进而造成严重的问题。

5.5.3 可扩展性

本章前面谈到过需要可扩展性的原因。十二要素 App 也涉及如何成功地扩充或缩减系统规模。

进程要素的要求是，应确保运行阶段的任务包含启动一个或多个进程。这些进程应当是无状态的，并且不会共享任何信息，也就是说所有的数据都需要从数据库等外部支持服务中获取。在同一个请求中，临时本地磁盘可以用于存储临时的数据，尽管其使用应保持在最低限度。

例如，上传文件时可以使用本地硬盘来存储临时副本，然后再处理数据。数据处理完毕后，临时文件应从磁盘上删除。

如果可能的话，尽量用内存来实现这种临时性存储，因为这样可以让区分更加严格。

进程需要满足的另一个属性是其易处置性。要能够快速启动、停止进程，而且是在任何时候。

快速启动让系统能对软件发布或重启做出迅速反应。其目标是，启动并运行进程花费的时间应当不超过几秒钟。快速周转对于实现系统高速增长也是非常重要的，有利于在系统规模增长时支持更多的进程。

另一方面，还要让进程能优雅地（gracefully）关闭。这在缩减系统规模的情况下可能会用到，以确保在此情况下所有请求都不会被中断。按照惯例，进程应该通过发送 `SIGTERM` 信号来终止。

在 Docker 容器环境中，无论何时，如需停止容器，都会自动采用这种机制，向主进程发送一个 `SIGTERM` 信号。如果进程在一个宽限期后没有自行停止，则结束该进程。如果有必要，可以对宽限期进行设置。

需要确认容器的主进程能够接收到并有效地处理 `SIGTERM` 信号，以确保容器能优雅地关闭。

例如，对于一个 Web 请求来说，优雅的关闭要做的是，首先停止接受所有新的请求，并完成队列中已有的请求，最后关闭该进程。Web 请求通常是快速响应的，但对于其他进程，如长时间的异步任务，如果它们需要完成当前的任务才能结束，则可能需要很长时间才能停止 Web 服务。

因此，长期运行的 Web Worker 应当将任务返回到队列中，并取消执行。这样一来，任务就会被再次执行，为了避免重复操作，我们需要确保所有的任务都能被取消，实现方法是，等到它结束时保存它的结果，并将其包装成类似事务的操作。

某些情况下，可能需要区分准备工作中的主体任务和保存结果的那部分任务。如果在关闭系统时正在保存结果，则要么等待，要么停止执行并将任务返回到队列中。有些保存操作可能需要调用不支持事务的模块。可接受的关闭长期运行的进程所需的时间，可能会比关闭 Web 服务器的时间更长。

进程应当是健壮的，以免非正常的终止。这类终止可能是由软件 bug、硬件错误导致的，或者一般来说，都是由软件运行中出现的意外情况造成的。创建一个有弹性的队列系统，当任务被中断时可以重试，在这些异常情况出现时会很有帮助。

因为系统是通过进程创建的，以此为基础，我们可以通过创建更多的进程来扩充系统规模。进程是独立的，可以同时在同一服务器或其他服务器上运行。这就是并发性要素的前提。

需要记住的是，同一个应用程序可以使用多个进程，在它们之间协调以运行不同的任务，每个进程都可能有不同数量的副本。在上面的例子中，有一个 nginx 服务器进程和一个 uWSGI 进程，合理的数量安排，通常是由一个 nginx 进程，配合处理多个 uWSGI Worker 进程的业务。

传统的部署过程是为每个节点配备一个物理服务器（或虚拟机），以及配套的资源，通常包括适当数量的 Worker，直至找到能有效利用硬件资源的最优方案。有了容器以后，这种局面在某种程度上完全改观了。容器通常更轻，可以支撑更多的业务。虽然仍需要进行优化，但对于容器来说，主要在于创建单元，然后检查一个节点可以容纳多少个单元，因为容器可以更容易地在各节点间迁移，而且所产生的应用程序往往更小。我们并非要研究适合特定服务器的应用程序规模大小，而是要找出一个小的应用程序在服务器中能运行多少副本，从而掌握我们可以使用的各种服务器的承载特性，或轻松地添加更多的服务器。

因为它们是独立且无状态的，所以基于十二要素 App 的理念，增加更多的节点已成为一项非常简单的操作。这使得整个业务规模可以根据系统的负载来调整。可以通过手动操作实现，随着系统负载和请求的增长而缓慢增加新的节点，也可以自动操作，正如我们在本章前面所介绍的。

十二要素 App 并不要求这种对规模的调整自动完成，但明确支持该特性。应谨慎对待自动调整，因为它需要对系统的负载进行仔细的考量。注意安排时间进行测试，以进行合理调整。

十二要素 App 的进程也应当由某种操作系统的进程管理器来运行，比如 `upstart` 或 `systemd`。这些系统管理工具能确保进程始终保持运行，即使是在出现崩溃的情况下，也能优雅地进行手动重启，并优雅地管理输出的信息流。我们将在日志相关内容中更多地讨论输出信息流的问题。

在容器环境中，情况有些不一样，因为此时需要管理的主要是容器而不是进程。取代操作系统进程管理器工作的是容器的编排器（orchestrator），它能确保容器正常运行并捕获所有的输出信息。可以在容器内启动进程，而不是由进程管理器进行控制。如果进程停止了，对应的容器也会关闭。

自动重启进程，加上快速的启动时间和进程关闭状态下的弹性支持能力，使得应用程序始终保持生机，并且能在出现意外问题导致进程崩溃时进行自我修复。它还允许将受控关机作为一般性操作的一部分，以避免长期运行的进程，同时还能将其作为内存泄漏或其他类型长期运行问题的应急方案。

这相当于关机后再开机的老把戏！如果能够非常迅速地完成，就可以挽救很多情况！

5.5.4 监控和管理

一个综合的监控系统对于检测问题和分析系统的运行状况非常重要。虽然它并非唯一的监控工具，但日志是所有监控系统的关键部分。

日志是文本字符串，为运行中的应用程序的行为提供可见性。日志内容都包含时间戳，表明应用程序的行为是何时发生的。日志是在代码执行的过程中产生的，在不同的操作发生时提供信息。日志的具体内容因应用程序的差异而各有不同，但通常框架会根据常规的做法自动创建日志。

例如，所有与 Web 相关的软件都会记录收到的请求，比如这样的内容：

```
[16/May/2021 13:32:16] "GET /path HTTP/1.1" 200 10697
```

注意，这条日志包括：

- 日志生成时间的时间戳 `[16/May/2021 13:32:16]`。
- 采用的 HTTP `GET` 方法和 `HTTP/1.1` 协议。
- 访问的路径 `/path`。

- 返回的状态码 200。
- 请求的大小 10697 字节。

这种日志称为访问日志，它能以不同的格式记录信息。访问日志中至少都会包含时间戳、HTTP 方法、路径和状态码信息，还可以将其配置为返回更多其他的信息，例如提出请求的客户端的 IP，或处理请求所花的时间。

包括 nginx 和 Apache 在内的 Web 服务器也会生成访问日志。正确配置它们以调整产生的信息，对系统维护来说非常重要。

除了访问日志，应用程序日志也非常有用。应用程序日志是在代码内部产生的，可以用来记录重要的里程碑事件或错误信息。Web 框架会产生日志，所以要生成新的日志非常简单。例如，在 Django 中，可以通过这种方式来创建日志：

```
import logging
logger = logging.getLogger(__name__)
...

def view(request, arg):

    logger.info('Testing condition')
    if something_bad:
        logger.warning('Something bad happened')
```

这样将产生类似下面的日志：

```
2021-05-16 14:01:37,269 INFO Testing condition
2021-05-16 14:01:37,269 WARNING Something bad happened
```

我们将在第 12 章了解关于日志的更多细节。

日志要素的主张是，日志不应该由进程本身来管理。取而代之，日志应记录到应用程序的标准输出中，无须任何中间步骤。进程的周边环境，如并发性要素中提到的操作系统进程管理器，应当负责接收日志，将其合并，并正确地引导到长期存档和监控系统中。请注意，这些配置完全不受应用程序本身的控制。

对于本地开发来说，仅在终端显示日志可能就足以满足开发需求。

这种方式与将日志作为文件存储在硬盘中形成了鲜明的对比。但这样会有一个问题，就是需要对日志进行轮换（rotate，亦称滚动、轮替），以确保磁盘始终有足够的空间。这也要求拥有类似日志管理机制的不同的进程，在日志轮换和存储策略方面进行协调。与此不同的做法是，位于标准输出的日志可以结合起来，汇总到一起，用于掌握系统的整体状况，而不只是单个进程的信息。

日志记录也可以指向外部的日志检索系统，如 ELK Stack（Elasticsearch、Kibana 和 Logstash：`https://www.elastic.co/products/`），它能捕获日志并提供分析工具来对日志进行搜索。也可以使用商业工具以减少维护工作量，包括 Loggly（`https://www.loggly.com/`）或 Splunk（`https://www.splunk.com/`）。所有这些工具都可以捕获标准输出日志并重定向到它们各自的解决方案中。

> 在容器环境中，这个建议更有意义。Docker 编排工具可以很容易地捕获容器的标准输出，然后将信息重定向到其他地方。

其他的这些工具可以提供很多功能，如搜索、寻找特定时间窗口中的特定事件，了解日志数据的趋势，如每小时请求数的变化，甚至还可以根据某些规则创建自动告警，如一段时间内增加的 `ERROR` 日志数量超过某个值等。

管理进程要素涵盖了一些有时需要为特定操作运行的进程，但这些进程不是应用程序平常执行的操作的一部分。例如：

- 数据库迁移。
- 制作临时报告，例如为某些销售生成一次性报告，或检测有多少记录受到软件 bug 的影响。
- 运行控制台以进行调试。

> 在生产环境的控制台中执行命令的操作，应当仅在没有其他替代方法时才使用，而不应作为一种消除为重复操作创建特定脚本的需求的方法，对此应当高度谨慎。请记住，生产环境中的错误可能会造成严重的问题。对生产环境需要保持高度关注。

这些操作不是日常操作的一部分，但可能需要运行，其界面显然是不同的。为了执行这些操作，它们应当放在与常规进程相同的环境中，使用同样的代码库和配置来运行。这些管理操作应作为代码库的一部分，以避免出现代码不匹配的问题。

在传统环境中，通常需要先通过 `ssh` 登录到服务器，再来执行这个进程。在容器环境中，可以专门启动一个完整的容器来执行该进程。

比如，这种情况在进行迁移时是很常见的。其准备命令中，或许就包含运行构建以执行迁移的操作。

> 这个操作应该在实际发布之前先完成，以确保数据库已被迁移。关于迁移的更多细节请参考本书第 4 章。

要在容器中运行这些管理命令，容器镜像应当是运行应用程序的那个，但用不同的命令调用，所以代码和环境与运行中的应用程序相同。

5.6 容器化的十二要素 App

尽管十二要素 App 方法论比目前使用 Docker 和相关工具进行容器化的趋势要早，但它们的思路是非常一致的。这两类工具都面向云环境中的可扩展服务，而容器有助于创建与十二要素 App 方法论中所描述的模式相匹配的模式。

我们将在第 8 章进一步讨论 Docker 容器。

可以这样认为，最重要的是创建一个稳定的容器镜像，然后运行，这与构建、发布、运行要素，以及非常明确的依赖项的理念非常吻合，因为完整的镜像会包含细节信息，如所用的具体操作系统和所有的库文件。将构建过程作为资源库的一部分也有助于实现代码库要素。

每个容器也都会以一个进程的方式运行，还能通过创建同一容器的多个副本的方式，使用并发性模型来对其进行扩展。

虽然容器通常在概念上被认为是轻量级的虚拟机，但最好把它们看作由其自身的文件系统封装起来的进程。这样理解更接近其运行方式。

容器的运行机理使其很容易启动和停止，倾向于易处置性要素，通过 Kubernetes 等编排工具将一个容器连接到另一个容器，使其也很容易建立起后端服务要素，而且根据端口绑定要素，在容器的特定端口之间共享服务也非常便捷。然而，在大多数情况下，它们将作为 Web 接口在标准的 `80` 端口上共享。

在 Docker 以及诸如 Kubernetes 等的编排器中，各种环境的搭建非常容易，注入环境变量，从而满足配置要素。这种环境配置以及关于集群的描述可以存储在文件中，从而可以很容易地实现多个环境的创建。它还包含有效处理密钥的工具，从而能对密钥进行加密，并且不存储在配置文件中，以避免密钥泄露。

容器还有一个关键性优势，就是可以很方便地在本地复制集群，因为在生产中运行的相同镜像可以在本地环境中运行，只需对其配置进行很小的改动。这对于确保不同环境保持最新状态有很大的帮助，正如环境对等要素所要求的。

一般来说，采用容器的方法致力于定义一个集群，并倾向于以一致的方式让不同的服务和容器之间保持清晰的分隔。这样能将不同的环境聚集在一起，因为开发环境可以在小范围内复制生产环境的设置。

按照日志要素将信息发送到标准输出，也是存储日志的好方法，因为容器工具会接收并处理或重定向这些日志。

最后，管理进程可以通过启动相同的容器镜像，用不同的、完成特定管理任务的命令来实现。如果需要定期进行管理，例如在部署前运行迁移，或者执行定期任务，则可由编排器来负责。

正如我们所看到的，结合并应用容器环境及其技术，是遵循十二要素 App 建议的非常好的方式，因为这些工具的任务目标是相同的。这并不是说使用容器不需要任何代价，而是说十二要素 App 方法论和容器背后的理念在很大程度上具备一致性。

这并不奇怪，因为两者都来源于相似的背景，即处理需要在云中运行的 Web 服务。

5.7 小结

在本章中，我们看到拥有坚实可靠的模式来构建软件是一件好事，以确保能站在经过测试的决策的基础上，然后使用这些决策来塑造新的设计。对于运行在云中的 Web 服务，我们可以用十二要素 App 方法论作为指导，获得很多有用的建议。

本章还讨论了十二要素 App 是如何与两种主流观念——CI 和可扩展性——相一致的。

CI 是在代码共享后通过自动运行测试，从而不断验证所有新代码的做法。CI 创造了一个安全网，使开发人员能够快速采取行动，尽管它需要规则，以便在开发新功能时添加对应的自动化测试。

接着讨论了可扩展性的概念，即软件通过添加更多的资源来支持更多负载的能力，介绍了为什么要允许软件根据负载的情况来扩充和缩减规模，甚至能够动态调整的重要性。同时还说明了使系统无状态是实现软件可扩展性的关键所在。

我们阐述了关于配置的挑战，这也是十二要素 App 所要处理的问题，还了解到并非每个配置参数都是平等的。我们介绍了如何将配置分为操作性配置和功能性配置，以帮助划分并为每个参数提供适当的上下文信息。

然后逐一阐释了十二要素 App 中的每一个要素，将它们联系起来并分为四个不同的组，解释不同要素间如何相互支持。这些要素分组如下：

- 一次构建，多次运行，基于生成一个在不同环境中运行的单一软件包的思路。
- 依赖项和配置，围绕着配置、软件及服务的依赖性。
- 可扩展性，用于实现之前谈到的可扩展的系统。
- 监控和管理，与其他元素一起处理软件在运行过程中的维护问题。

最后，我们花了一些时间来讨论十二要素 App 的理念，它如何与容器化技术的应用相结合，以及怎样基于各种 Docker 的功能和概念来轻松创建符合十二要素 App 方法论的应用程序。

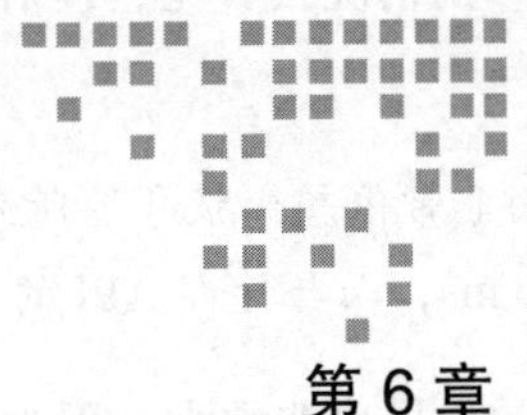

第 6 章 Chapter 6

Web 服务器架构

Web 服务器是目前最常见的远程访问服务器，基于 HTTP 协议的 Web 服务灵活而强大。

在本章中，我们将学习如何构建 Web 服务器，首先对基本的请求 – 响应架构的工作原理进行阐述，然后深入 LAMP 风格 Web 服务器的三层架构：Web 服务器本身，执行代码的 Web Worker，以及控制这些 Worker 并实现与 Web 服务器标准化连接的中间层。

接着详细讨论每一层及其对应的工具，例如用于 Web 服务器的 nginx，用于中间层的 uWSGI，以及用于 Web Worker 内部特定代码的 Python Django 框架。这里会详细阐释其中每个工具。

本章内容还包括 Django REST 框架，它是构建在 Django 之上的工具，用于生成 RESTful API 接口。

最后介绍如何在架构顶端添加额外的层次，以获得更大的灵活性、可扩展性以及更好的性能。

让我们首先学习请求 – 响应架构的基础知识。

6.1 请求 – 响应架构

经典的服务器架构在很大程度上都是基于请求 – 响应的通信方式。客户端向远程服务器发送请求，服务器对其进行处理并返回响应。

这种通信模式自大型机时代以来一直很流行，并且以类似的方式工作，软件在内部通过网络与程序库进行通信。软件还会调用程序库并从中接收响应。

这个过程中的重要因素之一，是发送请求和接收响应之间的延时。在内部，一个调用费时超过几毫秒的情况很少见，但对于网络，延时也许会高达数百毫秒乃至数秒，这种状况非常普遍。

网络调用非常依赖于服务器所处的位置。同一数据中心内的调用速度很快，可能不到 100 ms，而与外部 API 的连接可能需要接近 1 s 或更长时间。

时间消耗的差异也非常大，因为网络环境条件会对其产生很大的影响。这个时间差对于有效处理请求 – 响应有着重要影响。

发出请求时通常采取的是同步通信策略。这意味着代码会暂停并等待响应就绪。这种方式操作起来很方便，因为代码很简单，但效率也很低，因为在服务器完成计算并通过网络传回响应的过程中，计算机不会做任何事情。

可以改进客户端，让它同时发起多个请求。在请求彼此独立时可以采用这种方式，从而让各请求并行处理。实现这种改进的简单方法是使用多线程（multithread）技术，从而达到加快整个进程执行的目的。

通常，需要一个流程管理机制，将某些可以并行执行的请求，和其他需要等待直至收到反馈信息的请求放在一起管理。例如，常见的网页检索请求发出后，通常会并行下载涉及的多个页面文件（例如头文部件、图像）。

我们将在本章后面看到如何设计并实现这种效果，以提高网页的响应能力。

网络调用不如本地调用可靠这一事实，意味着需要更好的错误处理机制。所有请求 – 响应式的系统都应当特别注意捕获各种错误并尽力重试，因为网络问题通常是暂时的，在等待之后重试有可能会恢复。

正如我们在第 2 章中看到的，有多种 HTTP 状态码能提供详细的错误状态信息。

请求 – 响应模式的另一个特点是服务器不能主动调用客户端，只能返回信息。这样就简化了通信，因为它不是完全双向的。这种模式意味着由客户端发起请求，服务端只需要监听新的请求到来。这也使得两者的角色不对称，并且要求客户端知道服务器的位置，通常是通过其 DNS 地址和相关的端口来访问（默认情况下，HTTP 使用 80 端口，HTTPS 使用 443 端口）。

这种特点使得有些通信模式难以实现。例如，完全双向通信时，双方都想要发送消息，很难通过请求 – 响应模式来实现。

一个简单的例子是能基于请求 – 响应模式实现的消息服务器，此时两个客户端需要用到中间服务器。

这种基础结构在论坛或社交网络等应用程序中很常见，这些应用程序允许在用户之间直接进行某种形式的消息传递。

每个用户可以执行两个操作：

- 获取所有发送给他们的新消息。
- 向其他用户发送新消息。

用户需要通过轮询定期检查是否有新的消息。这种方式效率较低，因为在查询新消息时，很可能会有大量检查返回的结果是“没有可用的新消息”。更糟糕的是，如果消息检查执行得不够频繁，在留意到新消息出现之前，可能已经过了较长时间。

在实际的应用程序中，通常会通过主动向客户端发送通知来避免这种轮询操作。例如，移动操作系统有一个传递通知的机制，使服务器能够通过操作系统提供的外部 API 发送通知，以告知用户有新消息。较早的替代方法是在有新消息时向其发送电子邮件。

当然还有其他办法。比如 P2P 模式的替代方案，其中两个客户端可以相互连接，并且通过可以保持打开状态的 Web 套接字与服务器建立连接，从而允许服务器通知用户有新消息。这些采用的都不是请求–响应架构。

即使有这些局限性，请求–响应架构仍然是 Web 服务的基础，并且在过去几十年中已被证明非常可靠。拥有控制通信的集中式服务器，以及可在接受新请求时作为被动角色的特性，使得该结构易于实施和快速发展，并且简化了客户端的工作。集中管理的方式可以实现多样的控制。

6.2　Web 架构

我们在本章开头提到过 LAMP 架构，它是 Web 服务器架构的基础，如图 6-1 所示。

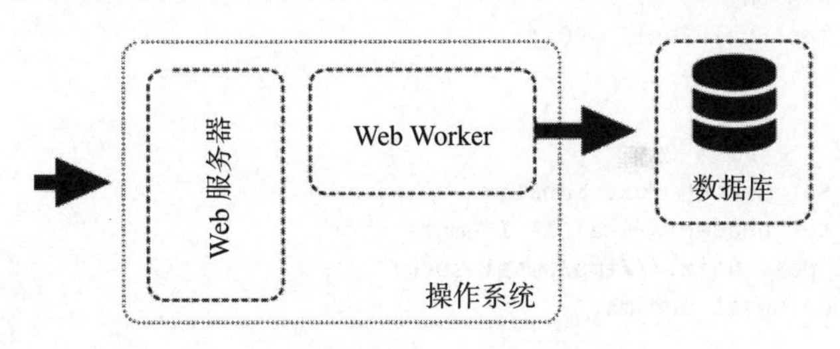

图 6-1　LAMP 架构

LAMP 架构应用非常广泛，在这里要仔细研究 Web 服务器和 Web Worker。我们所使用的特定工具是基于 Python 生态系统的，同时还会讨论可选的替代方案，如图 6-2 所示。

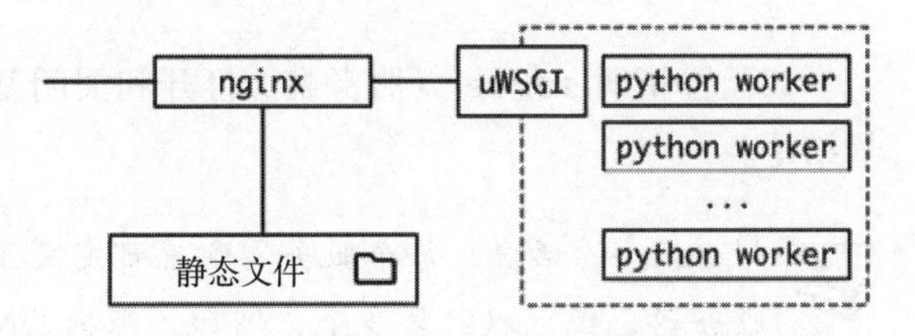

图 6-2　Python 环境中更详细的架构

从进入服务端的访问请求的角度来

看，Web 请求将访问各种不同的元素。

6.3 Web 服务器

Web 服务器会监听 HTTP 端口，接受传入的网络连接，并将其重定向到后端。常见的 Web 服务器有 nginx（https://www.nginx.com/），以及 Apache（https://httpd.apache.org/）。Web 服务器可以直接为请求提供服务，例如，直接返回静态文件、永久重定向或类似的简单请求。如果请求需要进行更多计算才能完成，则它将以反向代理的形式被定向到后端。

在前文呈现的架构中，Web 服务器的主要目标是充当反向代理，接受 HTTP 请求，平衡输入的数据，并对传入请求进行排队。

nginx 的基本配置如下所示。该代码可在 GitHub 上找到，网址为 https://github.com/PacktPublishing/Python-Architecture-Patterns/blob/main/chapter_06_web_server/nginx_example.conf。

```
server {
    listen 80 default_server;
    listen [::]:80 default_server;

    error_log /dev/stdout;
    access_log /dev/stdout;

       root /opt/;

    location /static/ {
        autoindex on;
        try_files $uri $uri/ =404;
    }

    location / {
        proxy_set_header Host $host;
        proxy_set_header X-Real-IP $remote_addr;
         uwsgi_pass unix:///tmp/uwsgi.sock;
         include uwsgi_params;
    }

}
```

该配置指明 server（服务器）打开和关闭基本块以定义如何提供服务。注意每行以分号结尾。

用 nginx 的话说，每个服务器配置都定义了一个虚拟服务器。通常只有一个虚拟服务器，但可以配置多个，例如，根据 DNS 地址定义不同的行为时。

在内部，有一个关于要监听的端口的基本配置——在这个例子中，是端口 80 以及 IPv4 和 IPv6 地址。default_server 语句意味着这是默认的服务器：

```
listen 80 default_server;
listen [::]:80 default_server;
```

IPv4 是由四个数字构成的通用地址，例如 127.0.0.1。IPv6 地址更长，旨在替代 IPv4。例如，IPv6 的地址可表示为 2001:0db8:0000:0000:0000:ff00:0042:7879。IPv4 地址已经耗尽，这意味着没有可用的新地址。从长远来看，IPv6 将提供足够的地址以避免这个问题，尽管 IPv4 仍在广泛使用，并且还会继续使用很长时间。

接下来，我们定义静态文件所在的位置，包括外部 URL，以及与硬盘驱动器的某些部分是如何映射的。

注意静态文件的位置需要在反向代理之前定义：

```
root /opt/;

location /static/ {
    autoindex on;
    try_files $uri $uri/ =404;
}
```

这里的 root 设定了 Web 服务器的根目录为 /opt/，而 location 则定义了一个区块（section），其服务 URL 为 /static/file1.txt，该文件对应于硬盘中的 /opt/static/file1.txt。

try_files 配置项会扫描 URI 中的文件，如果不存在则返回 404 错误。

autoindex 设置为 on，表示针对目录中的内容会自动生成索引页。

此选项通常在生产服务器中禁用，但在测试模式下运行时用于检测静态文件的问题非常方便。

在生产环境中，由 Web 服务器直接提供静态文件的访问请求很重要，而不是通过 Python Worker 来处理。虽然这也是可行的，并且在开发环境中很常见，但其效率非常低，因为对速度的影响和内存的消耗会大得多，而 Web 服务器针对静态文件进行过优化。请牢记在生产环境中通过 Web 服务器来提供静态文件。

6.3.1 由外部提供静态内容

另一种方法是使用外部服务来提供文件，例如 AWS S3，它可以用于提供静态文件访问服务。这些文件将位于与服务不同的 URL 下，例如：

- 服务 URL 为 https://example.com/index。

- 静态文件位于 `https://mybucket.external-service/static/`。

然后，提供服务的 Web 页面内的所有引用都应指向外部服务端点。

这种操作方式需要将代码作为系统部署内容的一部分推送到外部服务。为了部署过程顺利进行，应先确保静态内容可用。有一个重要的细节，就是上传这些文件时使用不同的路径，这样各次部署的静态文件就不会相互混淆。

使用不同的根目录路径可以很容易地做到这一点。例如：

1. 部署了服务的 `v1` 版本。这是初始状态。静态内容由 `https://mybucket.external-service/static/v1/` 提供。

调用服务，如 `https://example.com/index`，返回指向 `v1` 版的所有静态内容。

2. 服务的 `v2` 版准备好以后，要做的第一件事就是将其推送到外部服务，这样它才在 `https://mybucket.external-service/static/v2/` 上可用。请注意，此时没有用户访问 `/static/v2`，该服务仍会返回 `/static/v1`。

部署新版的服务。部署后，用户在调用 `https://example.com/index` 时将访问 `/static/v2`。

正如我们在前面的章节中看到的，实现顺利部署的关键，是以小幅增量的方式进行操作，且每个步骤都必须执行可逆的操作，并做好相关准备，这样就不会出现措手不及的情况。

这种方法可用于大项操作。在一个重度采用 JavaScript 的界面中，比如单页应用程序，改变静态文件实际上可能需要进行一次新的部署。底层服务 API 可以保持不变，但改变所有 JavaScript 代码和其他静态内容的下载版本，实际上相当于部署了一个新的版本。

我们在第 2 章讨论过单页应用程序。

这种文件组织结构能让多个版本的静态内容同时可用，因而可以用来做测试或发布测试版本。服务要返回的内容要么是版本 A，要么是版本 B，这是可以动态地进行设置的。

例如，在所有调用中添加一个可选的参数来替换返回的版本：

- 调用 `https://example.com/index`，返回默认版本，例如 `v2` 版。
- 调用 `https://example.com/index?overwrite_static=v3`，则返回指定的版本，如 `v3` 版。

其他情况则是为特定用户返回 `v3` 版，如 beta 版测试员或内部员工。一旦 `v3` 版确认无误，则可以通过服务中的一个小的修改将其设为新的默认值。

这种做法可以发挥到极致，将源代码控制过程中的所有单项提交都推送到 AWS S3 公有云的存储桶，然后在任意环境中进行测试，包括生产环境。这样有助于提供一个非常有效率的反馈回路，QA 或产品所有者可以在他们自己的浏览器中迅速看到变化，而无须进行任何部署操作或建立特殊环境。

版本号不用局限于某个特定的整数，也可以用随机的 UUID，或自动生成的 SHA

散列值来表示。网络存储相当便宜，所以仅当有大量的版本，或非常大的文件存储需求时才需考虑成本问题，而且旧版本可以定期删除。

这种方法也许有些激进，并不一定适合所有的应用程序，但对于一个需要在丰富的 JavaScript 界面上做许多修改，或对外观和体验做大幅度调整的应用程序来说，是非常有成效的。

这类外部服务还可以与 CDN（Content Delivery Network，内容交付网络）支持相结合，实现多区域代理。所以可以把文件分发到世界各地，为用户提供距离更近的数据副本。

CDN 可以看作是提供服务的公司的一个内部缓存。例如，我们有一项服务器位于欧洲的服务，但用户从日本访问它。CDN 服务公司在日本有服务器，且存储了静态内容的副本。这意味着，与向 8000 多公里外的欧洲服务器发起请求相比，在日本的用户能以更低的延时访问这些文件。

对于真正的全球性受众来说，使用 CDN 是非常强大的。当需要在全球范围内提供低延时的数据访问时，CDN 特别管用。例如，接近实时的视频广播业务。

在线播放的视频通常都以几秒钟的小视频块为单位进行传输。索引文件会跟踪最新生成的块，因此客户可以始终访问到最新数据。这就是 **HTTP 实时流媒体**（HTTP Live Streaming，HLS）格式的基础，该格式应用非常普遍，因为数据的传输是直接通过 HTTP 进行的。

数据可以在提供 CDN 服务的公司的不同服务器之间进行内部分发，其速度相当快，因为这些服务器之间使用的是专用网络而不是外部网络。

显然，在任何情况下都使用外部服务来存储静态文件，能避免为其配置 Web 服务器的需求。

6.3.2 反向代理

让我们继续了解 Web 服务器的配置。介绍完静态文件后，还需要创建一个与后台的连接，将其作为反向代理使用。

反向代理是一个代理服务器，可以将收到的请求重定向到一个或多个设定的后端。在我们的例子中，后端是 uWSGI 进程。

反向代理的工作方式与负载均衡器类似，不过负载均衡器可以处理更多的协议，而反向代理只能处理 Web 请求。除了在不同的服务器之间分发请求之外，它还可以增加一些功能，如缓存、安全、SSL 终端（接收 HTTPS 请求并使用 HTTP 连接到其他服务器），或者，在这个特定的案例中，接收一个 Web 请求并通过 uWSGI 连接将其转移到后端。

Web 服务器能以多种方式、灵活地与后端进行通信。可以采用多种不同的协议，比如 FastCGI、SCGI、用于直接代理的纯 HTTP，或者在我们这个例子中，是直接连接到 uWSGI 协议。首先需要对它进行设定，是通过 TCP 套接字还是 UNIX 套接字进行连接。这里我们将使用 UNIX 套接字。

TCP 套接字被设计用于不同服务器之间的通信，而 UNIX 套接字则用于本地进程间通信。对于同一主机内的通信来说，UNIX 套接字要轻一些，其工作方式就像一个文件，可以为其分配权限，以控制哪些进程可以访问哪些套接字。

套接字需要与 uWSGI 的配置方式匹配。正如我们将在后面看到的，uWSGI 进程会创建套接字：

```
location / {
   proxy_set_header Host $host;
   proxy_set_header X-Real-IP $remote_addr;
   include uwsgi_params;
    uwsgi_pass unix:///tmp/uwsgi.sock;
}
```

首先，服务器根目录的 URL 为 `/`。在部署反向代理之前制作静态内容是很重要的，因为对 URL 的定位是按顺序检查的。因此所有对根目录 `/static` 的请求都会在检查 `/` 之前被检测到，并被正确处理。

反向代理配置的核心是 `uwsgi_pass` 语句，它指定了重定向请求的位置。`include uwsgi_params` 将添加一系列的标准配置，并将其传递到下一个阶段。

`uwsgi_params` 实际上是一个默认包含在 nginx 配置中的定义文件，它包含了大量的 `uwsgi_param` 语句，其中包括 `SERVER_NAME`、`REMOTE_ADDRESS` 等元素。如果有必要，可以添加更多的 `uwsgi_param` 参数，其添加方式与 HTTP 头部类似。

其他的信息可以添加到 HTTP 头部字段，它们将被放入 HTTP 请求中并得以利用：

```
proxy_set_header Host $host;
proxy_set_header X-Real-IP $remote_addr;
```

本例中，我们要添加 `Host` 头部，其中包含请求主机的信息。注意，`$host` 是用于提示 nginx，需用请求的目标主机来填充该值。同样，来自远程主机的 IP 地址会被添加到头部字段 `X-Real-IP` 中。

正确地设置头部数据以传递信息是不被重视的工作，但对实现有效的监控至关重要。在各个阶段都需要设置头部信息。正如后文将讨论的，请求可能会通过多个代理，而每个代理都需要完整地转发头部信息。

在我们的配置中，只使用了一个后端，因为 uWSGI 会在不同的 Web Worker 之间均衡负载。但是，如果需要，可以定义多个后端，甚至定义一个集群来混合使用 UNIX 和 TCP 套接字：

```
upstream uwsgibackends {
  server unix:///tmp/uwsgi.sock;
  server 192.168.1.117:8080;
  server 10.0.0.6:8000;
}
```

之后，定义 `uwsgi_pass` 来使用此集群。请求将被平均地分配到各个不同的后端：

```
uwsgi_pass uwsgibackends;
```

6.3.3　日志

我们还需要跟踪所有可能出现的错误或访问记录。nginx（和其他 Web 服务器）产生的有两种不同的日志，分别是：

- **错误日志**：错误日志跟踪来自 Web 服务器本身的可能的问题，如无法启动、配置问题等。
- **访问日志**：访问日志会记录所有访问系统的请求。这是关于系统运行的基本信息。可以用它来发现具体的问题，比如后台无法连接时出现的 502 错误。或者，当用于汇总统计时，用它可以发现错误状态码（4xx 或 5xx）的异常数量等问题。

我们将在第 12 章进一步详细讨论日志。

这两种日志都是需要充分检测的关键信息。按照十二要素 App 的原则，应当把它们作为数据流来处理。最简单的方法是把它们都重定向到标准输出 `stdout`：

```
access_log /dev/stdout;
error_log /dev/stdout;
```

实现此功能要求 nginx 不以守护进程的形式启动，或者如果它是守护进程，则要正确地捕获标准输出。

另一种做法是，使用适当的协议将日志重定向到一个集中的日志设备。也就是把所有的日志都引导到一个集中的服务器上，以捕获这些信息。本例中，我们把它发送到一个名为 `syslog_host` 的 syslog 主机：

```
error_log syslog:server=syslog_host:514;
access_log syslog:server=syslog_host:514,tag=nginx;
```

syslog 协议可以包含标签 (tag) 和其他的信息，这些信息能有助于以后区分每条日志的来源。

能够区分每条日志的来源非常重要，而且日志内容通常都需要进行一些调整。一定要花些时间让日志易于搜索。当生产过程中出现错误需要收集信息时，这样能大大简化工作。

6.3.4 高级用法

Web 服务器非常强大，其作用不应被低估。除了纯粹作为一个代理，还有很多其他的功能可以利用，比如返回自定义的重定向，在维护窗口用静态页面替换代理，重写 URL 以适应变化，提供 SSL 终端（解密收到的 HTTPS 请求，通过普通 HTTP 解密，并将结果加密传回），缓存请求，根据 A/B 测试的百分比分离请求，根据请求者的地理位置选择后端服务器，等等。

请务必阅读 nginx 的文档（`http://nginx.org/en/docs/`），以了解其详细功能特性。

6.4 uWSGI

Web 架构中的下一个环节是 uWSGI 应用程序。该程序接收来自 nginx 的请求，并将它们以 WSGI 格式重定向到独立的 Python Worker。

WSGI（Web Server Gateway Interface，Web 服务器网关接口）是一种处理 Web 请求的 Python 标准。它非常流行，被很多软件支持，既包括发送端软件（如 nginx，以及其他的 Web 服务器，如 Apache 和 GUnicorn），也包括接收端软件（几乎所有的 Python Web 框架，如 Django、Flask 或 Pyramid）。

uWSGI 还会启动并协调多个进程，负责各个进程的生命周期管理。作为中介，该应用程序能启动一组接收请求的 Web Worker 程序。

uWSGI 是通过 `uwsgi.ini` 文件进行配置的。让我们来看一个例子，可在 GitHub 上找到：（`https://github.com/PacktPublishing/Python-Architecture-Patterns/blob/main/chapter_06_web_server/uwsgi_example.uni`）：

```
[uwsgi]
chdir=/root/directory
wsgi-file = webapplication/wsgi.py
master=True
socket=/tmp/uwsgi.sock
vacuum=True
processes=1
max-requests=5000
# 用于发送命令至 uWSGI
master-fifo=/tmp/uwsgi-fifo
```

第一行定义了工作目录的位置，应用程序将在这里启动，其他文件引用也将基于此目录：

```
chdir=/root/directory
```

接下来看看 `wsgi.py` 文件的位置，它描述了我们的应用程序。

6.4.1 WSGI应用程序

这个文件中包含了application（应用程序）的功能定义，uWSGI能以一种可控的方式，用它来处理内部的Python代码。

比如说：

```
def application(environ, start_response):
    start_response('200 OK', [('Content-Type', 'text/plain')])
    return [b'Body of the response\n']
```

第一个参数environ是一个字典，里面有预定义的环境变量，详细说明了请求（比如METHOD、PATH_INFO、CONTENT_TYPE等）以及与协议或环境有关的参数（比如wsgi.version）。

第二个参数start_response是可调用的，可以设置返回状态和任意的HTTP头部字段。

该函数会返回HTTP正文。注意它是以字节流格式返回的。

区分文本流（或字符串）和字节流，是在Python 3中引入的重大改进之一。简单说来，字节流是原始的二进制数据，而文本流则通过特定的编码解释这些数据而使其具有意义。

两者之间的区别有时会让人有点摸不着头脑，特别是Python 3明确了这种区别，这与以前的一些宽松的做法相冲突，特别是在处理可以用同样方式表示的ASCII字符内容时。

请记住，文本流需要经过编码才能转化为字节流，而字节流则需要解码成文本流。编码过程是从文本的抽象表示到二进制的精确表示。

例如，西班牙语单词"cañón"包含两个在ASCII码中不存在的字符，ñ和ó。下面可以看到如何通过UTF8编码将它们替换成UTF8中特定的二进制元素：

```
>>> 'cañón'.encode('utf-8')
b'ca\xc3\xb1\xc3\xb3n'
>>> b'ca\xc3\xb1\xc3\xb3n'.decode('utf-8')
'cañón'
```

该函数还可以用作生成器，并在需要返回流式HTTP正文时使用关键字yield而不是return。

所有用到yield的函数在Python中都是生成器。这意味着在被调用时，它返回一个迭代器（iterator）对象并逐个返回元素，通常用于循环中。

yield对于循环中每个元素都需要一些时间来处理的情况非常有用，它可以在无须计算每一项的值的情况下返回数据，减少了延时和内存的消耗，因为并非所有元素都需要保留在内存中。

```
>>> def mygenerator():
...   yield 1
...   yield 2
...   yield 3
>>> for i in mygenerator():
...   print(i)
...
1
2
3
```

无论什么时候，所使用的框架默认都会创建 WSGI 文件。例如，由 Django 创建的 `wsgi.py` 文件类似下面这样：

```
import os

from django.core.wsgi import get_wsgi_application

os.environ.setdefault("DJANGO_SETTINGS_MODULE", "webapplication.
settings")

application = get_wsgi_application()
```

请注意函数 `get_wsgi_application` 会自动设置适当的应用函数，并将其与其他预设的代码连接起来——这是使用现有框架的一大优势！

6.4.2 与 Web 服务器交互

让我们继续进行 `uwsgi.ini` 中的套接字配置：

```
socket=/tmp/uwsgi.sock
vacuum=True
```

`socket` 参数为 Web 服务器创建了 UNIX 套接字，以用于连接。这一点在本章谈到 Web 服务器时已经讨论过。它需要连接的双方进行协调，以确保正确连接。

uWSGI 也可以使用本地 HTTP 套接字，使用选项 `http-socket` 即可。例如，`http-socket = 0.0.0.0:8000` 可服务于 8000 端口的所有地址。如果 Web 服务器不在同一台服务器上，且需要通过网络通信，那么可以使用这个选项。

在可能的情况下，应避免将 uWSGI 直接公开暴露在互联网上，这样 Web 服务器会更安全、更高效，同时还能更有效地提供静态内容。如果确实需要越过 Web 服务器，建议使用 `http` 选项而不用 `http-socket`，因为它包含了一定程度的保护。

将 `vacuum` 选项设置为 `True`，这样在服务器关闭时就会清理套接字。

6.4.3 进程

接下来的参数用于控制进程的数量以及如何管理它们：

```
master=True
processes=1
```

参数 master 会创建一个主进程，并确保 Web Worker 的数量是正确的，如果不正确就重新启动，并处理进程的生命周期以及其他任务。为了业务正常运行，在生产系统中该参数应当始终被启用。

processes 参数比较直白，描述了应该启动多少个 Python Worker。服务器收到的请求将在这些 Worker 之间分摊负载。

uWSGI 生成新进程的方式是通过预派生（pre-forking，亦称预分支）。这意味着会启动单独的进程，在应用程序被加载后（可能需要一段时间），它将通过一个派生（fork）进程被克隆。这样能有效地加快新进程的启动时间，但同时也说明应用程序的创建操作是可以复制的。

在极少数情况下，这种假设可能会引起某些程序库的问题。例如，在初始化过程中，打开的文件描述符不能被安全地共享。如果是这种情况，参数 lazy-apps 将使每个 Worker 独立地从头开始。这样做会慢一点，但能产生更一致的结果。

设置合理的进程数量在很大程度上取决于应用程序本身和支持它的硬件。硬件很重要，因为具有多个核心的 CPU 能够有效地运行更多的进程。应用程序中的 IO 与 CPU 的使用量决定着 CPU 核心可以运行多少个进程。

理论上，一个不使用 IO、纯粹进行数值计算的进程将会用到整个 CPU 核心，没有等待期，期间不允许核心切换到其他进程。而高 IO 的进程，在等待来自数据库和外部服务的结果时，核心会处于闲置状态，能通过执行更多的上下文切换来提高其效率。建议测试应用的具体状况以确保得到最好的结果。常见的基准是采用核心数量的 2 倍的进程数，但要记住对系统状况进行监测，以及时调整并获得最佳性能。

有一个关于创建进程的重要细节，就是默认配置禁用了创建新线程的功能。这是一个优化选项。在大多数 Web 应用中，没必要在每个 Worker 内部创建独立的线程，这样我们就可以禁用 Python GIL，从而加快代码的执行速度。

GIL（Global Interpreter Lock，全局解释器锁）是一个互斥锁，通过它可以实现 Python 进程内只允许一个线程运行。也就是说，在一个进程中不能同时运行两个线程，这原本是多核 CPU 架构提供的特性。请注意，当其他线程在运行时，多个线程可能正在等待IO的结果，这在实际应用中是很常见的情况。GIL通常都在不断地保持（hold）、释放（release），因为进行每个操作前会先保持GIL，然后在操作结束后释放它。

GIL通常被指责在Python中运行效率偏低，尽管这种影响仅存在于本地Python的高CPU、多线程应用场景中（而不是使用像NumPy这样的优化库时），这些操作并不是平常那种一开始就很慢的情况。

如果没有线程运行，这些与GIL的交互只会是浪费时间，这正是uWSGI默认禁用它的原因。

如果需要使用线程，可通过设置`enable-threads`选项来启用。

6.4.4 进程生命周期

在运行期间，进程不会保持一成不变。所有处于运行状态的Web应用都需要定期重新加载，从而让修改后的新代码发挥作用。下面的参数与如何创建和销毁进程有关：

```
max-requests=5000
# 用于向 uWSGI 发送命令
master-fifo=/tmp/uwsgi-fifo
```

`max-requests`参数指定了Web Worker在被重启之前要处理的请求数量。一旦Worker处理的请求达到这个数量，uWSGI就将销毁它并按照常规流程（默认为fork方式，如果配置了的话，也可以使用`lazy-apps`方式）重新创建一个Worker。

这对于避免内存泄漏或其他类型的失效问题很有用，因为随着时间的推移，Web Worker的性能会下降。回收Worker是一种可以预先采取的保护措施，因此即使出现问题，也会在造成故障之前使其得到纠正。

请记住，基于十二要素App原则，Web Worker需要能做到随时停止和启动，所以这种回收机制是没什么影响的。

uWSGI也会在Worker任务闲置时，在处理完第5000个请求后回收，所以这是一个可控的操作。

需要注意的是，这种回收可能会干扰其他的操作。根据启动时间的不同，启动Worker可能需要几秒钟甚至更久（尤其是在采用`lazy-apps`方式的情况下），因而可能会造成请求的积压。uWSGI会对进入的请求进行排队。我们的配置示例中，在进程里只定义了一个Worker。如果有多个Worker，这个问题就会得到缓解，因为其他的Worker可以处理额外的负载。

当涉及多个Worker时，如果每个Worker都会在第5000个请求后重新启动，就会产生踩踏（stampede）问题，因为所有的Worker都会一个接一个地被回收。要知道负载是通过

Worker 平均分配的，所以这个计数在多个 Worker 之间是同步的。虽然我们期望的是，例如有 16 个 Worker，至少有 15 个是可用的，但在实践中我们可能会发现，所有的 Worker 都在同时被回收了。

为了避免这个问题，可以使用 `max-requests-delta` 参数。这个参数为每个 Worker 增加了一个可变的数字。它将乘以 Worker ID 的 Delta(用于每个 Worker 的唯一的连续数字，从 1 开始)。因此，配置一个值为 200 的 Delta 时，每个 Worker 的情况会是这样的：

Worker	请求基数	Delta	回收时的总请求数
Worker 1	5000	1 * 200	5200
Worker 2	5000	2 * 200	5400
Worker 3	5000	3 * 200	5600
…			
Worker 16	5000	16 * 200	8200

这样就能让回收发生在不同的时间，增加了同时可用的 Worker 数量，因为它们不会同时重新启动。

这个问题与所谓的缓存踩踏（cache stampede）是同一类型的。缓存踩踏是在多个缓存值同时失效的情况下产生的，其在同一时间进行缓存数据再生。因为系统期望在某种缓存加速的机制下运行，突然要重新生成重要的缓存数据，可能会导致严重的性能问题，以至于系统完全崩溃。

要避免这种情况，就不应为缓存设置固定的过期时间，比如说特定的某个时刻。可能会出现这种情况，例如，如果后端系统在午夜时分更新了某天的新闻，通常倾向于在这个时候让缓存失效。反之，添加一个元素，基于不同的因素，让缓存在稍不一样的时间失效，则可以避免这个问题。可以通过在每个因素的过期时间上增加一小段随机的时长来实现，所以这些缓存能可靠地在不同时刻被刷新。

通过 `master-fifo` 参数实现与 uWSGI 通信并发送命令：

```
# 用于向 uWSGI 发送命令
master-fifo=/tmp/uwsgi-fifo
```

在 `/tmp/uwsgi-fifo` 创建一个 UNIX 套接字，可以接收以字符形式重定向到它的命令。比如：

```
# 优雅地重启
echo r >> /tmp/uwsgi-fifo

# 优雅地关闭服务器
echo q >> /tmp/uwsgi-fifo
```

这种方法比发送信号能更有效地处理各种情况，因为有更多的命令可用，而且可以对进程和整个 uWSGI 进行非常精细的控制。

例如，发送 `Q` 会直接关闭 uWSGI，而发送 `q` 则能优雅地关闭。优雅的关闭首先会停止接受 uWSGI 的新请求，然后等待 uWSGI 内部队列中所有正在处理的请求结束，当 Worker 处理完它的请求后，将其有序地停止。最后，当所有的 Worker 都结束以后，再停止 uWSGI 主进程。

使用 `r` 来优雅地重启所采取的方法与之类似，将请求保留在内部队列中，等到 Worker 完成后再停止，并重新启动。它还会重新加载所有与 uWSGI 本身相关的新配置。注意，在操作期间，内部的 uWSGI 监听队列可能会被填满，从而造成问题。

监听队列的大小可以通过 `listen`（监听）参数来调整，但需要记住的是，Linux 进行了限制，可能需要先对其进行修改。默认值为 100，Linux 配置的是 128。在把这些参数改大之前要做测试，因为太多积压的任务也会导致问题。

如果通过 fork 的方式加载进程，那么在启动第一个进程后，其余的都将是副本，所以它们的加载速度会相当快。相比之下，使用 `lazy-apps` 的方式可能需要更长时间才能达到满负载状态，因为每一个 Worker 都需要从头开始其启动过程。这可能会给服务器带来额外的负担，具体取决于 Worker 的数量和启动流程。

可采用 `c` 命令来替代 `lazy-apps`，用链式重载来重启 Worker。这种方式会单独重新加载每个 Worker，等到一个 Worker 被重新加载完毕之后，再转移到下一个 Worker。这个过程中不会重新加载 uWSGI 的配置，但可以对 Worker 中的代码进行修改。这样花费的时间会更长，但它能以管理者的节奏来进行。

在有负载时重新加载单个服务器可能会比较麻烦。使用多个 uWSGI 服务器可以简化这一过程。针对这种情况，应该在不同的时间进行重启操作，以合理分配负载。

当使用多个服务器来完成这些任务时，可以采取集群的方法，在多个服务器中创建 uWSGI 配置的副本，然后一次回收一个。当某个服务器在重新加载时，其他服务器依然能处理业务负载。极端情况下，在重新加载期间可以使用其他的服务器来支撑业务。

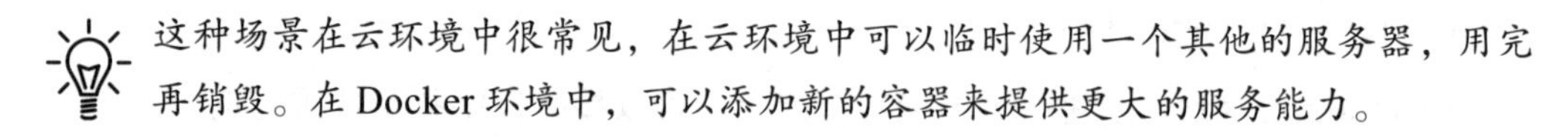

这种场景在云环境中很常见，在云环境中可以临时使用一个其他的服务器，用完再销毁。在 Docker 环境中，可以添加新的容器来提供更大的服务能力。

关于 `master-fifo` 和已接受命令的更多信息，包括如何暂停、恢复实例，以及其他特殊的操作，请查看 uWSGI 文档：`https://uwsgi-docs.readthedocs.io/en/latest/MasterFIFO.html`。

uWSGI 是一个非常强大的应用程序，它有几乎无限的配置能力。它的文档包含了大量的细节，且其全面性和深刻见解令人难以置信。你可以通过这些文档学到很多东西，不仅是关于 uWSGI，还有整个 Web 栈的工作原理。强烈建议你慢慢慢地看，这样才能有更多收获。可以在 https://uwsgi-docs.readthedocs.io/ 处访问该文档。

6.5 Python Worker

Web 系统的核心是 Python WSGI Worker。该 Worker 接收来自 uWSGI 的 HTTP 请求，这些请求是由外部 Web 服务器等组件路由而来的。

这就是其神奇之处，它是特定于应用程序的。这部分组件的迭代速度会比整个流程中的其他环节都要快。

每个框架都会以略微不同的方式和访问请求进行交互，但一般来说，它们会遵循类似的模式。这里以 Django 为例。

这里我们并不打算讨论 Django 的所有问题，也不会对其功能进行深入研究，而是选取部分内容，来了解对其他框架有用的一些经验。

Django 项目的文档真的很好。说真的，自该项目开始以来，它一直以其世界级的文档而著称。可以从 http://www.djangoproject.com 阅读相关文档。

6.5.1 Django MVT 架构

Django 在很大程度上借鉴了 MVC 架构，但将其稍做调整，便可成为所谓的 MVT（Model-View-Template，模型 – 视图 – 模板）架构：

- 模型保持不变，是数据以及与存储的交互的呈现。
- 视图接收 HTTP 请求并对其进行处理，同时还与其他各种相关模型进行交互。
- 模板是一个通过传递的值来生成 HTML 文件的系统。

尽管结果相似，但这也让 MVC 架构发生了一些变化，如图 6-3 所示。

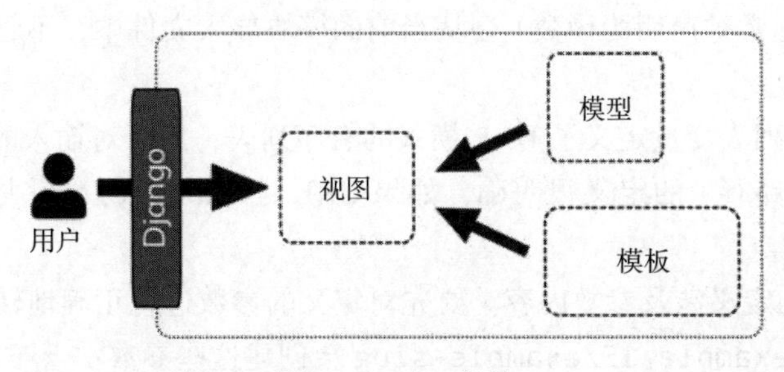

图 6-3　MVC 架构

模型在两种系统中的工作原理是一样的。Django 中的视图实现了视图和控制器的组合，而模板是 Django 框架中视图组件的帮助系统。

模板系统并非严格要求使用，因为不是每个 Django 接口都需要 HTML 的结果页面。

虽然 Django 是为创建 HTML 接口而设计的，但也可以用来创建其他类型的接口。特别是对于 RESTful 接口，Django REST 框架（https://www.django-rest-framework.org）可以实现功能扩展，并轻松生成自带文档的 RESTful 接口。我们将在本章后面介绍 Django REST 框架。

Django 是一个强大且具有综合性的框架，其运行原理基于一些假设，比如使用 Django ORM 或使用其模板系统。虽然这样做有点“随大流”，但完全可以采取其他方法来对系统的所有功能进行调整。具体方式包括不使用模板、使用不同的模板系统、使用不同的 ORM 库（如 SQLAlchemy），以及添加其他的库来连接到不同数据库，包括 Django 本身不支持的数据库（如 NoSQL 数据库）在内。不要让系统的约束限制你实现自己的目标。

Django 的主张是，让很多组件基于某些假设的前提协同工作，这些组件彼此之间是紧密联系的。如果这种方式存在障碍，例如，因为你需要使用完全不一样的工具，那么有一个很好的替代方案就是 Pyramid（https://trypyramid.com），这是一个基于 Python 的 Web 框架，用于建立你自己的工具组合以确保系统的灵活性。

6.5.2 将请求路由到视图

Django 提供了一些工具来执行适当的路由，将请求从特定的 URL 定向到相关的视图。这个过程是通过 urls.py 文件完成的。让我们看一个例子：

```
from django.urls import path
from views import first_view, second_view

urlpatterns = [
    path('example/', first_view)
    path('example/<int:parameter>/<slug:other_parameter>', second_view)
]
```

所需的视图（通常被声明为函数）会从当前的模块导入文件中，不管它们目前在哪个模块中。

urlpatterns 列表变量定义了 URL 模式的有序列表，用于对输入的 URL 进行测试。

第一个 Path（路径）的定义很明确，如果 URL 是 example/，它将调用 first_view 视图。

第二个 path 的定义涉及参数内容。要先对定义的参数进行正确地转换，并将其传递给视图。例如，URL example/15/example-slug 会创建这些参数：

- parameter=int(15)
- other_parameter=str("example-slug")

可以配置不同类型的参数。int 的含义不言自明，而 slug（标称）是一个有限制的字符串，只包括字母、数字、_（下划线）和 -（连接号）符号，不包括诸如“.”（英文句号）或其他符号构成的字符。

有很多参数类型可供选择。还有 str 类型，其内容也许太宽泛了。在 URL 中，字符 /（斜杠）是很特殊的，它总是被排除在外，这使得参数的分离非常容易。slug 类型能涵盖更多典型 URL 参数的使用情况。

还有一种方式就是，直接将路径生成为正则表达式。如果你熟悉正则表达式的话，用起来会非常强大，可以实现各种各样的控制。同时，正则表达式可能会让代码变得非常复杂，难以阅读和使用。

```
from django.urls import re_path

urlpatterns = [
    re_path('example/(?P<parameter>\d+)/', view)
]
```

这是以前在 Django 中唯一可用的方式。正如例子中看到的，相当于 example/<int:parameter>/，新的定义路径 URL 的模式更易于阅读和处理。

有种过渡的方法，就是定义类型以确保它们匹配特定的值，例如，创建一个类型，只匹配 Apr（4 月）或 Jun（6 月）这样的月份。如果以这种方式定义类型，类似 Jen 这样不正确的模式将自动返回 404 错误。在内部，无论如何都需要一个正则表达式来匹配正确的字符串，但之后可以对其值进行转换。例如，需要将月份 Jun 转化为数字 1，然后将其规范化为 JUNE，或任何其他后续有意义的值。正则表达式的复杂性将通过类型来进行抽象。

需要记住的是，这些模式是按顺序来检查的。也就是说，如果某个模式匹配了两条路径，则它将选择第一条路径。当前一个路径“隐藏”了下一个路径时，可能会产生意想不到的效果，所以限制最少的模式应当放在后面。

例如：

```
from django.urls import path

urlpatterns = [
    path('example/<str:parameter>/', first_view)
    path('example/<int:parameter>/', second_view)
]
```

任何 URL 都不会传递给 second_view 这个视图，因为所有整数型参数都会被先捕获到。

这种错误通常可能发生在 Web 框架的大多数 URL 路由器中，因为它们大多是基于模式的。注意不要让它影响到你的代码。

在视图内部发生的事情非常有意思。

6.5.3 视图

视图（View）是 Django 的核心元素。它接收请求信息，以及来自 URL 的所有参数，并对其进行处理。视图通常会使用不同的模型来组成信息，并最终返回响应。

视图负责决定是否有基于请求的行为变化。请注意，路由到视图只区分了不同的路径，而对其他如 HTTP 方法或参数的区分，需要在这里进行。

这使得区分目标为同一 URL 的 POST 和 GET 请求成为一种很常见的模式。在网页中通常的用法是，做一个表单页面用来显示空的表单，然后 POST 到同一个 URL。例如，在只有一个参数的表单中，其结构类似下面这样：

这是为简化表述而采用的伪代码。

```
def example_view(request):
    # 创建一个空表单
    form_content = Form()

    if request.method == 'POST':
        # 获取表单值
           value = request.POST['my-value']
           if validate(value):
               # 执行基于值的操作
           do_stuff()

         content = 'Thanks for your answer'
     else:
         content = 'Sorry, this is incorrect' + form_content

 elif request.method == 'GET':
     content = form_content

 return render(content)
```

虽然 Django 确实包含了一个表单系统，能简化表单的验证和报告操作，但这种结构由于过于烦琐而令人厌烦。特别是，多个嵌套的 `if` 块容易让人困惑。

我们在这里不会去讨论 Django 中的表单系统的细节。它是相当完整的，可以渲染出样式丰富的 HTML 表单，验证并向用户显示可能存在的错误。阅读 Django 文档可以了解到更多相关内容。

与其这样，不如用两个不同的子函数来划分视图，这样条理可能更清晰：

```
def display_form(form_content, message=''):
    content = message + form_content
    return content
```

```
def process_data(parameters, form_content):
    # 获取表单值
        if validate(parameters):
            # 执行基于值的操作
        do_stuff()
        content = 'Thanks for your answer'
    else:
        message = 'Sorry, this is incorrect'
        content = display_form(form_content , message)

    return content


def example_view(request):
    # 创建一个空表单
 form_content = Form()

 if request.method == 'POST':
    content = process_data(request.POST, form_content)
 elif request.method == 'GET':
     content = display_form(form_content)

 return render(content)
```

这里的挑战在于，要维持这样的惯例：当参数不正确时，表单需要再次呈现。根据DRY（Don't Repeat Yourself，不要重复自己）原则，我们应该尽量把这些代码放在一个地方。在本例的display_form函数中，可以对信息进行一些定制，添加额外的一些内容，以防数据不正确。

在更完整的例子中，表单将进行调整以显示特定的错误信息。Django表单能够自动做到这一点。其过程是用请求中的参数创建一个表单，验证并显示出来。它将根据包括自定义类型在内的每个字段类型，自动产生对应的错误信息。同样，更多信息请参考Django的文档。

注意，display_form函数既可以从example_view调用，也可以在process_data中调用。

HttpRequest

request（请求）参数是传递信息的关键要素。这个对象的类型是HttpRequest，包含用户在请求中发送的所有信息。

它最重要的属性是：

- method（方法），包含所使用的HTTP方法。
- 如果方法是GET，它将包含一个GET属性，其中有一个QueryDict（字典子类），包含请求中所有的查询参数。例如，类似这样的请求：

```
/example?param1=1&param2=text&param1=2
```

将产生一个像这样的 request.GET 值：

```
<QueryDict: {'param1': ['1', '2'], 'param2': ['text']}>
```

注意，参数在内部被存储为值的列表，因为查询参数支持具有相同键的多个参数，尽管通常不会是这种情况。无论如何，在查询时它们都会返回唯一的值：

```
>>> request.GET['param1']
2
>>> request.GET['param2']
text
```

这些参数会按序读取，并返回其最新的值。如果需要访问所有的值，可使用 getlist 方法。

```
>>> request.GET.getlist('param1')
['1', '2']
```

所有的参数都被定义为字符串，必要时可转换为其他的类型。

- 如果方法是 POST，将会创建类似的 POST 属性。在这种情况下，它首先会用请求的正文来填充，以允许对表单的 POST 操作进行编码。如果 HTTP 的正文是空的，则会像 GET 方法一样用查询参数来填充其值。

POST 的多个值通常会在多选表单中使用。

- content_type 包含请求的 MIME 类型。
- FILES 包括某些 POST 请求中所有上传文件的数据。
- headers 包含请求中所有的 HTTP 头部信息及其他头部信息的字典。还有一个名为 META 的字典，包含有可能被引入头部的其他信息，而且不一定是基于 HTTP 的，如 SERVER_NAME 头部信息。一般来说，从 headers 属性中获取信息会更好。

另外还有一些从请求中获取信息的方法，例如：

- 用 .get_host() 获取主机的名称。解析各项头部信息以确定正确的主机名，这种方法比直接读取 HTTP_HOST 头部信息更可靠。
- 用 .build_absolute_uri(location) 生成一个完整的 URI，包括主机、端口等。这个方法能创建并返回完整的引用。

结合请求中描述的参数，通过这些属性和方法可以获取处理请求所需的各种相关信息，并调用所需的模型。

HttpResponse

HttpResponse 类用于处理由视图返回给 Web 服务器的信息。从视图函数返回的信息需为 HttpResponse 对象：

```
from django.http import HttpResponse
def my_view(request):
    return HttpResponse(content="example text", status_code=200)
```

如果没有指定的话，默认的响应 status_code（状态码）为 200。

如果响应需要分几步来写，那么可以通过 .write() 方法添加：

```
response = HttpResponse()
response.write('First part of the body')
response.write('Second part of the body')
```

响应的正文也可以由一个可迭代对象构成：

```
body= ['Multiple ', 'data ', 'that ', 'will ', 'be ', 'composed']
response = HttpResponse(content=body)
```

所有来自 HttpResponse 的响应在返回之前其内容都会先组织好。有可能以流的方式返回响应，这意味着先返回状态码，而响应正文的大块内容则随后再发送。有一个名为 StreamingHttpResponse 的类和这个过程相关，它以上述方式运行，对于发送大块响应数据非常有用。

与其使用整数来定义状态码，不如使用 Python 中定义的常量，例如：

```
from django.http import HttpResponse
from http import HTTPStatus

def my_view(request):
    return HttpResponse(content="example text", status_code=HTTPStatus.
OK)
```

这样每个状态码的用法更清楚，有助于提高代码的可读性，表明它们作为 HTTPStatus 对象在使用。

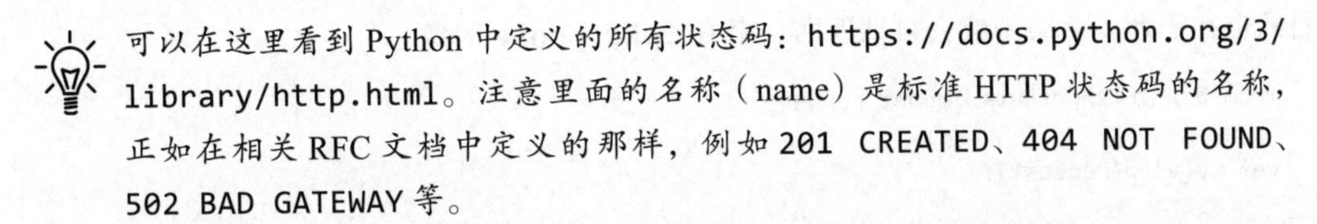

可以在这里看到 Python 中定义的所有状态码：https://docs.python.org/3/library/http.html。注意里面的名称（name）是标准 HTTP 状态码的名称，正如在相关 RFC 文档中定义的那样，例如 201 CREATED、404 NOT FOUND、502 BAD GATEWAY 等。

这里的 content（内容）参数定义了请求的正文部分。它可以使用 Python 字符串，如果响应数据不是纯文本，也可以采用二进制数据。这种情况下需要添加 content_type 参数，以适当的 MIME 类型来明确标注数据类型：

```
HttpResponse(content=img_data, content_type="image/png")
```

非常重要的是，返回的 Content-Type（内容类型）要与正文的格式相匹配。从而让所有其他工具（如浏览器）能正确、有效地解析其内容。

头部信息也可以用 headers 参数添加到响应中：

```
headers = {
    'Content-Type': 'application/pdf',
    'Content-Disposition': 'attachment; filename="report.pdf"',
}
response = HttpResponse(content=img_data, headers=header)
```

Content-Disposition 可用来将响应标记为应下载到硬盘上的附件（attachment）。另外，我们还可以通过 headers 参数手动设置 Content-Type 头部，或者直接通过 content_type 参数来进行设置。

当它作为字典被访问时，头部信息也会存储在响应中：

```
response['Content-Disposition'] = 'attachment; filename="myreport.pdf"'
del response['Content-Disposition']
```

有专门的子类用于处理常见的情况。对于 JSON 编码的请求来说，与其使用通用的 HttpResponse 类，不如使用 JsonResponse 类，它能准备好正确的 Content-Type 参数并对其编码：

```
from django.http import JsonResponse
response = JsonResponse({'example': 1, 'key': 'body'})
```

与此类似的是，使用 FileResponse 可以直接下载文件，提供一个类似文件的对象，并填好 headers 信息和 content-type 的内容，包括是否需要将文件当作附件：

```
from django.http import FileResponse
file_object = open('report.pdf', 'rb')
response = FileResponse(file_object, is_attachment=True)
```

也可以通过渲染一个模板来生成响应。这是 HTML 接口常用的方式，最初设计 Django 的目的也在于此。渲染函数会自动返回一个 HttpResponse 对象：

```
from django.shortcuts import render

def my_view(request):
    ...
    return render(request, 'mytemplate.html')
```

6.5.4 中间件

WSGI 请求中有一个关键的概念，就是它们可以组成链式结构。也就是说，一个请求可以包含多个阶段，每个阶段都在终端打包一个新的请求，从而能够增强其功能。

这样就引出了中间件（middleware）的概念。中间件通过简化请求处理过程中的相关问题、增加功能或者简化其使用来增强系统之间的处理能力。

中间件是一个可以指代不同概念的词，这取决于其使用的具体环境。在HTTP服务器环境中，它通常指的是用于增强或简化请求处理的插件。

典型中间件的例子，是以标准的方式记录每个收到的请求。中间件接收请求，生成一条日志，并将请求交给下一级。

另外一个例子是管理用户的登录状态。有一个标准的Django中间件，它会检测所有存储在cookie中的会话，并在数据库中搜索相关用户，然后在`request.user`对象中填入对应的用户信息。

还有一个例子，就是Django默认启用了在`POST`请求上检查CSRF令牌的功能。如果CSRF令牌不存在或不正确，该请求就会被拦截，并在访问视图代码之前返回`403 FORBIDDEN`（403禁止）错误代码。

我们在第2章介绍过CSRF和令牌的概念。

中间件既可以在收到请求时访问，也可以在响应准备好之后访问，因此它们可以与任何一方或双方协同工作：

- 日志中间件会生成带有所接收请求的路径和方法的日志，可在请求发送到视图之前生成日志。
- 记录状态码的日志中间件需要有状态码的信息，所以一旦视图完成且响应准备就绪，它就会执行此操作。
- 记录生成请求所需的时间的日志中间件，需要先登记收到请求的时间，以及响应准备好的时间，以记录其间的差异。这个过程需要在返回视图之前和之后都有对应的代码。

中间件是这样定义的：

```
def example_middleware(get_response):
    # example_middleware 包装了实际的中间件

    def middleware(request):
        # 在视图之前执行的代码在这里


        response = get_response(request)

        # 在视图之后执行的代码在这里


        return response

    return middleware
```

返回函数的结构可用于初始化链式对象。这里的输入参数 `get_reponse` 可以是另一个中间件函数，也可以是最终视图。可以采用这种结构：

```
chain = middleware_one(middleware_two(my_view))
final_response = chain(request)
```

中间件的顺序也很重要。例如，日志应该出现在所有能终止请求的中间件之前，因为如果以相反的顺序进行，那些被拒绝的请求（例如，没有添加适当的 CSRF 时）将不会被记录。

一般来说，中间件函数对其所在的位置有一些建议。有些函数对其所在位置比其他函数更加敏感。注意检查每个函数的文档。

添加中间件很容易，可以对其进行定制，也可以使用第三方产品。有很多软件包为实现 Django 中的功能提供了自己的中间件函数。考虑添加新功能时，先花点时间搜索一下，看看是否已经有现成的可用。

6.5.5 Django REST 框架

虽然 Django 最初是为了支持 HTML 接口而设计的，但其功能已经进行了扩展，既有 Django 项目本身的新功能，也有其他目的为增强 Django 功能的外来项目。

其中特别值得关注的是 Django REST 框架。我们将用它作为例子来说明 Django 现在具备的功能特性。

Django REST 框架不仅是一个流行且强大的模块，它还使用了多种编程语言中通用的跨 REST 框架的多项约定。

此处示例将实现第 2 章中定义的某些端点。我们将使用以下端点来关注一篇博文的整个生命周期：

端点	方法	操作
/api/users/<username>/collection	GET	检索用户的所有博文
/api/users/<username>/collection	POST	为用户新建一篇博文
/api/users/<username>/collection/<micropost_id>	GET	检索单篇博文
/api/users/<username>/collection/<micropost_id>	PUT, PATCH	更新一篇博文
/api/users/<username>/collection/<micropost_id>	DELETE	删除一篇博文

Django REST 框架的基本原则是创建不同的类，将发布的资源封装为 URL。

它还有一个概念，就是对象将通过序列化器（serializer）从内部的模型转化为外部的 JSON 对象，反之亦然。序列化器负责创建过程，并验证外部数据是否正确。

序列化器不仅可以转换模型对象，还可以转换任意类型的 Python 内部类。可以用序列化器来创建“虚拟对象”，以从多个模型中获取信息。

Django REST 框架的特性之一，就是序列化器对输入和输出都进行同样的处理。在其他框架中，输入和输出的处理模块是不同的。

模型

我们首先介绍用于存储信息的模型。这里将使用一个用于存储用户的 Usr 模型，以及一个 Micropost（博文）模型。

```
from django.db import models
class Usr(models.Model):
    username = models.CharField(max_length=50)


class Micropost(models.Model):
    user = models.ForeignKey(Usr, on_delete=models.CASCADE,
                             related_name='owner')
    text = models.CharField(max_length=300)
    referenced = models.ForeignKey(Usr, null=True,
                                   on_delete=models.CASCADE,
                                   related_name='reference')
    timestamp = models.DateTimeField(auto_now=True
```

Usr 模型非常简单，只存储用户名。Micropost 模型则存储文本字符串和创建博文的用户。另外，它还可以存储一个被引用的用户。

> 请注意，这些对象有自己命名的反向引用（back reference）、reference（引用）和 owner（拥有者）。比如说，它们默认是由 Django 创建的，所以可以搜索哪些地方引用了 Usr 模型。
>
> 还要注意的是，本例中 text（文本）允许最长 300 个字符，而不是我们在 API 中所说的 255 个字符。这是为了在数据库中留一点额外的空间。后面我们仍然会对超出长度的字符进行安全检查。

URL 路由

有了这些信息之后，现在来创建两个不同的视图，每个 URL 各建一个，分别为 MicropostsListView 和 MicropostView。首先看看在 urls.py 文件中是如何定义这些 URL 的：

```
from django.urls import path

from . import views

urlpatterns = [
    path('users/<username>/collection', views.MicropostsListView.as_
view(),
```

```
        name='user-collection'),
    path('users/<username>/collection/<pk>', views.MicropostView.as_
view(),
        name='micropost-detail'),
]
```

注意，对应这个定义有两个 URL：

```
/api/users/<username>/collection
/api/users/<username>/collection/<micropost_id>
```

并且每个 URL 分别映射到相应的视图中。

视图

每个视图都继承自对应的 API 端点，端点集合（collection）来自 `ListCreateAPIView` 类，它定义了 `LIST`（`GET`）和 `CREATE`（`POST`）操作：

```
from rest_framework.generics import ListCreateAPIView
from .models import Micropost, Usr
from .serializers import MicropostSerializer


class MicropostsListView(ListCreateAPIView):
    serializer_class = MicropostSerializer

    def get_queryset(self):
        result = Micropost.objects.filter(
            user__username=self.kwargs['username']
        )
        return result

    def perform_create(self, serializer):
        user = Usr.objects.get(username=self.kwargs['username'])
        serializer.save(user=user)
```

我们将在后面检查序列化器。该类需要定义查询集（queryset），当其 `LIST` 操作被调用时，查询集将用于检索信息。因为我们的 URL 中包含用户名（username），需要对其进行识别：

```
def get_queryset(self):
    result = Micropost.objects.filter(
        user__username=self.kwargs['username']
    )
    return result
```

`self.kwargs['username']` 方法用于检索 URL 中定义的用户名。

对 `CREATE` 操作来说，需要重写 `perform_create` 方法。该方法接收一个序列化器参数，该参数内已包含经过验证的参数。

这里需要从同一个 `self.kwargs` 中获取用户名和用户信息，以确保在创建 `Micropost`

对象时将其加入：

```
def perform_create(self, serializer):
    user = Usr.objects.get(username=self.kwargs['username'])
    serializer.save(user=user)
```

新对象的创建结合了用户信息和其余的数据，作为序列化器的 save（保存）方法的一部分加入。

单独的视图也遵循类似的模式，但无须重写 perform_create 方法：

```
from rest_framework.generics import ListCreateAPIView
from .models import Micropost, Usr
from .serializers import MicropostSerializer

class MicropostView(RetrieveUpdateDestroyAPIView):
    serializer_class = MicropostSerializer

    def get_queryset(self):
        result = Micropost.objects.filter(
    user__username=self.kwargs['username']
)
return result
```

这时，我们还可以实现更多的操作：RETRIEVE（GET）、UPDATE（PUT 和 PATCH）和 DESTROY（DELETE）。

序列化器

序列化器将模型的 Python 对象转换为 JSON 格式的结果，反之亦然。序列化器是这样定义的：

```
from .models import Micropost, Usr
from rest_framework import serializers

class MicropostSerializer(serializers.ModelSerializer):
    href = MicropostHyperlink(source='*', read_only=True)
    text = serializers.CharField(max_length=255)
    referenced = serializers.SlugRelatedField(queryset=Usr.objects.all(),
                                              slug_field='username',
                                              allow_null=True)
    user = serializers.CharField(source='user.username', read_only=True)

    class Meta:
        model = Micropost
        fields = ['href', 'id', 'text', 'referenced', 'timestamp',
'user']
```

ModelSerializer 类会自动检测在 Meta 子类中定义的模型中的字段。这里指定了要包含在 fields 列表中的字段。注意，除了直接转换的字段、id 和 timestamp 字段之外，还包括其他要修改的字段（user、text、referenced）和一个额外的字段（href）。直接转换的字段很简单，无须处理。

text 字段再次被定义为 CharField 类型，但是这一次限制了其最大字符数。

user 字段也被重新定义为 CharField 类型，这里使用源参数将其定义为 user.username（所引用用户的用户名），且该字段定义为 read_only（只读）。

referenced 字段与之类似，但需要将其定义为 SlugRelatedField，以表明这是一个引用。slug 是一个引用值的字符串。slug_field 定义为对用户名的引用，并添加查询集以搜索其内容。

href 字段需要一个额外定义的类来创建对应的 URL 引用。让我们来详细了解一下：

```
from .models import Micropost, Usr
from rest_framework import serializers
from rest_framework.reverse import reverse

class MicropostHyperlink(serializers.HyperlinkedRelatedField):
    view_name = 'micropost-detail'

    def get_url(self, obj, view_name, request, format):
        url_kwargs = {
            'pk': obj.pk,
            'username': obj.user.username,
        }
        result = reverse(view_name, kwargs=url_kwargs, request=request,
                         format=format)
        return result

class MicropostSerializer(serializers.ModelSerializer):
    href = MicropostHyperlink(source='*', read_only=True)
    ...
```

view_name 描述将要使用的 URL。reverse（反向）调用将参数转换为对应的完整 URL，其实现封装在 get_url 方法中。这个方法主要用于接收带有完整对象的 obj 参数。这个完整的对象是在前述序列化器 MicropostSerializer 中，对 MicropostHyperlink 类的 source='*' 调用中定义的。

所有这些因素的结合让该接口能有效运转。Django REST 框架还可以创建一个接口，以助于显示并使用整个界面。

例如，博文列表如图 6-4 所示，而博文的页面则如图 6-5 所示，可以用它测试不同的操作，如 PUT、PATCH、DELETE 和 GET。

Django REST 框架非常强大，可以用不同的方式来让它执行预期的操作。它有自己独有的特性，在一切都配置得恰到好处之前，参数会对它的效果有些影响。同时，它还可以对界面进行全方位的定制。一定要仔细阅读文档。

可以在 https://www.django-rest-framework.org/ 找到完整的文档。

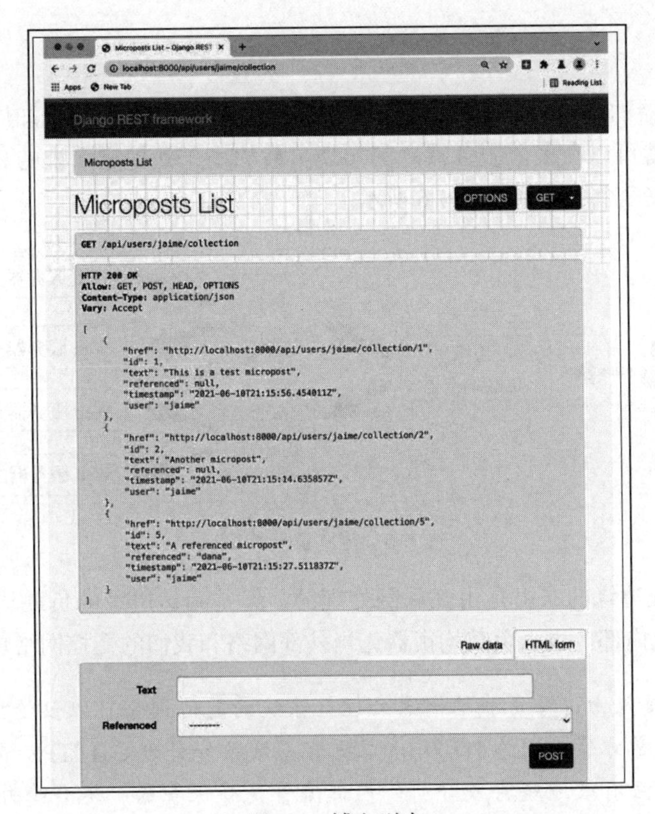

图 6-4　博文列表

图 6-5　博文页面

6.6 外部层

在 Web 服务器的基础上，还可以通过添加位于 HTTP 层之上的附加层次来进一步增强系统功能。这样就可以在多个服务器之间实现负载均衡，并扩充系统的总吞吐量。如有必要，还可将其链成多个层次，如图 6-6 所示。

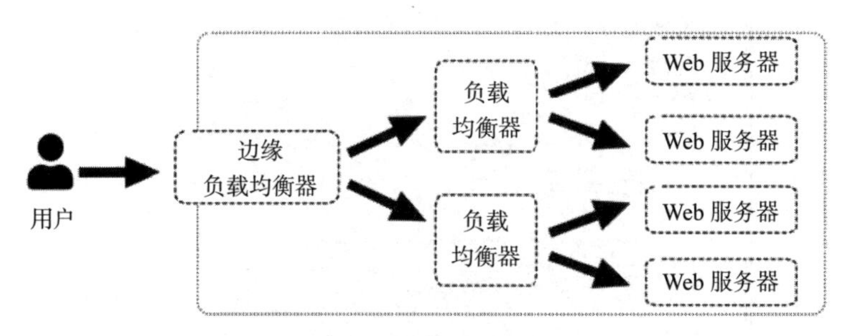

图 6-6 链式负载均衡

从用户到系统边缘的路由是由互联网处理的，但是到达边缘的负载均衡器之后，它就会把请求引向系统内部。边缘负载均衡器充当外部网络和我们的受控网络环境之间的网关。

HTTPS 连接仅由边缘负载均衡器处理，系统的其他部分可以仅使用 HTTP。这样的模式非常方便，因为 HTTP 请求更容易缓存和处理。HTTPS 请求是端到端加密的，无法有效地缓存或分析。内部流量是受保护的，不会受外部访问的影响，应当部署强有力的防护策略，以确保只有经过批准的工程师才能访问，同时还应部署访问日志来审计访问的情况。与此同时，这种模式非常便于调试，所有流量相关的问题都可更容易地得到解决。

网络配置的差异会非常大，在很多情况下不需要多个负载均衡器，边缘负载均衡器也可直接处理多个 Web 服务器。这种情况下，系统的吞吐量很关键，因为负载均衡器对它能接受的请求数量是有限制的。

有些关键部位的负载均衡器可以采用专用的硬件，以确保它们有能力处理所需的请求流量。

这种多层的结构可以让你在系统中的任何位置引入缓存。这样可以提高系统的性能，尽管需要谨慎对待，以确保其满足需求。毕竟，软件开发中最困难的问题之一，就是要能有效地处理缓存及其失效问题。

6.7 小结

在本章中，我们详细介绍了 Web 服务器的工作原理，以及所涉及的各个层次。

首先阐述了请求–响应和Web服务器架构的基本细节，介绍了三层系统的构成，包括使用nginx作为前端Web服务器，以及使用uWSGI来处理运行Django代码的多个Python Worker。

然后从Web服务器本身的功能开始讲解，它可以提供HTTP服务，直接返回存储在文件中的静态内容，并将其导向下一层。我们还分析了各种配置元素，包括启用头部信息转发和日志功能。

接着讨论了uWSGI的工作原理，以及怎样用它创建并设置不同的进程，通过Python中的WSGI协议进行交互；讨论了如何建立与上一层（nginx Web服务器）和下一层（Python代码）的交互；还介绍了如何有序地重启Worker，以及怎样定期自动回收Worker以减少某些类型的问题。

本章还阐述了Django的工作原理（用它来部署Web应用），以及请求和响应是如何在代码中流动的，包括怎样用中间件在系统流程中将各组件链接起来；介绍了如何使用Django REST框架来创建RESTful API，并展示了如何通过Django REST框架提供的视图和序列化器，来实现我们在第2章讨论过的示例。

最后，我们介绍了怎样在现有层次的基础上进一步扩充系统，以确保在多个服务器上分配负载并实现系统扩展。

接下来，我们将进入事件驱动系统的学习。

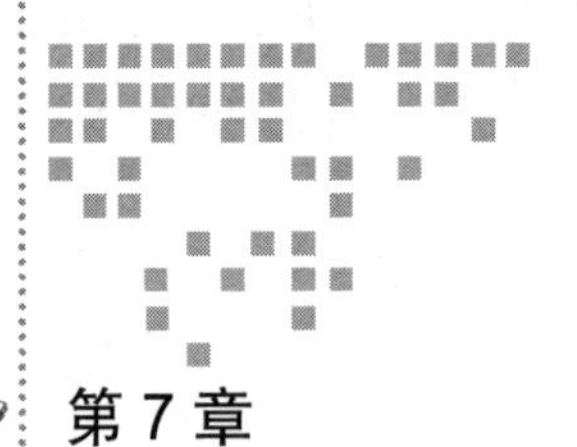

Chapter 7 第7章

事件驱动架构

请求–响应模式并非软件系统中唯一可用的架构。也有并不需要立即响应的请求。或许不那么在意响应的及时性，因为任务可以在无须调用者等待的情况下完成，抑或任务需要很长的时间完成，而调用者不希望一味地等待。无论如何，从调用者的角度来看，希望能发送消息后就可以立即继续其他工作。

这个消息称为事件（event），这种类型的系统有很多用途。在本章中，我们将介绍相关的概念，并详细讨论它最广泛的用途：创建异步任务（asynchronous task），这些任务在后台执行，而任务的调用者可以不受影响地继续其他任务。

首先介绍异步任务的基础知识，包括队列系统的细节和如何生成自动调度的任务。

作为Python中流行的任务管理器，我们将以具有多种功能的Celery为例进行讲解，包括展示如何执行常见任务的具体示例。还将探讨Celery Flower，这是一个用Web界面来监控和管理Celery的工具，它有HTTP API，用于控制其界面，包括发送要执行的新任务等。

让我们首先来学习事件驱动系统的基本原理。

7.1 发送事件

事件驱动架构基于发后即忘（fire-and-forget，亦称射后不理）原则，它发送数据后并不等待对方返回响应，而是在发送后直接继续执行其他任务。

这种方式与前一章讨论的请求–响应架构不同，请求–响应模式会一直等待，直到响应数据返回。同时，其他的代码会暂停执行，因为外部系统需要返回的新数据才能继续往下执行。

在事件驱动的系统中，没有响应数据，至少从传统意义上说是这样。取而代之的方式是，只产生一个包含请求的事件，并继续执行其他任务。只需返回极少量的信息，以用于后续过程中跟踪该事件。

事件驱动系统可以用请求–响应服务程序来实现。这并不意味着它是一个纯粹的请求–响应系统。例如，RESTful API 产生了一个事件并返回事件 ID。相关的工作并没有完成，返回的唯一数据是事件的标识符，以便通过它来完成后续任务的状态检查。

这不是唯一的实现方式，这个事件 ID 可以在本地产生，甚至根本就不产生。

这里的区别在于，任务本身不会在同一时刻完成，所以生成事件并返回的这个过程是非常快的。该事件一旦生成，就会传播到其他系统，该系统会把事件传送到目的地。

这个系统称为总线（bus），其作用是使消息（message）在系统中流动。系统架构可以采用单一总线的方式，将其作为跨系统发送消息的中心场所，也可以使用多个总线。

一般来说，建议使用单一总线来和所有的系统进行通信。有很多工具可以实现多逻辑分区，因此消息会被路由到正确的目的地。

每个事件都会被插入某个消息队列（queue）中。队列是一个逻辑上的 FIFO（First In First Out，先进先出）系统，它将把事件从入口处传送到设定好的下一个阶段，另一个模块会接收并处理事件。

这个模块会监听队列，并提取所有收到的事件进行处理。该模块不能通过同一通道与事件发送者直接通信，但它可以与其他组件进行交互，如共享数据库或发布出来的服务端点，甚至可以将更多的事件送入队列以完成进一步的处理。

队列两端的系统被称为消息发布者（publisher）和订阅者（subscriber）。

多个订阅者可以访问同一个队列的事件，它们能并行地提取事件。多个发布者也可以将产生的事件送到同一个队列中。队列的容量用可处理的事件数量来表述，应提供足够多的订阅者，以便队列里的事件能及时处理。

可以用于总线系统服务的典型工具包括 RabbitMQ、Redis 和 Apache Kafka。虽然也可以“按原样”使用这些工具，但有很多支持库可以与这些工具配合使用，以创建特有的消息发送处理方式。

7.2　异步任务

简单的事件驱动系统即可支持执行异步任务。

由事件驱动系统产生的事件描述了要执行的特定任务。通常情况下，每个任务都需要一定的时间来完成，这使得它不会直接作为发布者代码流的一部分来执行。

典型的例子是Web服务器，它需要在适当的时间内响应用户的请求。如果HTTP请求时间过长，HTTP超时机制就会产生错误，一般来说，超过一两秒的响应就意味着用户体验不佳。

> 这些需要很长时间才能完成的操作可能涉及类似如下这些任务：将视频编码为不同的分辨率、用复杂的算法分析图像、向客户发送1000封电子邮件、批量删除100万条数据、将数据从外部数据库复制到本地数据库、生成报告，或从多个来源拉取数据等。

对此的解决方案是安排一个事件来处理此任务，生成一个任务ID，并立即返回。该事件将被发送到某个消息队列，此队列将把它送到后端服务系统。然后，后端系统会执行此任务，任务按所需时间来执行。

同时，任务ID可以用来监测其执行进度。后端任务会在共享存储中更新执行的状态，就像数据库一样，所以当任务完成以后，Web前端会通知用户。这个共享存储也可以用来存储任何其他的或许是很有趣的结果。事件的处理流程如图7-1所示。

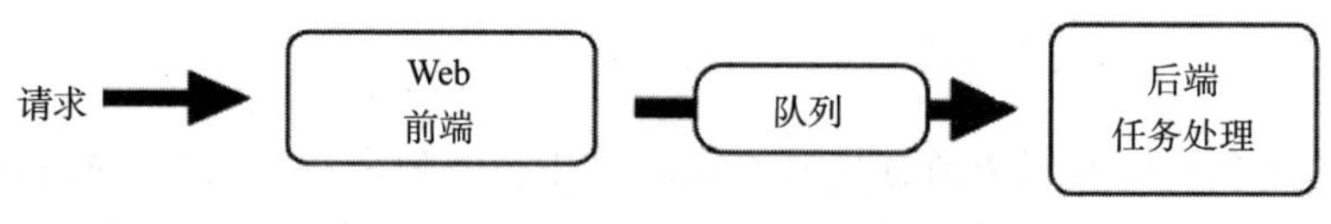

图7-1 事件的处理流程

因为任务的状态存储在数据库中，可以被前端的Web服务器访问，所以用户可以在任何时候通过任务ID来了解任务的状态，如图7-2所示。

如果有必要，后端系统可以在处理过程中更新数据，以显示什么时候完成了25%或50%的任务，只需数据基于同一个共享存储。

不过，图7-2只是一个简化的过程。队列通常都能返回任务是否已经完成的状态。只有在需要任务返回某些数据时，才会去访问共享存储/数据库。对于返回结果数据量少的情况来说，数据库很好用，但如果任务结果是像文件这样数据量较大的对象，这就不是一种有效的方式，可能需要不同类型的存储。

> 例如，如果任务是生成一份报告，那么后端将把它的结果存储在类似AWS S3的文档型存储中，这样它就可以在以后供用户下载。

共享数据库并不是实现Web服务器前端信息接收的唯一方法。Web服务器也可以发布一个内部API，以允许后端发回信息。从各方面的效果综合来看，这与将数据发送到不同的外部服务是一样的。后端需要访问API，对其进行配置，也许还要进行认证管理。API可以专门为后端创建，也可以作为通用的API使用，同时还能接收后端系统产生的特定数据。

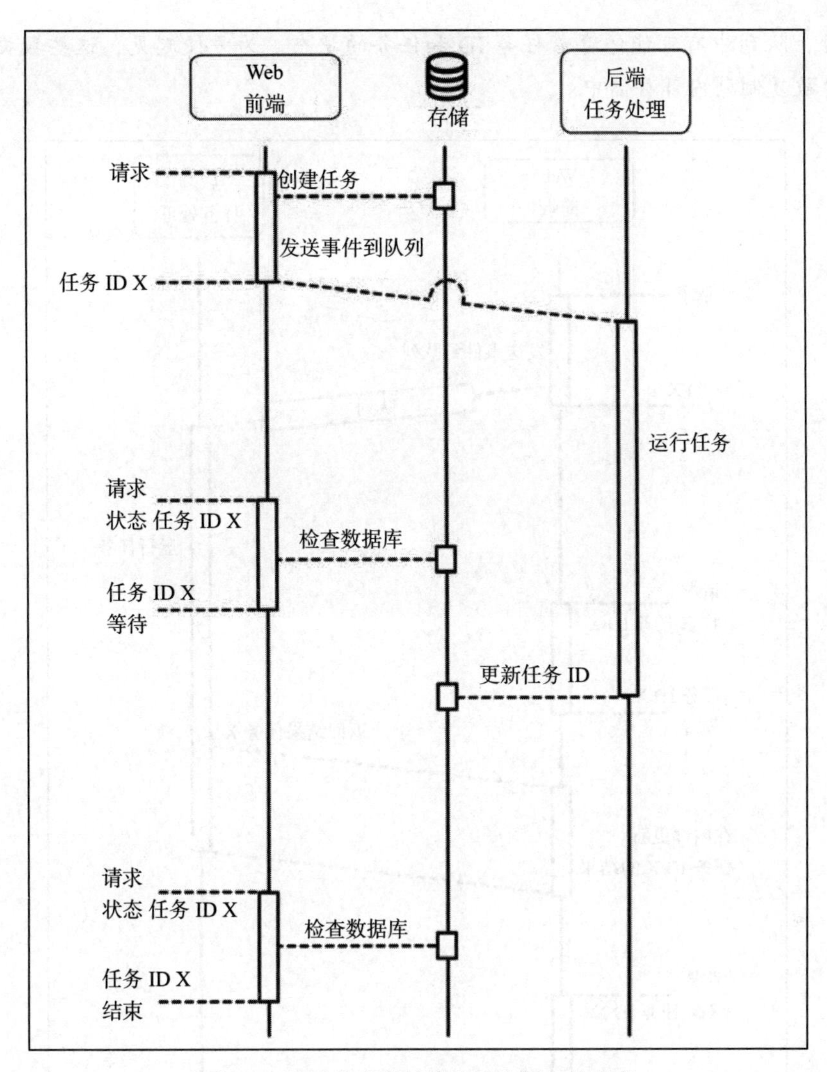

图 7-2　通过共享存储检查异步任务的进度

> 在两个不同的系统之间共享访问数据库可能会有些困难，因为要同步两个系统的数据库。我们需要将这些系统分离出来，以便它们可以独立部署，并且不影响向后兼容性。任何有关数据库模式的调整都需要格外小心，以确保系统始终都能不受干扰地正常运行。发布 API 并将数据库置于前端服务的完全控制之下是很好的解决办法，但请记住，来自后端的请求会与外部请求竞争资源，所以系统需要有足够的处理能力来满足两者的访问需求。

在这种情况下，所有的信息、任务 ID、状态和结果都可以保留在 Web 服务器的内部存储中。相关流程如图 7-3 所示。

记住，队列中有可能保存着任务ID和任务的状态。为方便起见，这些数据库可能会被复制到内部存储中。

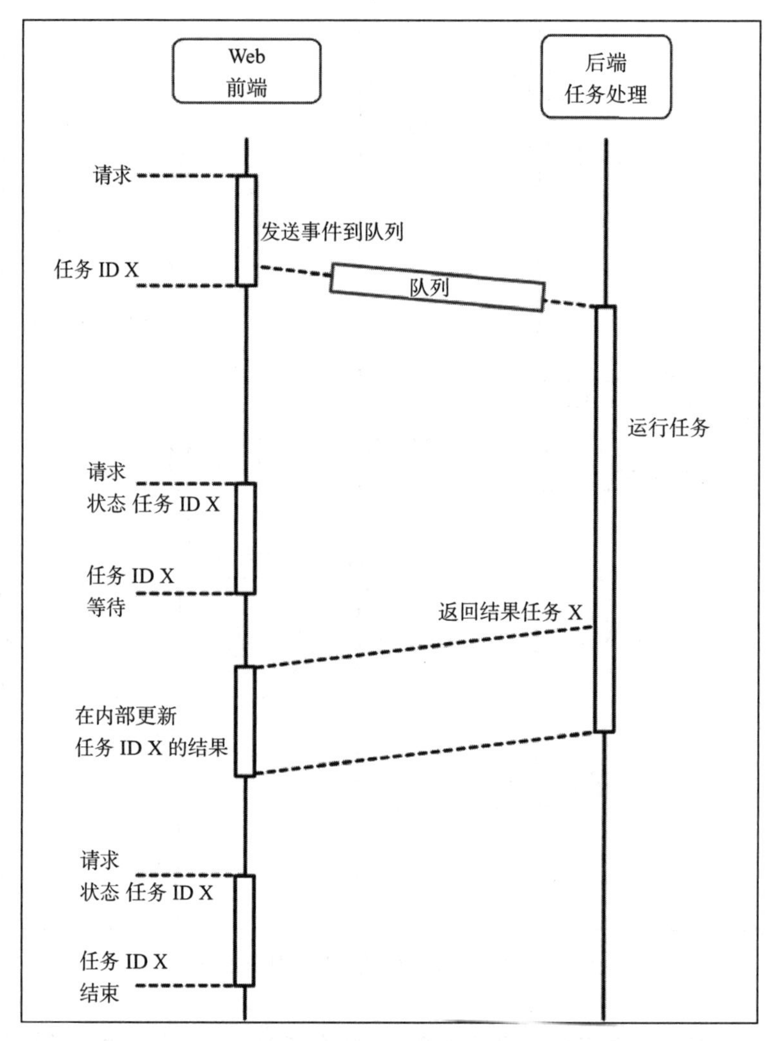

图 7-3 向源服务发回信息

请记住，这个 API 不一定要指向同一个前端。它也可以调用任何其他的服务，无论是内部的还是外部的，在各组件之间产生复杂的流程。它甚至还可以创建自己的事件，这些事件也会被插入队列以执行其他任务。

7.3 任务细分

由初始任务生成更多任务是完全可行的，通过在任务中创建有效的事件，并将其发送到适当的消息队列即可实现。

这种方式可以让单个任务分散其负载，从而让待执行的任务并行化。例如，如果某个任务的目标是生成报告并通过电子邮件发送给一组收件人，那么该任务可以首先生成报告，然后通过创建新的任务来并行发送电子邮件，这些并行的任务将只专注于创建电子邮件并附加报告到邮件中。

这样就能把任务的负载分散到多个 Worker 上，从而加快执行进程。还有一个好处，就是单个任务所需时间会更短，使得它们更易于控制、监测和管理。

有些任务管理器支持创建工作流，在工作流中对任务进行分发，任务结果返回后进行合并。这种方式在某些情况下可以使用，但在实践中，它没有表面上看起来那么有用，因为它造成了额外的等待，最终可能会导致任务需花费更长的时间。

这种方式更适合的场景是，需要批量对多个元素进行类似操作的任务，且不需要合并结果，这是很常见的情况。

尽管如此，需要记住的是，这样会让初始化任务迅速完成，从而导致无法通过初始化任务的 ID 状态来检查整个操作是否已经完成。此时如果进行任务状态监控，初始化任务可能返回的是新任务的 ID。

如果有必要，可以重复这个过程，由子任务创建它自己的子任务。有些任务可能需要在后台产生大量的信息，所以任务细分有时是很有必要的，但这也会增加代码流程带来的复杂性，所以要少用这种技术，只有在明显具备优势时才使用。

7.4 计划任务

异步任务无须由前端直接生成，也无须由用户直接操作，但也可以通过调度日程表来设置任务，令其在特定的时间运行。

部分计划任务（scheduled task）的例子包括，在夜间生成每日报告、通过外部 API 每小时更新信息、预缓存值以便后续使用、每周开始时生成下周的计划，以及每小时发送邮件提醒。

大多数任务队列都支持生成计划任务，并在其定义中明确指出，因此这些任务会被自动触发。

我们将在本章后面学习如何为 Celery 生成计划任务。

有些计划任务的工作量可能会相当大，比如每晚向成千上万的收件人发送电子邮件。对计划任务进行分割是非常有用的，所以可以先触发一个小的计划任务，用于将所有单独的任务添加到后续待完成的队列中。这种方式分摊了负载，能充分利用系统的处理能力，使任务得以提前完成。

在发送电子邮件的例子中，每天晚上触发一个任务，读取配置并为找到的每个电子邮件地址创建一个新任务。新任务收到邮件地址后，通过拉取外部信息组成邮件正文，并将其发送到对应的邮件地址。

7.5 队列机制

异步任务需要关注的重点问题之一，是引入队列机制后可能会产生的影响。如前文所述，后台任务通常很慢，这意味着所有运行这些任务的 Worker 都会忙碌一段时间。

与此同时，也许还会出现更多的任务，这往往意味着任务队列开始积压，如图 7-4 所示。

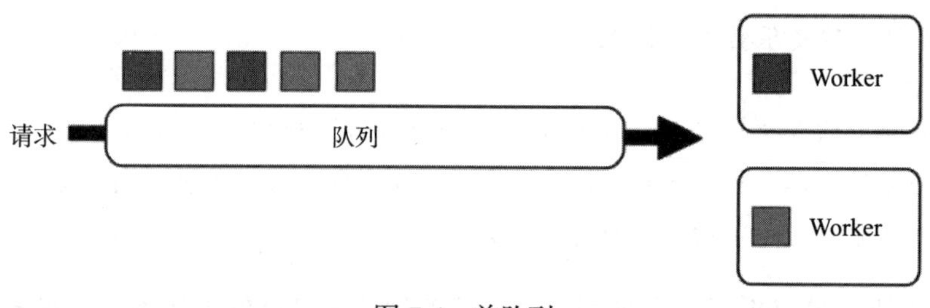

图 7-4 单队列

一方面，这可能是系统处理能力不足带来的问题。如果 Worker 的数量不足以处理队列中存在的平均任务数，队列中的任务就会不断堆积，直至达到极限，此时新的任务就会被拒绝。

但通常情况下，并不会出现任务不断涌入这样的负载情况。与之相反，有时没有要执行的任务，有时要执行的任务数量突然激增，填满了队列。此外，还需要计算保持正常运行所需 Worker 的合理数量，以确保出现任务峰值时，由于所有 Worker 都在忙而导致任务被推迟所产生的等待时间不会给系统带来问题。

计算“正确”的 Worker 数量可能比较困难，但通过一些实验，或许能得到一个“足够好”的数量。有一个数学工具可以处理这个问题，即排队论（queueing theory），它会根据几个参数来计算。

无论如何，现在每个 Worker 的资源都很便宜，没必要掌握精确的 Worker 数量，只要它足够接近，以便在合理的时间内处理完所有可能出现的峰值任务即可。

可以到 `http://people.brunel.ac.uk/~mastjjb/jeb/or/queue.html` 了解更多有关排队论的信息。

正如前文所讨论的，计划任务还存在一个要处理的困难，就是在特定的某个时刻，可能有相当数量的任务同时被触发。这可能会使队列在某一特定时间处于饱和状态，或许需要一小时来消化所有的任务。例如，创建每日报告、每 4 小时从外部 API 中获取更新内容，或汇总一周的数据。

也就是说，类似添加了 100 个创建后台报告的任务，此时会导致某个用户发起的报告生成任务被阻塞，这是一种糟糕的用户体验。如果用户希望在计划任务启动后几分钟就能拿到报告，他们将不得不等待很长时间。

可采取的办法之一是使用多队列的方式，由多个 Worker 来执行任务，如图 7-5 所示。

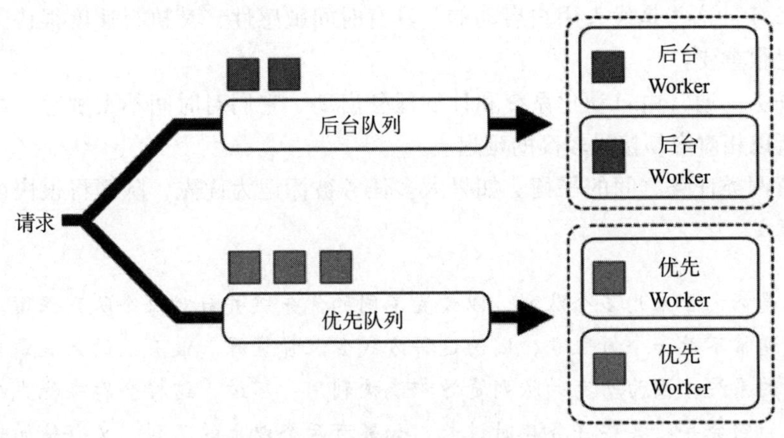

图 7-5 优先队列和后台队列

这样就使得不同的任务被分配给不同的 Worker，从而可以让某些任务保持不间断运行。在我们的例子中，后台报告可以安排到它们自己的专用 Worker 上，而用户报告也有自己的 Worker。不过，这样会造成系统资源浪费。如果后台报告每天只运行一次，那么在 100 个任务处理完成之后，这些后台 Worker 在这一天的其余时间都处于闲置状态，即使此时为用户报告服务的 Worker 中存在长的队列等待。

取而代之的办法是，可以使用混合队列的模式，如图 7-6 所示。

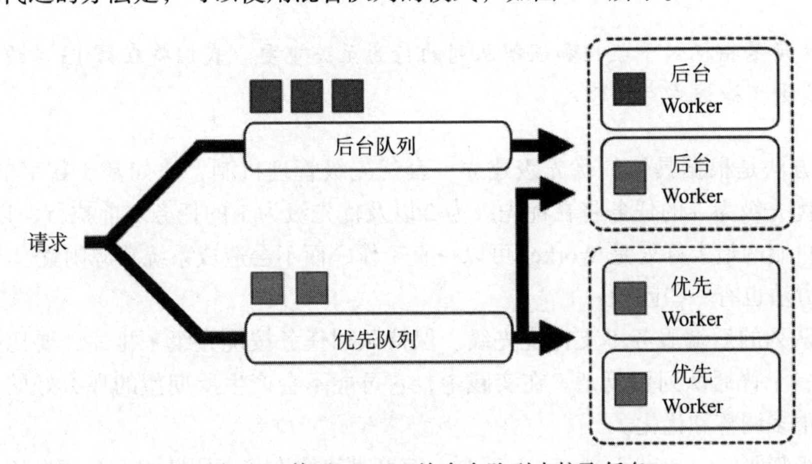

图 7-6 普通 Worker 从多个队列中拉取任务

在这种模式中，管理用户报告的 Worker 将继续使用相同的方法，但后台报告 Worker 将从两类队列中拉取任务。此时会限制后台报告队列的任务量，但同时，当该队列有可用资源时，能将其分配给用户报告任务。

这种模式为用户报告管理任务保留了队列资源，这些是要优先执行的任务，并且其余的 Worker 能够提取其他待执行的任务，包括优先任务和非优先（后台）任务。

将任务分到这两个队列，需要对其进行仔细划分：

- 优先任务。这些是代表用户启动的，具有时间敏感性，其执行速度很快，所以任务的延迟很重要。
- 后台任务。通常由自动化系统和计划任务启动。它们对时间不太敏感，可以长期运行，所以相对容易接受较高的延迟。

需要保持两类任务之间的平衡。如果太多任务被标记为优先，队列将很快被填满，从而使其失去意义。

人们总是倾向于采用多个队列，以设置不同的优先级并针对每个队列保留一定余量。这通常不是一个好主意，因为这种方式会浪费资源。最有效的系统是采用单个队列的系统，因为所有的队列资源都能被利用。不过，这样会存在优先级的问题，因为它会导致某些任务耗时过长。如果有两个以上的队列，又会使问题复杂化，且存在浪费资源的风险，因为许多 Worker 大部分时间都是闲置的，而其他队列是满的。简单的两个队列有助于制订仅需在两种选择之间做决定的原则，并让我们更容易理解为何需要多个队列。

优先 Worker 的数量可以根据峰值的数量、频率以及预期的周转时间来进行调整。当后台任务出现大的峰值时，只需要有足够多的优先 Worker 来支撑常规流量，前提是这些峰值可以预测。

适当的度量指标对于监控和理解队列的行为至关重要。我们将在第 13 章进一步讨论度量指标相关的问题。

另一种方法是根据具体的优先级建立一套优先级管理机制，比如基于数字的优先级。这样一来，优先级为 3 的任务将在优先级为 2 以及优先级为 1 的任务之前执行，以此类推。采用优先级机制的最大好处是 Worker 可以一直工作，而不会造成系统资源闲置。

但这种方法也有一些问题：

- 很多队列的后端服务不支持优先级。保持队列任务按优先级来排序，要比把任务分配给一个普通队列更复杂。在实践中，它可能不会产生所期望的那么好的效果，需要做很多调整和优化。
- 优先级膨胀（priority inflation）问题。随着时间的推移，团队很容易倾向于增加其任务的优先级，尤其是在涉及多个团队的情况下。决定应该首先执行什么任务可能并不容易，而且任务的完成进度所带来的压力会导致优先级的增长。

按优先级排序的队列是比较理想的方式，在系统中简单地设置两种级别（优先任务和后台任务）的模式也非常容易理解，发起、创建新任务时也有较好的预期。这种方法易于掌握和调整，能在减少工作量的同时发挥更好的作用。

7.5.1 统一 Worker 代码

当有多个 Worker 从不同的队列中拉取任务时，各 Worker 可以基于不同的代码库，让其中一部分执行优先任务，另一部分执行后台任务。

请注意，要使这一方法奏效，需要严格分离任务。后文中还有更多这方面的相关内容。

这种方式通常是不可取的，因为这样需要区分代码库，且需同时维护两个代码库，而且还存在一些问题：

- 通常某些任务或任务的一部分要么属于优先任务，要么属于后台任务，这取决于任务是由哪个系统或用户触发的。例如，报告任务可能是用户即时生成的，也可能是每天的批处理任务的一部分，最后通过邮件发送出去。报告的生成应该采取一致的方式，让所有针对生成操作的修改能同时应用于两类任务。
- 维护两套代码库比维护一套更麻烦。虽然通用代码的大部分内容是共享的，但两套代码库的更新还是得独立进行。
- 一套代码库可以完成各种类型任务的处理。也就是说，可以让某个 Worker 同时处理优先任务和后台任务。两套代码库需要严格区分任务的类型，而没有用到后台 Worker 所具备的处理优先任务的能力。

在构建时最好只使用一个 Worker，并通过配置决定是从一个队列还是两个队列中接收消息。这样能简化本地开发和测试的架构。

当任务的性质有冲突时，这种做法是不可行的。例如，如果某些任务需要很多依赖项或专用的硬件（如 AI 相关的任务）支持，则必须让这些任务运行在特定的 Worker 中，此时让它们共享同一个代码库是不现实的。这类情况非常少见，除非偶遇这种场景，否则建议尝试合并代码库，让所有任务使用同一个 Worker。

7.5.2 云队列和 Worker

云计算的主要特点是服务可以动态地启动和停止，从而可以只使用某个特定时刻所需的资源。这样的特性可以实现快速增加和减少系统的处理能力。

在云环境中，可以修改从队列中提取事件的Worker的数量，因此能够缓解我们上面讨论的资源配置问题。我们的队列满了吗？按需求增加Worker的数量即可！理想情况下，我们甚至可以为每一个发起任务的事件生成一个Worker，使系统具有无限的可扩展性。

显然，这说起来容易做起来难，因为想要临时动态地创建Worker是存在一些问题的：

- 启动Worker的过程可能会显著延长任务的执行时间，甚至比任务本身的执行时间还要长。具体取决于创建Worker的工作量有多大，启动它可能需要大量的时间。

  在传统的云计算环境中，启动一个新的虚拟服务器所需的最短时间相对较长，至少需要几分钟的时间。有了较新的工具（比如容器）之后，能有效地提高速度，但基本原则还是一样的，因为需要在某个时间点创建一个新的虚拟服务器。
- 新的虚拟Worker可能太大，使得为每个任务都生成一个虚拟Worker的效率非常低。同样，容器化的解决方案可以改善这种状况，使得在云环境中，创建新的容器和生成新的虚拟服务器这两种应用场景更容易区分开来。
- 所有的云服务都会有限制。每创建一个新的Worker都需要花钱，如果不加控制地扩大规模，云服务会变得非常昂贵。在成本方面不做相应的控制，则可能会因为高额的、非预期的成本而带来问题。通常这是偶然出现的情况，由于系统中的某些问题导致Worker的数量爆炸式增长，但也有一种形式的网络攻击，称为现金溢出（Cash Overflow）攻击，目的是让服务尽可能以昂贵的方式运行，以迫使服务的所有者停止服务，甚至导致他们破产。

基于这些原因，通常情况下所采取的解决方案，会让各项任务以某种分批的方式来执行，允许额外的规模增长，并且只有在需要减少队列时才允许使用其他的虚拟服务器。按照同样的原则，当不再需要更多的处理能力时，则移除对应的资源。

需要格外小心的是，应确保在停止虚拟服务器之前，位于该服务器的所有Worker都是空闲的。这个过程是通过优雅地停止服务器来自动完成的，因此首先会完成所有剩余的任务，不再启动新的任务，并在一切完成后关闭服务器。

这个过程通常如图7-7所示。

确切地知道应当什么时候创建新的服务器，在很大程度上取决于对延迟、流量和创建新服务器的速度的要求（如果服务器启动很快，也许就不用那么急着进行扩展）。

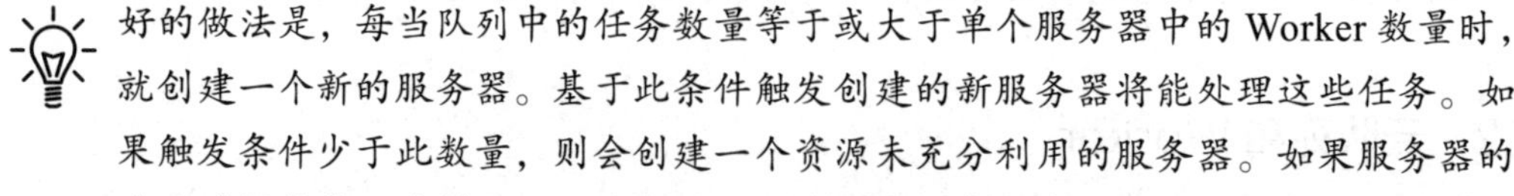

好的做法是，每当队列中的任务数量等于或大于单个服务器中的Worker数量时，就创建一个新的服务器。基于此条件触发创建的新服务器将能处理这些任务。如果触发条件少于此数量，则会创建一个资源未充分利用的服务器。如果服务器的启动时间很长，这样做可以缩短时间以确保新服务器在大量队列任务出现之前启动。但这需要对特定的系统进行测试和检验。

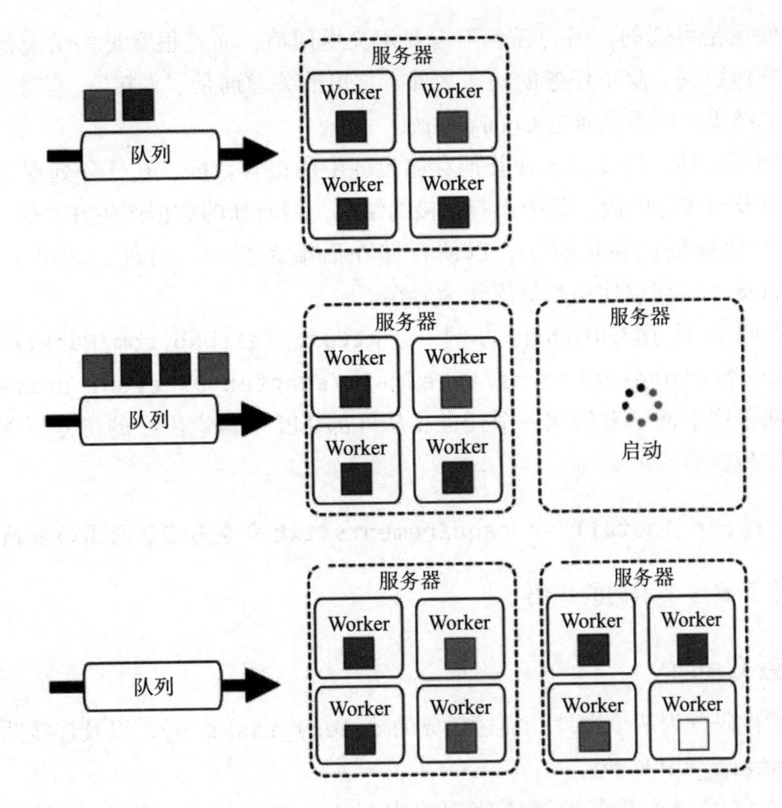

图 7-7 启动一个新的服务器

7.6 Celery

Celery 是最流行的基于 Python 的任务队列。它让我们能轻松地创建新的任务，并且可以用来创建触发新任务的事件。

Celery 所做的工作是建立一个中间人（broker），它将作为处理消息的队列使用。

在 Celery 的说法中，中间人是消息队列（message queue），而后端则用于同存储系统进行交互以返回信息。

创建消息的代码会把消息添加到中间人，中间人再把它传递给某个连接着的 Worker。当系统组件都是基于 Python 代码实现时，可以直接安装 Celery 的 pip 包，操作起来非常简单。稍后我们还会看到如何在其他环境下使用。

Celery 可以使用多个系统作为中间人，其中最流行的是 Redis 和 RabbitMQ。

在我们的例子中，我们将使用 Redis，因为它可以用于中间人和后端，而且它在云系统中广泛应用。它还具有高度可扩展性，可以轻松处理大规模负载。

后端的使用是可选的，因为任务不需要定义返回值，而且很常见的情况是，异步任务不直接返回响应数据，除了任务的状态之外。这里的关键词是“直接”，有时，任务会产生可访问的外部结果，但不是通过 Celery 系统。

类似的例子包括，可以存放在其他存储设施中的报告数据、在任务处理过程中发送的电子邮件，以及预缓存的值，其中没有直接的结果，但有新的数据产生并存储在其他地方。

返回值的数据量也要足够小，以便存储在后端系统中。另外，如果采用强持久性(strong persistence)，建议使用数据库作为后端。

这里我们将使用 GitHub 上的例子：`https://github.com/PacktPublishing/Python-Architecture-Patterns/tree/main/chapter_07_event_driven/celery_example`。基于这个例子来创建一个任务，从外部 API 中检索用户的待办事项，并生成一封电子邮件作为提醒。

记得运行 `pip install -r requirements.txt` 命令来安装所需的依赖项。

让我们来看看这个示例的代码。

7.6.1 配置 Celery

Celery 的代码分为两个文件：描述任务的 `celery_tasks.py`，以及连接队列并将任务放入队列的 `start_task.py`。

在每个文件的开头都需配置要使用的中间人。在本例中，我们将使用一个运行在 `localhost` 的 Redis 服务器：

```
from celery import Celery

app = Celery('tasks', broker='redis://localhost')
```

作为前提条件，这里需要设置一个预期运行在 `localhost` 地址上的 Redis 服务器。如果安装了 Docker，只需启动一个容器即可轻易实现：

```
$ docker run -d -p 6379:6379 redis
```

执行此命令后，会启动标准的 Redis 容器，该容器将使用标准的 6379 端口发布服务。这样就可以自动连接到之前的中间人 URL，即 `redis://localhost`。

这就是 Celery 需要做的配置，它使得发布者和订阅者双方都能连接到队列。

7.6.2 Celery Worker

现在，我们使用 `https://jsonplaceholder.typicode.com/` 来模拟调用一个外部 API。这个测试网站发布了一个可访问的 REST 端点，以用于检索模拟信息。可以查看它们的定义，但在本例中我们基本上只需访问 `/todos` 和 `/users` 这两个端点。`/todos` 端点发布了用户存储的操作，所以需要对其进行查询以检索待执行的操作，并将其与 /users 端点中的信息结合起来。

celery_tasks.py 这个 Worker 定义了主要任务 obtain_info 和辅助任务 send_email。第一个任务从 API 中获取信息，并决定需要发送哪些邮件。然后第二个任务完成电子邮件发送的操作。

发送电子邮件只是模拟的，以避免使系统复杂化及处理模拟的电子邮件地址问题。这个功能的具体实现作为练习留给读者。

该文件从队列和导入的配置开始：

```
from celery import Celery
import requests
from collections import defaultdict

app = Celery('tasks', broker='redis://localhost')
logger = app.log.get_default_logger()
BASE_URL = 'https://jsonplaceholder.typicode.com'
```

logger 的定义允许使用原始的 Celery 日志，这些日志流信息将导向 Celery 的日志配置。默认情况下，这就是标准输出。

让我们看一下 obtain_info 任务。请注意 @app.task，它将该函数定义为 Celery 的任务：

```
@app.task
def obtain_info():

    logger.info('Stating task')
    users = {}
    task_reminders = defaultdict(list)
    # 调用 /todos 端点以获取所有任务
    response = requests.get(f'{BASE_URL}/todos')
    for task in response.json():
        # 跳过已完成的任务
        if task['completed'] is True:
            continue

        # 获取用户的info（信息）。信息被缓存为每个
        # 用户只询问一次
        user_id = task['userId']
        if user_id not in users:
            users[user_id] = obtain_user_info(user_id)

        info = users[user_id]

        # 将任务信息附加到 information to task_reminders,
        # 按用户对其进行聚合
        task_data = (info, task)
```

```
        task_reminders[user_id].append(task_data)

    # 数据处理前准备就绪，为每个用户
    # 创建邮件
    for user_id, reminders in task_reminders.items():
        compose_email(reminders)

    logger.info('End task')
```

我们用 INFO 日志来包装这个函数，为任务的执行提供上下文信息。首先，它调用这一行的 /todos 端点，然后独立完成每个任务，并跳过所有已完成的（completed）任务：

```
response = requests.get(f'{BASE_URL}/todos')
for task in response.json():
    if task['completed'] is True:
        continue
```

然后，程序会检查用户的信息并将其放入 info 变量。因为这些信息可以在同一个循环中被多次使用，所以它被缓存在 users 字典中。信息被缓存后，就不会再被问及：

```
user_id = task['userId']
if user_id not in users:
    users[user_id] = obtain_user_info(user_id)

info = users[user_id]
```

单独的任务数据被添加到为存储用户的所有任务而创建的一个列表中。task_reminders 字典被创建为 defaultdict(list)，意味着当第一次访问特定的 user_id 时，如果它不存在，则将被初始化为一个空列表，允许添加新元素：

```
task_data = (info, task)
task_reminders[user_id].append(task_data)
```

最后，对存储在 task_reminders 中的元素进行迭代，以组成最终的电子邮件：

```
for user_id, reminders in task_reminders.items():
    compose_email(reminders)
```

后续还要调用两个函数：obtain_user_info 和 compose_email。

obtain_user_info 函数直接从 /users/{user_id} 端点检索并返回信息：

```
def obtain_user_info(user_id):
    logger.info(f'Retrieving info for user {user_id}')
    response = requests.get(f'{BASE_URL}/users/{user_id}')
    data = response.json()
    logger.info(f'Info for user {user_id} retrieved')
    return data
```

compose_email 函数接收任务列表中的信息，其中包括一组 user_info、task_info，提取每个 task_info 的标题信息，然后从匹配的 user_info 中提取邮件，最后调用 send_email 任务：

```
def compose_email(remainders):
    # remainders 是 (user_info, task_info) 组成的列表

# 从每个 task_info 中检索所有的标题
titles = [task['title'] for _, task in remainders]

# 从第一个元素中获取 user_info
# 每个元素的 user_info 都是重复且相同的
user_info, _ = remainders[0]
email = user_info['email']
# 用适当的信息启动 send_email 任务
send_email.delay(email, titles)
```

由上文可见，send_email 任务包含一个 .delay 调用，它用适当的参数来将此任务加入队列。send_email 是另外一个 Celery 任务。它非常简单，因为本例只是模拟电子邮件的发送，所以仅记录了任务的参数：

```
@app.task
def send_email(email, remainders):
    logger.info(f'Send an email to {email}')
    logger.info(f'Reminders {remainders}')
```

7.6.3　触发任务

start_task.py 脚本包含了所有触发任务的代码。这是一个简单的脚本，用于从其他文件中导入任务：

```
from celery_tasks import obtain_info

obtain_info.delay()
```

请注意，在导入时，它继承了 celery_tasks.py 的所有配置。

重要的是，它用 .delay() 函数调用该任务，从而将任务发送到队列中，这样 Worker 就可以把该任务拉取出来并执行。

请注意，如果直接用 obtain_info() 函数调用任务，就会直接执行任务代码，而不是将任务提交给队列。

现在让我们看看这些文件之间是如何交互的。

7.6.4　联调

要设置发布者和消费者，首先要这样启动 Worker：

```
$ celery -A celery_tasks worker --loglevel=INFO -c 3
```

这里使用的某些模块，如 Celery，可能与 Windows 系统不兼容。更多信息可以在 https://docs.celeryproject.org/en/stable/faq.html#does-celery-support-windows 处找到。

这里用 -A 参数启动了 celery_tasks 模块（celery_tasks.py 文件）。它将日志级别设置为 INFO，并通过参数 -c 3 启动三个 Worker。该命令执行后将显示类似于下面的启动日志：

```
$ celery -A celery_tasks worker --loglevel=INFO -c 3


   v5.1.1 (sun-harmonics)

macOS-10.15.7-x86_64-i386-64bit 2021-06-22 20:14:09

[config]
.> app:         tasks:0x110b45760
.> transport:   redis://localhost:6379//
.> results:     disabled://
.> concurrency: 3 (prefork)
.> task events: OFF (enable -E to monitor tasks in this worker)

[queues]
.> celery           exchange=celery(direct) key=celery


[tasks]
  . celery_tasks.obtain_info
  . celery_tasks.send_email

[2021-06-22 20:14:09,613: INFO/MainProcess] Connected to redis://
localhost:6379//
[2021-06-22 20:14:09,628: INFO/MainProcess] mingle: searching for
neighbors
[2021-06-22 20:14:10,666: INFO/MainProcess] mingle: all alone
```

注意，日志中显示了两个任务，即 obtain_info 和 send_email。我们可以在另一个窗口调用 start_task.py 脚本来发送任务：

```
$ python3 start_task.py
```

执行该命令后，将触发 Celery Worker 中的任务，生成日志（这里为了清晰和简洁对其进行了编辑）。我们将在后文中对这些日志进行解释：

```
[2021-06-22 20:30:52,627: INFO/MainProcess] Task celery_tasks.obtain_
info[5f6c9441-9dda-40df-b456-91100a92d42c] received
[2021-06-22 20:30:52,632: INFO/ForkPoolWorker-2] Stating task
[2021-06-22 20:30:52,899: INFO/ForkPoolWorker-2] Retrieving info for
user 1
...
[2021-06-22 20:30:54,128: INFO/MainProcess] Task celery_tasks.send_
```

```
email[08b9ed75-0f33-48f8-8b55-1f917cfdeae8] received
[2021-06-22 20:30:54,133: INFO/MainProcess] Task celery_tasks.send_
email[d1f6c6a0-a416-4565-b085-6b0a180cad37] received
[2021-06-22 20:30:54,132: INFO/ForkPoolWorker-1] Send an email to
Sincere@april.biz
[2021-06-22 20:30:54,134: INFO/ForkPoolWorker-1] Reminders ['delectus
aut autem', 'quis ut nam facilis et officia qui', 'fugiat veniam
minus', 'laboriosam mollitia et enim quasi adipisci quia provident
illum', 'qui ullam ratione quibusdam voluptatem quia omnis', 'illo
expedita consequatur quia in', 'molestiae perspiciatis ipsa', 'et
doloremque nulla', 'dolorum est consequatur ea mollitia in culpa']
[2021-06-22 20:30:54,135: INFO/ForkPoolWorker-1] Task celery_tasks.
send_email[08b9ed75-0f33-48f8-8b55-1f917cfdeae8] succeeded in
0.004046451000021989s: None
[2021-06-22 20:30:54,137: INFO/ForkPoolWorker-3] Send an email to
Shanna@melissa.tv
[2021-06-22 20:30:54,181: INFO/ForkPoolWorker-2] Task celery_tasks.
obtain_info[5f6c9441-9dda-40df-b456-91100a92d42c] succeeded in
1.5507660419999638s: None
...
[2021-06-22 20:30:54,141: INFO/ForkPoolWorker-3] Task celery_tasks.
send_email[d1f6c6a0-a416-4565-b085-6b0a180cad37] succeeded in
0.004405897999959052s: None
[2021-06-22 20:30:54,192: INFO/ForkPoolWorker-2] Task celery_tasks.
send_email[aff6dfc9-3e9d-4c2d-9aa0-9f91f2b35f87] succeeded in
0.00129001599998446l8s: None
```

因为我们启动了三个不同的 Worker，所以日志内容是交织在一起的。请注意第一个任务，它对应的是 `obtain_info`。启动后，该任务已经在 `ForkPoolWorker-2` 这个 Worker 中执行：

```
[2021-06-22 20:30:52,627: INFO/MainProcess] Task celery_tasks.obtain_
info[5f6c9441-9dda-40df-b456-91100a92d42c] received
[2021-06-22 20:30:52,632: INFO/ForkPoolWorker-2] Stating task
[2021-06-22 20:30:52,899: INFO/ForkPoolWorker-2] Retrieving info for
user 1
...
[2021-06-22 20:30:54,181: INFO/ForkPoolWorker-2] Task celery_tasks.
obtain_info[5f6c9441-9dda-40df-b456-91100a92d42c] succeeded in
1.5507660419999638s: None
```

当这个任务在执行时，`send_email` 任务也通过其他 Worker 排队执行。例如：

```
[2021-06-22 20:30:54,133: INFO/MainProcess] Task celery_tasks.send_
email[d1f6c6a0-a416-4565-b085-6b0a180cad37] received
[2021-06-22 20:30:54,132: INFO/ForkPoolWorker-1] Send an email to
Sincere@april.biz
[2021-06-22 20:30:54,134: INFO/ForkPoolWorker-1] Reminders ['delectus
aut autem', 'quis ut nam facilis et officia qui', 'fugiat veniam
minus', 'laboriosam mollitia et enim quasi adipisci quia provident
illum', 'qui ullam ratione quibusdam voluptatem quia omnis', 'illo
expedita consequatur quia in', 'molestiae perspiciatis ipsa', 'et
```

```
doloremque nulla', 'dolorum est consequatur ea mollitia in culpa']
[2021-06-22 20:30:54,135: INFO/ForkPoolWorker-1] Task celery_tasks.
send_email[08b9ed75-0f33-48f8-8b55-1f917cfdeae8] succeeded in
0.004046451000021989s: None
```

执行结束时，日志会显示任务所花费的时间，以秒为单位。

如果只涉及一个 Worker，则任务将连续运行，从而让任务更容易区分。

从上述内容可以看出，在 obtain_info 任务结束前，send_email 任务就已经启动了，而且当 obtain_info 任务结束后，仍有 send_email 任务在运行，说明这些任务是相互独立运行的。

7.6.5 计划任务

在 Celery 内部，也可以按特定的日程表来生成任务，这样就可以在适当的时间自动触发这些任务。

为此，需要先定义一个任务和一个日程表。本例在 celery_scheduled_tasks.py 文件中对其进行定义。让我们来看看：

```
from celery import Celery
from celery.schedules import crontab

app = Celery('tasks', broker='redis://localhost')

logger = app.log.get_default_logger()


@app.task
def scheduled_task(timing):
    logger.info(f'Scheduled task executed {timing}')


app.conf.beat_schedule = {
    # 每 15 s 执行一次
    'every-15-seconds': {
        'task': 'celery_scheduled_tasks.scheduled_task',
        'schedule': 15,
        'args': ('every 15 seconds',),
    },

    # 执行以下定时任务
    'every-2-minutes': {
        'task': 'celery_scheduled_tasks.scheduled_task',
        'schedule': crontab(minute='*/2'),
        'args': ('crontab every 2 minutes',),
    },
}
```

这个文件开始时的配置与前面的例子相同，我们定义了一个简单的小任务，仅在执行时显示信息。

```
@app.task
def scheduled_task(timing):
    logger.info(f'Scheduled task executed {timing}')
```

有趣的部分在后面，因为日程表是在app.conf.beat_schedule参数中配置的。我们创建了两个条目。

```
app.conf.beat_schedule = {
    # 每 15 s 执行一次
    'every-15-seconds': {
        'task': 'celery_scheduled_tasks.scheduled_task',
        'schedule': 15,
        'args': ('every 15 seconds',),
    },
```

第一个条目定义了每15s执行一次相关的任务。该任务要包括模块名称（celery_scheduled_tasks）。schedule（日程表）参数是以秒（s）为单位定义的。args参数包含执行时要传递的所有参数。注意，它被定义为参数列表。在本例中，我们创建了一个只有单个条目的元组，因为只有一个参数。

第二个条目将schedule定义为一个crontab（定时任务）条目。

```
# 执行以下定时任务
'every-2-minutes': {
    'task': 'celery_scheduled_tasks.scheduled_task',
    'schedule': crontab(minute='*/2'),
    'args': ('crontab every 2 minutes',),
},
```

这个crontab对象会作为schedule参数被传递，每2min会执行一次任务。crontab的任务条目非常灵活，可以执行各种可能的操作。

crontab任务条目的部分示例如下：

Crontab 任务条目	描述
crontab()	每分钟执行一次，这是最小的间隔时间
crontab(minute=0)	每小时执行一次，在第0min执行
crontab(minute=15)	每小时执行一次，在第15min执行
crontab(hour=0, minute=0)	每天午夜执行（按所在的时区计）
crontab(hour=6, minute=30, day_of_week='monday')	每周一的6:30执行
crontab(hour='*/8', minute=0)	每8 h（0点，8点，16点）执行一次。每天三次，每次都在第0min
crontab(day_of_month=1, hour=0,minute=0)	每月第一天的午夜执行一次
crontab(minute='*/2')	每2min执行一次，当分钟数被2整除时

还有其他的一些方式，包括将执行时间与太阳时间（solar time）关联起来，如黎明和黄昏，或者基于自定义的日程表，但大多数情况下都采用每 *X* 秒一次或用 Crontab 定义的方式，都足以满足需求。

可以到这里查看完整的 Celery 计划任务相关文档：`https://docs.celeryproject.org/en/stable/userguide/periodic-tasks.html#startingthe-scheduler`。

要启动计划任务，需要运行特定的 Worker，即 `beat` Worker：

```
$ celery -A celery_scheduled_tasks beat
celery beat v4.4.7 (cliffs) is starting.
__    -    ... __   -        _
LocalTime -> 2021-06-28 13:53:23
Configuration ->
    . broker -> redis://localhost:6379//
    . loader -> celery.loaders.app.AppLoader
    . scheduler -> celery.beat.PersistentScheduler
    . db -> celerybeat-schedule
    . logfile -> [stderr]@%WARNING
    . maxinterval -> 5.00 minutes (300s)
```

我们以常规方式启动 `celery_scheduled_tasks` Worker：

```
$ celery -A celery_scheduled_tasks worker --loglevel=INFO -c 3
```

但接下来你会发现，此时仍然没有传入的任务。我们需要启动 `celery beat`，这是一个特定的 Worker，它会将任务插入队列中：

```
$ celery -A celery_scheduled_tasks beat
celery beat v4.4.7 (cliffs) is starting.
__    -    ... __   -        _
LocalTime -> 2021-06-28 15:13:06
Configuration ->
    . broker -> redis://localhost:6379//
    . loader -> celery.loaders.app.AppLoader
    . scheduler -> celery.beat.PersistentScheduler
    . db -> celerybeat-schedule
    . logfile -> [stderr]@%WARNING
    . maxinterval -> 5.00 minutes (300s)
```

等 `celery beat` 启动之后，就能看到任务根据日程表按预期执行的状况：

```
[2021-06-28 15:13:06,504: INFO/MainProcess] Received task: celery_
scheduled_tasks.scheduled_task[42ed6155-4978-4c39-b307-852561fdafa8]
[2021-06-28 15:13:06,509: INFO/MainProcess] Received task: celery_
scheduled_tasks.scheduled_task[517d38b0-f276-4c42-9738-80ca844b8e77]
[2021-06-28 15:13:06,510: INFO/ForkPoolWorker-2] Scheduled task
executed every 15 seconds
```

```
[2021-06-28 15:13:06,510: INFO/ForkPoolWorker-1] Scheduled task
executed crontab every 2 minutes
[2021-06-28 15:13:06,511: INFO/ForkPoolWorker-2] Task celery_scheduled_
tasks.scheduled_task[42ed6155-4978-4c39-b307-852561fdafa8] succeeded in
0.0016690909999965697s: None
[2021-06-28 15:13:06,512: INFO/ForkPoolWorker-1] Task celery_scheduled_
tasks.scheduled_task[517d38b0-f276-4c42-9738-80ca844b8e77] succeeded in
0.0014504210000154671s: None
[2021-06-28 15:13:21,486: INFO/MainProcess] Received task: celery_
scheduled_tasks.scheduled_task[4d77b138-283c-44c8-a8ce-9183cf0480a7]
[2021-06-28 15:13:21,488: INFO/ForkPoolWorker-2] Scheduled task
executed every 15 seconds
[2021-06-28 15:13:21,489: INFO/ForkPoolWorker-2] Task celery_scheduled_
tasks.scheduled_task[4d77b138-283c-44c8-a8ce-9183cf0480a7] succeeded in
0.0005252540000242334s: None
[2021-06-28 15:13:36,486: INFO/MainProcess] Received task: celery_
scheduled_tasks.scheduled_task[2eb2ee30-2bcd-45af-8ee2-437868be22e4]
[2021-06-28 15:13:36,489: INFO/ForkPoolWorker-2] Scheduled task
executed every 15 seconds
[2021-06-28 15:13:36,489: INFO/ForkPoolWorker-2] Task celery_scheduled_
tasks.scheduled_task[2eb2ee30-2bcd-45af-8ee2-437868be22e4] succeeded in
0.0004935349999975509s: None
[2021-06-28 15:13:51,486: INFO/MainProcess] Received task: celery_
scheduled_tasks.scheduled_task[c7c0616c-857a-4f7b-ae7a-dd967f9498fb]
[2021-06-28 15:13:51,488: INFO/ForkPoolWorker-2] Scheduled task
executed every 15 seconds
[2021-06-28 15:13:51,489: INFO/ForkPoolWorker-2] Task celery_scheduled_
tasks.scheduled_task[c7c0616c-857a-4f7b-ae7a-dd967f9498fb] succeeded in
0.0004461000000333115s: None
[2021-06-28 15:14:00,004: INFO/MainProcess] Received task: celery_
scheduled_tasks.scheduled_task[59f6a323-4d9f-4ac4-b831-39ca6b342296]
[2021-06-28 15:14:00,006: INFO/ForkPoolWorker-2] Scheduled task
executed crontab every 2 minutes
[2021-06-28 15:14:00,006: INFO/ForkPoolWorker-2] Task celery_scheduled_
tasks.scheduled_task[59f6a323-4d9f-4ac4-b831-39ca6b342296] succeeded in
0.0004902660000425385s: None
```

可以看到这些任务都按计划在执行。检查日志中的时间，可看到其执行间隔为15s：

```
[2021-06-28 15:13:06,510: INFO/ForkPoolWorker-2] Scheduled task
executed every 15 seconds
[2021-06-28 15:13:21,488: INFO/ForkPoolWorker-2] Scheduled task
executed every 15 seconds
[2021-06-28 15:13:36,489: INFO/ForkPoolWorker-2] Scheduled task
executed every 15 seconds
[2021-06-28 15:13:51,488: INFO/ForkPoolWorker-2] Scheduled task
executed every 15 seconds
```

另一个任务准确地按照每2min一次的方式执行。注意，第一次执行的时间可能不是很精确。在本例中，日程表是在15:12后的几秒被触发的，而且任务是在比这更晚的时候执行。不管怎么样，它都会在Crontab设定时间的1min的时间窗口内完成：

```
[2021-06-28 15:13:06,510: INFO/ForkPoolWorker-1] Scheduled task
executed crontab every 2 minutes
[2021-06-28 15:14:00,006: INFO/ForkPoolWorker-2] Scheduled task
executed crontab every 2 minutes
```

在创建定时任务的时候，还需注意不同优先级的问题，正如我们在本章前面所讨论的。

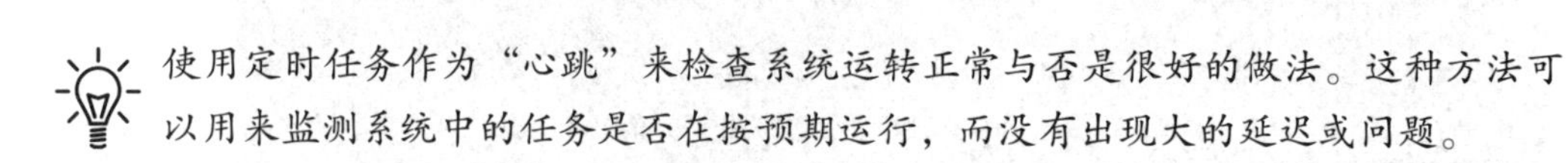

使用定时任务作为“心跳”来检查系统运转正常与否是很好的做法。这种方法可以用来监测系统中的任务是否在按预期运行，而没有出现大的延迟或问题。

这样可以做到对各类任务执行状况的监测，这比仅通过日志来检查的方式更好。

7.6.6 Celery Flower

如果想要了解正在执行的任务，并且及时发现、修复问题，那么在 Celery 中采取有效的监控是很有必要的。Flower 是一个很好用的工具，它通过添加一个实时监控的 Web 页面来增强 Celery 的功能，从而可以通过网页和 HTTP API 来管理控制 Celery。

可以在 https://flower.readthedocs.io/en/latest/ 处查看完整的相关文档。

配置 Flower 并与 Celery 进行整合也非常容易。首先，我们需要确定已经安装了 flower 包。在上一步安装 Celery 之后的 requirements.txt 中包含了该软件包，如果没有的话，可以使用 pip3 命令单独安装：

```
$ pip3 install flower
```

安装完成后，可以用以下命令启动 flower：

```
$ celery --broker=redis://localhost flower -A celery_tasks  --port=5555
[I 210624 19:23:01 command:135] Visit me at http://localhost:5555
[I 210624 19:23:01 command:142] Broker: redis://localhost:6379//
[I 210624 19:23:01 command:143] Registered tasks:
    ['celery.accumulate',
     'celery.backend_cleanup',
     'celery.chain',
     'celery.chord',
     'celery.chord_unlock',
     'celery.chunks',
     'celery.group',
     'celery.map',
     'celery.starmap',
     'celery_tasks.obtain_info',
     'celery_tasks.send_email']
[I 210624 19:23:01 mixins:229] Connected to redis://localhost:6379//
```

该命令与启动 Celery Worker 非常相似，而且还包括使用 Redis 定义中间人，就像我们之前看到的，加上参数 `--broker=redis://localhost` 即可，然后指定要发布的端口：`--port=5555`。

该接口访问地址为 `http://localhost:5555`，如图 7-8 所示。

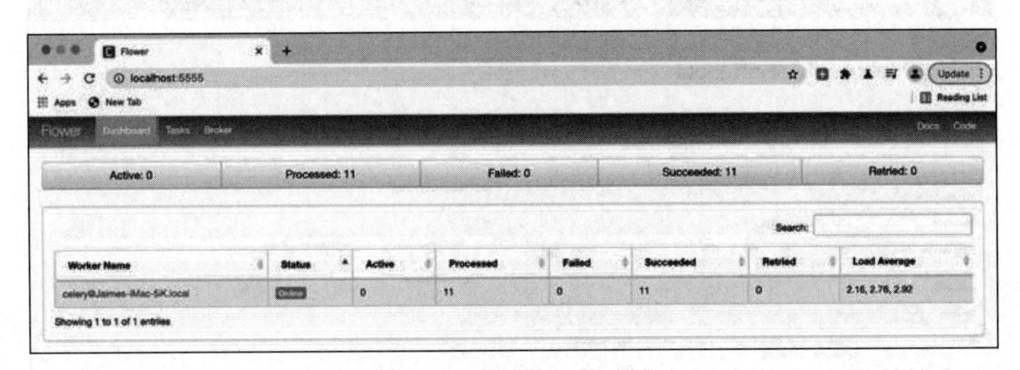

图 7-8　Celery Flower 接口

前端的页面显示了系统中的各个 Worker。注意，这里显示了活动任务的数量，以及已完成处理的任务。在这个例子中，我们有 11 个任务，对应于 `start_task.py` 的运行状况。可以进入页面中的 Tasks（任务）标签，查看每个已执行任务的细节，看起来如图 7-9 所示。

Flower　Dashboard　Tasks　Broker　Docs　Code

Show 10 entries　Search:

Name	UUID	State	args	kwargs	Result	Received	Started	Runtime	Worker
celery_tasks.obtain_info	ab1d1aea-ee75-4e5d-a0f3-4b988482f30c	SUCCESS	()	{}	None	2021-11-20 08:49:22.399	2021-11-20 08:49:22.401	1.493	celery@James-iMac-5K.local
celery_tasks.send_email	29438f66-3794-4c33-aed4-873c603081af	SUCCESS	('Sincere@april.biz', ['delectus aut autem', 'quis ut nam facilis et officia qui', 'fugiat veniam minus', 'laboriosam mollitia et enim quasi adipisci quia provident illum', 'qui ullam ratione quibusdam voluptatem quia omnis', 'illo expedita consequatur quia in', 'molestiae perspiciatis ipsa', 'et doloremque nulla', 'dolorum est consequatur ea mollitia in culpa'])	{}	None	2021-11-20 08:49:23.875	2021-11-20 08:49:23.887	0.001	celery@James-iMac-5K.local
celery_tasks.send_email	0c30a625-5015-4556-b836-8167858a6992	SUCCESS	('Shanna@melissa.tv', ['suscipit repellat esse quibusdam voluptatem incidunt', 'et itaque necessitatibus maxime molestiae qui quas velit', 'adipisci non ad dicta qui amet quaerat doloribus ea', 'nesciunt totam sit blanditiis sit', 'laborum aut in quam', 'repudiandae totam in est sint facere fuga', 'earum doloribus ea doloremque quis', 'sint sit aut vero', 'porro aut necessitatibus eaque distinctio', 'sunt cum tempora', 'totam quia non', 'doloremque quibusdam asperiores libero corrupti illum qui omnis'])	{}	None	2021-11-20 08:49:23.878	2021-11-20 08:49:23.887	0.002	celery@James-iMac-5K.local
celery_tasks.send_email	90987aa1-d9cd-4995-9f7d-8ddb0c92d42b	SUCCESS	('Julianne.OConner@kory.org', ['et placeat et tempore aspernatur sint numquam', 'voluptas consequatur qui ut quia magnam nemo esse', 'fugiat pariatur ratione ut asperiores necessitatibus magni', 'rerum eum molestias autem voluptatum sit optio', 'quia voluptatibus voluptatem quos similique maiores repellat', 'aut id perspiciatis voluptatem iusto', 'doloribus sint dolorum ab adipisci itaque dignissimos aliquam suscipit', 'ut sequi accusantium et mollitia delectus sunt', 'aut velit saepe ullam', 'praesentium facilis facere quis harum voluptatibus voluptatem eum', 'expedita tempore nobis eveniet laborum maiores', 'occaecati adipisci est possimus totam', 'maiores aut nesciunt delectus exercitationem vel assumenda eligendi at', 'reiciendis est magnam amet nemo iste recusandae impedit quaerat'])	{}	None	2021-11-20 08:49:23.893	2021-11-20 08:49:23.903	0.001	celery@James-iMac-5K.local

图 7-9　Tasks 页面

这里可以看到诸如输入参数、任务的状态、任务的名称以及任务运行时间等信息。

每个 Celery 进程都会单独显示，即使它能够运行多个 Worker。可以在 Worker 页面上查看它的参数。这里可以看到 Max concurrency（最大并发量）参数，如图 7-10 所示。

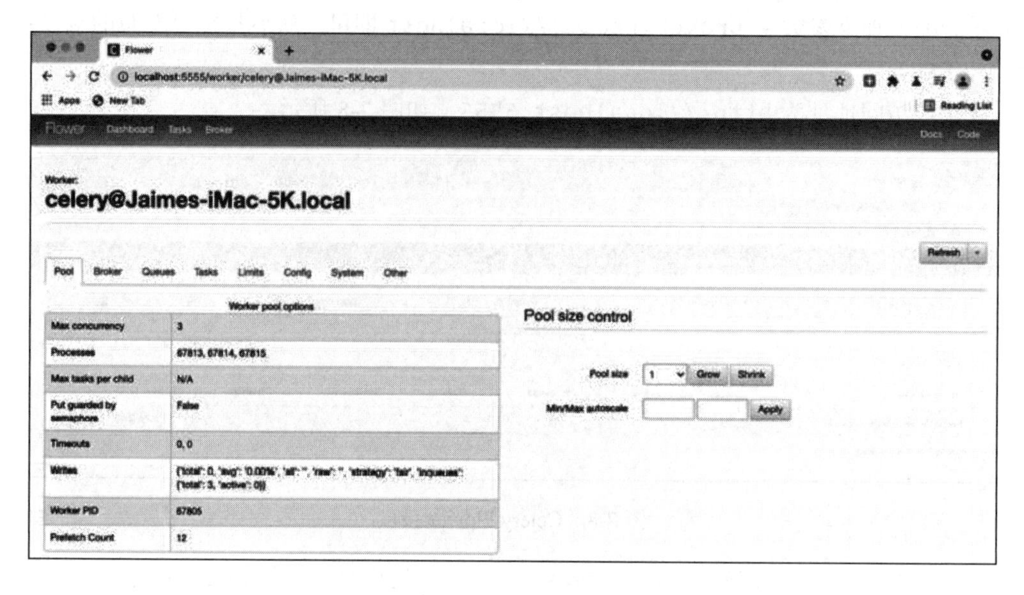

图 7-10 Worker 状态页面

在这里还可以查看、修改每个 Celery 进程的 Worker 数量配置，设置速率限制等。

7.6.7 Flower 的 HTTP API

Flower 的一个重要补充是 HTTP API，它使得我们能够通过 HTTP 调用来控制 Flower。这样就可以实现对系统的自动控制，而且可以用 HTTP 请求直接触发任务，或者用各种编程语言来调用任务，从而极大地增强 Celery 的灵活性。

实现异步任务调用的 URL 是这样的：

```
POST /api/task/async-apply/{task}
```

它需要一个 POST 操作，并且调用的参数需包含在正文中。例如，用 `curl` 工具进行调用：

```
$ curl -X POST -d '{"args":["example@email.com",["msg1", "msg2"]]}'
http://localhost:5555/api/task/async-apply/celery_tasks.send_email
{"task-id": "79258153-0bdf-4d67-882c-30405d9a36f0"}
```

该任务在 Worker 中执行，日志如下：

```
[2021-06-24 22:35:33,052: INFO/MainProcess] Received task: celery_
tasks.send_email[79258153-0bdf-4d67-882c-30405d9a36f0]
[2021-06-24 22:35:33,054: INFO/ForkPoolWorker-2] Send an email to
```

```
example@email.com
[2021-06-24 22:35:33,055: INFO/ForkPoolWorker-2] Reminders ['msg1',
'msg2']
[2021-06-24 22:35:33,056: INFO/ForkPoolWorker-2] Task celery_tasks.
send_email[79258153-0bdf-4d67-882c-30405d9a36f0] succeeded in
0.0021811629999999305s: None
```

使用同样的API，可以用GET请求来读取任务的状态：

```
GET /api/task/info/{task_id}
```

例如：

```
$ curl  http://localhost:5555/api/task/info/79258153-0bdf-4d67-882c-
30405d9a36f0
{"uuid": "79258153-0bdf-4d67-882c-30405d9a36f0", "name": "celery_tasks.
send_email", "state": "SUCCESS", "received": 1624571191.674537, "sent":
null, "started": 1624571191.676534, "rejected": null, "succeeded":
1624571191.679662, "failed": null, "retried": null, "revoked": null,
"args": "['example@email.com', ['msg1', 'msg2']]", "kwargs": "{}",
"eta": null, "expires": null, "retries": 0, "worker": "celery@Jaimes-
iMac-5K.local", "result": "None", "exception": null, "timestamp":
1624571191.679662, "runtime": 0.0007789200000161145, "traceback":
null, "exchange": null, "routing_key": null, "clock": 807, "client":
null, "root": "79258153-0bdf-4d67-882c-30405d9a36f0", "root_id":
"79258153-0bdf-4d67-882c-30405d9a36f0", "parent": null, "parent_id":
null, "children": []}
```

注意参数state（状态），这里显示任务已成功完成，但如果尚未完成，则会返回PENDING（等待）。

正如本章前文所述，可以通过这种方式来执行任务状态轮询，直到任务完成或出现错误。

7.7 小结

在本章中，我们学习了什么是事件驱动架构。首先简单讨论了如何用事件来创建不同于传统的请求–响应架构的流程，包括如何将事件发送到队列中，并传输给其他系统，还介绍了发布者、订阅者的概念，以从该队列中引入或提取事件。

接着阐述了事件驱动如何用于异步任务，即在后台运行的任务，其让接口上的其他元素可以快速响应。讨论了怎样将异步任务划分为较小的任务，通过利用多个订阅者执行这些较小任务的优势来提高吞吐量。还介绍了如何在特定的时间自动添加任务，以便定时执行预定的任务。

由于任务的执行机制发生很大的变化，我们讨论了有关消息队列的重要细节，包括可能遇到的各种问题，以及处理这些问题的策略。还讨论了简单的后台队列和优先队列策略，以及在大多数情况下它们是如何运行的，并提醒不要把队列的运用过于复杂化。同时阐述了基于同样的理念，最好让代码在所有 Worker 之间保持同步，即使在有多个队列的情况下。还简要地介绍了云计算环境对异步 Worker 的支持。

本章还讨论了如何使用 Celery，这是一个流行的任务管理器，用于创建异步任务。内容涉及 Celery 各要素的设置，包括后端中间人、如何定义适当的 Worker、怎样基于各种服务生成任务，以及如何在 Celery 中创建计划任务等有关内容。

最后介绍了 Celery Flower，它是对 Celery 的补充，包含了 Web 接口，可以用它来监测和控制 Celery。Celery Flower 还提供了 HTTP API，从而能够通过发送 HTTP 请求来创建任务，并支持用任意的编程语言与 Celery 系统进行交互。

第 8 章 Chapter 8

高级事件驱动架构

正如我们在上一章所讨论的，事件驱动架构是相当灵活的，能应用于复杂的场景。本章我们会学习针对更高级的应用场景的事件驱动架构是什么样的，以及如何处理相关的复杂问题。

这里会看到一些常见的应用，如日志和度量，如何让它们成为事件驱动的系统，并使用它们来生成控制系统，这些系统将反馈到产生事件的系统中。

本章还将通过一个例子来讨论如何创建复杂的管道，其中会产生各种事件并协同系统运行。然后更广泛地了解相关原理，引入总线的概念，通过它将所有事件驱动的组件互相连接起来。

最后介绍一些关于更复杂的系统的基本原理，以阐明这类大型事件驱动系统可能带来的一些挑战，例如，需要使用 CQRS 技术来检索跨多个模块的信息，并给出进行系统测试时的注意事项，包括关注测试的不同层次等问题。

我们将从事件流的学习开始。

8.1 流式事件

出于某些目的，有时只需生成捕获信息的事件，并将其存储下来供以后访问。这是典型的用于监测的系统结构。例如，在每次出现错误时都会产生一个事件，该事件会包含一些信息，如错误产生的地点、调试细节等，以便了解其具体情况。然后发送此事件，应用程序继续从错误中恢复运行。

对于代码的特定部分也可以这样做。例如，为了掌握访问数据库的时间，可以捕获时间和相关数据（如具体的查询操作）并以事件的形式发送出去。

所有这些事件都应该被汇集到同一处，以便查询和汇总。

虽然通常不会被当作事件驱动的流程，但这基本上就是日志和度量的工作方式。就日志而言，事件的数据通常是文本字符串，每当代码创建日志时就会触发事件。日志被转发到某处，之后可以对其进行检索。

日志可以采用不同的格式来存储。基于 JSON 格式的日志也很常见，以便更方便地进行搜索。

这种类型的事件虽然很简单，但可以让我们了解程序在运行中的具体情况，因而非常有用。

上述监控系统也可以用来在满足某些条件时启用控制或告警。典型的例子是，如果日志捕获的错误数量超过了某个阈值，就提醒我们，如图 8-1 所示。

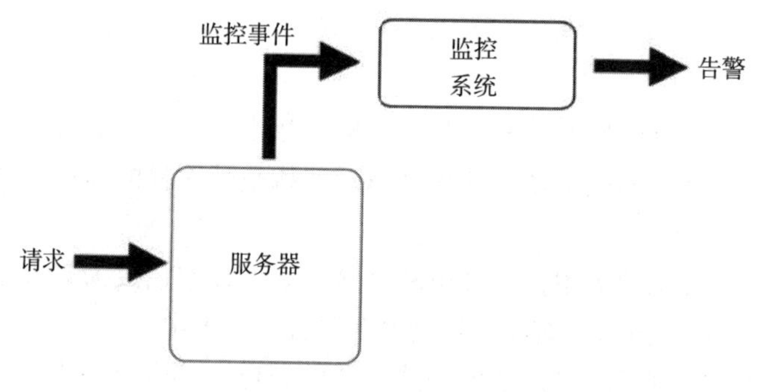

图 8-1 监控事件流

它还可以用来建立反馈系统，其监测机制可用于确定是否要更改系统本身的某些内容。例如，追踪相关指标以确定系统是否需要扩大规模（扩容）或缩减规模（缩减），并根据请求量或其他参数的状况调整可用的服务器数量，如图 8-2 所示。

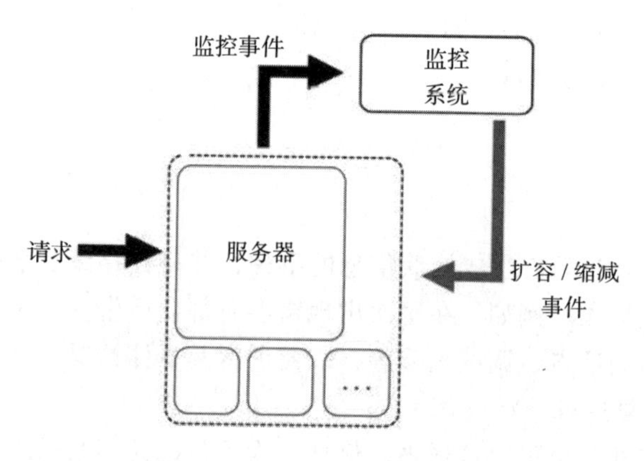

图 8-2 扩容 / 缩减事件的反馈

不过，这并不是对系统进行监测的唯一方式。这种管理方法也可以用于检查系统资源的配额，例如，如果超过了一定的配额，就对进入的请求进行旁路处理，如图 8-3 所示。

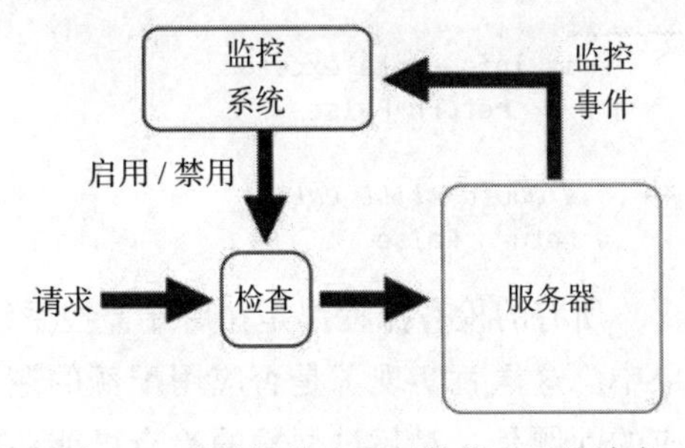

图 8-3　监控器检查配额并停止后续请求

这种结构与系统运行前期就设置控制模块的方式不同，它采取的是当系统突破阈值时才进行处理，相关计算任务在后台进行。这样可以减少前期所需的处理工作量。

例如，要限定每分钟最大请求数的配额，其过程类似于以下伪代码：

```
def process_request(request):
    # 搜索请求的所有者
    owner = request.owner
    info = retrieve_owner_info_from_db(owner)
    if check_quota_info(info):
        return process_request(request)
    else:
        return 'Quota exceeded'
```

check_quota_info 函数在两种方式中的实现是完全不一样的。采用前期设置控制模块的方法，需要维护、存储之前请求的信息：

```
def check_quota_info(info):
    current_minute = get_current_minute()
 if current_minute != info.minute:
     # New minute, start the quota
     info.requests = 0
     info.minute = current_minute
else:
    info.requests += 1

# Update the information
info.save()


if info.requests > info.quota:
    # Quota exceeded
    return False

# 配额可用
return False
```

如果是在外部系统中进行验证，基于生成的事件，check_quota_info 函数不需要存储信息，而只需检查是否超出配额：

```
def check_quota_info(info):
    # Generate the proper event for a new event
```

```
        generate_event('request', info.owner)

    if info.quota_exceeded:
        return False

    # Quota still valid
    return False
```

所有的检查流程都是在后端监控系统中进行的，基于生成的事件，然后存储在 `info` 对象中。这样就实现了是否应用配额的逻辑与配额检查的分离，因而减少了延时。与此相对应的问题是，对超过配额的检查可能会滞后，从而使得部分请求被处理，即使根据配额限制它们不应被处理。

理想情况下，生成的事件应当已经在使用中，以监测收到的请求。这种操作可能非常有用，因为它基于其他目的重用了生成的事件，减少了收集额外数据的需要。

同时，检查机制可能会更复杂，而无须在每个新请求出现时进行。例如，对于每小时的配额，当每秒钟收到多个请求时，也许每分钟检查一次就足以确保符合设定的配额限制。与每次收到请求时都进行检查相比，这样可以节省大量的处理开销。

当然，这在很大程度上取决于不同系统所涉及的具体规模、特点和请求状况。对于某些系统，前期检测的方式可能更合适，因为它更容易实现，而且不需要监控系统。在实施之前，一定要验证这些方法是否适合于你的系统。

我们将在第 12 章和第 13 章中更详细地讨论日志和度量的问题。

8.2 管道

事件流不一定是包含在单一的系统中。系统的接收端可以产生自己的事件，并定向到其他系统。事件会逐级进入多个系统，并生成对应的流程。

这与前面介绍的场景类似，但现在这种情况是一个更完善的流程，目的在于创建特定的数据管道，事件流在系统之间被触发和处理。

这方面的典型例子有，一个将视频重新缩放为不同尺寸和格式的系统。当某个视频被上传到系统中时，它需要被转换为多个版本，以便在不同的场景下使用。还需创建一个缩略图，用于在播放视频之前显示视频的第一帧。

我们将分三步来做这件事。首先，准备一个用于接收、处理事件的队列。系统会在两个不同的队列中触发两个事件，以独立完成调整大小、缩略图生成的操作。这个队列就是我们的管道（pipeline，亦称流水线）。

为了存储输入和输出数据，鉴于是视频和图像，我们需要外部存储。本例中将使用

AWS S3，或者更准确地说，一个模拟的S3存储。

AWS S3是Amazon在云中提供的对象存储服务，因其易于使用、非常稳定，所以很受欢迎。这里使用一个模拟的（mocked）S3存储，从而提供一个行为类似于S3的本地服务，以简化我们的例子。

系统的高层设计图如图8-4所示。

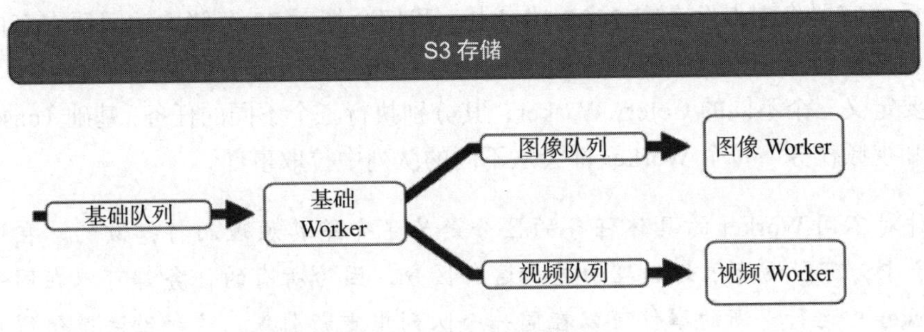

图8-4　视频和图像队列

首先，需要将源视频上传到模拟的S3存储，并启动任务。我们还需要用某种方式来检查结果。为此，需要用到两个脚本。

相关代码可在GitHub上找到：`https://github.com/PacktPublishing/Python-Architecture-Patterns/tree/main/chapter_08_advanced_event_driven`。

让我们从建立配置开始。

8.2.1　准备

如前文所述，本例中有两个关键的先决条件：一个队列后端和一个模拟的S3存储。

这个示例中，我们将再次使用Redis作为队列后端。Redis可以很容易地配置为多个队列，稍后会看到如何进行配置。为了启动Redis队列，这里将再次使用Docker来下载和运行官方的Redis镜像：

```
$ docker run -d -p 6379:6379 redis
```

运行这条命令后，即可启动一个发布在标准端口`6379`上的Redis容器。注意`-d`选项将使得容器在后台运行。

模拟S3服务采用同样的方法，通过运行一个容器来启动模拟的S3存储，这是一个复刻S3 API的系统，且基于本地存储文件。这种方式无须创建真正的S3实例，因为那样就会涉及需要AWS账户并支付费用等问题。

S3 模拟存储（S3 Mock）是进行 S3 存储开发测试的绝佳选择，无须使用与 S3 的真实连接。我们将在后面看到如何用标准的模块连接到 S3 模拟存储。完整的文档可以在 `https://github.com/adobe/S3Mock` 处找到。

要启动 S3 模拟存储，同样还是使用 Docker 命令：

```
$ docker run -d -p 9090:9090 -t adobe/s3mock
```

运行后的容器将端点发布在 `9090` 端口上。我们会把对 S3 存储的访问请求定向到这个本地端口，并使用 S3 的视频存储桶（video bucket）来存储所有的数据。

这里要定义三个不同的 Celery Worker，其分别执行三个不同的任务：基础（base）任务、图像任务和视频任务。每个 Worker 都会从不同的队列中拉取事件。

这种对不同 Worker 的具体任务的区分是为了介绍其原理而特意做的。在这个例子中，可能没有很好的理由进行这种区分，因为所有的任务都可以在同一个 Worker 中运行，新的事件可以在同一个队列中重新引入，这种做法是值得推荐的，正如我们在上一章所介绍的。但有时还要考虑其他因素，可能要进行调整。例如，某些任务可能需要特定硬件用于 AI 处理，而且更多 RAM 或 CPU 的需求使得等同对待所有 Worker 变得不切实际，还有其他一些原因需要将 Worker 分开。不过，请确保有充分的理由进行任务拆分，因为这样会让系统的操作复杂化，而且对性能有影响。

本例中还要使用一些第三方的库，包括 Celery 在内，正如上一章中提到的，同时还要包括其他的库，如 `boto3`、`click` 和 `MoviePy`。所有需要的库都可以在 `requirements.txt` 文件中找到，所以可以用下面的命令来安装所需的这些支持库：

```
$ pip3 install -r requirements.txt
```

让我们从整个流程第一阶段的基础任务开始，该任务会重定向到另外两个阶段。

8.2.2 基础任务

基础任务的主体程序会收到一个包含图像的路径，然后再创建另外两个任务，用于调整视频大小及提取缩略图。

下面是基础任务 `base_tasks.py` 的代码：

```
from celery import Celery


app = Celery(broker='redis://localhost/0')
images_app = Celery(broker='redis://localhost/1')
videos_app = Celery(broker='redis://localhost/2')
```

```
logger = app.log.get_default_logger()


@app.task
def process_file(path):
    logger.info('Stating task')

    logger.info('The file is a video, needs to extract thumbnail and '
                'create resized version')
    videos_app.send_task('video_tasks.process_video', [path])
    images_app.send_task('image_tasks.process_video', [path])

    logger.info('End task')
```

请注意，我们在这里创建了三个不同的队列：

```
app = Celery(broker='redis://localhost/0')
images_app = Celery(broker='redis://localhost/1')
videos_app = Celery(broker='redis://localhost/2')
```

Redis 可以通过引用一个整数来轻松地创建不同的数据库。基于此，这里为基础队列创建了数据库 `0`，为图像队列创建了数据库 `1`，为视频队列创建了数据库 `2`。

本例用 `.send_task` 函数在这些队列中生成事件。需要注意的是，在每个队列中都要发送对应的任务，这里把路径（path）作为其参数。

注意，任务的所有参数都在 `.send_task` 函数的第二个参数中定义，因此这个参数应当是参数的列表。虽然本例中只有一个参数，但仍然需要用 `[path]` 来表明该参数为列表类型。

当任务被触发时，它将排队等待下一个任务。下面让我们来看看图像任务。

8.2.3 图像任务

为了生成视频的缩略图，我们需要用到两个第三方模块。

- boto3。这个通用库能帮助我们连接到 AWS 服务。特别的是，这里还将使用它来上传、下载文件到我们自己的 S3 模拟存储中。

可以到 `https://boto3.amazonaws.com/v1/documentation/api/latest/index.html` 处查看完整的 `boto3` 文档。它可以用来访问所有的 AWS API。

- MoviePy。这是一个用于处理视频的库。我们将使用这个库将视频的第一帧提取出来，并保存为单独的文件。

完整的 `MoviePy` 文档可在 `https://zulko.github.io/moviepy/` 处查看。

这两个库都包含在本章前文提及的 requirements.txt 文件中，且该文件包含在 GitHub 存储库中。让我们来看看 image_tasks.py：

```
from celery import Celery
import boto3
import moviepy.editor as mp
import tempfile

MOCK_S3 = 'http://localhost:9090/'
BUCKET = 'videos'

videos_app = Celery(broker='redis://localhost/1')

logger = videos_app.log.get_default_logger()


@videos_app.task
def process_video(path):
    logger.info(f'Stating process video {path} for image thumbnail')

    client = boto3.client('s3', endpoint_url=MOCK_S3)
    # 下载并保存为临时文件
    with tempfile.NamedTemporaryFile(suffix='.mp4') as tmp_file:
        client.download_fileobj(BUCKET, path, tmp_file)

        # 用 moviepy 提取视频的第一帧
        video = mp.VideoFileClip(tmp_file.name)
        with tempfile.NamedTemporaryFile(suffix='.png') as output_file:
            video.save_frame(output_file.name)
            client.upload_fileobj(output_file, BUCKET, path + '.png')

    logger.info('Finish image thumbnails')
```

注意，这里使用了前述对应的数据库来定义 Celery 应用程序。接下来对任务执行过程进行说明。让我们把它分成几个步骤，首先将 path（路径）变量中指定的源文件下载到一个临时文件中：

```
client = boto3.client('s3', endpoint_url=MOCK_S3)
# 下载并保存为临时文件
with tempfile.NamedTemporaryFile(suffix='.mp4') as tmp_file:
    client.download_fileobj(BUCKET, path, tmp_file)
```

注意，在这里定义了连接 MOCK_S3 的端点，这里用的是模拟 S3 存储的容器，如前文所述，端点的服务地址为 http://localhost:9090/。

然后生成一个临时文件用来存储下载的视频，并设定临时文件的后缀为 .mp4，这样以后 VideoPy 就可以准确地检测出该文件是一个视频。

注意接下来的步骤都是在定义临时文件的 with 代码块内进行的。如果它被定义在此代码块之外，则该文件会被关闭而无法使用。

下一步是在 MoviePy 中加载该文件，然后提取第一帧并保存到另一个临时文件中。第二个临时文件的后缀是 .png，以表明它是一个图像文件：

```
video = mp.VideoFileClip(tmp_file.name)
with tempfile.NamedTemporaryFile(suffix='.png') as output_file:
    video.save_frame(output_file.name)
```

最后，将该文件上传到 S3 模拟存储，并在原文件名的后面加上 .png 后缀：

```
client.upload_fileobj(output_file, BUCKET, path + '.png')
```

再强调一下，请注意代码缩进，以确保临时文件在各个阶段都可以使用。

调整视频大小的任务也按照类似的方式进行，让我们来看看。

8.2.4 视频任务

用于处理视频的 Celery Worker 从视频队列中拉取任务，并执行与图像任务类似的步骤：

```
from celery import Celery
import boto3
import moviepy.editor as mp
import tempfile

MOCK_S3 = 'http://localhost:9090/'
BUCKET = 'videos'
SIZE = 720

videos_app = Celery(broker='redis://localhost/2')

logger = videos_app.log.get_default_logger()


@videos_app.task
def process_video(path):
    logger.info(f'Starting process video {path} for image resize')

    client = boto3.client('s3', endpoint_url=MOCK_S3)
    # 下载并保存为临时文件
    with tempfile.NamedTemporaryFile(suffix='.mp4') as tmp_file:
        client.download_fileobj(BUCKET, path, tmp_file)

        # 用 moviepy 调整视频尺寸
        video = mp.VideoFileClip(tmp_file.name)
        video_resized = video.resize(height=SIZE)
        with tempfile.NamedTemporaryFile(suffix='.mp4') as output_file:
            video_resized.write_videofile(output_file.name)
            client.upload_fileobj(output_file, BUCKET, path +
f'x{SIZE}.mp4')
```

```
    logger.info('Finish video resize')
```

视频任务与图像任务的唯一区别是，将视频的尺寸调整为720像素的高度并上传处理后的结果：

```
# 用 moviepy 调整视频尺寸
video = mp.VideoFileClip(tmp_file.name)
video_resized = video.resize(height=SIZE)
with tempfile.NamedTemporaryFile(suffix='.mp4') as output_file:
    video_resized.write_videofile(output_file.name)
```

两者的总体流程非常相似。请注意，视频任务是从不同的Redis数据库中获取数据的，与视频队列相对应。

8.2.5 连接任务

为了测试该系统，我们需要启动所有的任务。每个都在不同的终端中启动，这样我们可以分别看到它们各自的日志：

```
$ celery -A base_tasks worker --loglevel=INFO
$ celery -A video_tasks worker --loglevel=INFO
$ celery -A image_tasks worker --loglevel=INFO
```

启动整个系统的运行流程，要先准备一个待处理的视频。

找到好的、免费的视频的方法之一，是访问https://www.pexels.com/这个网站，上面有免费的股票信息等相关内容。对于我们这个示例程序，将使用URL https://www.pexels.com/video/waves-rushing-and-splashing-to-the-shore-1409899/来下载4K视频。

我们会使用以下脚本将视频上传到S3模拟存储，并开始执行任务：

```
import click
import boto3
from celery import Celery


celery_app = Celery(broker='redis://localhost/0')


   MOCK_S3 = 'http://localhost:9090/'
BUCKET = 'videos'
SOURCE_VIDEO_PATH = '/source_video.mp4'


@click.command()
@click.argument('video_to_upload')
```

```
def main(video_to_upload):
# 请注意，访问 boto3 需要凭据，但我们使用的是不需要凭据的 S3 模拟存储，
# 因此这里用的是 FAKE_ACCESS_KEY（伪凭据）
    client = boto3.client('s3', endpoint_url=MOCK_S3,
                          aws_access_key_id='FAKE_ACCESS_ID',
                          aws_secret_access_key='FAKE_ACCESS_KEY')
    # 创建 S3 存储桶，如果没有的话
    client.create_bucket(Bucket=BUCKET)

    # 上传文件
    client.upload_file(video_to_upload, BUCKET, SOURCE_VIDEO_PATH)

    # 触发任务
    celery_app.send_task('base_tasks.process_file', [SOURCE_VIDEO_
PATH])


if __name__ == '__main__':
    main()
```

脚本的开头描述了 Celery 队列，即基础队列，它将是管道的初始状态。还定义了几个与配置有关的值，正如前面任务介绍中看到的那样。唯一增加的是 SOURCE_VIDEO_PATH（源视频路径），它用于存放 S3 模拟存储中的视频。

> 在这个脚本中，我们使用相同的名字来上传所有的文件，如果脚本再次运行，就会覆盖之前的文件。如果你想要用不同的方法来给文件命名，可以按需调整。

这里还用 click 库来生成一个简单的 CLI（Command-Line Interface，命令行界面）。下面几行生成了一个简单的界面，要求提供上传视频的名称作为函数的参数：

```
@click.command()
@click.argument('video_to_upload')
def main(video_to_upload):
       ….
```

click 是快速生成 CLI 的绝佳选择。可以到这里查看更多有关它的文档：https://click.palletsprojects.com/。

main 函数的内容只是连接到我们的 S3 模拟存储，如果存储还未创建，则先创建 S3 存储桶，将文件上传到 SOURCE_VIDEO_PATH 指定的路径，然后将任务发送到队列中并开始执行：

```
client = boto3.client('s3', endpoint_url=MOCK_S3)
# 创建 S3 存储桶，如果没有的话
client.create_bucket(Bucket=BUCKET)

# 上传文件
client.upload_file(video_to_upload, BUCKET, SOURCE_VIDEO_PATH)
```

```
    # 触发任务
    celery_app.send_task('base_tasks.process_file', [SOURCE_VIDEO_
PATH])
```

让我们运行此脚本，并查看其结果。

8.2.6 运行任务

添加了要上传的视频名称后即可运行该脚本。需要注意的是，所有 requirements.txt 中的库都需要先安装：

```
$ python3 upload_video_and_start.py source_video.mp4
```

将文件上传到 S3 模拟存储需要一点时间。执行脚本后，首先做出反应的 Worker 是基础 Worker。这个 Worker 会创建两个新任务：

```
[2021-07-08 20:37:57,219: INFO/MainProcess] Received task: base_tasks.
process_file[8410980a-d443-4408-8f17-48e89f935325]
[2021-07-08 20:37:57,309: INFO/ForkPoolWorker-2] Stating task
[2021-07-08 20:37:57,660: INFO/ForkPoolWorker-2] The file is a video,
needs to extract thumbnail and create resized version
[2021-07-08 20:37:58,163: INFO/ForkPoolWorker-2] End task
[2021-07-08 20:37:58,163: INFO/ForkPoolWorker-2] Task base_tasks.
process_file[8410980a-d443-4408-8f17-48e89f935325] succeeded in
0.8547832089971052s: None
```

另外两个任务很快也会启动。图像 Worker 会提示新的日志，并开始创建图像缩略图：

```
[2021-07-08 20:37:58,251: INFO/MainProcess] Received task: image_tasks.
process_video[5960846f-f385-45ba-9f78-c8c5b6c37987]
[2021-07-08 20:37:58,532: INFO/ForkPoolWorker-2] Stating process video
/source_video.mp4 for image thumbnail
[2021-07-08 20:38:41,055: INFO/ForkPoolWorker-2] Finish image
thumbnails
[2021-07-08 20:38:41,182: INFO/ForkPoolWorker-2] Task image_tasks.
process_video[5960846f-f385-45ba-9f78-c8c5b6c37987] succeeded in
42.650344008012326s: None
```

视频 Worker 花费的时间会更长，因为它需要调整视频的大小：

```
[2021-07-08 20:37:57,813: INFO/MainProcess] Received task: video_tasks.
process_video[34085562-08d6-4b50-ac2c-73e991dbb58a]
[2021-07-08 20:37:57,982: INFO/ForkPoolWorker-2] Starting process video
/source_video.mp4 for image resize
[2021-07-08 20:38:15,384: WARNING/ForkPoolWorker-2] Moviepy - Building
video /var/folders/yx/k970yrd11hb4lmrq4rg5brq80000gn/T/tmp0deg6k8e.mp4.
[2021-07-08 20:38:15,385: WARNING/ForkPoolWorker-2] Moviepy - Writing
video /var/folders/yx/k970yrd11hb4lmrq4rg5brq80000gn/T/tmp0deg6k8e.mp4
[2021-07-08 20:38:15,429: WARNING/ForkPoolWorker-2] t:   0%|          |
0/528 [00:00<?, ?it/s, now=None]
```

```
[2021-07-08 20:38:16,816: WARNING/ForkPoolWorker-2] t:   0%|          |
2/528 [00:01<06:04,  1.44it/s, now=None]
[2021-07-08 20:38:17,021: WARNING/ForkPoolWorker-2] t:   1%|          |
3/528 [00:01<04:17,  2.04it/s, now=None]
...
[2021-07-08 20:39:49,400: WARNING/ForkPoolWorker-2] t:  99%|#########9|
524/528 [01:33<00:00,  6.29it/s, now=None]
[2021-07-08 20:39:49,570: WARNING/ForkPoolWorker-2] t:  99%|#########9|
525/528 [01:34<00:00,  6.16it/s, now=None]
[2021-07-08 20:39:49,874: WARNING/ForkPoolWorker-2] t: 100%|#########9|
527/528 [01:34<00:00,  6.36it/s, now=None]
[2021-07-08 20:39:50,027: WARNING/ForkPoolWorker-2] t: 100%|##########|
528/528 [01:34<00:00,  6.42it/s, now=None]
[2021-07-08 20:39:50,723: WARNING/ForkPoolWorker-2] Moviepy - Done !
[2021-07-08 20:39:50,723: WARNING/ForkPoolWorker-2] Moviepy - video
ready /var/folders/yx/k970yrd11hb4lmrq4rg5brq80000gn/T/tmp0deg6k8e.mp4
[2021-07-08 20:39:51,170: INFO/ForkPoolWorker-2] Finish video resize
[2021-07-08 20:39:51,171: INFO/ForkPoolWorker-2] Task video_tasks.
process_video[34085562-08d6-4b50-ac2c-73e991dbb58a] succeeded in
113.18933968200872s: None
```

检查任务处理结果，需使用 `check_results.py` 脚本，它会下载 S3 模拟存储的内容：

```python
import boto3

MOCK_S3 = 'http://localhost:9090/'
BUCKET = 'videos'

client = boto3.client('s3', endpoint_url=MOCK_S3)

for path in client.list_objects(Bucket=BUCKET)['Contents']:
    print(f'file {path["Key"]:25} size {path["Size"]}')

    filename = path['Key'][1:]

    client.download_file(BUCKET, path['Key'], filename)
```

运行该脚本程序后，即可将相关文件下载到本地目录：

```
$ python3 check_results.py
file /source_video.mp4          size 56807332
file /source_video.mp4.png      size 6939007
file /source_video.mp4x720.mp4  size 8525077
```

现在就可以检查结果文件了，以确认其内容正确与否。注意，`source_video.mp4` 文件会与源视频相同。

这个例子演示了如何完成相对复杂的管道操作，其中不同的队列和 Worker 以协同的方式被触发。请注意，本例中直接使用 Celery 将任务发送到队列中，但我们也可以使用 Celery Flower 和 HTTP 请求来完成此任务。

8.3 定义总线

虽然我们谈到了队列后端系统，但这还没有真正扩展到总线（bus）的概念。总线这个术语起源于计算机硬件设备的总线，通过它在硬件系统的各个组件之间传输数据。也就是说，总线是系统的中心、多种数据的来源以及多种数据的目的地。

软件总线是对此概念的延伸，它让我们能够将几个逻辑组件相互连接起来。

从本质上讲，总线是一个专门用于传输数据的组件。与平常通过网络直接连接服务的方式相比，这是一种有序的、没有任何中间组件的通信方式。

由于总线负责数据传输，这意味着发送者除了知道要传输的信息和要发送的目的队列外，无须了解太多其他信息。总线本身会将信息传输到一个或多个目的地。

总线的概念与消息中介（message broker，亦称消息代理）的概念密切相关。不过，消息中介通常比纯粹的总线有着更多的功能，例如能够沿途转换消息和使用多种协议。消息中介有时会非常复杂，它支持各种定制特性和服务的解耦。一般来说，大多数支持使用总线的工具都会被当作消息中介，尽管其中部分工具比其他工具更强大。

虽然我们将使用“总线”这个术语，但目前涉及的某些特性与消息路由等功能更密切相关，这些功能需要通常被称为消息中介的工具。请分析你具体的应用需求，并选择一个能够满足这些需求的工具。

因此，总线被定义为一个中心点，所有与事件相关的通信都会被定向到这里。这种方式简化了配置，因为事件可以被路由到适当的目的地，而无须不同的端点，如图 8-5 所示。

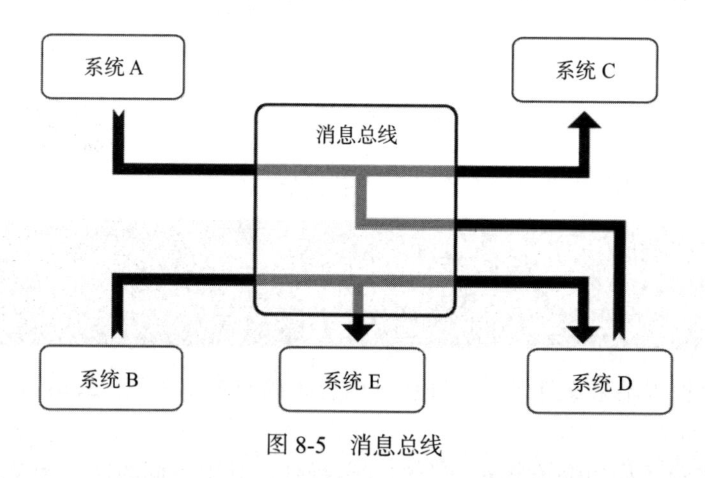

图 8-5 消息总线

不过，在其内部，总线包含了不同的逻辑划分，以实现有效的消息路由，这些就是队列。

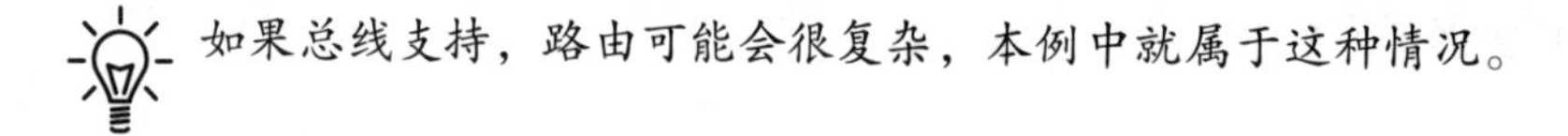

如果总线支持，路由可能会很复杂，本例中就属于这种情况。

在之前的例子中，我们使用 Redis 作为总线。虽然连接的 URL 有点不一样，但可以重构一下，让它看起来更清晰：

```
# 注意，数据库 0 是基础队列
BASE_BROKER = 'redis://localhost/0'
Base_app = Celery(broker=BROKER)

# 基础队列重构
BROKER_ROOT = 'redis://localhost'

BROKER_BASE_QUEUE = 0
base_app = Celery(broker=f'{BASE_BROKER}/{BROKER_BASE_QUEUE}')
# 定位到图像队列
BROKER_ROOT = 'redis://localhost'
BROKER_IMAGE_QUEUE = 1
image_app = Celery(broker=f'{BASE_BROKER}/{BROKER_IMAGE_QUEUE}')
```

通过建立位于中心位置的总线，能让所有服务的配置变得更容易，而且既可以将事件推送到队列，也可以从队列中拉取任务。

8.4 更复杂的系统

可以创建事件会经过多个阶段的更复杂的系统，或者设计服务于同一队列的简单插件系统。

这样需要创建复杂的设置，其中数据流经复杂的管道并由独立的模块处理。这类场景通常出现在旨在分析和处理大量数据，以尝试和检测其模式和行为的系统中。

例如，设想有一个旅行社服务预订系统。其中产生了大量的搜索和预订请求，以及相关的采购行为，如租车、行李袋、食品等。每个操作都会产生一个常规的响应（搜索、预订、购买等），但描述操作的事件将被引入某个队列，并在后台进行处理。各个模块会以不同的方式来分析用户的操作。

例如，可以在该系统中加入以下模块：

- 按时间汇总财务数据，以掌握一段时间内旅行社服务工作情况的全局视图。这会涉及诸如每天的购买量、收入、利润率等细节信息。
- 分析常规用户的行为。关注用户以了解其行为模式。他们在预订前搜索什么？是否使用优惠？预订航班的频率如何？平均行程有多长？有没有异常行为？
- 确保有足量库存。根据系统当前的销售状况，预订所需的物资。还包括根据预订情况，为航班安排足够的食物。
- 根据搜索情况，收集首选目的地的有关信息。
- 处理触发告警的事情。比如，航班满员可能会导致需要安排更多的飞机这类情况。

这些模块从根本上讲针对的是不同的事情，对系统呈现出不同的视图。有些更倾向于用户的行为和营销，而有些则更多地与物流有关。根据系统的规模，可以确定这些模块需要多个专门的团队来分别对其进行处理，如图 8-6 所示。

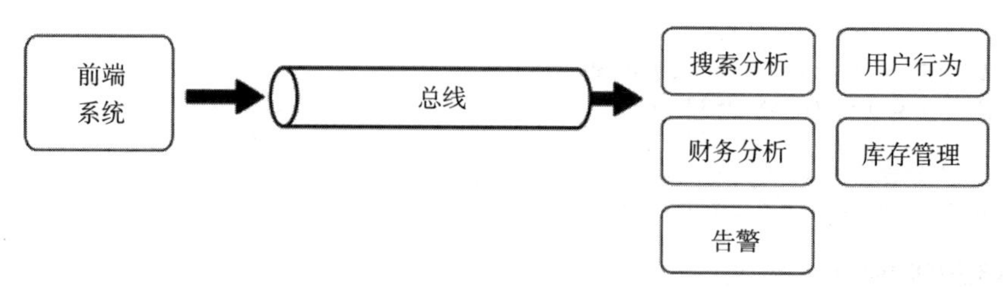

图 8-6 从前端系统到不同模块的总线

请注意，每个系统都可能有自己的存储，以用于保存其信息。这也可能导致它们采用自己的 API，以便访问收集到的这些信息。

为了查询这些信息，系统需要访问存储数据的模块的数据库。这或许是独立的服务，但也有可能是基于同一个系统的前端，因为它通常都包含了所有的外部接口和权限管理功能。

因此，前端系统有必要访问存储的信息，要么直接访问数据库，要么使用一些 API 来访问。前端系统需要对访问的数据进行建模，正如我们在第 3 章讨论的，很可能需要定义一个模型来抽象出对数据的复杂访问。

同样的事件将被发送到总线上，然后不同的服务会收到事件。为了做到这一点，需要先获取一个总线，它能接收多个系统的订阅消息，并将同一消息传递给所有订阅了其消息的系统。

这种方式称为发布 / 订阅（publish/subscribe）模式或 pub/sub 模式。事件的消费者需要订阅相关主题，按照 pub/sub 的说法，它相当于一个队列。大多数总线都支持这种系统，尽管可能需要对其进行一些配置。

例如，有一个可以让 Celery 在这种系统下工作的库，网址是 `https://github.com/Mulugruntz/celery-pubsub`。

请注意，在这个例子中，Worker 可以创建更多要引入的事件。例如，所有模块都能创建告警，告警系统可收到通知（如图 8-7 所示）。举个例子，如果库存量太低，则需要在备货的同时迅速发出告警，以确保及时采取行动。

复杂的事件驱动系统有助于在各组件之间分摊任务。在这个例子中，可以看到即时反应（预订航班）与后台的进一步详细分析是完全独立的，而后者可用于长期规划。如果在处理请求时添加所有的组件，可能会影响性能。后台组件可以进行调换和升级，而前端系统不会受影响。

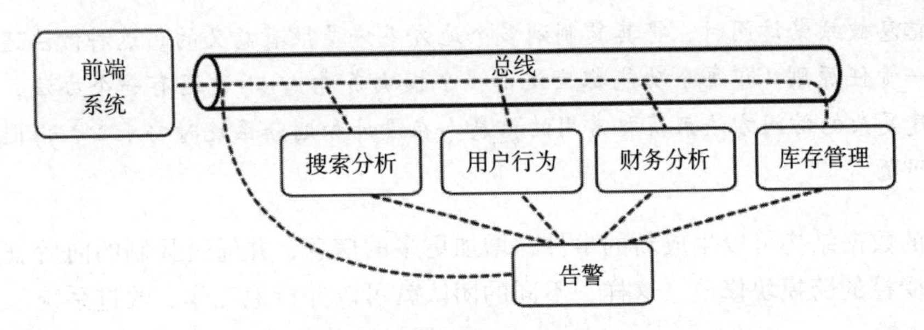

图 8-7 注意，模块和告警之间的通信也是通过总线完成的

为了有效地实现这种系统，事件需要采用易于调整和扩展的标准格式，以确保所有接收事件的模块都能够快速对其进行检索，且在不需要时将其丢弃。

有一个好的方法，就是使用如下所示的简单 JSON 格式：

```
{
  "type": string defining the event type,
  "data": subevent content
}
```

例如，在进行搜索时，会创建一个类似这样的事件：

```
{
  "type": "SEARCH",
  "data": {
    "from": "Dublin",
    "to": "New York",
    "depart_date": 2021-12-31,
    "return_date": null,
    "user": null

  }
}
```

如果事件与模块无关，则通过检查 `type` 字段的内容简单将其丢弃即可。例如，`economic analysis` 模块会忽略所有 `SEARCH` 事件，而其他模块可能需要对其进行后续处理。例如，`user behavior` 模块会分析 `data`（数据）中 `user` 字段所设置的 `SEARCH` 事件。

请记住，事件驱动系统的重要特性之一是它的存储系统并非广泛通用，也许每个独立模块都有自己的数据库。所以需要使用第 3 章讨论的 CQRS 技术来为这些模块的数据建模。实际上，需要以不同的方式读取、保存新的数据，因为写入新的数据会产生事件，而且还要将它们作为一个业务单元来建模。更重要的是，在某些情况下，该模型可能需要合并来自多个模块的信息。例如，如果系统中有一个查询想获得某个用户相关的财务信息，则需要同时查询 `user behavior` 模块和 `economic analysis` 模块，并将信息以独特的 `EconomicInfoUser`（用户财务信息）模型的形式呈现出来。

当信息被频繁访问时，将其复制到多个地方或许是很有意义的。这种做法违反了单一责任原则（即每个功能都应该由一个模块负责）。不过还有一个办法，就是创建复杂的访问方法来获取常用的信息。在设计和划分系统时要小心，以避免这些问题。

灵活的数据结构可以生成新的事件，增加更多的信息，并通过强制的向后兼容更改策略来支持受控的跨模块修改。这样，不同的团队就可以并行地工作、改进系统，且不会过多地相互干扰。

但是，要确保系统正确、协调地运转可能会比较复杂，因为有多个组成部分在相互作用。

8.5 测试事件驱动系统

事件驱动系统是非常灵活的，某些情况下，将其用于分离不同的组件，会有意想不到的效果。但这种灵活性和分离特性，可能会导致想要确保一切都按预期运行的测试难以实施。

一般来说，单元测试是实现起来最快的方式，但事件驱动系统的分离特性使得用它们进行事件接收测试时不太管用。当然，可以模拟产生事件，收到事件后的处理过程也可以进行测试。但问题是，我们如何能确保事件已经有效地生成，而且是在正确的时刻生成的?

唯一的办法是使用集成测试来检验系统的运行状态，但这种测试的设计和运行成本较高。

关于测试的命名，包括单元测试（unit test）、集成测试（integration test）、系统测试（system test）和验收测试（acceptance test），其间的区别到底是什么，总是有无尽的争论。为了避免在这里陷入太深的讨论，因为这不是本书的目的，我们将使用术语单元测试来描述只能在单个模块中运行的测试，而集成测试指的是那些需要两个或更多模块相互作用才能完成的测试。单元测试将模拟所有的依赖关系，但集成测试会调用依赖关系，以确保模块之间的连接正常。

在每次编写测试时，这两种方式的成本存在显著差异。在同样的时间内，可以编写和运行的单元测试要远多于集成测试。

例如，在前面的例子中，为了测试购买食品的操作是否有效地触发了告警，我们需要：

1. 发起一个购买食品的调用。
2. 生成对应的事件。
3. 在库存管理模块中处理该事件。可能当前的库存量为低，这样就会产生一个告警事件。
4. 正确地处理告警事件。

所有这些步骤都需要在三个不同的系统（前端系统、库存管理模块和告警模块）中进行配置，同时还要设置连接它们的总线。理想情况下，这个测试应当基于自动化系统，实现测试的自动化。这就要求所涉及的每个模块都是能够以自动化方式完成的。

正如我们所看到的，在建立和运行测试时，这是一个很高的要求，尽管它依然值得去做。为了在集成测试和单元测试之间取得适当的平衡，应当增强自动化系统的功能，并采用一些策略来确保对两种测试类型的有效涵盖。

单元测试成本比较低，因此所有的情况都应该进行单元测试，外部模块采用模拟的方式。这包括各种输入格式、各种配置，所有的流程和错误等情况。好的单元测试应当以独立的方式涵盖大多数可能出现的情况，模拟数据的输入和所有要发送的事件。

例如，继续前述库存管理的例子，通过改变输入请求，许多单元测试可以检验以下操作：

- 购买一个库存量高的产品。
- 购买一个库存量低的产品。该操作应当会产生一个告警事件。
- 购买一个不存在的产品。该操作应当会产生一个错误。
- 格式无效的事件。该操作应当会产生一个错误。
- 购买一个零库存的产品。该操作应当会产生一个告警事件。
- 其他情况，如各种类型的购买操作和事件形式等。

另外，集成测试应该只有少数几个，主要基于“乐观路线测试”来进行。乐观路线（happy path）意味着有代表性的常规事件正在发送和处理，且不会产生预期错误。集成测试的目的是确认系统所有的组件连接正常，并按预期的方式运转。鉴于集成测试的运行和维护成本较高，因此只需针对最重要的部分进行，并关注所有不值得维护以及可以删除的测试。

在上面关于集成测试的讨论中，我们介绍了乐观路线的测试场景。事件触发了库存中的某个交易，并产生一个告警，且对其进行了处理。对于集成测试来说，这比不产生告警要好，因为它对系统的考察更深入。

虽然取决于系统的具体情况，但考虑单元测试和集成测试的比例分配时，应偏重于单元测试，有时是20倍或更多（意味着1个集成测试对应于20个单元测试）的关系。

8.6　小结

在本章中，我们学习了更多事件驱动系统相关的内容，可以设计出各种先进而复杂的架构。还了解了基于事件驱动的设计带来的灵活性和增强特性，也了解到事件驱动设计所带来的挑战。

首先介绍的是常见的系统，包括日志和度量，因为它们都是事件驱动系统，然后按照能够创建用于控制事件来源的告警和反馈系统的方式，来认识这些系统。

本章还结合 Celery 的应用，介绍了一个更复杂的管道示例，包括使用多个队列和共享存储来协同执行多个任务，比如调整视频的大小和提取视频的缩略图。

接着引入了总线的概念，即系统中所有事件的共享接入点，并研究了怎样才能建立更复杂的系统，其事件被传递到多个系统，并将复杂的操作串联起来。还讨论了要解决这些系统间复杂的交互所带来的挑战，既要使用 CQRS 技术来模拟通过事件产生的写入信息，还要了解单元测试和集成测试在不同层次上的需求。

下一章我们将学习复杂系统的两种主要架构：微服务和单体。

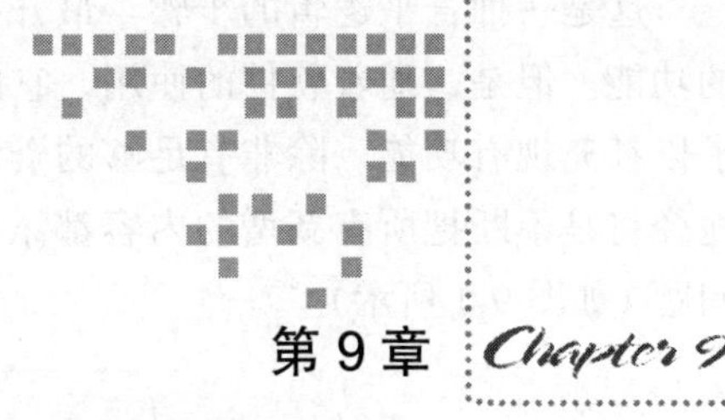

第9章 Chapter 9

微服务与单体

在这一章，我们将介绍并讨论复杂系统中两种最常见的架构。单体（monolithic）架构创建的是单一的块，整个系统都包含在其中，并且管理起来简单。与之不同的是，微服务（microservice）架构将系统划分为较小的微服务，这些微服务之间能够进行交互，目的是让不同团队拥有各系统组件的所有权，并帮助大型团队以并行的方式工作。

我们将根据每种架构的不同特点，讨论如何选择架构。还将了解两者在团队合作模式上的差异，因为它们在工作组织方式上有着不一样的要求。

请记住，架构不仅与技术有关，而且在很大程度上与沟通的组织方式有关！关于康威定律的进一步讨论，请参考第1章。

常见的模式是将旧的单体架构迁移到微服务架构。本章将探讨这种变化所涉及的实施步骤。

接下来还要介绍Docker，作为服务容器化的一种方式，它在创建微服务时非常有用，但也可应用于单体架构。然后对第5章介绍的Web应用进行容器化改造。

在本章的最后，将简要介绍如何使用编排工具部署和管理多个容器，并学习目前最流行的容器编排工具——Kubernetes。

让我们首先对单体架构进行更深入的讨论。

9.1 单体架构

有组织地进行系统设计时，人们往往倾向于将其做成包含系统所有功能的单一的软件块。

这是一种合乎逻辑的步骤。最开始设计软件系统时，其规模很小，通常只有比较简单的功能。但是，随着软件的使用，它的用途越来越多，而且会不断产生对新功能特性的需求以补充现有功能。除非有足够的资源和计划来管理这种规模上的增长，否则阻力最小的途径将是不断把所有新增的内容都添加到原有的代码结构中，而很少去考虑模块化相关的问题（如图 9-1 所示）。

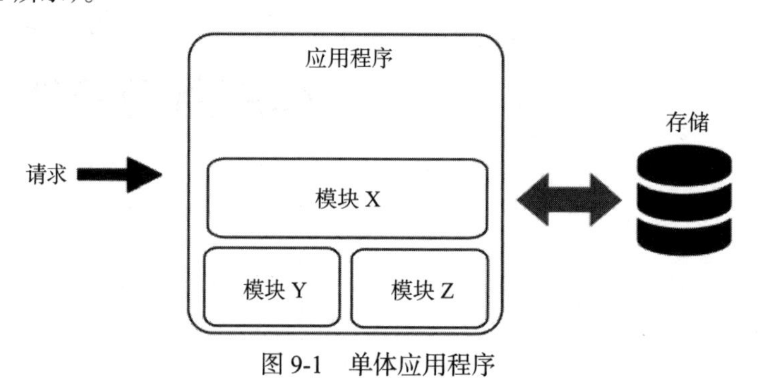

图 9-1 单体应用程序

这个过程确保了所有的代码和功能都被捆绑在单一的软件块中，因此被称为单体架构。

> 基于此推而广之，遵循这种模式的软件被称为单体架构应用。

虽然这种架构很常见，但一般来说，单体架构具有更好的模块化特性和内部结构。即使软件是由单一的块组成的，它也可以从逻辑上划分为不同的部分，让各模块承担不同的职责。

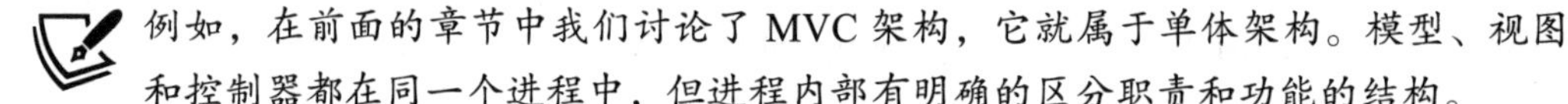

> 例如，在前面的章节中我们讨论了 MVC 架构，它就属于单体架构。模型、视图和控制器都在同一个进程中，但进程内部有明确的区分职责和功能的结构。
> 单体架构并不意味着没有组织和结构。

单体架构应用的决定性特征是，模块之间的所有调用都是通过同一进程中的内部 API 进行的。这种方式的优势是非常灵活。部署新版本的单体架构应用时，其策略也很简单。重新启动进程即可确保应用被完全部署。

> 请记住，单体架构应用能运行多个副本。例如，一个单体 Web 应用可能会有多个同一软件的副本在同时运行，由一个负载均衡器向所有这些副本发送请求。这种情况下，重启该应用需要多项操作。

单体架构应用的版本管理非常容易，因为所有的代码都在同一个软件结构中。如果使用了源代码管理系统，这些代码都会在同一个代码仓库中。

9.2 微服务架构

开发微服务架构，是为了替代把所有代码包含在单个块中的方案。

遵循微服务架构的系统是松耦合（loosely coupled，亦称松散耦合）的专用服务的集合，它们协同工作以提供综合性的服务。让我们把这个定义划分开来，以便使其更清晰：

1. 一个**专用服务的集合**，这意味着有多个明确定义的模块。
2. **松耦合**，所以每个微服务都可以独立部署和开发。
3. **协同工作**。每个微服务都需要与其他微服务进行沟通。
4. **提供综合性的服务**，也就是说，所有模块共同形成一个完整的系统，有明确的目标和功能。

与单体架构应用相比，它不是将整个软件纳入同一个进程，而是使用多个独立的功能部分（每个微服务），通过清晰定义的 API 进行通信。这些组成模块可以在多个不同的进程中，并且通常分离到不同的服务器中，以实现系统的有效扩展，如图 9-2 所示。

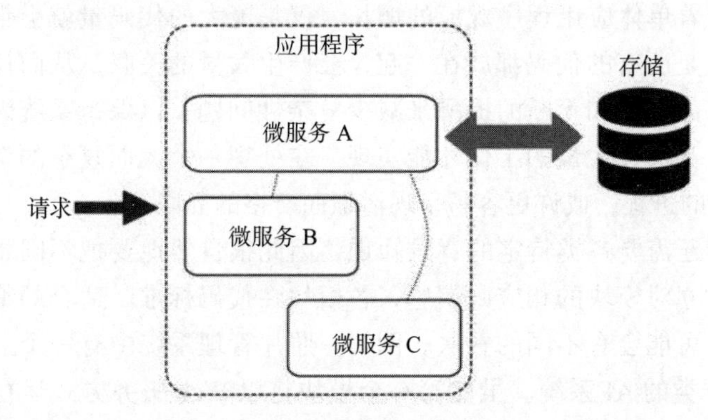

图 9-2　注意并非所有的微服务都会连接到存储。每个微服务都可能有自己独立的存储

微服务架构决定性的特征是，不同服务之间的调用都通过外部 API 进行。这些 API 在各项功能之间起到定义明确的屏障的作用。正因为如此，微服务架构需要事先进行规划，以准确区分组件之间的差异。

特别是，微服务架构需要进行良好的前期设计，以确保各个模块能够有效地连接在一起，因为涉及多个服务间的任何问题都会带来高昂的工作成本。

遵循微服务架构的系统并不是自然形成的，而是事先制订好计划并仔细执行的结果。这类系统通常不会从零开始构建，而是基于之前存在的、已成功应用的单体架构系统迁移过来的。

9.3　架构选择

有一种观点倾向认为，像微服务架构这样更先进的架构更好，但这种看法过于简单化了。每种架构都有其优势和不足。

首先，几乎每个小型应用都会以单体应用的模式开始。因为这是启动系统建设时最自然的方式，需要的一切都在手边，模块的数量也少，而且这种模式很容易上手。

反之，采用微服务架构需要先制订计划，将功能仔细划分到不同的模块中。这项任务通常都很复杂，因为有些设计在后面可能会被证明是不合适的。

> 请记住，没有什么设计是一成不变的。当系统中发生的变化需要调整时，任何完美的架构都有可能在一两年后被发现有问题。虽然着眼未来是个好主意，但试图满足所有可能的需求是徒劳的。在设计当前功能和设计系统未来愿景之间取得适当的平衡，始终都是进行软件架构设计时需要面临的挑战。

微服务系统的设计需要事先做相当多的工作，包括微服务架构相关的投入。

也就是说，随着单体应用程序规模的增长，仅是庞大的代码量就会带来一些问题。单体架构的主要特点是所有的代码都放在一起，会产生大量的关联，从而让开发人员感到困惑。可以通过良好的习惯和不断的提醒来减少复杂性问题，以保持系统内部结构健康，但这需要现有开发人员通过大量的工作才能实现。在处理一个大而复杂的系统时，将系统各个部分划分到不同的进程，或许更容易呈现清晰而严格的界限。

这些模块可能还需要各类特定的背景知识，因此很自然地要把不同团队成员分配到各自的领域。为了建立对模块的相应归属感，各模块在代码标准、适合的编程语言、执行任务的方式等方面，可能会有不同的看法。例如，照片管理系统中有一个上传照片的界面和一个对照片进行分类的 AI 系统。虽然第一个模块将以 Web 服务方式运行，但训练和处理人工智能模型以对数据进行分类所需的能力是完全不一样的，分离出该模块是合理且富有成效的。这两个模块如果在同一代码库中，则可能会因为试图同时运行而产生问题。

单体架构应用还存在资源利用率低的问题，因为每次部署单体架构应用都需包含所有模块的副本。例如，所需内存的容量要按照跨多个模块、最坏的情况来确定。当有多个单体架构应用的副本时，就会导致为了给很少发生的最坏情况做准备而浪费大量的内存。还有一个例子是，只要有模块需要连接到数据库，就会创建新的连接，无论使用与否。

相比之下，使用微服务架构可以根据最坏情况出现的具体状况来调整每个服务，并独立控制每个服务副本的数量。从整体上看，这样能在大型系统部署中节省大量的资源，如图 9-3 所示。

在部署单体应用和微服务应用时，其工作方式也很不一样。由于单体应用需要一次性部署，实际上每次部署都需要整个团队参与。如果团队规模较小，那么创建新的部署并确保新功能在模块之间有效协调、不被错误干扰，这个过程并不是很复杂。然而，随着团队规模的扩大，如果代码结构没有进行仔细设计，就会带来严重的挑战。特别是，细小的错误可能会导致整个系统完全崩溃，因为单体架构中关键性代码的任何错误都会影响到整个系统。

部署单体架构需要模块之间的协调，这意味着它们需要相互配合，自然也就需要团队间紧密的合作，直到功能准备好待发布，而且在部署就绪前一直都需要某种形式的监督。当几个团队在同一个代码库上工作时，这种情况会非常明显，他们共同的目标所带来的相互竞争会导致系统部署的权责不清。

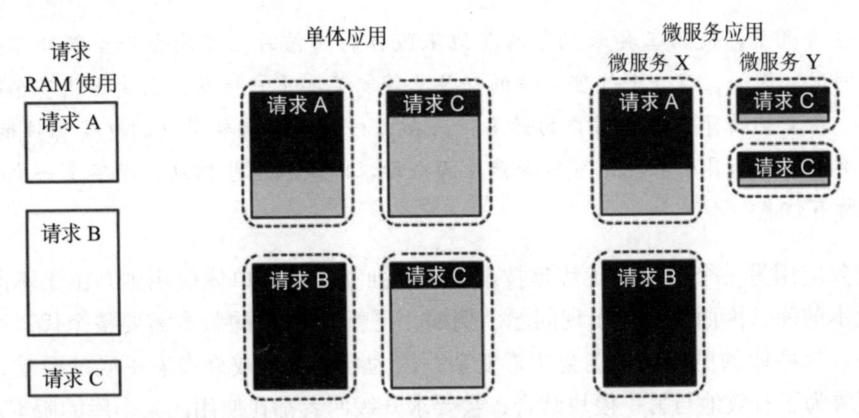

图 9-3 请注意，使用多个微服务可以将请求分散到各微服务中以减少内存的使用，而在单体应用中，在最坏的情况下内存的消耗很高

相比之下，各微服务是独立部署的。API 应保持稳定且向后兼容旧的发布版本，这是要强制执行的重要条件之一。同时，不同微服务间的边界非常清晰，在出现严重错误时，最坏情况下特定的微服务会瘫痪，而其他不相关的微服务能不受影响地保持运行。

与单体应用的“全有或全无”相比，这种方式能让系统在“降级状态”下工作，从而限制了灾难性故障的范围。

当然，某些微服务可能比其他微服务更为关键，其稳定性需要更多的关注和关心。因此，在这种情况下，可预先将它们定义为关键业务，并执行更严格的稳定性策略。

当然，无论是哪种架构的应用，都可以用坚实的测试技术来提高所发布软件的质量。

与单体应用相比，微服务应用可以独立部署，无须与其他服务紧密协同。这样的松耦合机制给从事这些工作的团队带来了独立性，并支持更快且持续的部署，减少了统一协调的工作量。

这里的关键词是减少协调。协调仍然是需要的，但微服务架构的目标是每个微服务都要能独立部署，并由某个团队把控，所以大部分对微服务的修改都可以完全由其所有者决定，而无须提醒其他团队。

因为单体架构应用是通过内部操作与其他模块进行通信的，也就是说它们通常能比通过外部 API 更快地执行这些操作，所以模块之间的交互层次非常高，无须付出太多的性能代价。

在使用外部API以及通过网络进行通信的过程中，会产生明显的延迟，尤其是在向不同的微服务发出过多的内部请求时。因此需要仔细考虑，尽量避免重复的外部调用，并限制单个任务中涉及的服务数量。

某些情况下，使用工具来抽象与其他微服务的通信时，可能会产生额外非必要的调用。例如，有一个处理文件的任务要获取某些用户信息，需要调用多个微服务。在文档的开头需要用户的姓名，而在文档的结尾需要用户的电子邮件地址。简单地通过工具来实现，可能会产生两个请求以获取这些信息，而不是一次性请求所有信息。

微服务应用另一个有趣的优势是技术需求的独立性。在单体应用中，由于不同模块需要不同版本的库，因而可能会出现问题。例如，更新Python的版本需要整个代码库都为此做好准备。这些库的更新有可能会非常复杂，因为各个模块或许有着不同的要求，而且有时某个模块为了有效地与另一模块结合，会要求升级两者都在使用的某个库的版本。

与此不同的是，每个微服务都包含了一套自己的技术需求，所以就不存在这种限制。由于使用了外部API，各微服务甚至可以用不同的编程语言进行开发。这样就可以为不同的微服务使用各自的专用工具，为不同的目标量身定制开发，从而避免冲突。

不同的微服务可以使用不同的编程语言进行开发，但并不意味着建议这么去做。应避免在微服务架构中使用过多的编程语言，因为这会让开发维护的工作复杂化，并使不同团队间的成员难以相互提供帮助，从而导致更多孤立团队的产生。有一到两种默认的语言和框架可用，然后适当允许特殊情况的出现，这才是明智的做法。

正如我们所看到的，微服务的大多数特性使它更适合于更大规模的系统，其中开发人员的数量多到需要分成不同的团队，良好协调的需求也会更加迫切。一般来说，大型应用程序的快速变化需要有更好的独立部署和协同工作的机制。

小型团队可以实现很好的自我协调，并且能够快速有效地适应单体应用开发。

这并不是说单体架构的应用可以做到非常大的规模，虽然也有这样的情况。然而，从一般意义上讲，只有当有足够多的开发人员，需要不同的团队在同一个系统中工作，并要求他们之间实现良好的独立性时，微服务架构才有意义。

类似设计的相关问题

虽然单体与微服务的抉择问题通常是在Web服务应用的背景下讨论的，但这并非全新的理念，也不是唯一具备类似理念和结构的环境。

操作系统的内核也可能是单体的。这种场景中，如果系统的所有操作都在内核空间（kernel space）内运行，就称之为单体架构。在计算机内核空间中运行的程序可以直接访问所有的内存和硬件，这一点对操作系统来说至关重要，但同时，这样的方式也存在危险，会带来很多安全和防护相关的问题。因为内核空间的代码与硬件关系非常密切，其任何故障都有可能导致系统的完全失效 [即内核错误（kernel panic）]。还有一种方式是让程序在用户空间（user space）内运行，也就是说，程序只能访问自己的数据，并且必须与操作系统进行明确的交互以获取信息。

例如，位于用户空间的程序想要从某个文件中读取信息，需要调用操作系统的功能，而位于内核空间的操作系统会访问该文件、检索信息，并将其返回给被请求的系统程序，然后将数据复制到用户空间程序可以访问的内存中。

单体内核（monolithic kernel，亦称单内核或大内核）的思路是，它能最大限度地减少这种数据移动和不同内核元素之间的上下文切换操作，例如系统功能库或硬件驱动。

替代单体内核的方案称为微内核（micro kernel）。在微内核架构中，内核的规模被大幅缩减，诸如文件系统、硬件驱动和网络堆栈等组件在用户空间而不是在内核空间执行。这种方式要求这些组件通过微内核传递信息以进行通信，因而效率相对较低。

同时，微内核的架构能提高组件的模块化水平和安全性，因为任何用户空间的程序崩溃都可以轻易地进行重置。

在 Andrew S. Tanenbaum（Minix 作者）和 Linus Torvalds（Linux 之父）两者之间有一个著名的争论，即 Linux 是基于单体内核创建的，应当采用哪种架构更好。从长远来看，内核架构已经在向混合模式发展，即从这两种架构模式的各种特性着手，将微内核的理念纳入现有的单体内核，从而让其更灵活。

探究并分析相关架构的思路，有助于改善优秀架构师所使用的工具，提高对架构的理解和认识。

9.4 关键因素：团队沟通

微服务架构和单体架构之间的关键区别之一，在于两者所支持的沟通架构的不同。

如果单体应用是由一个小项目逐步发展起来的，那么就像通常发生的那样，其内部结构会变得非常混乱，需要有经验的开发人员来调整和适应系统的所有变化。如果处理得不好，代码会变得非常凌乱，而且后续工作也会越来越复杂。

开发团队规模的增长也会让情况变得非常复杂，因为每个工程师都需要先了解与开发相关的大量背景信息，掌握如何浏览代码也是很困难的。一直以来的老队友可以帮助培训新的团队成员，但他们会成为瓶颈，而指导新人是一个缓慢的过程，也有很多局限。团队中的每个新成员都需要花费大量的培训时间，直到他们能够承担修复 bug 和增加新功能的任务。

团队的自然规模也有其限制。管理一个成员过多的团队，而不把它分成更小的组，是非常困难的。

一个团队的理想规模取决于多方面的因素，但一般认为 5 ～ 9 人之间是团队高效工作的最佳规模。

超过这个规模的团队往往会自行组织成更小的团体，从而失去了作为团队整体的专注性，并导致小的信息孤岛的出现，使得团队的部分成员不了解所发生的事情。成员太少的团队在内部管理以及与其他团队的沟通方面会产生过多的开销，规模稍微大一点有利于其工作效率的提高。

如果不断增长的代码规模需要更多的团队，这时可以综合运用本书中所讨论的各种技术，创建更多的组织、构建系统架构。这个过程涉及定义具有明确职责和清晰边界的模块。这种划分可以让团队分成小组，并让这些小组基于各团队创建的所有权和明确的目标开展工作。

这样就可以让各团队在没有太多干扰的情况下并行工作，因而可以通过更多的团队成员来提高系统功能开发的效率。正如我们之前所提到的，明确的职责边界有助于界定每个团队的任务。

然而，在单体架构应用中，这些限制是非强制性的，因为大家都可以访问整个系统。当然，会有相应的规则来让人专注于某些领域的开发，但趋势是团队成员能够访问所有的内容，并且会调整和影响内部 API。

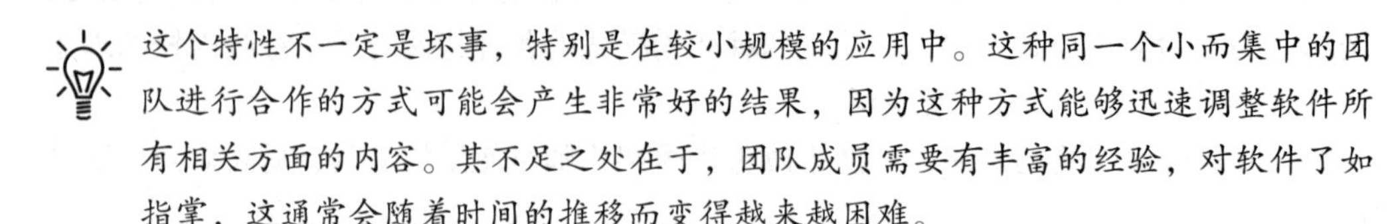

这个特性不一定是坏事，特别是在较小规模的应用中。这种同一个小而集中的团队进行合作的方式可能会产生非常好的结果，因为这种方式能够迅速调整软件所有相关方面的内容。其不足之处在于，团队成员需要有丰富的经验，对软件了如指掌，这通常会随着时间的推移而变得越来越困难。

当迁移到微服务架构时，任务分工变得更加明确。团队之间通过 API 来联系变成了硬性要求，需要在前期做更多的工作来进行团队之间的沟通。这样做的好处是，团队更加独立，因为团队可以：

- 完全拥有微服务，其他团队无须在同一代码库中一起开发。
- 独立于其他团队进行部署。

由于代码库会更小，团队的新成员将学习得更快，且更早地提高生产力。由于与其他微服务交互的外部 API 会被明确地定义，因此将采用更高层次的抽象，使其更易于交互。

需要注意的是，这也意味着与单体应用中开发人员对其他部分至少有基本的了解相比，不同的团队对其他微服务内部情况的了解会更少。当开发人员从某个团队转到另一个团队时，可能会产生一些抵触。

正如第 1 章所介绍的，在做出影响组织内部沟通架构的决策时，康威定律是需要牢记的。让我们回顾一下，这个软件定律指出，软件的架构会复制组织的沟通架构。

康威定律的一个很好的例子是 DevOps（Development 和 Operations 的组合词，是一种重视“软件开发人员”和“IT 运维技术人员”之间沟通合作的文化、运动或惯例）实践的经验。传统的方式是把任务交给不同的团队完成，其中一个与开发新功能相关，而另一个负责软件部署和运维。毕竟，每项任务所需要的能力是不同的。

这种架构的风险在于“不知它是什么 / 不知它在哪里运行”的分工方式，这样有可能导致负责开发新功能的团队不知道与软件运维有关的错误和问题，而运维团队在面临软件调整时几乎没有反应时间，得在不了解软件内部运行原理的情况下去排查问题。

这样的职责划分方式在许多组织中仍然存在，而 DevOps 的理念是，开发软件的团队同时负责部署软件，从而形成一个良性的反馈闭环，开发人员能清楚地意识到部署的复杂性，可以在生产中及时反应并修复 bug，以改善软件的运行状况。

请注意，这通常涉及创建多功能的团队，其中有既懂运维又懂开发的人，尽管不一定是同一个人。有时，会由外部团队负责创建一套通用的工具，供其他团队在运维中使用。

这是一种非常大的调整，从传统架构转变为 DevOps 架构涉及团队的合并，这对企业文化来说可能是非常具有破坏性的。正如我们在这里反复强调的，这个过程中涉及人员的调整，这种调整是缓慢且非常痛苦的过程。例如，可能之前有很好的运维文化，团队成员在一起分享知识、一起娱乐，而现在需要拆散这些团队、加入新的成员，并对其进行整合。

这个过程会非常困难，应当仔细规划，了解其人力和社会成本的规模。

同一团队内部的沟通与不同团队之间的沟通是不一样的。与其他团队的沟通会更加困难，成本也更高。这个问题说起来可能很容易，但它对团队工作的影响却非常大，具体包括：

- 因为在团队外部使用的 API 将由内部不具备相同专业知识水平的其他工程师使用，所以，让这些 API 通用、易用并创建有效的文档是非常有意义的。
- 如果新的设计遵循的是已经存在的团队结构，则系统实现起来会比其他方式更容易。团队之间组织方式的变化需要组织架构的调整，而调整组织的架构是一个漫长而痛苦的过程，任何曾参与过类似任务的人都能体会到这一点。这些组织架构的变化会自然而然地反映到软件中，所以理想情况下会先制订一个计划来解决这个问题。
- 两个团队在同一个服务中工作会产生问题，因为每个团队都会试图把它拉到自己的目标上来。这种情况可能会出现在某些常见的代码库或被多个团队共同使用的“核心”微服务上。试着给他们明确地分配所有者，以确保由某个团队来主持、负责所有的修改。

明确的所有者清晰地确立了谁对系统修改和新功能负责。即使有些事情是由其他人实施的，所有者还要负责相关流程的审批，并给予指导和反馈。他们还需筹划系统的长期愿景，并处理所有的技术负债问题。

- 鉴于不同的物理位置和时区容易造成沟通障碍，通常会根据这些条件来建立不同的团队，描述其沟通的方式，如基于不同时区的 API 定义。

由于 COVID-19 新冠疫情导致的危机，远程工作方式的应用已经大为增加。与在同一个房间里一起工作的团队相比，这也造成了需要采取不同的方式来进行沟通。沟通技巧也得以发展和提高，从而带来了更好的工作组织方式。无论如何，团队的划分不仅是物理上位于同一地点的问题，而且是建立团队合作的纽带和组织方式。

改进沟通问题是软件开发工作中的重要内容，其作用不可低估。请记住，沟通方式的调整是“人员的调整”，这比技术上的调整更难以实施。

9.5 从单体迁移到微服务

有种常见的情况，就是需要从现有的单体架构迁移到新的微服务架构。

想要实施这种调整的主要原因是系统的规模问题。正如我们之前所讨论的，微服务架构应用的主要优势是在系统中创建多个独立的组成部分，可以并行开发，从而能让更多的工程师同时进行工作，可以扩大开发规模、提高开发效率。

如果单体应用已经发展到超过可管理的规模，并且在发布、功能冲突和相互干扰等方面存在太多问题，那么这种做法是很有意义的。但与此同时，这是一个非常庞大和痛苦的转变过程。

9.5.1 迁移面临的挑战

虽然最终的效果可能会比原有的单体应用要好得多，但迁移到新的架构是一项大工程。我们现在就来看看在这个过程中可能会遇到的那些挑战和问题：

- 迁移到微服务需要巨大的努力，要积极改变组织的运作方式，并且在得到回报之前需要大量的前期投入。在过渡期间会非常艰难，需要在迁移速度和确保服务正常运行之间做出权衡，因为完全停止系统运行是不可接受的。整个过程中需要大量的沟通和文档，以便实施迁移计划并向每个人传达相关内容。还需要在执行层面上得到积极的支持，以确保全力以赴地完成任务，并让大家清楚地了解为什么要这样做。
- 迁移还需要一场深刻的文化变革。正如我们在上文中讨论的，微服务的关键因素是团队之间的沟通，与单体架构的运行方式相比，沟通方式将发生重大的变化。可能会涉及团队调整和工具变更，团队将不得不对外部 API 的使用和文档执行更严格的要求。在与其他团队进行沟通时必须更加规范，还可能要采取以前没有的措施。一般来说，人们不喜欢变化，因此某些团队成员可能会出现抵触式反应。要确保已将这些因素考虑在内。

- 另一个挑战是关于培训的问题。肯定会用到新的工具（我们将在本章后面介绍 Docker 和 Kubernetes），所以可能有些团队需要适应新工具的使用。要管理的服务集群非常复杂，而且可能会涉及与之前所使用的不同的工具。例如，本地开发人员可能会有大量调整。学习怎样操作和使用容器，如果要走这条技术路线的话，得需要一些时间。需要制订计划并满足团队成员的需求，直到他们对新系统感到满意。

有一个非常明显的例子，就是调试进入系统的请求时的高度复杂性，因为请求可能在不同的微服务间跳转。在此之前，单体应用中这样的请求可能更容易跟踪。要弄清楚请求的活动轨迹，并找到由此产生的细小的 bug 可能会很困难。为了准确地解决这种问题，很可能需要在本地开发中重现、修复 bug，正如前文提到的，此时需要使用不同的工具和方法。

- 将现有的单体应用划分为不同的服务需要仔细规划。如果服务划分得不好，会使两个服务紧密耦合，从而无法独立部署。最终可能会导致出现这种情况，即实际上对某个服务的任何修改，都需要修改另一个服务，即使理论上是能够独立完成的。这种状况会造成重复劳动，因为需要替换常规的单一功能的任务，部署多个微服务。微服务可以以后再进行功能修改，重新定义边界，但这样做的成本很高。后续添加新的服务时，也应采取同样谨慎的态度。
- 在创建微服务时会产生开销，因为有些工作会在每个服务上重复进行。这种开销可以通过允许独立和并行开发而得到补偿。但是，为了充分利用这一优势，需要把握好人员数量。一个最多 10 人的小型开发团队能够非常有效地协调和处理一个单体架构应用。只有当规模扩大并形成独立团队时，迁移到微服务才有意义。组织的规模越大，微服务架构越有意义。
- 在允许每个团队做出自己的决定，和规范部分公共元素及决策之间取得平衡是很有必要的。如果对团队的指导太少，他们就会一遍又一遍地重新“发明轮子”。最终还会产生知识孤岛，使公司某个部门的知识完全无法转移到其他团队，导致他们很难都做到吸取教训。团队之间需要可靠的沟通，才能达成共识并重复使用公共的解决方案。允许受控的实验，并对其进行标记，全面总结经验教训，从而使其他团队受益。共享且可重用，以及独立且重复实施，这两种思路之间会存在矛盾。

引入跨服务的共享代码时要小心。如果代码量增长了，就会使服务之间相互依赖。这可能会降低微服务的独立性。

- 我们知道，按照敏捷开发的原则，可运行的软件比大量的文档更重要。然而，在微服务架构中，最大限度地提高每个独立的微服务的可用性，以减少团队之间相互支持的工作量是非常重要的。这涉及一定程度的文档，最好的方法是创建自文档化（self-documenting）的服务。

- 正如前面所讨论的，每次对微服务的调用都会增加响应的延迟，因为涉及多个层次。这可能会产生延迟问题，外部响应需要更长的时间。响应事件还会受到连接微服务的内部网络的性能和容量的影响。

迁移到微服务应谨慎行事，仔细分析其利弊。在一个成熟的系统中，有可能需要几年的时间来完成迁移。但是对于一个大规模的系统来说，迁移后系统会更加灵活和易于调整，从而可以有效地解决技术负债问题，并使开发人员能够充分掌握主动权并进行创新，组织好各模块间的通信和提供高质量、可靠的服务。

9.5.2 四步迁移

从一个架构到另一个架构的迁移应当分四个步骤考虑：

1. 仔细**分析**现有系统。
2. **设计**，以明确期望的目标。
3. **计划**。规划一条路线，一步一步地从现有系统走向前一阶段设计的愿景。
4. **执行**计划。这个阶段需要慢慢地、谨慎地进行，每一步都需要对设计和计划进行重新评估。

让我们来详细了解上述每个步骤。

分析

第一步是充分理解我们现有的单体应用。这看起来微不足道，但事实是，完全可以想象得到，没有哪个人对系统的所有细节都能有深刻的理解。这个过程需要收集、整理信息，并深入挖掘，以了解系统的复杂性。

现有代码可以说是遗留代码。虽然目前对“到底什么代码应当归类为遗留代码”存在争议，但遗留代码的主要属性是已经存在的代码，且未遵循新代码所具备的最佳和最新实践准则。

换句话说，遗留代码是某段时间之前的旧代码，而且很可能不符合当前的实践。然而，遗留代码是至关重要的，因为它正在被使用，而且可能是组织日常运作的关键所在。

这个阶段的主要目标是确定架构调整是否真的有益，并初步了解迁移后会产生哪些微服务。执行这种迁移是一项责任重大的任务，最好先反复检查是否会带来实际的好处。即使在这个阶段，也不可能估测出所需付出的努力，但任务的工作量将会逐步明确。

这种分析将大大受益于良好的度量和获取的实际数据，这些数据显示了系统中实际产生的请求和交互的数量。这可以通过有效的监控来实现，并在系统中添加度量和日志，以允许检测当前进行的操作。这可以让我们了解系统中哪些部分是常用的，甚至更理想的情况是，能了解到那些几乎从未使用过的、可能将要弃用和删除的功能。可以继续使用监控来确保流程按计划进行。

我们将在第 11 章和第 12 章中更详细地讨论监控。

如果系统已经具备良好的架构和有效的维护，这些分析几乎可以立即完成，但如果单体应用是一堆混乱的代码，则可能会延长数月的讨论交流时间，而且还需要仔细研究原有代码。然而，这个阶段将使我们深入了解当前系统及其状况，从而能够在坚实的基础上进行后续工作。

设计

迁移过程的下一个阶段是愿景设计，即把单体架构分解成多个微服务后，系统会是什么样子。

每个微服务都需要单独考虑，并结合其他服务通盘思考什么是有意义的分离。以下这些问题有助于构建设计：

- 应该创建哪些微服务？能用明确的目标和管理范围来描述每个微服务吗？
- 是否有关键或核心的微服务需要更多的关注或特殊的要求？例如，更高的安全性或性能要求。
- 将如何组织团队以实现微服务？是否有太多的团队需要支持？如果是这样的话，是否可以将多个请求或范围纳入同一个微服务？
- 每个微服务所需的先决条件是什么？
- 将会引入哪些新技术？是否需要培训？
- 微服务是否独立？微服务之间的依赖关系是什么？相比其他微服务，是否有微服务被访问得更多？
- 微服务能否相互独立部署？如果有了新的变化，需要改变依赖关系中的依赖项，那么流程是什么？
- 哪些微服务要对外公开？哪些微服务只在内部发布？
- 关于所需的 API 限制，是否有先决条件？例如，是否有服务需要特定的 API，例如 SOAP 连接？

其他有助于为设计提供信息的工作，包括绘制需要与多个微服务交互的请求的预期流程图，以便分析服务之间将进行的调整。

所有用于每个微服务的存储，都应该特别注意。一般来说，某个微服务的存储不应该与其他微服务共享，以隔离其间的数据。

关于这个问题，有一个非常具体的应用，就是不要让两个或更多的微服务直接访问数据库或其他类型的原始存储。相反，微服务应该管理数据格式、公开数据，并允许通过一个可访问的 API 来修改数据。

举个例子，假设有两个微服务，一个用于管理报告，另一个用于管理用户。某些报告可能需要访问、提取用户信息，比如生成报告的用户姓名和电子邮件。我们可能会突破微服务的职责，让报告服务直接访问包含用户信息的数据库，如图 9-4 所示。

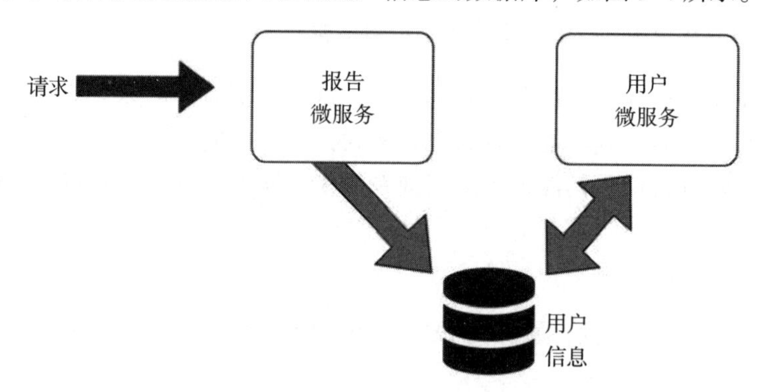

图 9-4 错误用法示例，直接从存储中访问信息

正确的做法是，报告微服务应当通过 API 访问用户微服务并拉取数据。这样一来，每个微服务都负责自己的存储和数据格式，如图 9-5 所示。

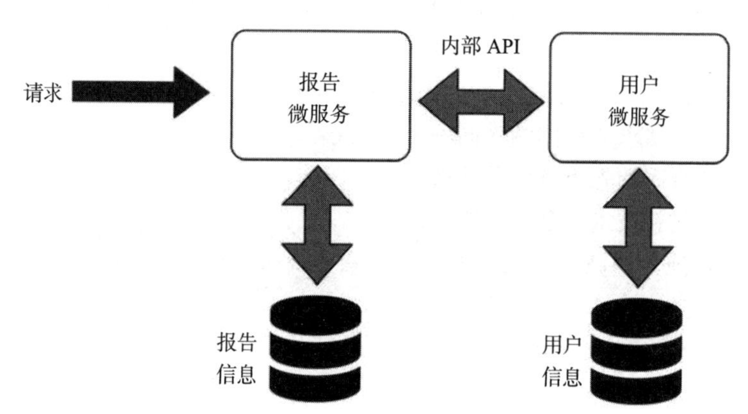

图 9-5 这才是正确的结构。每个微服务都使用自己的独立存储。这样一来，所有信息都只能通过定义好的 API 来共享

正如我们之前讨论的，创建请求的流程图将有助于微服务分离，并找到可能需要改进的地方。例如，在流程的后期才需要从 API 返回数据。

> 虽然先决条件是避免混用存储，并保持分离，但可以使用同一个后端服务来为不同的微服务提供支持。同一个数据库服务器可以处理两个或更多的逻辑数据库，这些数据库可以存储不同的信息。
>
> 不过一般来说，大多数微服务无须存储自己的数据，能够以完全无状态的方式工作，只需依靠其他微服务来存储数据。

在这个阶段，没必要在微服务之间设计详细的 API，但是关于哪些服务处理哪些数据，以及微服务之间所需流程的总体考虑是有帮助的。

计划

一旦迁移所涉及的大致范围明确了，就要深入更多细节，开始计划自始至终系统所要做的调整。

这里面临的挑战是，在现有系统保持运转的前提下，迭代地切换到新系统。可能要引入新的功能，但让我们暂时先停在这里，只讨论迁移本身。

要做到这一点，我们需要使用所谓**绞杀者模式**（strangler pattern，亦称扼杀者模式或扼制模式）。这种模式的目的是用新的系统逐渐取代部分旧的系统，直到原有系统被完全扼制（strangled），可以被安全地移除。反复应用这种模式，缓慢地将功能从旧系统迁移到新系统，而且是以小幅度的方式，如图 9-6 所示。

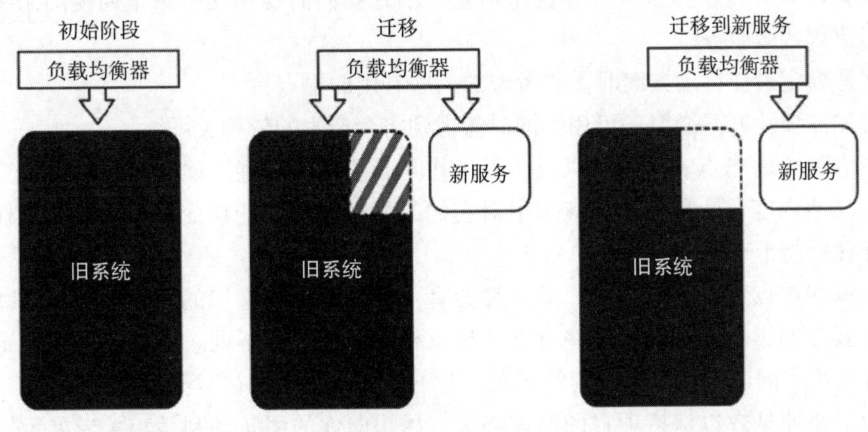

图 9-6　绞杀者模式

创建新的微服务，有三种策略可用：

- 将旧代码替换为新代码，且实现同样的功能。从外部看，代码对外来请求的反应完全相同，但在内部，其功能实现是基于新的代码。这种策略可以从头开始实施，并修复旧代码中的一些奇怪问题。它甚至可以在较新的工具中进行，如新的框架或编程语言环境中。

同时，这种方法可能会非常耗时。如果旧系统没有文档或没有经过测试，那么就很难保证实现完全相同的功能。另外，如果这个微服务所提供的功能变化很快，那么可能会进入新系统与旧系统之间的“追逐游戏”状态，而没有时间去复制任何新功能。

> 这种方法在需要复制很少一部分旧系统功能，且这些功能比较过时的情况下最有意义，比如旧系统使用的是被认为已弃用的技术栈。

- 分割功能，将单体应用中已有的代码复制、粘贴到新的微服务架构中。如果现有的代码有良好的状态和结构，这种方法相对是很快的，只需将某些内部调用替换成外部 API 调用。

可能有必要在单体应用中加入新的访问点，以确保新的微服务可以回调（call back）以获取某些信息。

也有可能需要对单体应用进行重构，以明确各模块的功能职责，并将其划分为更适合新系统的结构。

这个过程也可以迭代式进行，首先将单一功能迁移到新的微服务，然后逐个转移代码，直到功能全部迁移完。到了这时，从旧系统中删除代码是安全的。

- **分割和替换相结合**。某些功能相同的部分很可能可以直接复制，但对于其他部分，则优先采用新的方法来实现。

这样就可以为每个微服务计划提供信息，尽管我们需要建立一个全局视图来决定以什么顺序创建哪些微服务。

以下是确定最佳行动方案时需要考虑的一些有用的要点：

- 首先需要让哪些微服务可用？同时考虑到将会产生的依赖关系。
- 考虑最大的痛点有哪些，以及相关工作是否要优先开展。痛点是指经常改变的代码或其他内容，而目前单体应用中对它们的处理方式使迁移变得很困难。这样在完成迁移后能带来很多便利。
- 有哪些难点和棘手的问题？通常都会有一些。要确认它们的存在，并尽量减少对其他服务的影响。注意，这些可能与痛点相同，也可能不同。例如，非常稳定的旧系统是难点问题，但按照我们的定义，并不是痛点，因为它不会发生变化。
- 为了快速见效以保持项目的推进势头，尽快向你的团队和利益相关者展示迁移的优势！这也会让每个人都能理解你所要转移到的新系统的运行模式，并开始基于这种模式工作。
- 了解团队需要进行哪些培训，以及想引入的新元素是什么。另外，你的团队中是否缺乏某些技能——可能需要雇用相关人员。
- 所有团队的变化和新服务的所有权。考虑团队的反馈是很重要的，这样他们可以就计划创建过程中的任何疏忽表达其关切。让团队参与进来，并重视他们的反馈。

一旦我们有了关于如何进行的计划，就到了去执行的时候。

执行

最后，我们需要根据计划采取行动，开始从过时的单体应用转移到基于微服务的新环境中来！

这实际上是四个阶段中最长的一个，也可以说是最难的一个。正如之前所说，我们的目标是在整个迁移过程中保持服务的运行。

成功过渡的关键因素是要保持**向后兼容**。也就是说，从外部的角度看来，系统一直表现得像单体架构应用一样。这样，我们就可以在不影响客户的情况下改变系统内部的工作方式。

理想情况下，新的架构将使系统的运行速度更快，这意味着唯一能感觉到的变化就是系统的响应速度更快。

这显然是说起来容易做起来难的事情。在生产环境中进行软件开发，被比喻为“开着福特T型车开始汽车比赛，却开着法拉利冲过终点线，需要不停地更换每个零件”。幸运的是，软件是如此灵活，以至于我们甚至可以讨论这个问题。

为了实现这种过渡，从单体应用到新的微服务或完成相同功能的微服务，关键的工具是在顶层部署一个负载均衡器，放在请求的入口处。如果新的微服务直接取代了请求，这样就会特别管用。负载均衡器可以接受进入系统的请求，并以一种可控的方式将这些请求重定向到适当的服务。

我们将假设所有进入的请求都是HTTP请求。负载均衡器可以处理其他类型的请求，但HTTP是迄今为止最常见的。

通过这种方式，就可以把请求从单体慢慢迁移到负责接收该请求的新的微服务上来。请记住，负载均衡器可以通过不同的URL来配置，将请求引向不同的服务，所以它可以用这种细粒度的方式在各服务中合理地分配负载。

整个过程看起来有点像是这样的。首先，负载均衡器将所有的请求引向旧的单体应用。一旦部署了新的微服务，就可以通过引入新微服务来分担进入的请求。开始时，负载均衡器只是转发少量请求到新系统，以确保响应的行为是一致的。

慢慢地，随着时间的推移，转发到新系统的负载量会增长，直到所有请求都被迁移。例如，第一周仅迁移10%的请求，第二周是30%，第三周是50%，之后的一周是100%的请求。

迁移期为4周。在这段时间内，系统内不应引入新的功能和变化，因为在传统的单体应用和新的微服务之间的接口需要保持稳定。要确保所有参与方都知道该计划及其每个步骤。

到了这个时候，旧的单体应用中的请求处理服务是不起作用的，如果需要的话，可以将其删除以清理系统资源。

这个过程类似于之前讨论的绞杀者模式，但现在的这种情况适用于单个请求。负载均衡器是以不中断业务的方式实现该模式的好帮手，它能以更平滑的方式完成迁移，因为过程中还在添加更多的功能并逐步完成迁移，以确定所有问题都能被及早发现，并且不影响对大量请求的响应。

执行步骤

整个计划的执行通常由三个阶段组成：

1. **试点阶段**。任何计划都需要进行精心测试。试点阶段将针对计划的可行性和测试工具进行检查。应当由某个团队来负责这项工作，以确保他们专注于此任务，并且可以快速学习和分享经验。尝试从部分小型服务和容易完成的任务开始，这样团队对系统的改进成效会更加突出。好的候选服务是非关键服务，因为即使出现问题也不会造成太大的影响。这个阶段将使你能够为迁移做好准备、做出相应调整，并从不可避免的错误中吸取教训。

2. **巩固阶段**。至此，已经掌握了迁移的基本情况，但仍有很多代码需要迁移。然后，试点团队可以开始培训其他团队并传授相关经验，这样每个人都知道应该怎么做。在这个时候，基本的基础设施已经到位，最明显的问题有望得到纠正，或者至少对如何处理这些问题有了很好的理解。

   为了有利于经验推广，规范的文档将有助于团队间的协调，减少对相同问题的重复咨询。新的微服务在生产环境中部署和运行之前，强制执行其先决条件清单，能让大家清楚地了解相关需求。还要确保保留反馈渠道，这样新的团队就可以分享他们的成果并改进流程。

   这个阶段可能会看到一些对计划的调整，因为实际执行过程中也许会推翻事先制订的部分计划。要适应这种情况，并在克服问题的同时保持对任务目标的关注。

   这个阶段的节奏会加快，因为随着越来越多的代码完成迁移，不确定性也在减少。在某些时候，创建和迁移新的微服务将成为团队的日常性工作。

3. **最后阶段**。在这个阶段，单体架构的应用已经被拆分，所有新的开发工作都在微服务环境中进行。可能仍有一些被认为是不重要的或低优先级的残留单体应用。如果是这样，应该明确边界，以保留旧的应用运行方式。

   现在，团队可以完全掌握他们的微服务，并开始承担更多雄心勃勃的任务，例如采用其他编程语言创建等效的微服务以完全取代某个微服务，或者通过合并或拆分微服务来改变系统架构。此时已经是收尾阶段，从现在开始，系统将运行于微服务架构中。一定要和相关的团队一起举行庆祝活动。

这就是大致的流程。当然，这可能是一个漫长而艰巨的过程，也许会跨越数月甚至数年。一定要保持可持续的节奏和对目标的长远考虑，以便迁移任务能够继续下去，直到目标达成。

9.6 服务容器化

传统的服务运行方式，是使用一台运行着完整操作系统（如 Linux）的服务器，然后在服务器上安装所有需要的包（例如 Python 或 PHP）和服务（例如 nginx、uWSGI）。以服务器为资源分配单元，所以每台物理机都需要进行独立维护和管理。从硬件利用率的角度来看，这种方式也不理想。

可以用虚拟机代替物理服务器，以改善资源利用率，因为一台物理服务器可以运行多个虚拟机。这样有助于提高硬件利用率和资源分配的灵活性，但仍需要将每台服务器作为一个独立的物理机来管理。

有多种工具可用于协助进行这种管理，例如，配置管理工具，如 Chef 或 Puppet。它们可以管理多台服务器，并保证这些服务器安装了适当版本的软件、运行着所需的服务。

容器（container）为这个领域带来了新的资源利用方式。它不是使用一台功能齐全的计算机（服务器），该计算机带有已安装的操作系统、软件包和依赖项，然后在此计算机上安装所需的软件，且这些软件的变化比底层系统更频繁，而是创建一个包含了所有前面这些内容的软件包，即容器镜像（container image）。

容器有自己的文件系统，包括操作系统、依赖项、软件包和代码，并且作为一个整体进行部署。容器并非基于一个稳定的平台并在其上运行服务，而是自带所需的一切，以一个整体的方式运行。平台（主机）是很薄的一层，只需要能运行容器。容器与主机共享同样的内核，使其运行非常高效，相比之下，虚拟机则需要模拟整个服务器。

例如，可以在同一台物理机上运行多个容器，并让每个容器运行不一样的操作系统，使用不同的软件包，以及不同版本的代码。

有时，容器被认为是“轻量级的虚拟机”。这是不正确的。取而代之的是，应把它们看成一个由自己的文件系统封装起来的进程。这个进程是容器的主进程，当进程结束时，对应的容器停止运行。

最流行的构建和运行容器的工具是 Docker（`https://www.docker.com/`）。现在我们来研究如何使用它进行操作。

要安装 Docker，可以查看 `https://docs.docker.com/get-docker/` 上的文档，然后按照说明操作，使用 20.10.7 或更高版本。

完成 Docker 安装之后，可检查所运行的版本，并得到类似下面的信息：

```
$ docker version
Client:
 Cloud integration: 1.0.17
 Version:           20.10.7
 API version:       1.41
 Go version:        go1.16.4
 Git commit:        f0df350
 Built:             Wed Jun  2 11:56:22 2021
 OS/Arch:           darwin/amd64
 Context:           desktop-linux
 Experimental:      true

Server: Docker Engine - Community
 Engine:
```

```
  Version:          20.10.7
  API version:      1.41 (minimum version 1.12)
  Go version:       go1.13.15
  Git commit:       b0f5bc3
  Built:            Wed Jun  2 11:54:58 2021
  OS/Arch:          linux/amd64
  Experimental:     false
 containerd:
  Version:          1.4.6
  GitCommit:        d71fcd7d8303cbf684402823e425e9dd2e99285d
 runc:
  Version:          1.0.0-rc95
  GitCommit:        b9ee9c6314599f1b4a7f497e1f1f856fe433d3b7
 docker-init:
  Version:          0.19.0
  GitCommit:        de40ad0
```

接下来我们需要创建一个可以运行的容器镜像。

9.6.1 构建并运行镜像

容器镜像是启动时要运行的整个文件系统以及指令。要使用容器，我们需要构建适当的镜像，将其作为系统的基础。

记住前面所介绍的内容，容器是一个由自己的文件系统封装起来的进程。构建镜像就会创建这个文件系统。

容器镜像是基于 `Dockerfile` 创建的，这是一种通过逐一设定各个层来创建镜像的方法。

让我们来看一个非常简单的 `Dockerfile`。创建一个名为 `sometext.txt` 的文件，其中包含一些小的示例文本，另一个名为 `Dockerfile.simple` 的文件包含以下文本：

```
FROM ubuntu
RUN mkdir -p /opt/
COPY sometext.txt /opt/sometext.txt
CMD cat /opt/sometext.txt
```

第一行的 `FROM`，意味着将使用 Ubuntu 镜像来启动容器。

有许多镜像可以作为基础镜像来使用，包括所有常见的 Linux 发行版，如 Ubuntu、Debian 和 Fedora，但也有成熟的应用系统镜像，如存储系统（MySQL、PostgreSQL 和 Redis）或配合特定工具使用的镜像，如 Python、Node.js 或 Ruby。查看 Docker Hub（`https://hub.docker.com`），可了解所有可用的镜像。

Alpine Linux 发行版是一个有趣的基础镜像，其设计定位是小型且注重安全。请查看 `https://www.alpinelinux.org` 以了解更多相关信息。

容器的主要优势之一是能够使用和分享已创建的容器，无论是直接使用还是作为增强功能的基础容器来使用。现在，创建并推送容器到 Docker Hub（Docker 官方的容器镜像仓库）供其他人直接使用是非常普遍的做法。这就是容器的好处之一！它们非常易于分享和使用。

第二行的作用是在容器内运行一个命令。在本例中，该命令会在 /opt 内创建一个新的子目录：

```
RUN mkdir -p /opt/
```

接下来，我们将当前的 sometext.txt 文件复制到新的子目录中：

```
COPY sometext.txt /opt/sometext.txt
```

最后，我们定义当镜像运行时要执行的命令：

```
CMD cat /opt/sometext.txt
```

然后开始构建镜像，需运行以下命令：

```
docker build -f <Dockerfile> --tag <tag name> <context>
```

在这个例子中，我们使用上面定义的 Dockerfile，并用字符串 example 作为标签（tag）。上下文是 .（当前目录），它定义了所有 COPY 命令所涉及的目录：

```
$ docker build -f Dockerfile.sample --tag example .
[+] Building 1.9s (8/8) FINISHED
 => [internal] load build definition from Dockerfile.sample
 => => transferring dockerfile: 92B
 => [internal] load .dockerignore
 => => transferring context: 2B
 => [internal] load metadata for docker.io/library/ubuntu:latest
 => [1/3] FROM docker.io/library/ubuntu@sha256:82becede498899ec668628e7
cb0ad87b6e1c371cb8a1e597d83a47fac21d6af3
 => [internal] load build context
 => => transferring context: 82B
 => CACHED [2/3] RUN mkdir -p /opt/
 => CACHED [3/3] COPY sometext.txt /opt/sometext.txt
 => exporting to image
 => => exporting layers
 => => writing image sha256:e4a5342b531e68dfdb4d640f57165b704b1132cd18b
5e2ba1220e2d800d066cb
```

此时，如果我们列出可用的镜像，就能看到上面构建的 example 镜像：

```
$ docker images
REPOSITORY      TAG         IMAGE ID       CREATED        SIZE
example         latest      e4a5342b531e   2 hours ago    72.8MB
ubuntu          latest      1318b700e415   47 hours ago   72.8MB
```

现在，通过以下命令来运行容器，它将在启动后执行 cat 命令：

```
$ docker run example
Some example text
```

容器将在命令完成后停止执行。可以使用 docker ps -a 命令来查看已停止的容器，但停止后的容器一般都不会太有趣。

有种常见的例外情况，就是产生的文件系统被存储到磁盘上，所以作为命令的一部分，停止的容器可能会生成有趣的文件。

虽然这种运行容器的方式有时对编译二进制文件或其他类似的操作很有用，但通常情况下，更常见的是创建始终保持运行的 RUN 命令。这种情况下，容器将一直处于运行状态，直到通过外部操作将其停止。

9.6.2 构建并运行 Web 服务

正如我们所看到的，Web 服务容器是最常见的微服务类型。要构建、运行一个 Web 服务容器镜像，我们需要做如下准备：

- 适当的基础设施，让 Web 服务运行在容器的一个端口上。
- 我们将要运行的代码。

按照前几章介绍的常用架构，我们将使用以下技术栈：

- 用 Python 编写代码，并使用 Django 作为 Web 框架。
- 通过 uWSGI 来执行 Python 代码。
- 通过 nginx Web 服务器将服务发布到 8000 端口。

让我们看一下各个组成部分。

该代码可在 https://github.com/PacktPublishing/Python-Architecture-Patterns/tree/main/chapter_09_monolith_microservices/web_service 上找到。

代码由两个主目录和一个文件组成：

- docker：这个子目录包含了与 Docker 和其他基础设施操作相关的文件。
- src：Web 服务本身的源代码。该源代码与我们在第 5 章看到的一样。
- requirements.txt：包含运行源代码时 Python 所需要的文件。

Dockerfile 镜像位于 ./docker 子目录中。我们将根据其内容来解释容器镜像的各部分是如何联系的：

```
FROM ubuntu AS runtime-image

# 安装 Python、uwsgi 和 nginx
RUN apt-get update && apt-get install -y python3 nginx uwsgi uwsgi-
plugin-python3
```

```
RUN apt-get install -y python3-pip

# 添加启动脚本和配置
RUN mkdir -p /opt/server
ADD ./docker/uwsgi.ini /opt/server
ADD ./docker/nginx.conf /etc/nginx/conf.d/default.conf
ADD ./docker/start_server.sh /opt/server

# 添加 Python 的需求依赖项
ADD requirements.txt /opt/server
RUN pip3 install -r /opt/server/requirements.txt

# 添加源代码
RUN mkdir -p /opt/code
ADD ./src/ /opt/code

WORKDIR /opt/code

# 编译静态文件
RUN python3 manage.py collectstatic --noinput

EXPOSE 8000
CMD ["/bin/sh", "/opt/server/start_server.sh"]
```

文件的第一部分将标准的Ubuntu Docker作为容器的基础镜像，并安装所需的基本软件环境，即Python解释器、nginx、uWSGI，以及几个补充包——运行python3代码的uWSGI插件和用于安装Python包的pip：

```
FROM ubuntu AS runtime-image

# 安装 Python、uwsgi 和 nginx
RUN apt-get update && apt-get install -y python3 nginx uwsgi uwsgi-
plugin-python3
RUN apt-get install -y python3-pip
```

下一阶段是添加所有需要的脚本和配置文件，以启动服务器并配置uWSGI和nginx。所有这些文件都位于./docker子目录下，并存储在容器内的/opt/server目录中（除了nginx配置存储在默认的/etc/nginx子目录下）。

我们要确保启动脚本是可执行的：

```
# 添加启动脚本和配置
RUN mkdir -p /opt/server
ADD ./docker/uwsgi.ini /opt/server
ADD ./docker/nginx.conf /etc/nginx/conf.d/default.conf
ADD ./docker/start_server.sh /opt/server
RUN chmod +x /opt/server/start_server.sh
```

接下来安装Python需要的依赖项。添加requirements.txt文件，然后通过pip3命令安装：

```
# 添加 Python 的需求依赖项
ADD requirements.txt /opt/server
RUN pip3 install -r /opt/server/requirements.txt
```

> 某些 Python 包可能需要在第一阶段于容器中进行安装，以确保相关的工具是可用的。例如，安装某些数据库连接模块之前，要先安装对应的客户端库。

接下来将源代码添加到 `/opt/code` 中。通过 `WORKDIR` 命令，在该子目录下执行任意的 `RUN` 命令，然后用 Django 的 `manage.py` 命令运行 `collectstatic`，在对应的子目录下生成静态文件：

```
# 添加源代码
RUN mkdir -p /opt/code
ADD ./src/ /opt/code

WORKDIR /opt/code

# 编译静态文件
RUN python3 manage.py collectstatic --noinput
```

最后，指定用于发布服务的端口（8000）和运行启动容器的 `CMD`，即之前复制的 `start_server.sh` 脚本：

```
EXPOSE 8000
CMD ["/bin/bash", "/opt/server/start_server.sh"]
```

uWSGI 配置

uWSGI 的配置与第 5 章中的配置非常相似：

```
[uwsgi]
plugins=python3
chdir=/opt/code
wsgi-file = microposts/wsgi.py
master=True
socket=/tmp/uwsgi.sock
vacuum=True
processes=1
max-requests=5000
uid=www-data
# 用于发送命令到 uWSGI
master-fifo=/tmp/uwsgi-fifo
```

唯一的区别是需要加入 `plugins` 参数，以指示它运行 `python3` 插件（这是因为 Ubuntu 安装的 `uwsgi` 包默认没有启用该插件）。另外，我们将用与 nginx 相同的用户来运行该进程，以允许这些进程通过 `/tmp/uwsgi.sock` 套接字进行通信。这是通过配置项 `uid=www-data` 添加的，这里的 `www-data` 是 nginx 的默认用户。

nginx 配置

nginx 的配置也与第 5 章中的配置非常相似：

```
server {
    listen 8000 default_server;
    listen [::]:8000 default_server;


    root /opt/code/;

    location /static/ {
        autoindex on;
        try_files $uri $uri/ =404;
    }
     location / {
         proxy_set_header Host $host;
         proxy_set_header X-Real-IP $remote_addr;
         uwsgi_pass unix:///tmp/uwsgi.sock;
         include uwsgi_params;
     }

 }
```

唯一的区别是发布的服务端口，即 `8000`。请注意，根目录是 `/opt/code`，因此静态文件目录为 `/opt/code/static`。这个需要与 Django 的配置保持同步。

启动脚本

让我们来看看启动服务的脚本，即 `start_script.sh`：

```
#!/bin/bash

_term() {
  # 参见 uwsgi.ini 文件和
  #  http://uwsgi-docs.readthedocs.io/en/latest/MasterFIFO.html 中的细节
  # q 意味着 "优雅地停止"
  echo q > /tmp/uwsgi-fifo
}

trap _term TERM

nginx
uwsgi --ini /opt/server/uwsgi.ini &

# 我们需要等待以有效地捕捉信号，这就是 uWSGI 在后台启动的原因。
started
#  $! 是 uWSGI 的 PID
wait $!
# 容器退出并返回代码 143，这意味着"因收到SIGTERM 信号而退出"
SIGTERM"
# 128 + 15 (SIGTERM)
```

```
# http://www.tldp.org/LDP/abs/html/exitcodes.html
# http://tldp.org/LDP/Bash-Beginners-Guide/html/sect_12_02.html
echo "Exiting, bye!"
```

启动过程的核心是在脚本的中间位置，在这几行中：

```
nginx
uwsgi --ini /opt/server/uwsgi.ini &
wait $!
```

这条命令将同时启动 `nginx` 和 `uwsgi`，并等待直到 `uwsgi` 进程不再运行。在 Bash 中，`$!` 是最后一个进程（即 `uwsgi` 进程）的 PID。

当 Docker 试图停止容器时，它首先会向该容器发送一个 `SIGTERM` 信号。这就是我们要创建一个捕获此信号并执行 `_term()` 函数的 `trap` 命令的原因。这个函数会向 `uwsgi` 队列发送一个优雅停止的命令，正如我们在第 5 章所讨论的，它将以优雅的方式来结束进程：

```
_term() {
  echo q > /tmp/uwsgi-fifo
}

trap _term TERM
```

如果通过 `SIGTERM` 信号不能成功地结束进程，Docker 会在到达宽限期后停止容器、结束其进程，但这存在可能会造成进程非常优雅地终止的风险。

构建并运行

现在我们可以开始构建容器镜像并运行它。要构建镜像，需执行一条与之前类似的命令：

```
$ docker build -f docker/Dockerfile --tag example .
[+] Building 0.2s (19/19) FINISHED
 => [internal] load build definition from Dockerfile
 => => transferring dockerfile: 85B
 => [internal] load .dockerignore
 => => transferring context: 2B
 => [internal] load metadata for docker.io/library/ubuntu:latest
 => [ 1/14] FROM docker.io/library/ubuntu
 => [internal] load build context
 => => transferring context: 4.02kB
 => CACHED [ 2/14] RUN apt-get update && apt-get install -y python3
nginx uwsgi uwsgi-plugin-pytho
 => CACHED [ 3/14] RUN apt-get install -y python3-pip
 => CACHED [ 4/14] RUN mkdir -p /opt/server
 => CACHED [ 5/14] ADD ./docker/uwsgi.ini /opt/server
 => CACHED [ 6/14] ADD ./docker/nginx.conf /etc/nginx/conf.d/default.
conf
```

```
=> CACHED [ 7/14] ADD ./docker/start_server.sh /opt/server
=> CACHED [ 8/14] RUN chmod +x /opt/server/start_server.sh
=> CACHED [ 9/14] ADD requirements.txt /opt/server
=> CACHED [10/14] RUN pip3 install -r /opt/server/requirements.txt
=> CACHED [11/14] RUN mkdir -p /opt/code
=> CACHED [12/14] ADD ./src/ /opt/code
=> CACHED [13/14] WORKDIR /opt/code
=> CACHED [14/14] RUN python3 manage.py collectstatic --noinput
=> exporting to image
=> => exporting layers
=> => writing image sha256:7be9ae2ab0e16547480aef6d32a11c2ccaa3da4aa5e
fbfddedb888681b8e10fa
=> => naming to docker.io/library/example
```

要运行该服务，启动容器并将其端口 `8000` 映射到本地端口，例如，`local 8000`，需执行以下命令：

```
$ docker run -p 8000:8000 example
[uWSGI] getting INI configuration from /opt/server/uwsgi.ini
*** Starting uWSGI 2.0.18-debian (64bit) on [Sat Jul 31 20:07:20 2021]
***
compiled with version: 10.0.1 20200405 (experimental) [master revision
0be9efad938:fcb98e4978a:705510a708d3642c9c962beb663c476167e4e8a4] on 11
April 2020 11:15:55
os: Linux-5.10.25-linuxkit #1 SMP Tue Mar 23 09:27:39 UTC 2021
nodename: b01ce0d2a335
machine: x86_64
clock source: unix
pcre jit disabled
detected number of CPU cores: 2
current working directory: /opt/code
detected binary path: /usr/bin/uwsgi-core
setuid() to 33
chdir() to /opt/code
your memory page size is 4096 bytes
detected max file descriptor number: 1048576
lock engine: pthread robust mutexes
thunder lock: disabled (you can enable it with --thunder-lock)
uwsgi socket 0 bound to UNIX address /tmp/uwsgi.sock fd 3
Python version: 3.8.10 (default, Jun  2 2021, 10:49:15)  [GCC 9.4.0]
*** Python threads support is disabled. You can enable it with
--enable-threads ***
Python main interpreter initialized at 0x55a60f8c2a40
your server socket listen backlog is limited to 100 connections
your mercy for graceful operations on workers is 60 seconds
mapped 145840 bytes (142 KB) for 1 cores
*** Operational MODE: single process ***
WSGI app 0 (mountpoint='') ready in 1 seconds on interpreter
0x55a60f8c2a40 pid: 11 (default app)
*** uWSGI is running in multiple interpreter mode ***
spawned uWSGI master process (pid: 11)
spawned uWSGI worker 1 (pid: 13, cores: 1)
```

服务启动之后，就可以访问你的本地地址 `http://localhost:8000`，并访问服务。例如，访问 URL `http://localhost:8000/api/users/jaime/collection`，如图 9-7 所示。

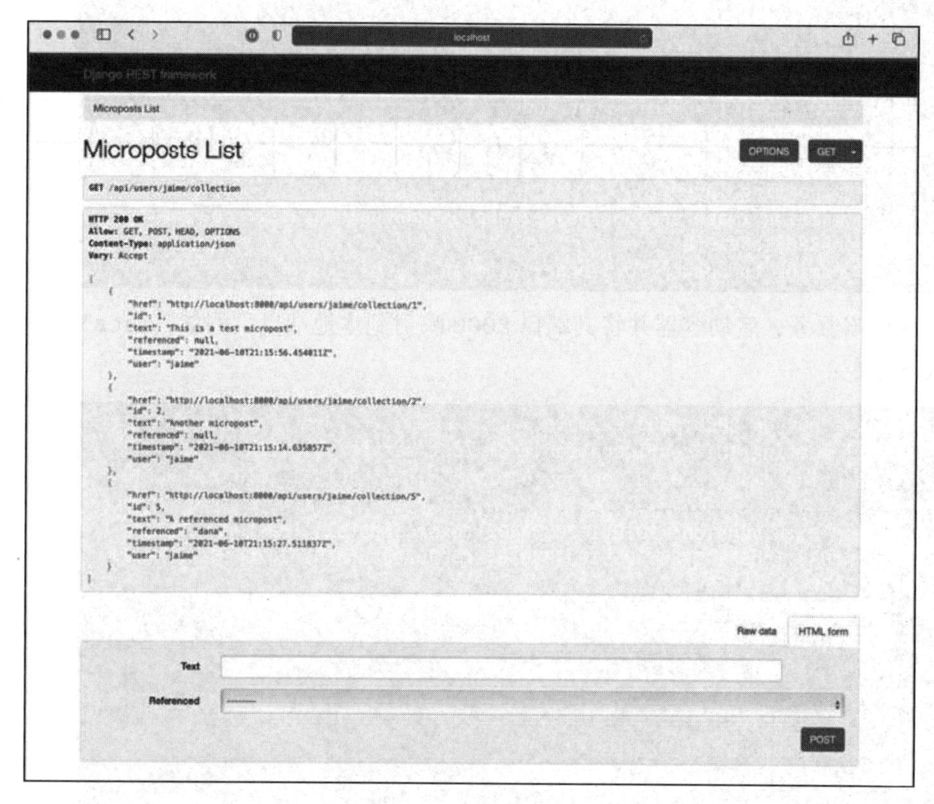

图 9-7 博文列表

此时可以在启动容器的界面上看到访问日志：

```
[pid: 13|app: 0|req: 2/2] 172.17.0.1 () {42 vars in 769 bytes} [Sat Jul
31 20:28:56 2021] GET /api/users/jaime/collection => generated 10375
bytes in 173 msecs (HTTP/1.1 200) 8 headers in 391 bytes (1 switches on
core 0)
```

可以使用 `docker stop` 命令优雅地停止该容器。为此，需要先用 `docker ps` 命令查看容器的 ID：

```
$ docker ps
CONTAINER ID   IMAGE     COMMAND                  CREATED
STATUS          PORTS                                        NAMES
b01ce0d2a335   example   "/bin/bash /opt/serv…"   23 minutes ago   Up
23 minutes   0.0.0.0:8000->8000/tcp, :::8000->8000/tcp   hardcore_chaum
$ docker stop b01ce0d2a335
b01ce0d2a335
```

捕获到 Docker 发送的 SIGTERM 信号后，容器日志就会显示相关细节，然后容器退出：

```
Caught SIGTERM signal! Sending graceful stop to uWSGI through the
master-fifo
Exiting, bye!
```

在设置这个示例时我们做了一些调整，与典型的服务相比，有意简化了操作。

注意事项

记得查看第 5 章，以回顾定义的 API 并更好地理解它。

Django 的 `settings.py` 文件中的 `DEBUG` 模式被设置为 `True`，这样让我们在诸如 404 或 500 错误被触发时能看到更多信息。这个参数在生产环境中应该禁用，因为它可能会泄露关键信息。

`STATIC_ROOT` 和 `STATIC_URL` 参数需要在 Django 和 nginx 的配置中协调好，使其指向同一个地方。这样一来，`collectstatic` 命令就会把数据存储在与 nginx 接收数据相同的地方。

最重要的细节是这里使用了 SQLite 数据库，而不是内部数据库。这个数据库存储在容器的文件系统中的 `src/db.sqlite3` 文件内。也就是说，如果容器停止了，然后重新启动容器，那么所有的修改都不会保存下来。

本书对应的 GitHub 代码仓库中的 `db.sqlite3` 文件包含了一些为了方便而保存的信息，其中包含两个用户 `jaime` 和 `dana`，每个用户都有几篇博文。到目前为止，API 还没有以这样的方式被定义，继而创建新的用户，所以需要转而使用 Django 工具来创建，或者直接用 SQL 来访问。这些用户是为了演示而添加的。

> 出于练手的目的，可以创建一个脚本，将其作为构建过程的一部分，向数据库中添加一些基础数据。

一般来说，这种数据库并不太适合在生产环境中使用，生产环境中通常需要连接到容器之外的数据库。此时显然需要一个可用的外部数据库，这会让系统部署变得更复杂。

现在我们知道了如何使用容器，还可以启动另一个带有数据库（比如 MySQL）的 Docker 容器，以改善系统架构。

> 对于生产环境来说，容器化的数据库并不是一个好主意。一般来说，容器很适合经常发生变化的无状态服务，因为它们可以很容易地启动和停止。数据库往往是非常稳定的，而且有很多服务都对所管理的数据库做了限定。容器带来的优势对于典型的数据库来说不太适用。
>
> 这并不意味着它在生产环境之外也不适用。例如，容器化数据库是进行本地开发时的非常好的选择，因为用它可以轻松创建一个可复制的本地环境。

如果想创建一个以上的容器并将它们连接起来，比如一个 Web 服务器和一个用于存储数据的后台数据库，而不是分别启动所有这些容器，那么我们可以使用容器编排工具。

9.7 容器编排与 Kubernetes

管理多个容器并将它们连接起来称为对其进行编排。部署在容器中的微服务需要进行编排，以确保多个微服务之间的相互连接。

这个概念蕴含着一些细节，如找到其他容器的位置、服务之间的依赖关系，以及生成同一容器的多个副本等。

编排工具非常强大，也很复杂，需要熟悉很多术语。全面解释这些术语超出了本书的范围，但我们会指出并简要介绍部分术语。请参考后续内容中的链接文档以获取更多信息。

有几种工具可以进行容器编排，最常见的两种是 `docker-compose` 和 Kubernetes。

`docker-compose` 是 Docker 公司提供的通用产品中的一部分，对小型部署或本地开发非常有效。它基于一个 YAML 文件，包含了各种服务的定义，以及这些服务可以使用的名称。`docker-compose` 可以用来替代大量的 `docker build` 和 `docker run` 命令，因为在 YAML 文件中可以定义所有的参数。

可以到这里查看 Docker Compose 的文档：`https://docs.docker.com/compose/`。

Kubernetes（简称 K8S）针对的是更大规模的部署和集群环境，它能为容器生成一个完整的逻辑结构，以定义它们如何相互连接，从而实现对底层基础设施的抽象。

在 Kubernetes 中配置的所有物理（或虚拟）服务器都称为**节点**。所有的节点定义了集群。每个节点都由 Kubernetes 处理，Kubernetes 会在节点之间创建一个网络，并将不同的容器分配给每个节点，关注每个节点上的可用空间。也就是说，节点的数量、位置或种类无须由服务来管理。

相反，集群中的应用程序被分布在逻辑层中。可以定义几个元素：

- **Pod**。Pod 是 Kubernetes 中定义的最小单元，它被定义为一组作为一个单元运行的容器。通常情况下，Pod 只由一个容器组成，但在某些时候，它们可能由几个容器组成。Kubernetes 中的一切都在 Pod 中运行。
- **部署**（Deployment）。Pod 的集合。部署将定义所需的副本数量，并创建适当数量的 Pod。同一次部署的各 Pod 可以位于不同的节点上，但也在 Kubernetes 的控制之下。

因为部署控制着 Pod 的数量，如果某个 Pod 崩溃了，部署会重新启动它。此外，可以操纵部署来修改 Pod 的数量，例如，通过创建自动缩放器（autoscaler，亦称自动扩缩器）来调整。如果要在 Pod 中部署的容器镜像发生变化，那么部署会用合适的容器镜像创建新的 Pod，并根据滚动更新或其他策略删除旧的 Pod。

- **服务**（Service）。一个标签，可用于将请求路由到某些 Pod，作为 Pod 的 DNS 名称来使用。通常情况下，它会指向为部署而创建的 Pod。这样可以让系统中其他 Pod 将请求发送到已知的某个地方。这些请求将在不同的 Pod 之间均衡负载。
- **入口**（Ingress）。对一个服务的外部访问。通过它把传入的 DNS 映射到服务。入口让应用程序能够被发布到外部。外部请求将经由入口进入，并被定向到某个服务，然后由一个特定的 Pod 来处理。

有些组件适用于 Kubernetes 集群环境。比如 `ConfigMaps`（配置中心），定义可用于配置的键值对；`Volumes`（卷），用于在 Pod 之间共享存储；`Secrets`（密钥），定义可注入 Pod 的密钥值。

Kubernetes 是一个神奇的工具，可以处理具有数百个节点和数千个 Pod 的大规模集群。它也是一个复杂的工具，其用法需要大量的学习，而且有着较长的学习曲线。Kubernetes 现在非常流行，有很多关于它的文档。官方文档可以在 `https://kubernetes.io/docs/home/` 找到。

9.8　小结

本章讨论了单体架构和微服务架构。首先介绍了单体架构，以及为何在设计应用程序时倾向于将其作为“默认架构”。单体架构以单个整体块的形式创建，并在这个块内包含了所有代码。

相比之下，微服务架构将整个应用程序的功能划分为较小的部分，以便它们可以并行工作。为了使这种策略发挥作用，需要定义明确的边界，并制订将各个微服务相互连接起来的规则。与单体架构相比，微服务的目的在于生成更多结构化的代码，并通过将其划分为更小、更容易管理的系统来管理大型的代码库。

接着讨论了什么是最好的架构，以及在系统设计时如何选择单体架构或者微服务架构。每种架构都各有其利弊，但一般来说，系统在刚开始时往往是采用单体架构，而将代码库划分为较小的微服务的操作，通常是在代码库和从事该工作的开发人员数量达到一定规模后才进行的。

这两种架构之间的区别不仅是技术上的，在很大程度上还涉及从事系统开发的人员之间需要如何沟通和划分团队。我们讨论了需要考虑的各方面的问题，包括团队的架构和规模等。

由于从旧的单体架构迁移到新的微服务架构是很常见的情况，故而阐述了应当如何对待这项工作，并使用四个步骤的路线图来实现迁移：分析、设计、计划和执行。

然后讨论了服务（尤其是微服务）的容器化是如何发挥作用的，并介绍了容器化服务工具 Docker 的基本用法及其多方面的优势和用途。还阐释了一个对第 5 章所述的 Web 服务示例进行容器化的例子。

最后，我们简要介绍了如何使用编排工具在多个容器之间进行协调和沟通，其中最流行的容器编排工具是 Kubernetes，并对 Kubernetes 进行了简单的介绍。

可以从本书作者的 *Hands-On Docker for Microservices with Python* 一书中获取更多有关微服务，以及如何从单体架构迁移到微服务架构的信息，该书扩充了这些概念，并进行了更深入的研究。

第三部分 Part 3

实 现

设计是制订行动计划的重要阶段，但软件开发过程中真正的核心在于实现。

总体架构设计的实现依赖于多个较小的设计决策，即要如何组织以及开发代码。无论设计有多好，执行才是关键，它将验证或调整前期准备好的计划。

因此，可靠的实施需要开发人员对自己的编码能力持怀疑态度，代码在被认为“已完成”之前需要进行彻底的测试。这是标准的操作，如果坚持这样做，就会产生良好的连带效应，不仅可以提高代码的质量、减少问题的数量，还能提高团队预见系统中薄弱之处的能力，并对其进行加固，以确保投入运行以后，软件是可靠的，并且尽可能减少工作中的问题。

通过这部分内容的学习，我们将能掌握如何进行软件测试，包括使用 TDD（Test-Driven Design，测试驱动设计），这是一种将测试置于开发过程中的实践方法。

有时候，有些代码需要多次共享，以便于重用。在 Python 环境中，利用强大的工具可以轻松地创建和共享可实现的模块。我们将学习如何组织、创建和维护标准的 Python 模块，包括把这些模块上传到 PyPI，即标准的 Python 第三方软件包仓库。

本书这一部分包括如下内容：

- 第 10 章阐释各种不同的测试方法、TDD 方法论，以及轻松编写测试的工具。
- 第 11 章讨论如何构建代码，以便在系统的各个部分共享使用，或与更大范围的社区共享代码。

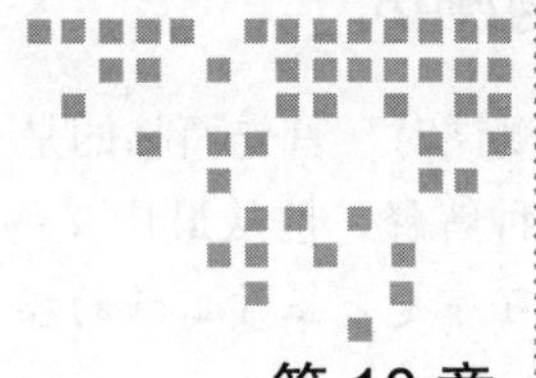

第 10 章 Chapter 10

测试与 TDD

无论开发人员的水平有多高，他们写的代码都不一定能按预想的那样执行。这是不可避免的，因为没有哪个开发人员是完美无瑕的。但这也归因于预期的结果有时并不是人们沉浸于编码时所想到的那样。

软件系统的设计很少会像人们预期的那样进行，而且在实施过程中总是会反复讨论，直到设计被完善并正确运行。

> 每个人都有自己的计划，直到被一拳打在脸上。
>
> ——迈克·泰森

众所周知，软件开发是非常困难的，因为它的可塑性极强，但同时，我们可以用软件来仔细检查代码是否在做它该做的事情。

> 请注意，与其他代码一样，测试过程中的代码也可能会有错误。

编写测试可以让你及时发现代码的问题，并采取理智的怀疑态度，来验证代码实际运行的结果是否符合预期。我们将学习如何轻松地创建测试，以及为捕捉各种类型的问题继而生成各种不同的测试所采取的多种策略。

本章将阐述如何基于 TDD 工作，这种方法论的工作原理是先定义测试，以确保检验操作尽可能独立于实际的代码实现。

我们还将展示如何在 Python 中使用常见的单元测试框架、标准的 `unittest` 模块，以及更高级、更强大的 `pytest` 来创建测试。

> 注意本章比其他章节要长一些，主要是因为要介绍示例代码。

让我们从测试相关的基本概念开始。

10.1 代码测试

讨论代码测试时，首先面临的是一个简单问题：我们所说的代码测试究竟是什么意思？

虽然有多种解释，但从最广义的角度看，答案或许是“在应用程序到达最终客户之前所有探测应用程序是否正常工作的操作”。从这个意义上讲，所有正式或非正式的测试程序都符合这个定义。

最宽松的测试方法，有时会在只有一两个开发人员的小型应用程序中看到，就是不创建具体的测试，而是进行非正式的“完整应用程序运行”，以检查新实现的功能是否按预期的方式运行。

这种方法可能对小型、简单的应用程序有效，但其主要问题在于，难以确保旧的功能保持稳定。

但是，对于大型且复杂的高质量软件来说，需要对测试更加谨慎一些。因此，让我们试着给测试下一个更准确的定义：测试是所有有文档记录的过程，最好是自动化的，根据已知的设置，在应用程序到达最终客户之前检查其各组成部分是否正常工作。

对比一下与前面的定义之间的差异可知，这里有几个关键词。让我们逐一分析，看看相关的细节：

- **有文档记录**（documented）。与之前的版本相比，我们的目标是将测试过程记录下来。这能让你在必要时精确地重现测试过程，还可以进行比较以发现盲点。

  有多种方法可以将测试过程记录下来，可以通过设定要运行的步骤和预期结果的列表，也可以通过创建运行测试的代码。主要的思路是，对测试进行分析，由不同的人运行多次，必要时可以调整，并且有清晰的设计和结果。
- **最好是自动化的**（preferably automated）。测试应该能够自动运行，尽可能地减少人为干预。这样就可以实现 CI（Continuous Integration，持续集成）技术，反复运行许多测试，创建一套“安全网”，能够尽早地捕捉到意外的错误。我们说“最好”是因为也许有些测试是不可能做到完全自动化的，或者成本太高。无论何时都应该力争让绝大多数的测试自动化，让计算机去做繁重的工作，以节省人类宝贵的时间。还有多种软件工具可用于协助完成测试。
- **根据已知的设置**（from a known setup）。为了做到独立运行测试，我们需要在运行测试之前弄清系统的状态应该是什么样的，以确保测试的结果不会出现某种可能干扰下一次测试的状态。在测试之前和之后，都需要进行相关的清理。

与不担心初始或结束状态相比，虽然这样可能会降低运行分批测试的速度，但能为避免问题的发生打下坚实的基础。

作为一般性原则，特别是在自动化测试中，测试的执行顺序应当是不相关的，以避免交叉污染（cross-contamination）。这说起来容易做起来难，在某些情况下，测试顺序的不同会产生问题。例如，测试A创建了一个测试B要读取的数据。如果测试B是独立运行的，则它会失败，因为它需要由测试A生成的数据。这些情况应当进行处理，否则会使调试过程复杂化。同时，要尽可能做到独立运行测试，以使多项测试任务同步进行。

- **应用程序的各组成部分**（different elements of the application）。大多数测试都不应针对整个应用程序，而应针对其中较小的部分。我们将在后文中详细讨论不同级别的测试，但测试前应当明确具体所涵盖的各组成部分的测试内容，因为涉及太多领域的测试，其成本会更高。

测试有一个关键因素，就是要有良好的投资回报。设计和运行测试需要时间，而这些时间应当充分加以利用。所有测试都需要进行维护，这些维护应当是值得去做的。在整个章节中，我们都将对测试的这一重要方面进行探讨。

有一种重要的测试，我们在上述定义中没有涉及，它被称为探索性测试（exploratory testing）。这种测试通常是由QA（Quality Assurance，质量管理）工程师进行的，他们使用最终的应用程序，没有明确的先入为主的想法，但会尝试积极主动地发现问题。如果应用程序有面向客户的用户界面，这种测试风格在检测设计阶段未发现的不一致性问题时非常有价值。

例如，一个好的QA工程师会说，X页按钮的颜色与Y页按钮的颜色不一样，或者按钮不够醒目，不能执行某个操作，或者执行某个操作需要先决条件，而这个先决条件在新的界面上操作起来不够显眼。所有UX（User eXperience，用户体验）的检查都有可能属于这个类别。

就其性质而言，这种测试无法被"设计"或"记录"，因为它最终都要归结为解释和良好的眼光，以了解应用程序是否感觉正确。一旦发现问题，就可以将其记录下来，以避免出现。

虽然这种测试无疑是有用的，也值得推荐，但这种风格的测试更像是一种艺术，而不是工程实践，这里我们不进行详细讨论。

这个一般性的定义有助于开始讨论相关问题，但我们还可以更具体地了解各种测试，即在每项测试期间，系统中有多少在进行测试的内容。

10.2 不同级别的测试

正如之前所讨论的，测试应当涵盖系统的各个组成部分。这意味着测试针对的是系统的一小部分或大部分（乃至整个系统），以减少其作用范围。

当测试系统的一小部分时，可减少测试的复杂性和范围。我们只需调用系统的那一小部分，而且设置也比较容易上手。一般来说，要测试的内容越少，测试起来就越快、越容易。

我们将定义三种不同级别或种类的测试，其范围从小到大：

- **单元测试**（unit test），仅用于检查服务的一部分的测试。
- **集成测试**（integration test），用于将单个服务作为一个整体进行检查的测试。
- **系统测试**（system test），用于检查协同工作的多个服务的测试。

实际上，对测试的命名可能会有很大差异。本书中，我们不会进行非常严格的定义，而只是采用宽松的定义，建议你根据具体的项目做相应的权衡。不必在意为每个测试做出针对性的决定，并采用你自己的命名方法，只需始终牢记创建测试需要付出多少努力，以确保这些工作总是值得的。

测试级别的定义可能并不是那么准确。例如，集成测试和单元测试两者可能会相互定义，这种情况下，它们之间的区别其实更多体现在学术层面。

让我们来更详细地了解各种测试级别。

10.2.1 单元测试

规模最小、通常投入精力也最多的是单元测试。这种测试检查的是小的代码单元的行为，而非检查整个系统。这里的代码单元可能小到一个函数或一个 API 端点，以及类似的对象。

如上文所述，关于单元测试究竟应该有多大，存在很多争论，关乎“单元”是什么以及它是否真的是一个单元。例如，有些时候，只有当测试涉及单个函数或类时，人们才会把它称为单元测试。

因为单元测试检查的是一小部分功能，所以它能非常容易地进行，且运行起来很快。因此，开始新的单元测试是非常便捷的，并且能彻底地测试系统，以检查整个系统的各个部分是否按预期在运行。

单元测试的目的是深入检查所定义的服务的功能行为。所有外部请求或组件都要进行模拟，也就是说，应当将它们纳入，使其成为测试的一部分。我们将在本章后面更详细地介绍单元测试，因为这些是 TDD 方法的关键要素。

10.2.2 集成测试

往下一级是集成测试，这是对单个服务或多个服务整体行为的检查。

集成测试的主要目标是确保不同的服务或同一服务中的不同模块能够相互协作。在单元测试中，外部请求是模拟的，而集成测试使用真实的服务。

可能仍然需要对外部API进行模拟，例如，模拟用于测试的某个外部支付提供商。但是，一般来说，应该尽可能多地用真实服务进行集成测试，因为测试的重点是检查各服务是否能协调运行。

值得注意的是，通常情况下，不同的服务是由不同的开发人员甚至是不同的团队开发的，他们对特定API的理解可能会有分歧，即使是在有明确定义的开发规范的情况下。

集成测试的设置比单元测试更复杂，因为需要正确设置更多的组件。这使得集成测试比单元测试更慢，也更昂贵。

集成测试对于检查多个服务是否协调运行是非常有用的，但也存在一些限制。

集成测试通常不像单元测试那么彻底，它侧重于检查基本功能和遵循乐观路线（happy path）。乐观路线是一种测试理念，它意味着测试用例预期不会产生错误或异常。

对预期错误和异常的检查通常在单元测试中进行，因为它们也是可能导致测试失败的因素。这并不意味着每个集成测试都应该遵循乐观路线。或许有些集成测试的错误是值得检查的，但一般来说，乐观路线测试的是预期的常规功能行为，它们是构成集成测试的主要内容。

10.2.3 系统测试

最后一级是系统测试。系统测试用于全面检查所有的服务是否能正确地协同运行。

这种测试的一个要求是系统中实际上存在着多个服务。如果没有，它们便与较低层次的测试没有区别。这些测试的主要目的是检查多个服务间的配合情况，以及配置是否得当。

系统测试是缓慢且难以实施的。这种测试要求整个系统都设置好，且所有的服务都配置正确。准备这样的环境通常都会比较复杂。有时，因为相关准备工作是如此困难，以至于实际执行一次系统测试的唯一方法是在实时生产环境中去运行测试。

环境配置是进行这些测试的重要内容。这使得“它们在包括实时环境在内的每个被测试的环境中都能够正常运行”变得非常重要。

虽然这样并不太理想，但有时却是难以避免的，它能有助于提高系统部署后的信心，以确保新的代码能够正确运行。在这种情况下，考虑到限制因素，应当只进行最低数量的测试，因为实时生产环境是至关重要的。要运行的测试也应最大限度地针对常用功能和服务进行，以尽早发现那些关键的问题。这组测试有时被称为验收测试（acceptance test）或烟雾测试（smoke test）。作为确保一切都运行正常的方式，可以手动运行这些测试。

当然，烟雾测试不仅可以在实时环境中运行，还可以当作确保其他环境正常运行的一种方法。

烟雾测试应当是非常清晰、有据可查的，并且要精心设计，以涵盖整个系统最关键的部分。理想情况下，它们也应当是只读的，因而在执行后不会留下无用的数据。

10.3 测试理念

与测试有关的一个关键因素是，*为什么要测试*？通过测试想要达到什么目的？

正如我们所看到的，测试是确保代码的行为符合预期的一种方式。测试的目的是在代码发布和被最终用户使用之前发现可能存在的问题（有时称为*缺陷*）。

缺陷和 bug 之间有一些微妙的区别。bug 是一种缺陷，即软件的行为方式与预期不符。例如，某些输入产生了一个意外的错误。而缺陷的范围更广，缺陷可能是某个按钮不够显眼，或者页面上的标志不正确。一般来说，测试在检测 bug 方面要比检测其他缺陷好得多，但请记住前文提及的探索性测试。

未被检测到的缺陷如果被部署到实时系统中，修复起来代价相当高。首先要检测到它。在一个有大量用户操作的实时应用程序中，要检测出问题可能会非常困难（尽管我们会在第 16 章讨论这个问题），但更糟糕的是，它通常会被使用该应用程序的系统用户发现。用户可能不会及时把问题反馈回去，所以问题依然会存在，从而导致故障或不良影响。发现问题的用户可能会放弃这个系统，或者至少他们会对这个系统失去信心。

任何声誉上的损失都很糟糕，但也很难从用户那里获取到足够的信息，以了解到底发生了什么以及如何解决。这使得从检测出问题到问题得到修复之间的周期会非常长。

所有的测试系统都会尽力提升早期修复缺陷的能力。不仅可以创建专用的测试，以模拟完全相同的问题，还可以创建一个框架，定期执行测试，且对如何检测和修复问题有着明确的方法。

各测试级别对测试成本有着不一样的影响。一般来说，在单元测试级别检测到的问题，如能修复通常都会比较便宜，在那之后的测试级别修复则成本会增加。设计和运行单元测试比做同样的集成测试要容易且更快，而集成测试则比系统测试要便宜。

不同测试级别可以理解为在不同的层次上捕获可能出现的问题。每层都会捕获到不一样的问题。越接近过程的开始（设计和编码时的单元测试），进行检测及问题告警的成本就越低。离过程开始时的受控环境越远，修复问题的成本就越高，如图 10-1 所示。

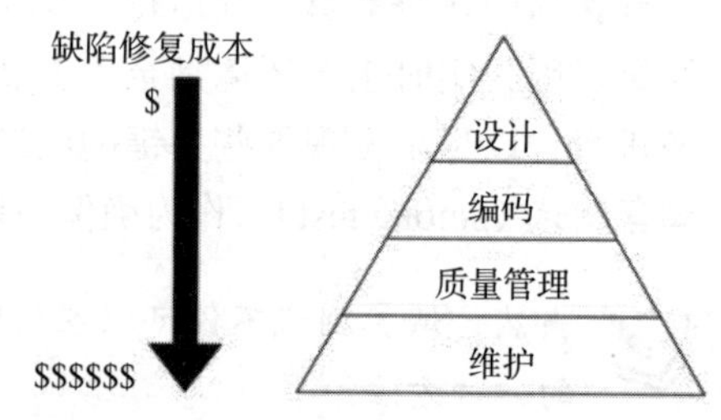

图 10-1 发现缺陷越晚，修复缺陷的成本就越高

有些缺陷是不可能在单元测试阶段发现的，比如与各系统组件集成相关的问题。这正是下一级测试发挥作用的地方。正如前文所述，最糟糕的情况是没有发现任何问题，但实际上系统中的用户却已经受到了影响。

而且，进行测试不仅是捕捉问题的好方法。还可以保留测试，并在新代码有更改时继续运行，它还会在开发时创建一个安全网，以确保新产生的代码或对代码的修改不会影响旧的功能。

这是基于持续集成的实践，自动并不断地运行测试的最佳论据之一。开发人员可以专注于正在开发的功能，而持续集成工具将运行每一个测试，如果某个测试有问题则及早提醒。由之前引入的功能所导致的故障称为回归（regression）问题。回归问题是很常见的，所以足够的测试覆盖率很有必要，以防止疏漏。可以引入涵盖先前功能的特定测试，以确保它能按预期运行。这些属于回归测试，有时是在检测到回归问题后添加的。

通过良好的测试来检查系统行为的另一个好处是，代码本身可以进行大量修改，且能掌握其行为是否保持不变。这些修改可以用来重组、清理代码，并对其进行全面改进。这种修改被称为代码重构（refactoring），即在不改变代码预期行为的情况下调整代码的编写方式。

现在，我们需要回答“什么是好的测试”这个问题。正如前面讨论的，编写测试并不是免费的，需要付出努力，要确定它是值得的。那么，我们怎样才能创造出好的测试?

10.3.1 如何设计好的测试

设计好的测试需要有好的理念。在设计用于某些功能的代码时，其目的是让代码实现该功能，同时效率要高，且编写的代码要清晰，甚至是优雅的。

测试的目的是确保功能可以完成预期的行为，并且所有可能出现的各种问题都会输出有意义的结果。

现在，为了能够真正做到对功能进行测试，其思路应该是尽可能地对代码施加压力。例如，设想有一个函数 `divide(A, B)`，它将对两个在 −100 和 100 之间的整数进行除法运算：在 A 和 B 之间。

在进行测试之前，我们需要先检查其限制是什么，尽可能检查该函数是否按预期的行为正常执行。例如，可创建如下测试：

操作	预期行为	备注
`divide(10, 2)`	返回 5	正常情况
`divide(-20, 4)`	返回 −5	负数除以正整数
`divide(-10, -5)`	返回 2	两个负数相除
`divide(11, 2)`	返回 5	不能整除
`divide(100, 50)`	返回 2	A 采用最大值
`divide(101, 50)`	提示输入错误	A 超出最大值
`divide(50, 100)`	返回 0	B 采用最大值
`divide(50, 101)`	提示输入错误	B 超出最大值
`divide(10, 0)`	产生异常	除数为零
`divide('10', 2)`	提示输入错误	参数 A 格式无效
`divide(10, '2')`	提示输入错误	参数 B 格式无效

注意这里是如何测试可能出现的各种情况的：

- ❑ 参数正确时，所有行为都是正常的，除法运算也能正常进行。包括正数和负数，整除和不能整除的情况。
- ❑ 最大值和最小值范围内的数值：检查最大值计算的正确性，并有效检测超出最大值的计算请求。
- ❑ 除数为零：已知的功能限制，应当产生预先确定的反应（异常）。
- ❑ 错误的数据输入格式。

由此可知，确实可以为简单的功能创建大量的测试案例！请注意，所有这些案例都可以进行扩充。例如，我们可以增加 `divide(-100, 50)` 和 `divide(100,-50)` 这样的测试。在这些情况下，问题是一样的：这些测试是否更好地对可能出现的问题进行了检测？

最好的测试是真正能给代码施加压力的测试，以确保它按预期的方式工作，尽可能地考虑到最极端的情况。通过测试对被测代码提出难题，是让你的代码为真正的实际应用做好准备的最好方法。处于负荷下的系统会面临各种情况，所以最佳准备是创建尽可能去发现问题的测试，从而在进入下一阶段之前就能够解决这些问题。

这种做法类似于足球训练，其间进行一系列非常苛刻的练习，以确保受训者以后在比赛中能够有效发挥。要保证日常训练有足够的难度，从而为高强度的比赛做好相应的准备！

在测试数量和已有测试未涵盖的功能（例如，创建一个有很多除法的大表）之间，需要做适当的权衡，这个过程可能在很大程度上取决于被测试的代码和所在组织的具体业务情况。有些关键领域可能需要更彻底的测试，因为这些地方的故障对系统的影响更大。

请注意，测试是独立于代码的实现来完成的。对测试的定义纯粹是从所要测试的函数的外部视角来看待的，无须知道里面的具体细节。这就是所谓的黑盒测试（black-box testing）。一组良好的测试总是从这种方式开始的。

编写测试的开发人员所需的关键能力是脱离代码本身的内容，独立地进行测试。

测试可以与代码完全分离，以至于有可能单独安排仅执行测试任务的人员，就像 QA 团队一样。不幸的是，这对单元测试来说是不可能的，因为单元测试很可能是由编写代码的开发人员本身创建的。

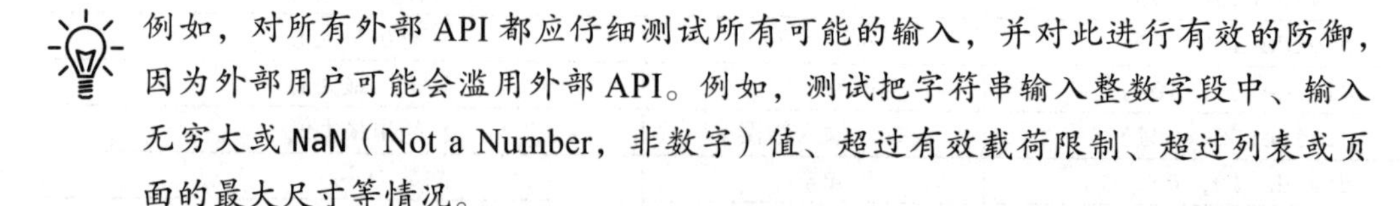

例如，对所有外部 API 都应仔细测试所有可能的输入，并对此进行有效的防御，因为外部用户可能会滥用外部 API。例如，测试把字符串输入整数字段中、输入无穷大或 NaN（Not a Number，非数字）值、超过有效载荷限制、超过列表或页面的最大尺寸等情况。

相比之下，主要用于内部的接口所需要的测试就相对少些，因为内部代码不太可能滥用API。例如，如果除法函数只是内部使用，可能就不需要测试输入格式是否错误，只需要检查是否符合限制条件。

有些时候，仅有这种外部测试是不够的。如果开发者知道有些特定的领域可能存在问题，那么用测试来补充会很有帮助，这些测试可以检查从外部角度看起来不那么明显的问题。

例如，有一个根据输入信息来计算结果的函数，它在内部有一个功能，其算法可以进行调整，以使用不同的模型来进行计算。这个功能无须外部用户掌握，但最好能增加几个相关的测试，以确保计算模型能有效地实现转换。

与前面讨论的黑盒测试不同，这种测试称为白盒测试（white-box testing）。

要记住的重点是，在一组测试中，白盒测试应当总是次于黑盒测试。我们的主要目标是从外部的视角来测试系统的功能。白盒测试是很好的补充，特别是在某些方面，但是相比于黑盒测试它的优先级要低一些。

培养能够创建良好的黑盒测试的能力是非常重要的，这种能力应当传递给团队。

黑盒测试需要尽力避免的常见问题是，同一个开发人员既写代码又写测试，然后检查代码中所实现的功能是否符合预期，而不是从外部用户的视角检查系统是否按照预期的方式运行。我们稍后会看一下TDD，它尝试在编写程序代码之前就创建测试，以确保进行测试时没有考虑到代码实现。

10.3.2　构建测试

谈到测试的组织和实施，特别是针对单元测试，有一种构建测试的好方法，就是使用AAA（Arrange Act Assert，计划、执行、断言）模式。

这种模式意味着将测试分为三个不同的阶段：

- **计划**（Arrange）：为测试准备好环境。包括所有的设置在内，在执行下一步操作之前，让系统保持正常、稳定运行。
- **执行**（Act）：执行针对测试目标的操作。
- **断言**（Assert）：检查操作的结果是否符合预期。

整个测试过程的构成如下：

GIVEN（Arrange）一个已知的环境，ACTION（Act）产生特定的RESULT（Assert）。

这种模式有时也称为GWT（GIVEN, WHEN, THEN）模式，因为每个步骤都可以用这些术语来描述。

请注意，这种结构的目的是使所有的测试都是独立的，并且每个测试都只针对一件事情。

还有一种常见的模式是分组执行测试中的操作步骤，在单次测试中测试多个功能。例如，测试写入值是正确的，然后尝试搜索该值，看能否返回对应的值。但这样就不符合AAA原则了。取而代之的是，为了遵循AAA模式，应该创建两个测试，第一个测试用于验证写入操作是否正确，第二个测试在进行搜索之前，应当在计划步骤中把创建值作为准备工作的一部分。

请注意，无论测试是通过程序执行还是手动运行，都可以使用这种结构，尽管多数情况下它用于自动测试。以手动方式运行时，计划阶段可能需要很长的时间来生成每个测试，导致消耗大量的时间。相反，手动测试通常将我们上面介绍的模式组合在一起，完成一系列的执行和断言，并使用前一阶段的输入作为下一阶段的设置。这样就产生了一种依赖关系，即要求以特定的顺序运行测试，这对单元测试套件来说不是很好，但对烟雾测试或其他在计划阶段非常昂贵的环境来说可能会更好。

同样，如果测试的代码是纯函数式的（意味着只有输入参数会影响其状态，如前文中的 divide 示例），则不需要“计划”这一步。

让我们看一个用这种结构创建的代码示例。假设有一个要测试的方法，叫作 method_to_test，该方法是一个名为 ClassToTest 的类的一部分：

```
def test_example():
    # 计划阶段
    # 创建类的示例以用于测试
    object_to_test = ClassToTest(paramA='some init param',
                                 paramB='another init param')


    # 执行阶段
    response = object_to_test.method_to_test(param='execution_param')

    # 断言阶段
    assert response == 'expected result'
```

每个步骤都有非常明确的定义。第一步是计划，在本例中，是准备一个我们要对其进行测试的类中的对象。请注意，实际上可能还需要添加一些参数或做些准备工作，以便让该对象处于可用的初始状态，从而使得接下来的步骤能按预期进行。

执行阶段只是生成了被测试的操作。在这个例子中，是用适当的参数为准备好的对象调用 method_to_test 方法。

最后，断言阶段非常简单，只是检查响应是否为预期的那样。

一般来说，执行和断言阶段的定义和编写都比较简单。计划阶段通常是测试中工作量最大的部分。

另一个常见的使用AAA原则进行测试的模式是在计划阶段创建用于测试的公共函数。例如，先创建一个还需要更多复杂设置的公共基础环境，然后再创建多个副本，其执行和断言阶段的操作是不同的。这样就减少了代码的重复。

比如这个例子：

```
def create_basic_environment():
    object_to_test = ClassToTest(paramA='some init param',
                                 paramB='another init param')
    # 该代码可能会更复杂，也许有100多行
    # 因为要测试的基础环境
    # 还有许多事情需要准备
    return object_to_test

def test_exampleA():
    # 计划
    object_to_test = create_basic_environment()

    # 执行
    response = object_to_test.method_to_test(param='execution_param')

    # 断言
    assert response == 'expected result B'

def test_exampleB():
    # 计划
    object_to_test = create_basic_environment()

    # 执行
    response = object_to_test.method_to_test(param='execution_param')

    # 断言
    assert response == 'expected result B'
```

我们将在后面看到如何构造非常相似的多个测试，以避免重复，在处理大规模测试套件时这是一个需要考虑的问题。正如上面所看到的，大规模测试套件对于达成良好的测试覆盖率是非常重要的。

测试中的重复在一定程度上是不可避免的，甚至在某种程度上是有益的。当因为有变化而修改代码某些部分的行为时，需要相应地修改测试以适应变化。这种修改有助于根据变化的大小做出权衡，以避免轻率地做出太大的调整，因为测试能起到提醒受影响功能的作用。

尽管如此，无意识的重复并不是很好，我们将在后面看到一些减少重复代码的方法。

10.4　TDD

一种非常流行的编程技术是TDD。TDD意味着将测试放在开发过程的中心位置。

这种方法建立在本章前面介绍的一些理念之上，并且以更一致的观点来完成相关工作。

采用TDD开发软件的流程如下：

1. 决定在代码中添加新的功能。
2. 针对新功能创建新的测试。请注意，这是在编写实现新功能的代码之前完成的。
3. 运行测试套件以显示其失败。
4. 将新功能的基本实现添加到主代码中。此时只添加所需的功能，没有其他的细节。
5. 运行测试套件以显示新的测试有效。此过程可能需要做几次，直到新功能的代码就绪。
6. 新功能已经就绪！现在可对相关代码进行重构，以对其进行改进，避免重复、重新安排组件以及将它与先前存在的代码分组等。

如果还有任何新功能要开发，可再次重复上述过程。

正如你所看到的，TDD 主要基于三个原则：

- **在编写代码之前先创建测试**。这样可以防止产生与当前实现耦合得过于紧密的测试的问题，迫使开发人员在开始编写测试之前先思考测试和功能实现。同时强制开发人员在编写功能代码之前检查测试是否真的失败，确保以后能发现问题。这点与我们之前在 10.3.1 节所说的黑盒测试方法类似。
- **不断地运行测试**。这个过程的关键是运行整个测试套件，以检查系统中的所有功能是否正常。这会在每次创建新的测试时反复进行，也会在编写功能时进行。运行测试是 TDD 开发的重要组成部分。这样可以确保所有的功能都会被检查到，并且代码在任何时候都能按预期工作，因而所有 bug 或不符合预期的问题都能被迅速解决。
- **以很小幅度的增量进行开发**。专注于手头的任务，所以每一步都要建立并执行一个大的测试套件，用于深入覆盖代码的全部功能。

这个大的测试套件创造了一个安全网，因此可以经常对代码进行大大小小的重构，从而不断改进代码。小幅度的增量意味着小的测试，这些特定的测试需要在添加代码之前考虑。

这种思路的延伸是专注于只编写手头任务所需的代码，而非更多其他代码。这种方法通常称为 YAGNI（You Ain't Gonna Need It，你不需要它）原则。该原则的目的是防止过度设计或为“未来可预见的要求”创建代码，实际上，这些要求很有可能永远不会实现，更糟糕的是，它会让代码更难以向其他方向调整。鉴于软件开发是出了名地难以提前计划，所以重点应该是做好小的事情，不要太过超前。

这三个原则在软件开发的各阶段不断相互作用，并使测试始终处于开发过程的中心位置，因此称之为测试驱动开发，即 TDD。

TDD 还有一个重要优势是，把重点放在测试上，意味着从一开始就考虑到如何测试代码，这有助于设计出易于测试的代码。此外，减少代码的编写量，专注于严格要求通过测试的代码，能减少过度设计的概率。创建小型测试和渐进式工作的要求也倾向于产生模块化的代码，小单元被组合在一起，但能够独立进行测试。

通常的流程是不断处理新的失败测试，使其通过，然后重构，有时称为“红/绿/重构”（red/green/refactor）模式，当测试失败时为红，当所有测试都通过时为绿。

重构是TDD过程中的关键内容，应充分鼓励，以不断提高现有代码的质量。这种工作方式的最好结果之一是能产生非常全面的测试套件，从而涵盖代码功能的每一个细节。也就是说，因为具备了捕捉所有因代码修改和bug而造成的问题的能力，所以可以在此坚实的基础上进行代码重构。

众所周知，通过重构提高代码的可读性、可用性等，在提高开发人员的士气和提高迭代效率方面都有很好的作用，因为重构能让代码保持良好的状态。

不仅是在TDD中，日常也应安排时间清理并改进旧代码，这对于保持良好的更新节奏至关重要。旧的代码往往越来越难以处理，随着时间的推移，会需要更多的投入来对其进行修改，才能做出更多的调整。建议采用良好的习惯保持对代码状态的关注，并留有时间进行维护和改进，这对于任何软件系统的长期可持续性发展都非常关键。

TDD还有一个重要问题，就是对快速测试的要求。由于测试总是按照TDD实践的方式运行，总的执行时间是相当重要的。应该仔细考虑每个测试所花费的时间，因为测试套件的规模越来越大，会使其运行时间也越来越长。

通常来讲，人们的专注时间有一个阈值，所以如果运行测试的时间超过约10s，便会让人感觉不是“同一个操作”，容易导致开发人员的注意力分散到其他事情上。

显然，在10s内运行完整个测试套件是非常困难的，特别是随着测试数量的增加。一个复杂的应用程序的完整单元测试套件可能会由10 000个或更多的测试组成！在实际应用中，有多种策略能有助于缓解这种情况。

不需要一直运行所有的测试套件。相反，任何测试管理程序都应该具备测试范围选择的功能，从而在开发过程中减少每次运行测试的数量。比如，这样也就意味着只运行与某个功能模块有关的测试。甚至，在某些情况下，仅运行单一的测试以尽快得到结果。

当然，有时应该运行整个测试套件。TDD实际上与持续集成是一致的，因为持续集成也基于运行测试，而且是在检测到代码已进入代码仓库（repo）时就自动运行测试。在开发过程中，一旦代码被提交到代码仓库，整个测试套件就会在后台运行，这种在本地运行测试以确保系统正常运行的组合方式非常好用。

总之，在TDD中运行测试的时间非常重要，关注测试的持续时间也很要紧，生成能够快速运行的测试是实现以TDD方式工作的关键。这主要是通过创建针对小部分代码的测试来实现的，因此能有效地控制所消耗的时间。

在单元测试中采用TDD的效果最好。集成测试和系统测试往往需要较复杂的设

置，这与运行 TDD 所需的速度和闭环反馈回路不太契合。

幸运的是，正如我们之前看到的，在大多数项目中，单元测试通常是关注的重点。

10.4.1 将 TDD 引入新团队

在组织中引入 TDD 实践可能会很棘手，因为 TDD 会改变那些非常基本的操作的执行方式，而且和通常的工作方式（在写完代码后写测试）有点不一样。

考虑将 TDD 引入某个团队时，最好有一个牵头人，将其作为团队其他成员的联系人，并解决创建测试后可能出现的疑问和故障。

TDD 在普遍应用结对编程（pair programming）的环境中非常流行，所以在培训其他开发人员和介绍经验的同时，让某人来主持讨论也是一种办法。

需要记住的是，TDD 的关键因素是培养开发人员的思维模式，让其在开始代码实现之前，先考虑如何测试特定的功能。这种心态不会自然形成，需要训练和实践。

对已经存在的代码应用 TDD 技术可能会颇具挑战，因为之前已有的代码在其现有状态下通常很难测试，特别是在开发人员是 TDD 实践的新手时。不过，TDD 对新项目非常有效，因为新代码的测试套件将会与代码同时创建。还有一种混合的方式，即在现有项目中开发新的模块，这样大部分代码都是新的，因而可以使用 TDD 技术进行设计，以减少处理遗留代码的问题。

如果想了解 TDD 对新代码是否有效，可以试着从小处着手，在小型项目和小型团队中使用，以确保它不会有太大的破坏性，而且 TDD 的相关理念可以被有效地消化和应用。有些开发人员非常喜欢使用 TDD 原则，因为这符合他们的个性和在开发过程中所采用的方式。请记住，这不一定是每个人都会有的感觉，而且掌握这些技术需要时间，也有可能不会 100% 应用相关原则，因为之前的代码也许会带来限制。

10.4.2 问题和局限性

TDD 实践在业界非常流行并被广泛应用，尽管也有其局限性。首先是大型测试运行时间过长的问题，有些时候，这种类型的测试或许是不可避免的。

另一个问题是，如果不是从一开始就采取这种方法，就很难完全按照其原则实施，因为部分代码已经写好了，此时也许应该添加新的测试，这样就违反了先创建测试再编写代码的原则。

还有一个问题就是，设计新代码时所要实现的功能是没有完全定义且可能发生变化的。这种情况需要进行实验，例如，设计一个函数来返回与输入颜色形成对比的颜色，然后，根据用户所选择的主题来呈现对比色。需要检查这个函数是否“看起来运行正常”，因而可能要对其进行调整，而这是预先配置的单元测试难以实现的。

这并非只是 TDD 才有的问题，但需要注意的是，要避免测试之间的依赖。这种情况可能会发生在任何测试套件中，但考虑到主要关注的是新创建的测试，因此如果团队一开始就采用 TDD 的方式，可能就会有问题。依赖关系可能是因为要求测试必须按照特定的顺序运行而带来的，因为测试会影响到环境。这种情况通常不是有意识的，而是在编写多个测试时不经意间造成的。

> 这方面问题的主要影响是，如果独立运行则有些测试会失败，因为在这种情况下，它们所依赖的测试没有运行。

无论何时都需牢记，TDD 并非什么问题都可以解决，而只是一套可以帮你设计出测试良好、高质量的代码的原则和实践经验。并不是系统中的每个测试都需要用 TDD 来设计，虽然其中很多都可以。

10.4.3　TDD 过程示例

假设现在需要创建一个这样的函数：

- 对输入小于 0 的值，返回 0。
- 对输入大于 10 的值，返回 100。
- 对输入介于两者之间的值，则返回输入值的 2 次幂。注意，对于 0、10 这样的边界值，同样也是返回输入值的 2 次幂（即输入 0 时返回 0，输入 10 时返回 100）。

为了以完全 TDD 的方式编写代码，应当从尽可能小的测试开始。让我们先创建最小的框架和第一个测试：

```
def parameter_tdd(value):
    pass


assert parameter_tdd(5) == 25
```

运行该测试，会返回一个如下所示的测试失败的错误。现在我们使用的是纯 Python 代码，但在本章后面，我们将看到如何更有效地运行测试。

```
$ python3 tdd_example.py
Traceback (most recent call last):
  File ".../tdd_example.py", line 6, in <module>
    assert parameter_tdd(5) == 25
AssertionError
```

这个示例的实现非常简单：

```
def parameter_tdd(value):
    return 25
```

可以看出，这里实际上返回的是一个硬编码的值，但要通过第一个测试确实只需此内容。现在我们再来运行测试，可看到错误没有了：

```
$ python3 tdd_example.py
```

接下来为下边界值添加测试。虽然这是两行，但可将其看作同一个测试，因为它们都用于检查边界值是否正确：

```
assert parameter_tdd(-1) == 0
assert parameter_tdd(0) == 0
assert parameter_tdd(5) == 25
```

让我们再次运行这些测试：

```
$ python3 tdd_example.py
Traceback (most recent call last):
  File ".../tdd_example.py", line 6, in <module>
    assert parameter_tdd(-1) == 0
AssertionError
```

根据测试结果可知，需要添加代码来处理下边界值：

```
def parameter_tdd(value):
    if value <= 0:
        return 0

    return 25
```

这次运行测试时，可看到结果正常。现在我们再添加参数来测试超出上边界的值：

```
assert parameter_tdd(-1) == 0
assert parameter_tdd(0) == 0
assert parameter_tdd(5) == 25
assert parameter_tdd(10) == 100
assert parameter_tdd(11) == 100
```

这次测试会触发相应的错误：

```
$ python3 tdd_example.py
Traceback (most recent call last):
  File ".../tdd_example.py", line 12, in <module>
    assert parameter_tdd(10) == 100
AssertionError
```

现在添加输入值越界处理的代码：

```
def parameter_tdd(value):
    if value <= 0:
        return 0

    if value >= 10:
        return 100

    return 25
```

这样就可以正常运行了。现在还不能完全确定所有的代码都是正确的，而且实际上我们还希望确保中间值的结果也是正确的，所以还要增加测试：

```
assert parameter_tdd(-1) == 0
assert parameter_tdd(0) == 0
assert parameter_tdd(5) == 25
assert parameter_tdd(7) == 49
assert parameter_tdd(10) == 100
assert parameter_tdd(11) == 100
```

现在出现了一个错误，是由最初的硬编码所致：

```
$ python3 tdd_example.py
Traceback (most recent call last):
  File "/.../tdd_example.py", line 15, in <module>
    assert parameter_tdd(7) == 49
AssertionError
```

所以，让我们来修复这个问题：

```
def parameter_tdd(value):
    if value <= 0:
        return 0
    if value >= 10:
        return 100

    return value ** 2
```

所有的测试都可以正确地运行了。现在，有了测试提供的安全网，我们认为可以稍微重构一下代码，让它更简洁：

```
def parameter_tdd(value):
    if value < 0:
        return 0

    if value < 10:
        return value ** 2

    return 100
```

代码重构之后，可以再运行完整的测试，以确保代码是正确的。虽然不同团队所认为的好代码或更清晰的代码，其最终结果可能不尽相同，但有了测试套件之后，就能确保其测试是一致的，且软件的行为是正确无误的。

这里所演示的代码功能非常简单，但它展现了以 TDD 风格编写代码的整个流程。

10.5 Python 中的单元测试

在 Python 中有多种方法来运行测试。上文所述的这种方法有点简陋，它使用多个断言来执行代码。更常见的方法是采用 unittest 标准库。

10.5.1 Python unittest

unittest 是包含在 Python 标准库中的一个模块。它基于创建一个测试类的概念，该类将几个测试方法进行分组。我们首先创建一个名为 test_unittest_example.py 的文件，用适当的格式来编写测试：

```
import unittest
from tdd_example import parameter_tdd

class TestTDDExample(unittest.TestCase):

    def test_negative(self):
        self.assertEqual(parameter_tdd(-1), 0)

    def test_zero(self):
        self.assertEqual(parameter_tdd(0), 0)

    def test_five(self):
        self.assertEqual(parameter_tdd(5), 25)

    def test_seven(self):
        # 注意，该测试不正确
        self.assertEqual(parameter_tdd(7), 0)

    def test_ten(self):
        self.assertEqual(parameter_tdd(10), 100)

    def test_eleven(self):
        self.assertEqual(parameter_tdd(11), 100)


if __name__ == '__main__':
    unittest.main()
```

现在分析一下各部分的内容。首先是模块导入部分：

```
import unittest
from tdd_example import parameter_tdd
```

这里导入了 unittest 模块和要测试的函数。接下来是最重要的部分，用于定义测试：

```
class TestTDDExample(unittest.TestCase):

    def test_negative(self):
        self.assertEqual(parameter_tdd(-1), 0)
```

TestTDDExample 类对各个测试进行了分组。注意它是继承自 unittest.TestCase

类的。然后，以 test_ 开头的方法将产生独立的测试，这里我们将展示一个这样的方法。在内部，它调用 self.assertEqual 函数，并将结果同 0 进行比较。

注意，test_seven 的定义是不正确的。我们这样做是为了在运行时产生一个错误。

最后部分，是添加这段代码：

```
if __name__ == '__main__':
    unittest.main()
```

运行该文件后，将会自动执行测试。所以，让我们运行这个文件：

```
$ python3 test_unittest_example.py
...F..
======================================================================
FAIL: test_seven (__main__.TestTDDExample)
----------------------------------------------------------------------
Traceback (most recent call last):
  File ".../unittest_example.py", line 17, in test_seven
    self.assertEqual(parameter_tdd(7), 0)
AssertionError: 49 != 0

----------------------------------------------------------------------
Ran 6 tests in 0.001s

FAILED (failures=1)
```

如你所见，它运行了 6 个测试，并显示了相关错误。这里能清楚地看到问题所在。如果要了解更多相关细节，可以在运行测试时使用 -v 选项，以显示正在运行的每个测试：

```
$ python3 test_unittest_example.py -v
test_eleven (__main__.TestTDDExample) ... ok
test_five (__main__.TestTDDExample) ... ok
test_negative (__main__.TestTDDExample) ... ok
test_seven (__main__.TestTDDExample) ... FAIL
test_ten (__main__.TestTDDExample) ... ok
test_zero (__main__.TestTDDExample) ... ok

======================================================================
FAIL: test_seven (__main__.TestTDDExample)
----------------------------------------------------------------------
Traceback (most recent call last):
  File ".../unittest_example.py", line 17, in test_seven
    self.assertEqual(parameter_tdd(7), 0)
AssertionError: 49 != 0

----------------------------------------------------------------------
```

```
Ran 6 tests in 0.001s

FAILED (failures=1)
```

还可以使用 -k 选项运行单个测试或其组合，该选项的参数可用于搜索匹配的测试：

```
$ python3 test_unittest_example.py -v -k test_ten
test_ten (__main__.TestTDDExample) ... ok

----------------------------------------------------------------------
Ran 1 test in 0.000s

OK
```

unittest 非常流行，支持非常多的选项，而且它和 Python 中几乎所有的框架都兼容。它的测试方式也非常灵活。例如，它有多种用于比较数值的方法，如 assertNotEqual 和 assertGreater。

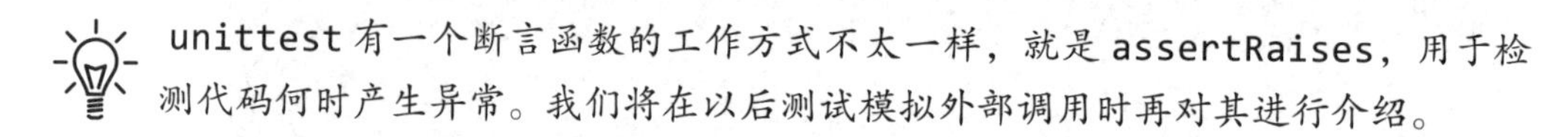

unittest 有一个断言函数的工作方式不太一样，就是 assertRaises，用于检测代码何时产生异常。我们将在以后测试模拟外部调用时再对其进行介绍。

unittest 还有 setUp 和 tearDown 方法，用于在类中的每个测试运行之前、之后执行代码。

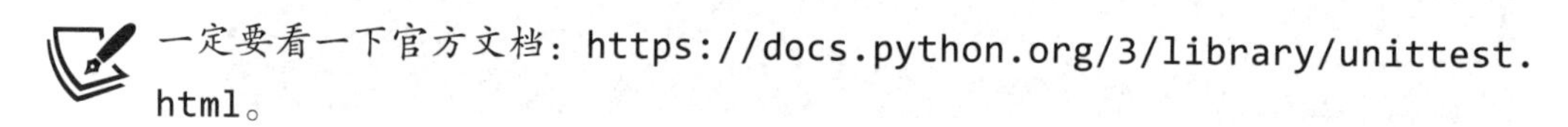

一定要看一下官方文档：https://docs.python.org/3/library/unittest.html。

虽然 unittest 可能是 Python 环境下最流行的测试框架，但它并不是最强大的。让我们来看看其他的。

10.5.2 Pytest

Pytest 进一步简化了测试编写操作。对 unittest 普遍存在的抱怨是，它强制要求设置许多非必需的 assertCompare 调用。它还需要构建测试，增加一些模板代码，比如测试类。其他的问题没那么突出，但是在创建大型的测试套件时，这些测试的设置会变得很复杂。

常见的应用模式是创建继承自其他测试类的类。随着时间的推移，这可能会带来额外的负担。

Pytest 则简化了测试的运行和定义，并使用标准的断言（assert）语句捕捉所有相关的信息，因此更易读取和识别。

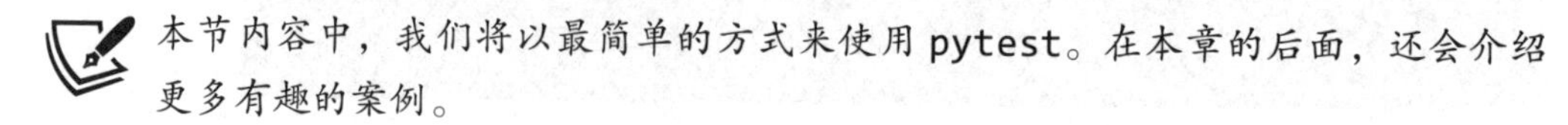

本节内容中，我们将以最简单的方式来使用 pytest。在本章的后面，还会介绍更多有趣的案例。

请务必通过pip命令在你的环境中安装pytest：

```
$ pip3 install pytest
```

让我们看看如何运行类似unittest中的测试，首先创建test_pytest_example.py文件，其内容如下：

```
from tdd_example import parameter_tdd


def test_negative():
    assert parameter_tdd(-1) == 0


def test_zero():
    assert parameter_tdd(0) == 0


def test_five():
    assert parameter_tdd(5) == 25


def test_seven():
    # 注意，该测试慎重地设置为失败
    assert parameter_tdd(7) == 0


def test_ten():
    assert parameter_tdd(10) == 100


def test_eleven():
    assert parameter_tdd(11) == 100
```

把它与test_unittest_example.py中类似的代码进行比较可知，这里的代码明显精简了。用pytest运行该测试时，它还会显示更详细且带颜色的信息：

```
$ pytest test_unittest_example.py
================= test session starts =================
platform darwin -- Python 3.9.5, pytest-6.2.4, py-1.10.0, pluggy-0.13.1
collected 6 items

test_unittest_example.py ...F..                  [100%]

====================== FAILURES =======================
______________ TestTDDExample.test_seven ______________

self = <test_unittest_example.TestTDDExample testMethod=test_seven>

    def test_seven(self):
>       self.assertEqual(parameter_tdd(7), 0)
```

```
E       AssertionError: 49 != 0

test_unittest_example.py:17: AssertionError
=============== short test summary info ===============
FAILED test_unittest_example.py::TestTDDExample::test_seven
============= 1 failed, 5 passed in 0.10s =============
```

和 unittest 一样，我们可以用 -v 选项查看更多信息，用 -k 选项运行所选定的测试：

```
$ pytest -v test_unittest_example.py
========================= test session starts ==========================
platform darwin -- Python 3.9.5, pytest-6.2.4, py-1.10.0, pluggy-0.13.1
-- /usr/local/opt/python@3.9/bin/python3.9
cachedir: .pytest_cache
collected 6 items

test_unittest_example.py::TestTDDExample::test_eleven PASSED       [16%]
test_unittest_example.py::TestTDDExample::test_five PASSED         [33%]
test_unittest_example.py::TestTDDExample::test_negative PASSED     [50%]
test_unittest_example.py::TestTDDExample::test_seven FAILED        [66%]
test_unittest_example.py::TestTDDExample::test_ten PASSED          [83%]
test_unittest_example.py::TestTDDExample::test_zero PASSED         [100%]

============================== FAILURES ===============================
______________________ TestTDDExample.test_seven ______________________

self = <test_unittest_example.TestTDDExample testMethod=test_seven>

    def test_seven(self):
>       self.assertEqual(parameter_tdd(7), 0)
E       AssertionError: 49 != 0

test_unittest_example.py:17: AssertionError
======================= short test summary info =======================
FAILED test_unittest_example.py::TestTDDExample::test_seven -
AssertionErr...
===================== 1 failed, 5 passed in 0.08s =====================

$ pytest test_pytest_example.py -v -k test_ten
========================= test session starts ==========================
platform darwin -- Python 3.9.5, pytest-6.2.4, py-1.10.0, pluggy-0.13.1
-- /usr/local/opt/python@3.9/bin/python3.9
cachedir: .pytest_cache
collected 6 items / 5 deselected / 1 selected

test_pytest_example.py::test_ten PASSED                            [100%]

================== 1 passed, 5 deselected in 0.02s ===================
```

而且它与 unittest 定义的测试完全兼容，因此可以将两种风格结合起来，或在两种方式间迁移：

```
$ pytest test_unittest_example.py
========================= test session starts ==========================
platform darwin -- Python 3.9.5, pytest-6.2.4, py-1.10.0, pluggy-0.13.1
collected 6 items

test_unittest_example.py ...F..                                  [100%]

============================== FAILURES ===============================
______________________ TestTDDExample.test_seven ______________________

self = <test_unittest_example.TestTDDExample testMethod=test_seven>

    def test_seven(self):
>       self.assertEqual(parameter_tdd(7), 0)
E       AssertionError: 49 != 0

test_unittest_example.py:17: AssertionError
======================= short test summary info ========================
FAILED test_unittest_example.py::TestTDDExample::test_seven -
AssertionErr...
===================== 1 failed, 5 passed in 0.08s =====================
```

pytest还有一个强大之处，就是其易于使用的自动发现功能，能找到以`test_`开头的文件，并在所有测试里运行。尝试将其指向当前目录，可以看到它会运行`test_unittest_example.py`和`test_pytest_example.py`：

```
$ pytest .
========================= test session starts ==========================
platform darwin -- Python 3.9.5, pytest-6.2.4, py-1.10.0, pluggy-0.13.1
collected 12 items

test_pytest_example.py ...F..                                    [50%]
test_unittest_example.py ...F..                                  [100%]

============================== FAILURES ===============================
____________________________ test_seven _____________________________

    def test_seven():
        # Note this test is deliberatly set to fail
>       assert parameter_tdd(7) == 0
E       assert 49 == 0
E        +  where 49 = parameter_tdd(7)

test_pytest_example.py:18: AssertionError
______________________ TestTDDExample.test_seven ______________________

self = <test_unittest_example.TestTDDExample testMethod=test_seven>

    def test_seven(self):
>       self.assertEqual(parameter_tdd(7), 0)
```

```
E       AssertionError: 49 != 0

test_unittest_example.py:17: AssertionError
====================== short test summary info =======================
FAILED test_pytest_example.py::test_seven - assert 49 == 0
FAILED test_unittest_example.py::TestTDDExample::test_seven -
AssertionErr...
=================== 2 failed, 10 passed in 0.23s ====================
```

我们将在本章后文继续讨论 pytest 的更多功能，但首先需要了解当代码中存在依赖关系时如何定义测试。

10.6 测试外部依赖

在构建单元测试时，我们曾讨论过如何围绕在代码中进行单元隔离的理念来独立进行测试。

这个过程中隔离的概念非常关键，目的是要专注于小范围的代码，以创建小而明确的测试。创建小型测试也有助于让测试保持快速。

上面的例子中测试了一个纯粹的功能性函数 parameter_tdd，它没有任何依赖项。该函数未使用任何外部的库或其他函数。但不可避免的是，有时会需要测试依赖于其他某些组件的代码。

这种情况下的问题在于，*其他组件是否应该当作测试的一部分？*

这不是一个容易回答的问题。有的开发人员认为，所有的单元测试都应该仅针对单一的函数或方法，因此，任何依赖项都不应作为测试的一部分。但是，在更实际的操作层面上，有时候，有些代码片段组成一个单元，结合起来测试比单独测试更容易。

举个例子，假设有一个函数：

- 对输入小于 0 的值，返回 0。
- 对输入大于 100 的值，返回 10。
- 对输入介于两者之间的数值，函数返回该值的平方根。注意，对于边界值，同样返回其平方根（输入 0 则返回 0，输入 100 则返回 10）。

这与之前的 parameter_tdd 函数非常相似，但这次我们需要外部库的帮助来产生数值的平方根。让我们看一下代码。

代码分为两个文件。dependent.py 包含了函数的定义：

```
import math


def parameter_dependent(value):
    if value < 0:
        return 0
```

```
    if value <= 100:
        return math.sqrt(value)

    return 10
```

该代码与 parameter_tdd 例子中的代码非常相似。模块 math.sqrt 用于返回一个数的平方根。

而测试功能是在 test_dependent.py 中：

```
from dependent import parameter_dependent


def test_negative():
    assert parameter_dependent(-1) == 0


def test_zero():
    assert parameter_dependent(0) == 0


def test_twenty_five():
    assert parameter_dependent(25) == 5


def test_hundred():
    assert parameter_dependent(100) == 10


def test_hundred_and_one():
    assert parameter_dependent(101) == 10
```

在这个例子中用到了外部库，并且在测试我们自己的代码的同时对外部库进行测试。对于这个简单的例子，这是一个非常有效的方法，尽管在其他情况下可能并非如此。

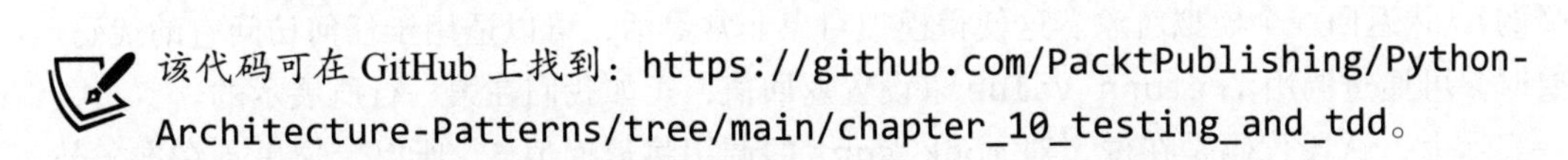

该代码可在 GitHub 上找到：https://github.com/PacktPublishing/Python-Architecture-Patterns/tree/main/chapter_10_testing_and_tdd。

例如，外部依赖项可能正在执行外部 HTTP 调用，需要捕获这些操作以防止在运行测试时进行调用，并对返回的值进行控制，还有其他大的功能应当单独测试。

要将函数从其依赖关系中分离出来，有两种不同的方法。我们以 parameter_dependent 作为参考来展示这些方法。

同样，在这种情况下，在包含依赖关系的情况下，测试运行得非常好，因为它很简单，不会产生像外部调用那样的副作用。

接下来看看如何模拟外部调用。

10.6.1 模拟

模拟（mocking）是一种在测试本身的控制下，用仿造的调用替换内部依赖项的做法。这样就可以为所有外部依赖项引入一个已知的响应，而无须调用实际的代码。

> 在内部，模拟是通过所谓“猴子补丁”(monkey-patching）来实现的，也就是用替代品动态地替换现有库。虽然在不同的编程语言中可以采用不同的方式来实现，但它在 Python 或 Ruby 这样的动态语言中特别流行。猴子补丁可用于测试以外的其他目的，不过应该小心使用，因为它可能会改变库的行为，对于调试来说也许会令人不太放心。

为了实现模拟，我们需要在测试中准备模拟代码，将其作为计划阶段的一部分。有多种库可用于模拟调用，但最简单的是使用包含在标准库中的 `unittest.mock` 库。

最简单的模拟实现方法是给外部库打补丁：

```
from unittest.mock import patch
from dependent import parameter_dependent



@patch('math.sqrt')
def test_twenty_five(mock_sqrt):
    mock_sqrt.return_value = 5
    assert parameter_dependent(25) == 5
    mock_sqrt.assert_called_once_with(25)
```

补丁装饰器（patch decorator）会拦截对预定义库 `math.sqrt` 的调用，并将其替换为一个传递给函数的模拟对象，这里是 `mock_sqrt`。

这个对象有点特别。它基本上允许任何调用，几乎可以访问所有的方法或属性（除了预定义的)，并返回一个模拟对象。这使得模拟对象非常灵活，可以适用于任何访问它的代码。必要时，可通过调用 `.return_value` 来设置返回值，正如我们在第一行所展示的。

实际上，这段代码是在说，对 `mock_sqrt` 的调用将返回值 5。所以，这里正在准备外部调用的输出，以便对其进行控制。

最后，使用 `assert_called_once_with` 方法检查是否调用过 `mock_sqrt` 一次，其输入值为 25。

从本质上讲，我们在：

- 准备模拟，让它取代 `math.sqrt`。
- 设置它在被调用时将返回的值。
- 检查调用是否按预期进行。
- 仔细检查模拟被调用时的值是否正确。

对于其他的测试，例如，我们可以检查发现模拟未被调用，表明没有调用外部依赖：

```
@patch('math.sqrt')
def test_hundred_and_one(mock_sqrt):
    assert parameter_dependent(101) == 10
    mock_sqrt.assert_not_called()
```

有多个 assert 函数可以用于检测模拟是如何被使用的。这里有一些例子：

- called 属性会根据模拟函数是否被调用的情况返回 True 或 False，检查代码可以这样写：

```
assert mock_sqrt.called is True
```

- call_count 属性返回模拟被调用的次数。
- assert_called_with() 方法用于检查它被调用的次数。如果最后一次调用不是以指定的方式产生的，它将引发一个异常。
- assert_any_call() 方法用于检查调用是否是按照指定的方式产生的。

有了这些信息，用于测试的完整文件 test_dependent_mocked_test.py 将会是这样的：

```
from unittest.mock import patch
from dependent import parameter_dependent


@patch('math.sqrt')
def test_negative(mock_sqrt):
    assert parameter_dependent(-1) == 0
    mock_sqrt.assert_not_called()


@patch('math.sqrt')
def test_zero(mock_sqrt):
    mock_sqrt.return_value = 0
    assert parameter_dependent(0) == 0
    mock_sqrt.assert_called_once_with(0)


@patch('math.sqrt')
def test_twenty_five(mock_sqrt):
    mock_sqrt.return_value = 5
    assert parameter_dependent(25) == 5
    mock_sqrt.assert_called_with(25)


@patch('math.sqrt')
def test_hundred(mock_sqrt):
    mock_sqrt.return_value = 10
    assert parameter_dependent(100) == 10
    mock_sqrt.assert_called_with(100)
```

```
@patch('math.sqrt')
def test_hundred_and_one(mock_sqrt):
    assert parameter_dependent(101) == 10
    mock_sqrt.assert_not_called()
```

如果需要模拟函数返回各种不同的值，可以把模拟函数的 side_effect 属性定义为列表或元组。side_effect 与 return_value 类似，但它有一些不同之处，如下所示：

```
@patch('math.sqrt')
def test_multiple_returns_mock(mock_sqrt):
    mock_sqrt.side_effect = (5, 10)
    assert parameter_dependent(25) == 5
    assert parameter_dependent(100) == 10
```

根据需要，side_effect 也可以用来产生一个异常：

```
import pytest
from unittest.mock import patch
from dependent import parameter_dependent

@patch('math.sqrt')
def test_exception_raised_mock(mock_sqrt):
    mock_sqrt.side_effect = ValueError('Error on the external library')
    with pytest.raises(ValueError):
        parameter_dependent(25)
```

with 部分断言在该块中引发了预期的异常。如果没有，则显示错误。

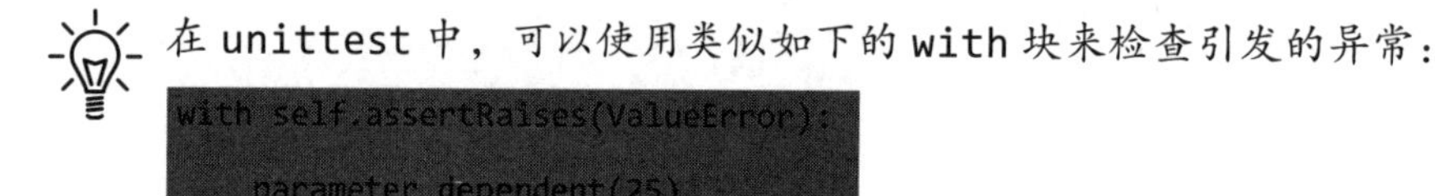

在 unittest 中，可以使用类似如下的 with 块来检查引发的异常：

```
with self.assertRaises(ValueError):

    parameter_dependent(25)
```

模拟并不是处理测试中的依赖关系的唯一方法。接下来我们会看到另外一种不同的方法。

10.6.2 依赖注入

模拟是在原有代码无察觉的情况下，从外部打补丁来替换依赖项，而依赖注入则是在调用被测函数时明确依赖项的技术，因此可以用测试替代项来替换被测函数。

从本质上讲，这是一种设计代码的方法，通过要求其作为输入参数来明确依赖项。

虽然依赖注入对测试非常有用，但其目的不仅在于此。先显式添加依赖项，然后通过依赖项的接口来访问，因而减少了函数了解如何初始化特定依赖项的需求。它在“初始化”依赖项（应该由外部来处理）和“使用”依赖项（这是依赖项代码唯一要做的事）之间进行了隔离。后面将要讨论的 OOP 例子中，能更清楚地看到这种区分。

现在来看看采用依赖注入方式时测试代码的变化：

```
def parameter_dependent(value, sqrt_func):
    if value < 0:
        return 0

    if value <= 100:
        return sqrt_func(value)

    return 10
```

注意现在 sqrt 函数是输入参数之一。

正常情况下，如果要使用 parameter_dependent 函数，将不得不产生依赖项，例如：

```
import math

def test_good_dependency():
    assert parameter_dependent(25, math.sqrt) == 5
```

现在，通过注入进行测试，可以先将 math.sqrt 函数替换成特定的函数，然后再来使用：

```
def test_twenty_five():

    def good_dependency(number):
        return 5

    assert parameter_dependent(25, good_dependency) == 5
```

也可以在调用依赖项时引发一个错误，以确保在某些测试中不使用依赖项，例如：

```
def test_negative():

    def bad_dependency(number):
        raise Exception('Function called')

    assert parameter_dependent(-1, bad_dependency) == 0
```

请注意，这种方法比模拟更明确。从本质上讲，要测试的代码具备完整的功能，因为它没有外部的依赖。

10.6.3　OOP 中的依赖注入

依赖注入也可以用于 OOP 编程环境。在这种场景中，可以基于以下代码实现：

```
class Writer:

    def __init__(self):
        self.path = settings.WRITER_PATH
```

```
    def write(self, filename, data):
        with open(self.path + filename, 'w') as fp:
            fp.write(data)


class Model:

    def __init__(self, data):
        self.data = data
        self.filename = settings.MODEL_FILE
        self.writer = Writer()

    def save(self):
        self.writer.write(self.filename, self.data)
```

正如我们所看到的，settings 类存储了多个元素，这些元素的内容是数据存储位置的相关要求。该模型接收一些数据，然后将其保存。操作中的代码需要完成最低限度的初始化，但同时，它并不明确：

```
model = Model('test')
model.save()
```

为了使用依赖注入，需要以这种方式编写代码：

```
class WriterInjection:

    def __init__(self, path):
        self.path = path

    def write(self, filename, data):
        with open(self.path + filename, 'w') as fp:
            fp.write(data)


class ModelInjection:

    def __init__(self, data, filename, writer):
        self.data = data
        self.filename = filename
        self.writer = writer

    def save(self):
        self.writer.write(self.filename, self.data)
```

在这个例子中，明确给出了每个属于依赖项的值。代码定义中，settings 模块没有出现在任何地方，而是在类被实例化时指定。现在要在代码中直接设定配置：

```
writer = WriterInjection('./')
```

```
model = ModelInjection('test', 'model_injection.txt', writer)
model.save()
```

我们可以比较一下这两种情况分别如何测试，如文件 test_dependency_injection_test.py 中所示。第一个测试是模拟的方式，正如之前看到的，采用 Writer 类的 write 方法，以断言它被正确调用：

```
@patch('class_injection.Writer.write')
def test_model(mock_write):

    model = Model('test_model')
    model.save()

    mock_write.assert_called_with('model.txt', 'test_model')
```

与此相比，依赖注入的例子无须通过猴子补丁的方式来模拟。它只需创建自己的 Writer 方法来模拟接口：

```
def test_modelinjection():

    EXPECTED_DATA = 'test_modelinjection'
    EXPECTED_FILENAME = 'model_injection.txt'

    class MockWriter:

        def write(self, filename, data):
            self.filename = filename
            self.data = data

    writer = MockWriter()
    model = ModelInjection(EXPECTED_DATA, EXPECTED_FILENAME,
                           writer)
    model.save()

    assert writer.data == EXPECTED_DATA
    assert writer.filename == EXPECTED_FILENAME
```

第二种风格的代码实现更加啰嗦，但它体现了以这种方式编写代码时的一些区别：

- 无须用猴子补丁来模拟。猴子补丁可能会很脆弱，因为它干预了本不应该被暴露的内部代码。虽然在测试中，这种干预与正常代码运行时所做的干预不一样，但它仍可能会比较混乱并产生意想不到的结果，特别是在内部代码发生了不可预见的改变时。
  请记住，模拟很可能会在某些时候涉及二级依赖，从而导致奇怪或复杂的结果，需要额外花时间来处理这些麻烦问题。
- 不同的代码编写方式。正如我们所看到的，使用依赖注入产生的代码更加模块化，由更小的元素组成。这往往会创造出更小、更易于组合且共同运行的模块，因为有着始终明确的依赖关系，未知的依赖更少。

- 不过要小心，因为需要具备相关的规则和意识，才能产生真正松耦合的模块。如果在设计接口时没有考虑到这一点，所产生的代码反而会被人为地分割，并导致各模块之间的代码紧耦合。培养这种规则意识需要一定的训练，不要指望所有的开发人员都能自然而然地做到这一点。
- 代码有时会更加难以调试，因为配置会与代码的其他部分分离，有时会让人难以理解代码的流程。在类的交互过程中有可能出现比较复杂的情况，使其更难于理解和测试。通常情况下，采用这种风格开发代码的前期工作也会更多一些。

依赖注入是有些软件开发群体和编程语言中非常流行的技术。在动态性比 Python 低的语言中，采用模拟的方式会更加困难，而且不同的编程语言在如何构建代码方面都有自己的一套理念。例如，依赖注入在 Java 环境中非常流行，有专门的工具用于这种方式。

10.7 pytest 高级用法

虽然我们已经介绍过 `pytest` 的基本功能，但就其帮助生成测试代码的多种方法而言，我们所介绍的仅是浮于表面的内容。

> pytest 是一个庞大而综合性的工具，其用法非常值得学习。在这里，我们只进行浅层介绍。请务必查看官方文档：`https://docs.pytest.org/`。

虽然不能做到详尽无遗，但我们可以先来看看该工具的某些非常有用的功能。

10.7.1 分组测试

有时，将测试进行分组非常有用，可以让组内的测试都与特定的事情相关，比如模块，还能同时运行它们。对测试分组最简单的方法是将它们加入单一的类中。

例如，回到之前的测试示例，我们可以将测试组织成两个类，正如在 `test_group_classes.py` 中看到的那样：

```
from tdd_example import parameter_tdd


class TestEdgesCases():

    def test_negative(self):
        assert parameter_tdd(-1) == 0

    def test_zero(self):
        assert parameter_tdd(0) == 0

    def test_ten(self):
        assert parameter_tdd(10) == 100
```

```
    def test_eleven(self):
        assert parameter_tdd(11) == 100


class TestRegularCases():

    def test_five(self):
        assert parameter_tdd(5) == 25

    def test_seven(self):
        assert parameter_tdd(7) == 49
```

这是一个简单的划分测试的方法，可以独立运行：

```
$ pytest -v test_group_classes.py
======================== test session starts =========================
platform darwin -- Python 3.9.5, pytest-6.2.4, py-1.10.0, pluggy-0.13.1
-- /usr/local/opt/python@3.9/bin/python3.9
collected 6 items
test_group_classes.py::TestEdgesCases::test_negative PASSED      [16%]
test_group_classes.py::TestEdgesCases::test_zero PASSED          [33%]
test_group_classes.py::TestEdgesCases::test_ten PASSED           [50%]
test_group_classes.py::TestEdgesCases::test_eleven PASSED        [66%]
test_group_classes.py::TestRegularCases::test_five PASSED        [83%]
test_group_classes.py::TestRegularCases::test_seven PASSED       [100%]

========================= 6 passed in 0.02s ==========================

$ pytest -k TestRegularCases -v test_group_classes.py
========================= test session starts ========================
platform darwin -- Python 3.9.5, pytest-6.2.4, py-1.10.0, pluggy-0.13.1
-- /usr/local/opt/python@3.9/bin/python3.9
collected 6 items / 4 deselected / 2 selected

test_group_classes.py::TestRegularCases::test_five PASSED        [50%]
test_group_classes.py::TestRegularCases::test_seven PASSED       [100%]

================== 2 passed, 4 deselected in 0.02s ===================
$ pytest -v test_group_classes.py::TestRegularCases
========================= test session starts ========================
platform darwin -- Python 3.9.5, pytest-6.2.4, py-1.10.0, pluggy-0.13.1
-- /usr/local/opt/python@3.9/bin/python3.9
cachedir: .pytest_cache
rootdir: /Users/jaime/Dropbox/Packt/architecture_book/chapter_09_
testing_and_tdd/advanced_pytest
plugins: celery-4.4.7
collected 2 items

test_group_classes.py::TestRegularCases::test_five PASSED        [50%]
test_group_classes.py::TestRegularCases::test_seven PASSED       [100%]

========================== 2 passed in 0.02s =========================
```

还有一种办法是使用标记（marker）。标记是可以通过测试中的装饰器（decorator）来添加的指标，例如，在 `test_markers.py` 中：

```
import pytest
from tdd_example import parameter_tdd

@pytest.mark.edge
def test_negative():
    assert parameter_tdd(-1) == 0

@pytest.mark.edge
def test_zero():
    assert parameter_tdd(0) == 0

def test_five():
    assert parameter_tdd(5) == 25

def test_seven():
    assert parameter_tdd(7) == 49

@pytest.mark.edge
def test_ten():
    assert parameter_tdd(10) == 100

@pytest.mark.edge
def test_eleven():
    assert parameter_tdd(11) == 100
```

这里我们在所有的测试上都定义了一个装饰器，即 `@pytest.mark.edge`，用于检查值的边界。

运行这些测试时，可以使用选项 `-m` 来只运行带有某个标签的测试：

```
$ pytest -m edge -v test_markers.py
========================= test session starts =========================
platform darwin -- Python 3.9.5, pytest-6.2.4, py-1.10.0, pluggy-0.13.1
-- /usr/local/opt/python@3.9/bin/python3.9
collected 6 items / 2 deselected / 4 selected

test_markers.py::test_negative PASSED                            [25%]
test_markers.py::test_zero PASSED                                [50%]
test_markers.py::test_ten PASSED                                 [75%]
test_markers.py::test_eleven PASSED                              [100%]

========================== warnings summary ==========================
test_markers.py:5
  test_markers.py:5: PytestUnknownMarkWarning: Unknown pytest.mark.edge
- is this a typo?  You can register custom marks to avoid this warning
- for details, see https://docs.pytest.org/en/stable/mark.html
    @pytest.mark.edge
```

```
test_markers.py:10
...

-- Docs: https://docs.pytest.org/en/stable/warnings.html
============ 4 passed, 2 deselected, 4 warnings in 0.02s =============
```

如果标记 edge（边界）没有注册，就会产生警告信息 PytestUnknownMarkWarning: Unknown pytest.mark.edge。

请注意，GitHub 上的示例代码包含了 pytest.ini 文件。如果 pytest.ini 文件存在，就不会看到这个警告，例如，当你克隆了整个示例的代码仓库时。

这对于发现拼写错误非常有用，比如不小心写成了 egde 或类似的错误。要避免出现这个警告，需要在 pytest.ini 配置文件中加入标记的定义，像这样：

```
[pytest]
markers =
       edge: tests related to edges in intervals
```

现在，运行测试时就不会出现警告信息：

```
$ pytest -m edge -v test_markers.py
========================= test session starts =========================
platform darwin -- Python 3.9.5, pytest-6.2.4, py-1.10.0, pluggy-0.13.1
-- /usr/local/opt/python@3.9/bin/python3.9
cachedir: .pytest_cache
rootdir: /Users/jaime/Dropbox/Packt/architecture_book/chapter_09_
testing_and_tdd/advanced_pytest, configfile: pytest.ini
plugins: celery-4.4.7
collected 6 items / 2 deselected / 4 selected

test_markers.py::test_negative PASSED                              [25%]
test_markers.py::test_zero PASSED                                  [50%]
test_markers.py::test_ten PASSED                                   [75%]
test_markers.py::test_eleven PASSED                               [100%]

=================== 4 passed, 2 deselected in 0.02s ===================
```

注意，标记可以在整个测试套件中使用，包括多个文件中。这样就可以用标记来识别整个测试共用的模式，例如，用最重要的测试来创建、运行一个快速测试套件，并将其标记为 basic（基本的）。

有些预定义的标记包含了内置的功能。最常见的是 skip（用于跳过测试）和 xfail（意味着预期受某种原因影响而会失败的测试）。

10.7.2　使用测试固件

使用测试固件（fixture，亦称测试夹具）是在 pytest 中创建测试的首选方式。从本质上讲，测试固件可用于创建测试的上下文环境。

作为测试函数的输入，测试固件能为要创建的测试准备好特定的环境。

举个例子，我们来看这个简单的函数，其功能是计算字符串中某个字符出现的次数：

```
def count_characters(char_to_count, string_to_count):
    number = 0
    for char in string_to_count:
        if char == char_to_count:
            number += 1

    return number
```

这是一个非常简单的循环，在字符串中进行迭代并统计字符匹配的次数。

这个操作等效于对字符串使用函数 .count()，这里的代码实现了该函数的功能。以后还可以对其进行重构！

针对这个函数的常规测试如下：

```
def test_counting():
    assert count_characters('a', 'Barbara Ann') == 3
```

其用法相当简单。现在来看看如何定义一个测试固件以用于新建的测试，同时可对其进行复制：

```
import pytest

@pytest.fixture()
def prepare_string():
    # 设置待返回的值
    prepared_string = 'Ba, ba, ba, Barbara Ann'

    # 返回该值
    yield prepared_string

    # 拆解所有的值
    del prepared_string
```

首先，该测试固件用 pytest.fixture 装饰以对其进行标志。定义测试固件分为三个步骤：

- **设置**。这里仅定义了一个字符串，但它可能是最主要的部分，准备了字符串的值。
- **返回值**。如果使用 yield 函数，则会进入下一步。如果不是，测试固件将在这里结束。
- **拆解和清理值**。这个例子中我们只是简单地删除了变量，尽管后面会自动进行。

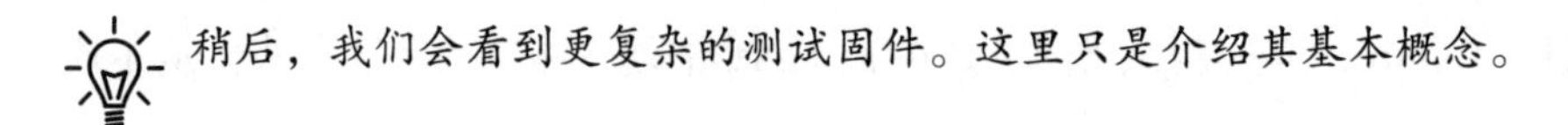

稍后，我们会看到更复杂的测试固件。这里只是介绍其基本概念。

采用这种方式定义测试固件，可以让我们在不同的测试函数中轻松地重用它，只需使用名称作为输入参数：

```
def test_counting_fixture(prepare_string):
    assert count_characters('a', prepare_string) == 6


def test_counting_fixture2(prepare_string):
    assert count_characters('r', prepare_string) == 2
```

注意`prepare_string`参数是怎样自动提供前文中用`yield`定义的值的，运行测试即可看到效果。更重要的是，我们可以使用参数`--setup-show`来查看所有测试固件的设置和组成：

```
$ pytest -v test_fixtures.py -k counting_fixture --setup-show
======================== test session starts ========================
platform darwin -- Python 3.9.5, pytest-6.2.4, py-1.10.0, pluggy-0.13.1
-- /usr/local/opt/python@3.9/bin/python3.9
plugins: celery-4.4.7
collected 3 items / 1 deselected / 2 selected

test_fixtures.py::test_counting_fixture
        SETUP    F prepare_string
        test_fixtures.py::test_counting_fixture (fixtures used:
prepare_string)PASSED
        TEARDOWN F prepare_string
test_fixtures.py::test_counting_fixture2
        SETUP    F prepare_string
        test_fixtures.py::test_counting_fixture2 (fixtures used:
prepare_string)PASSED
        TEARDOWN F prepare_string

=================== 2 passed, 1 deselected in 0.02s ===================
```

这个测试固件非常简单，没有做任何定义字符串之外的事情，但是测试固件可以用来连接数据库或准备文件，可以在最后对其进行清理。

现在，给该示例增加一点复杂性，不是对字符串内容计数，而是针对某文件的内容计数。因此，该函数需要打开一个文件，读取其内容，然后对某字符计数。该函数将是这样的：

```
def count_characters_from_file(char_to_count, file_to_count):
    '''
    打开一个文件，统计其文本中包含的特定字符的数量

    '''
    number = 0
    with open(file_to_count) as fp:
        for line in fp:
```

```
            for char in line:
                if char == char_to_count:
                    number += 1

    return number
```

该测试固件会创建并返回一个文件，然后将其作为拆解值的一部分。我们来看一下：

```
import os
import time
import pytest


@pytest.fixture()
def prepare_file():
    data = [
        'Ba, ba, ba, Barbara Ann',
        'Ba, ba, ba, Barbara Ann',
        'Barbara Ann',
        'take my hand',
    ]
    filename = f'./test_file_{time.time()}.txt'
    # 准备待返回的值
    with open(filename, 'w') as fp:
        for line in data:

            fp.write(line)

    # 返回该值
    yield filename

    # 以拆解的方式删除文件
    os.remove(filename)
```

注意，在生成设定的文件名时加入了时间戳。这意味着测试固件生成的每个文件名都是唯一的：

```
filename = f'./test_file_{time.time()}.txt'
```

然后，创建文件、写入数据：

```
with open(filename, 'w') as fp:
    for line in data:
        fp.write(line)
```

正如你所看到的，生成了唯一的文件名。最后，该文件被在拆解操作中被删除。

这些测试与之前的测试很相似，因为大部分复杂的问题都存储在测试固件中：

```
def test_counting_fixture(prepare_file):
    assert count_characters_from_file('a', prepare_file) == 17
```

```
def test_counting_fixture2(prepare_file):
    assert count_characters_from_file('r', prepare_file) == 6
```

执行该测试，可看到它按预期的那样运行，可检查拆解步骤在每次测试后删除测试文件的操作：

```
$ pytest -v test_fixtures2.py
======================== test session starts ========================
platform darwin -- Python 3.9.5, pytest-6.2.4, py-1.10.0, pluggy-0.13.1
-- /usr/local/opt/python@3.9/bin/python3.9
collected 2 items

test_fixtures2.py::test_counting_fixture PASSED                  [50%]
test_fixtures2.py::test_counting_fixture2 PASSED                 [100%]

========================= 2 passed in 0.02s =========================
```

测试固件不需要在同一个文件中定义，它们也可以存储在一个名为 conftest.py 的特殊文件中，该文件会被 pytest 自动在所有测试中共享。

测试固件也可以组合起来，设置为自动使用，而且有内置的测试固件用于处理临时数据及目录或捕获输出。在 PyPI 中也有很多有用的测试固件插件，可作为第三方模块安装，涵盖了连接数据库或与其他外部资源交互等功能。在实现你自己的测试固件之前，一定要查看并搜索 pytest 的文档，看看是否可以利用已有的模块：https://docs.pytest.org/en/latest/explanation/fixtures.html#about-fixtures。

在这一章中，我们只是触及 pytest 的基本功能。这是一个神奇的工具，强烈建议对其进行深入了解，它能为有效运行测试和以最佳的方式设计测试带来巨大的回报。测试是项目建设过程中的关键内容，也是开发人员需要花费大量时间的开发阶段之一。

10.8 小结

本章我们讨论了代码测试的由来和方法，阐述了如何用好的测试策略帮助生成高质量的软件，以避免客户使用代码后出现问题。

首先介绍了测试的一般原则、如何通过测试提供超出其成本的价值，以及如何采用不同级别的测试以实现这一目标。测试主要分为三个层次，即单元测试（单个组件的部分）、系统测试（整个系统），以及中间的集成测试（单个或几个组件，但不是全部）。

然后介绍了不同的测试策略，以确保所用的是优秀的测试，以及如何使用 AAA 模式来构造测试，从而有助于测试编写和对测试的准确理解。

在这之后详细介绍了 TDD 的原则，这是一种将测试置于开发过程中心地位的技术，它要求在编写代码之前先创建测试，以小幅增量的方式进行，并反复运行测试，以创建一个良好的测试套件，防止意外操作。还分析了以 TDD 方式工作时的限制和注意事项，并提供了一个 TDD 实施过程的示例。

接着讨论了在 Python 中创建单元测试的方法，包括使用标准的 `unittest` 模块，以及更强大的 `pytest` 模块。还介绍了有关 `pytest` 的高级用法，以展示这个第三方模块的强大功能。

最后阐述了如何测试外部依赖关系，在编写单元测试以实现功能隔离时这是非常重要的，还讨论了如何模拟依赖项，以及如何采用依赖注入的方式进行测试。

第11章 Chapter 11

包 管 理

在进行复杂系统的软件开发时，特别是微服务或类似架构的系统中，有时需要共享代码，以便将其用于未连接的系统各组成单元。这样的代码能有助于抽象某些功能实现，这些功能各不相同，包括用于安全目的（例如，以其他待验证的系统能够理解的方式计算签名），以及用于连接数据库或访问外部 API，或者是用来持续监控系统。

我们可以多次重复使用同样的代码，无须每次都重新发明轮子，并能确保代码已经过有效的测试和验证，同时还可让代码在整个系统中保持一致。有些令人感兴趣的模块，不仅可以在整个组织内共享，还可以在组织外共享，从而创建其他人可以利用的标准模块。

这些事早已有人在做，而且包含了很多常用的应用场景。例如，连接到现有的数据库、使用网络资源、访问操作系统的功能、识别各种格式的文件、计算通用的算法和公式、在各种领域中创建和处理 AI 模型，以及一长串其他案例。

为了强化所有这些功能的共享和利用，现代编程语言都提供了相应的创建、共享软件包的机制，因此编程语言的用途大为增加。

在本章中，我们将主要从 Python 的角度讨论包（package）的使用，包括何时以及如何考虑包的创建。这部分内容将探究不同的实现方法，从简单的包结构到包含已编译代码的适用于特定任务的包。

让我们首先明确哪些代码能成为创建包的候选对象。

11.1 创建新包

任何软件中都会有代码片段可在程序的各组成部分之间共享。在开发小型单体应用程序时，这就像创建那些可以通过直接调用来共享功能的内部模块或函数一样简单。

随着时间的推移，可以将某个或某些共用的功能归纳到特定的模块下，以明确它们将在整个应用程序中被使用。

当模块的代码会用于多个位置时，注意不要用 utils 作为模块的名称。虽然这种情况很常见，但这个名称缺乏描述性，而且有点敷衍。其他开发人员怎么知道某个函数是否在模块 utils 中？与其这样，不如尝试使用一个描述性的名字。如果做不到这点，那么就把它分成子模块，比如，可以创建类似 utils.communication 或 utils.math 的名称来避免这种情况。

在一定的规模范围内，这种方式会很有效。但随着代码量的增长和代码的日益复杂，可能出现如下这些复杂情况：

- 创建一个更加通用的 API 来与模块进行交互，目的是更灵活地利用模块。这可能涉及采用更具防御性的编程风格，以确保模块按预期使用并返回相应的错误。
- 需要为该模块提供特定的文档，以便于不熟悉该模块的开发人员能够使用它。
- 该模块的所有权可能需要明确，并指定其维护者。可以采取的形式是，在修改代码前进行更严格的代码审查，指定某个或某些开发人员作为该模块的联系人。
- 最关键的是，模块的功能将会存在于两个或更多的独立服务或代码库中。如果发生这种情况，与其在不同的代码库中复制、粘贴代码，不如创建一个可以导入的独立模块。这可能是前期有意的安排，以使某些操作标准化（例如，在多个服务中产生和验证签名的消息），也可能是在一个代码库中成功实现相关功能之后的想法，因为在系统其他服务中调用这些功能会很方便。例如，对通信消息进行检测并产生日志。该日志可能要在其他服务中用到，所以，将其从原来的服务迁移到其他服务。

总的来说，模块有了自己的实体，而不仅是作为一个共享的位置来纳入所要共享的代码。此时，把它当作一个独立的库，而不是附属于某个特定代码库的模块，就变得非常有意义。

决定将某些代码创建为独立的软件包之后，就应该考虑以下几个方面的问题：

- 正如我们之前看到的，最重要的是新软件包的所有权。因为它们被多个团队和小组所使用，所以需要明确新的包针对不同团队和小组的边界。一定要明确地约定每个软件包的所有权，以确保负责它的团队可以联系到，无论是任何相关的咨询还是基于包维护的需要。
- 所有新的软件包都需要时间来开发新功能以及进行调整，特别是在使用包的过程中，随着它被用于多种服务和更多的应用场景，其功能限制也可能需要放宽。一定要考虑到这一点，并相应地调整其所负责团队的工作量。这将非常依赖于软件包的成熟程度和需要多少新功能。
- 与此类似，一定要预留维护软件包的时间。即使没有新的功能需求，也会发现错误，还有其他常规性的维护工作，如更新依赖项或与新版本操作系统的兼容性问题，都需要持续维护。

所有这些因素都应该考虑在内。一般来说，最好是创建路线图，让负责该软件包的团队可以设定其目标以及实现目标的时间范围。

这里的底线是，一个新的软件包意味着一个新的项目。需要有这样的认识才行。

这里我们专注于在 Python 环境下创建一个新的包，而在其他语言中创建包时，其基本原理是类似的。

11.2 Python 中的简单包操作

在 Python 环境中，只需在代码中添加一个子目录，即可轻松创建一个要导入的包。虽然这种方式很简单，但作为开始已经足够了，因为子目录可以复制。例如，代码可以直接添加到源码管理系统中，甚至可以通过压缩代码和临时解压来进行安装。

这不是一个长远的解决方案，因为它不能处理多版本、依赖性等问题，但在某些情况下，作为开发的第一步，它足以发挥作用。至少在最开始，所有要打包的代码都需要存储在同一个子目录下。

在 Python 中，一个模块的代码结构可以按照具有单一入口点的子目录来组织。例如，在创建一个名为 naive_package 的模块时其结构如下：

```
└── naive_package
    ├── __init__.py
    ├── module.py
    └── submodule
        ├── __init__.py
        └── submodule.py
```

可以看到，该模块包含一个子模块（submodule）的目录，所以我们从这里开始。子模块的目录里有两个文件，即包含代码的 submodule.py 文件，以及一个空的 __init__.py 文件，以允许导入另一个文件，我们将在后文中看到。

__init__.py 是一个特殊的 Python 文件，表示该目录内包含 Python 代码，可以从外部导入，它象征着目录本身。

submodule.py 的内容是下面这个示例函数：

```
def subfunction():
    return 'calling subfunction'
```

顶层目录是模块本身。这里有 module.py 文件，其中定义了 some_function 函数，用于调用子模块：

```
from .submodule.submodule import subfunction


def some_function():
    result = subfunction()
    return f'some function {result}'
```

import（导入）这一行有个细节，就是位于同一目录下的 submodule（子模块）前面的点 . 的这种形式。这是 Python 3 中特有的语法，使得导入模块时更加精确。如果没有这个点，Python 将尝试从库中导入。

可以从 PEP-328 了解更多关于相对导入（relative import）的信息，地址是 https://www.python.org/dev/peps/pep-0328/。PEP（Python Enhancement Proposal，Python 增强提案；亦称 Python 增强建议书）是描述与 Python 语言有关的新特性或与社区有关的信息的文档。这是提出修改和推进 Python 语言的官方渠道。

该函数的其余部分会调用 subfunction（子函数），并根据结果返回一个文本字符串。

这个例子中，__init__.py 文件不是空的，而是导入了 some_function 函数：

```
from .module import some_function
```

再次注意前面的点 . 代表着相对导入。这使得 some_function 函数可以作为 naive_package 模块顶层的一部分。

现在可以创建一个文件来调用该模块。我们将编辑 call_naive_package.py 文件，该文件需要与 native_package 处于同一级目录：

```
from native_package import some_function


print(some_function())
```

这个文件只是调用模块定义的函数并输出结果：

```
$ python3 call_naive_package.py
some function calling subfunction
```

这种处理要共享的模块的方法是不推荐的，但这个小模块可以帮助我们理解如何创建一个包以及模块的结构是什么样的。分离模块并创建一个独立的包的第一步是建一个子目录，该目录内有明确定义且包含了清晰的访问入口的 API。

但是，为了采用更好的解决方案，需要创建一个完整的 Python 包。让我们来看看这到底意味着什么。

11.3 Python 包管理生态

Python 环境下有一个非常活跃的第三方开放源码的包管理生态系统，它涵盖了各种各样的主题，能增强所有 Python 程序的功能。可以使用 pip 命令来安装这些包，所有新装的 Python 都会自动包含 pip。

例如，要安装名为 requests 的包，这是一个用于编译更简单、更强大的 HTTP 请求的包，其命令是：

```
$ pip3 install requests
```

pip 会自动在 PyPI（Python Package Index，Python 软件包索引；亦称 Python 软件仓库）中搜索该包是否可用，如果可用，则下载并安装该软件包。

请注意，pip 命令可以采用 pip3 的形式。这取决于你系统中 Python 的安装情况。本文将不加区分地使用两种命令形式。

我们将在本章后面看到关于 pip 的更详细的用法，但首先需要讨论的是可以下载软件包的主要来源。

11.3.1 PyPI

PyPI（通常读作 Pie-P-I，对应于 Pie-Pie 的发音）是 Python 软件包的官方来源，可以在 https://pypi.org 查询，如图 11-1 所示。

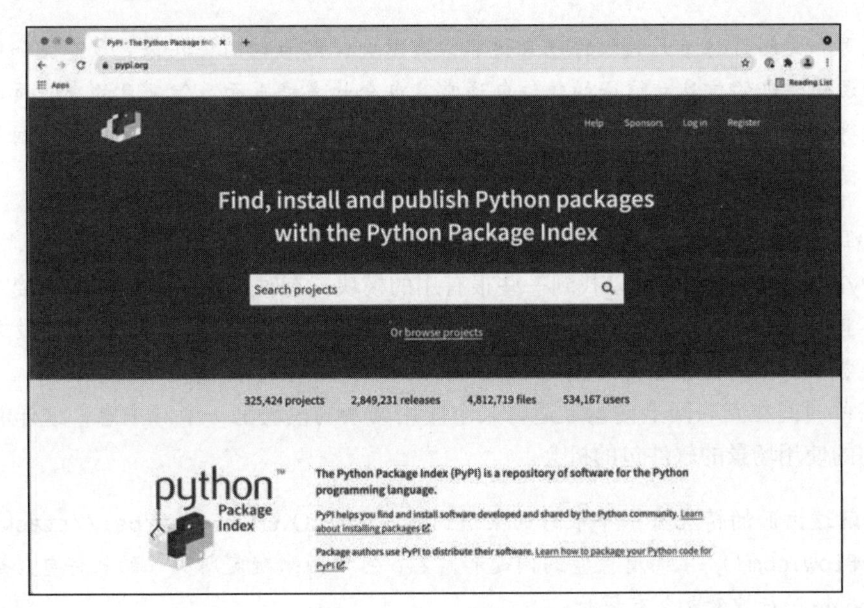

图 11-1 pypi.org 的主页面

在 PyPI 的网站上，通过搜索可以找到特定的软件包以及有用的信息，包括搜索部分匹配关键字的可用软件包。它们还可以过滤搜索，如图 11-2 所示。

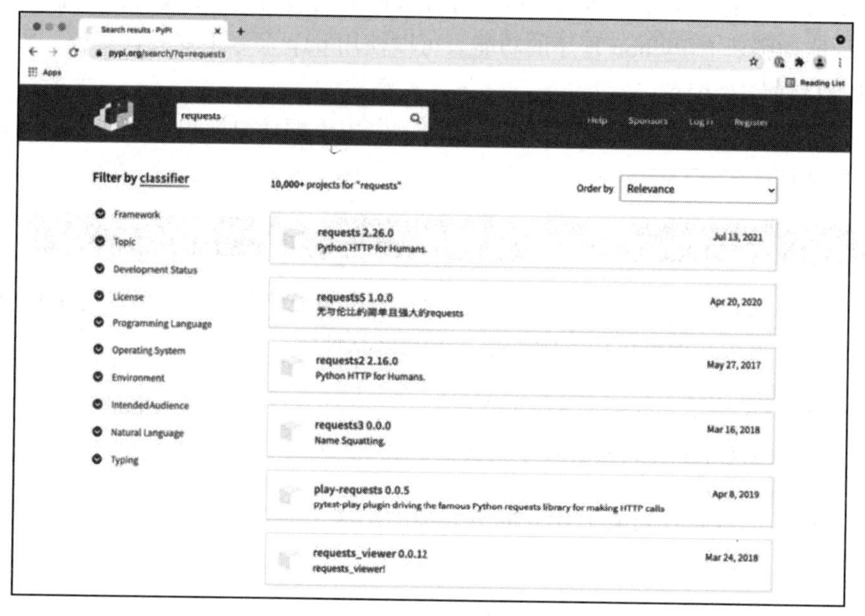

图 11-2 搜索软件包

指定某个软件包后，即可找到该包相关的简要文档、项目的来源和包主页的链接，以及其他诸如许可证、维护者等更多信息。

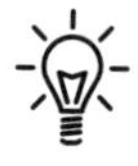

主页和文档页对于大的软件包来说非常有意义，因为它们将包含更多有关如何使用该软件包的信息。较小的软件包通常只包含此文档页面，但项目的来源页面也值得一看，因为可能会链接到其对应的 GitHub 页面，其中有关于 bug 的细节以及提交补丁或报告的方法。

在编写本书时，`requests` 软件包的页面如图 11-3 所示。

在 PyPI 中直接搜索就可以找到一些很有用的模块，有时这个过程会非常直接，比如找一个用于连接数据库的模块（例如，通过数据库名称搜索）。不过，这通常会涉及大量的失败和反复尝试，因为仅靠名称可能并不能说明某个模块适合于你的使用需求。

花一些时间在互联网上搜索最适合某个应用场景的模块是一个好主意，这样能提高找到适合你的使用场景的软件包的机会。

了解这方面的情况有一个很好的渠道，就是 StackOverflow（`https://stackoverflow.com/`），上面有大量的问题和解答，可以用来确定所关注的软件包。通过 Google 进行搜索也会有帮助。

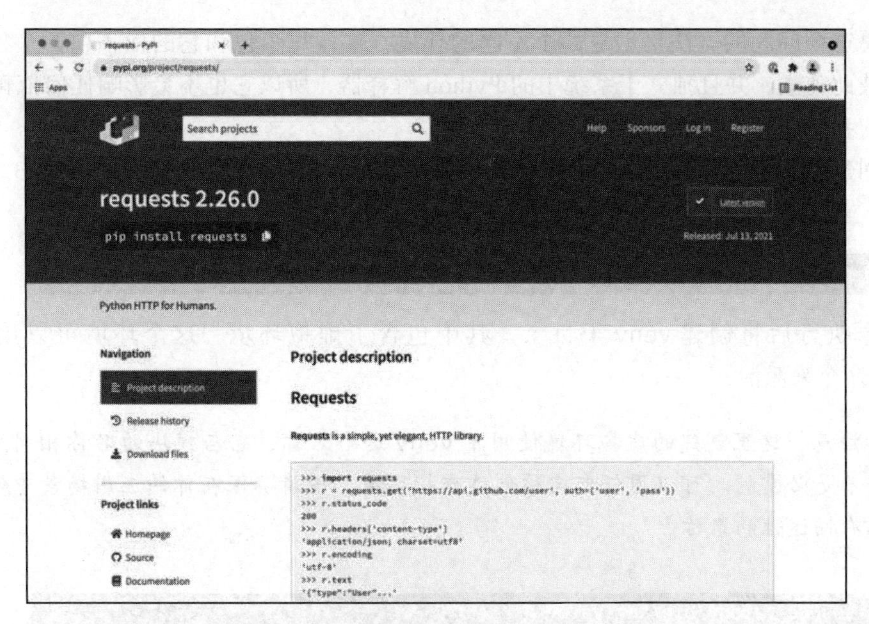

图 11-3 requests 模块相关的详细信息

无论何时，考虑到 Python 可用软件包的庞大数量，以及这些包在质量和成熟度上的多样性，留出一些时间来研究可选的方案总是非常值得的。

这些软件包并不是由 pypi.org 以某种方式安排策划的，因为平台是公开的，任何人都可以提交他们的包，当然，恶意的包会被淘汰。一个包有多受欢迎，需要用相对间接的方法来了解，比如查询其下载量，或者通过网上的搜索引擎，了解其他项目是否在使用此软件包。最终，将需要通过一些概念验证程序的评判来分析候选包是否涵盖了所有需要的功能。

11.3.2 虚拟环境

软件包管理过程中相关的下一个环节，是创建虚拟环境来隔离模块的安装。

在安装软件包时，使用系统中的默认环境会让软件包直接安装到系统中。这意味着平常所用的 Python 解释器环境会受到影响。

这样也许会导致出现某些问题，由于软件包的依赖项有时会相互干扰，因此所安装的包在基于其他目的使用 Python 解释器时有可能会产生副作用。

例如，如果同一台机器上有一个需要 package1 软件包的 Python 程序，和另一个需要 package2 的 Python 程序，而这两个包彼此不兼容，此时就会产生冲突。package1 和 package2 是无法同时安装的。

注意，这种情况也可能是由软件版本不兼容所致，特别是当软件包有依赖项时，或者存在依赖项的依赖项时。例如，package1 需要依赖版本 5 才能安装，而 package2 需要 6 或更高的版本。两个软件包将无法同时运行。

解决这个问题的方法是创建两个不同的环境，这样每个包和它的依赖项都是独立存储的——彼此独立，并且独立于系统中的 Python 解释器，所以它也不会影响任何依赖 Python 解释器的系统中的活动。

要创建一个新的虚拟环境，可以使用标准模块 venv，它包含在所有 Python 3.3 之后的版本中：

```
$ python3 -m venv venv
```

命令执行后将创建 venv 子目录，其中包含了虚拟环境。这个环境可以用下面的 source 命令来激活：

请注意，这里创建的虚拟环境使用了 venv 这个名称，它与模块的名称相同。这并不是必需的。可以用任何名称创建虚拟环境，但请确保在你的应用场景中使用具有描述性的名称。

```
$ source ./venv/bin/activate
(venv) $ which python
./venv/bin/python
(venv) $ which pip
./venv/bin/python
```

从提示信息可以看出，这里执行的 python 解释器和 pip 命令位于虚拟环境，而不是系统环境中，同时提示虚拟环境 venv 已经激活。

虚拟环境也有自己的库，因此所有安装的软件包都将存储在这里，而不是保存在系统环境中。

虚拟环境可以通过调用 deactivate 命令来解除。执行后，可看到（venv）的提示没有了。

进入虚拟环境后，所有对 pip 的调用都将在虚拟环境中安装软件包，因此它们独立于任何其他环境。这样每个程序都可以在自己的虚拟环境中执行。

当不能直接通过命令行激活虚拟环境，而需要直接执行命令时，例如，对于 cronjob（定时任务）的场景，可以在虚拟环境中直接调用 python 解释器的完整路径，比如，/path/to/venv/python/your_script.py。

有了合适的环境，接下来就可以用 pip 命令安装各依赖项。

11.3.3 环境准备

创建虚拟环境是第一步，我们还需要安装所有的依赖项。

为了能够在任何情况下都可复制环境，最好是创建一个需求描述文件，用它来定义所有需要安装的依赖项。pip 支持使用通常名为 requirements.txt 的文件来安装依赖项。

这是创建一个可复制环境的绝佳方式，必要时可以从头开始。

例如，让我们来看看下面的 requirements.txt 文件：

```
requests==2.26.0
pint==0.17
```

该文件可以从 GitHub 下载，地址是 https://github.com/PacktPublishing/Python-Architecture-Patterns/blob/main/chapter_11_package_management/requirements.txt。

注意这里的格式是 package==version，指定了要使用的软件包的确切版本，这是推荐的依赖项安装方式。这样避免了只使用 package 选项所带来的问题，其会安装最新版本，并且可能导致非预期的软件升级，从而影响软件的兼容性。还有其他选项，如 package>=version，可以指定可用的最低版本。

可以使用以下命令将该文件安装到虚拟环境（注意要先激活）中：

```
(venv) $ pip install -r requirements.txt
```

命令执行后，requirements.txt 文件中所有指定的需求项都将被安装到当前环境。

注意，你所指定的依赖项可能不会完全固定在特定的版本上。这是因为依赖项会有自己的设定，当新的软件包交付时，它可能会在第二级依赖项上产生未知的升级。

为了避免出现这种问题，可以用第一级依赖项创建初始安装，然后用 pip freeze 命令获取所有已经安装的依赖项：

```
(venv) $ pip freeze
certifi==2021.5.30
chardet==3.0.4
charset-normalizer==2.0.4
idna==2.10
packaging==21.0
Pint==0.17
pyparsing==2.4.7
requests==2.26.0
urllib3==1.26.6
```

可以使用输出结果直接更新 requirements.txt 文件，这样下次安装时，所有第二级依赖项的版本也会被固定下来。

注意，添加新的依赖项时，也需要执行同样的过程，先安装，然后运行 pip freeze 命令，然后用输出结果更新 requirements.txt 文件。

关于容器环境的说明

在容器环境中运行时，系统解释器和程序解释器之间的区别将会被更加淡化，因为容器封装了自己的操作系统，从而强制执行更彻底的分离。

在传统的服务部署方式中，它们都安装、运行在同一个服务器内，由于前文提及的限制，使得解释器之间必须保持独立。

通过使用容器，将每个服务都封装到包含在自有操作系统内的文件系统中，也就是说，可以跳过创建虚拟环境的过程。这时，容器充当了虚拟环境的角色，实现了不同容器之间的强制分离。

正如我们之前在第8章中所讨论的，谈到容器时，每个容器应当仅服务于单个服务，并协调多个容器来生成不同的服务器。这样一来，就避免了必须共享同一个解释器的问题。

这意味着我们可以放宽某些在传统环境中通常会施加的限制，只需关心单一的系统环境，能够不那么在意对环境的影响。因为受影响的环境只有一个，所以可以更自由地进行操作。如果需要其他的服务或系统环境，可以随时创建更多的容器。

11.3.4 Python包

一个可供使用的Python软件包，实质上是一个带有特定Python代码的子目录。这个子目录被安装在相应的库的子目录中，Python解释器会在这个子目录中进行搜索。该目录称为`site-packages`。

在虚拟环境中，这个子目录是可以访问的，如果你正在使用虚拟环境的话。可以到此处查看该子目录：`venv/lib/python3.9/site-packages/`。

为了分发软件包，这个子目录可打包成两种不同的文件，即`Egg`文件或`Wheel`文件。但重要的是，`pip`只能安装`Wheel`文件。

也可以创建源代码包。这种情况下，该文件是一个包含了所有代码的tar文件。

`Egg`文件已经被弃用，因为其格式比较老，并且它基本上是一种包含了一些元数据的压缩文件。`Wheel`文件有以下几个方面的优点：

- 它有更好的定义，支持更多的使用场景。PEP-427（`https://www.python.org/dev/peps/pep-0427/`）明确定义了该文件格式。而`Egg`文件从未被正式定义过。
- 可以通过定义令其具备更好的兼容性，支持创建兼容不同版本Python的`Wheel`文件，包括Python 2和Python 3在内。
- `Wheel`文件能包含已编译好的二进制代码。Python支持用C语言编写的库，但这些库需要针对适当的硬件架构。`Egg`文件是在安装时复制、编译源文件，因而需要在所安装的机器上有对应的编译工具和环境，这种方式在编译时很容易出现问题。
- 取而代之的是，`Wheel`文件可以用预先编译好的二进制文件。`Wheel`文件具有更好的硬件架构和操作系统兼容性，因此，如果有的话，对应的二进制 Wheel 文件将被下载和安装。这样能让安装速度更快，因为在安装过程中无须再进行编译，而且也不用在目标机上运行编译工具。也可以创建带有源码的 Wheel 文件，以允许其在尚未预编译的机器上安装，尽管在这种情况下需要编译器的支持。

- 可以对 Wheel 文件进行加密、签名，而 Egg 文件不支持这些特性。这种额外附加的保护层，能有效避免软件包被破坏和修改。

现在，Python 中标准的软件包采用的是 Wheel 文件，作为一般原则，该格式应当作为首选。Egg 文件应该仅限于那些没有升级到新格式的旧软件包。

Egg 文件可以用老的 easy_install 脚本来安装，尽管最新版本的 Python 已经不再包含此脚本。请到这里查看关于如何使用 easy_install 的设置工具的文档：https://setuptools.readthedocs.io/en/latest/deprecated/easy_install.html。

现在我们来学习如何创建自己的软件包。

11.4 创建软件包

虽然在大多数情况下，我们都会用到第三方的软件包，但在某些时候，依然有可能需要创建自己的软件包。

要做到这一点，需要创建一个 setup.py 文件，它是软件包的基础，用于描述包里面的内容。基础包（base package）的代码看起来类似下面这样：

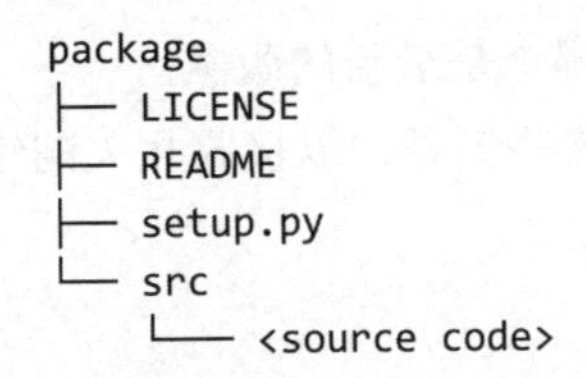

```
package
├── LICENSE
├── README
├── setup.py
└── src
    └─── <source code>
```

这里的 LICENSE 和 README 文件不是必需的，但可以用来添加软件包的信息。LICENSE 文件会自动包含在软件包中。

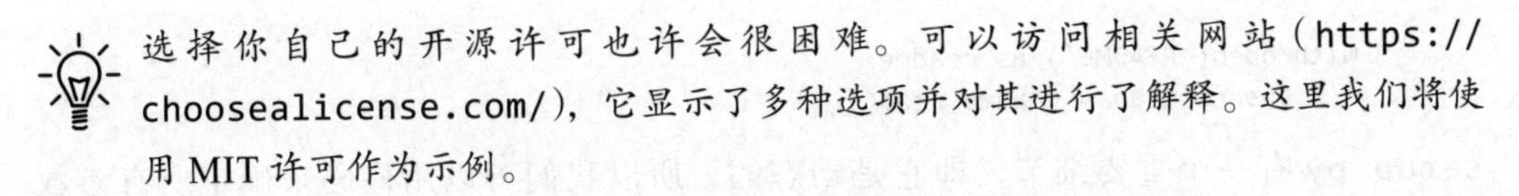

选择你自己的开源许可也许会很困难。可以访问相关网站（https://choosealicense.com/），它显示了多种选项并对其进行了解释。这里我们将使用 MIT 许可作为示例。

README 文件不会包含在软件包内，但作为软件包构建过程的一部分，我们会把它的内容放到软件包的完整描述中，后文会讲到。

这个过程对应的代码是 setup.py 文件。让我们来看一个例子：

```
import setuptools

with open('README') as readme:
    description = readme.read()


setuptools.setup(
    name='wheel-package',
    version='0.0.1',
    author='you',
    author_email='me@you.com',
    description='an example of a package',
    url='http://site.com',
    long_description=description,
    classifiers=[
        'Programming Language :: Python :: 3',
        'Operating System :: OS Independent',
        'License :: OSI Approved :: MIT License',
    ],
    package_dir={'': 'src'},
    install_requires=[
        'requests',
    ],
    packages=setuptools.find_packages(where='src'),
    python_requires='>=3.9',
)
```

setup.py 文件实际上包含了 setuptools.setup 函数，它定义了软件包，具体包含以下内容：

- name：软件包的名称。
- version：软件包的版本。用于安装特定的版本或确定哪个是最新的版本。
- author 和 author_email：作者及其邮箱，最好包括这些信息，以接收相关的错误报告或请求。
- description：一个简短的描述。
- url：该项目的 URL。
- long_description：一个较长的描述。在这个例子中，我们读取 README 文件，将其内容存储在 description 变量中：

```
with open('README') as readme:
    description = readme.read()
```

setup.py 有一个重要细节，即它是动态的，所以我们可以用代码来确定所有参数的值。

- classifiers：分类，可根据不同应用需求对包进行分类，比如许可和语言的种类，或者包是否支持 Django 这样的框架等。在此链接中可查看完整的分类列表：

https://pypi.org/classifiers/。

- package_dir：软件包代码所在的子目录。这里我们指定为 src 目录。默认情况下，它将使用与 setup.py 相同的目录，但最好将两者分开，以保持代码整洁。
- install_requires：所有需要和包一起安装的依赖项。本例中，我们添加了 requests 作为例子。注意，所有二级依赖项（即 requests 所依赖的项）也都将被安装。
- packages：使用 setuptools.find_packages 函数，包括 src 目录中的所有内容。
- python_requires：定义软件包与哪些版本的 Python 解释器兼容。在本例中，我们定义为 Python 3.9 或更高的版本。

文件准备好之后，则可直接运行 setup.py 脚本，比如，检查数据是否正确：

```
$ python setup.py check
running check
```

该命令将验证 setup.py 的定义是否正确，是否存在必备元素缺失的情况。

11.4.1 开发模式

setup.py 文件可以用来以 develop（开发）模式安装软件包。这样软件包就能在当前环境中以符号链接的方式进行安装。也就是说，在重启解释器后，所有对代码的修改都会直接应用到软件包中，从而让包的修改和测试变得更容易。注意在虚拟环境内运行：

```
(venv) $ python setup.py develop
running develop
running egg_info
writing src/wheel_package.egg-info/PKG-INFO
writing dependency_links to src/wheel_package.egg-info/dependency_
links.txt
writing requirements to src/wheel_package.egg-info/requires.txt
writing top-level names to src/wheel_package.egg-info/top_level.txt
reading manifest file 'src/wheel_package.egg-info/SOURCES.txt'
adding license file 'LICENSE'
...
Using venv/lib/python3.9/site-packages
Finished processing dependencies for wheel-package==0.0.1
```

开发版的软件包很容易就能卸载，以清理系统环境：

```
(venv) $ python setup.py develop --uninstall
running develop
Removing  /venv/lib/python3.9/site-packages/wheel-package.egg-link
(link to src)
Removing wheel-package 0.0.1 from easy-install.pth file
```

可以到 https://setuptools.readthedocs.io/en/latest/userguide/development_mode.html 阅读更多关于开发模式的官方文档。

这一步是直接在当前环境中安装软件包，可以用来运行测试并验证软件包安装后是否按预期工作。一旦完成这些，我们就可以准备软件包本身了。

11.4.2 纯 Python 包

想要创建一个软件包，首先需要确定待创建的包的类型。如前所述，我们有三个选择：一是源代码分发包（source distribution，亦称源码分发包），二是 Egg 软件包，三是 Wheel 软件包。每种都通过 setup.py 中不同的命令来定义。

要创建源代码分发包，可使用参数 sdist（source distribution）：

```
$ python setup.py sdist
running sdist
running egg_info
writing src/wheel_package.egg-info/PKG-INFO
writing dependency_links to src/wheel_package.egg-info/dependency_
links.txt
writing requirements to src/wheel_package.egg-info/requires.txt
writing top-level names to src/wheel_package.egg-info/top_level.txt
reading manifest file 'src/wheel_package.egg-info/SOURCES.txt'
adding license file 'LICENSE'
writing manifest file 'src/wheel_package.egg-info/SOURCES.txt'
running check
creating wheel-package-0.0.1
creating wheel-package-0.0.1/src
creating wheel-package-0.0.1/src/submodule
creating wheel-package-0.0.1/src/wheel_package.egg-info
copying files to wheel-package-0.0.1...
copying LICENSE -> wheel-package-0.0.1
copying README.md -> wheel-package-0.0.1
copying setup.py -> wheel-package-0.0.1
copying src/submodule/__init__.py -> wheel-package-0.0.1/src/submodule
copying src/submodule/submodule.py -> wheel-package-0.0.1/src/submodule
copying src/wheel_package.egg-info/PKG-INFO -> wheel-package-0.0.1/src/
wheel_package.egg-info
copying src/wheel_package.egg-info/SOURCES.txt -> wheel-package-0.0.1/
src/wheel_package.egg-info
copying src/wheel_package.egg-info/dependency_links.txt -> wheel-
package-0.0.1/src/wheel_package.egg-info
copying src/wheel_package.egg-info/requires.txt -> wheel-package-0.0.1/
src/wheel_package.egg-info
copying src/wheel_package.egg-info/top_level.txt -> wheel-
package-0.0.1/src/wheel_package.egg-info
Writing wheel-package-0.0.1/setup.cfg
creating dist
Creating tar archive
removing 'wheel-package-0.0.1' (and everything under it)
```

dist 包位于新创建的 dist 子目录下：

```
$ ls dist
wheel-package-0.0.1.tar.gz
```

要生成有效的 Wheel 包，需先安装 wheel 模块：

```
$ pip install wheel
Collecting wheel
  Using cached wheel-0.37.0-py2.py3-none-any.whl (35 kB)
Installing collected packages: wheel
Successfully installed wheel-0.37.0
```

此模块安装后，即在 setup.py 的可用命令中增加了 bdist_wheel 这一项，用它即可生成 wheel 包：

```
$ python setup.py bdist_wheel
running bdist_wheel
running build
running build_py
installing to build/bdist.macosx-11-x86_64/wheel
...
adding 'wheel_package-0.0.1.dist-info/LICENSE'
adding 'wheel_package-0.0.1.dist-info/METADATA'
adding 'wheel_package-0.0.1.dist-info/WHEEL'
adding 'wheel_package-0.0.1.dist-info/top_level.txt'
adding 'wheel_package-0.0.1.dist-info/RECORD'
removing build/bdist.macosx-11-x86_64/wheel
```

然后 wheel 文件（*.whl）就生成了，还是在 dist 子目录中：

```
$ ls dist
wheel_package-0.0.1-py3-none-any.whl
```

注意，该 whl 文件名中也包括了 Python 的版本号 3。

可以使用与 Python 2 和 Python 3 都兼容的 wheel 包。这些 wheel 包文件是通用的。在两种版本的 Python 之间迁移时，这种特性非常有用。目前的趋势是，Python 中大部分新的代码都在使用版本 3，我们不必担心这个问题。

所有创建的这些软件包都可以用 pip 命令直接安装：

```
$ pip install dist/wheel-package-0.0.1.tar.gz
Processing ./dist/wheel-package-0.0.1.tar.gz
...
```

```
Successfully built wheel-package
Installing collected packages: wheel-package
Successfully installed wheel-package-0.0.

$ pip uninstall wheel-package
Found existing installation: wheel-package 0.0.1
Uninstalling wheel-package-0.0.1:
  Would remove:
    venv/lib/python3.9/site-packages/submodule/*
    venv/lib/python3.9/site-packages/wheel_package-0.0.1.dist-info/*
Proceed (Y/n)? y
  Successfully uninstalled wheel-package-0.0.1

$ pip install dist/wheel_package-0.0.1-py3-none-any.whl
Processing ./dist/wheel_package-0.0.1-py3-none-any.whl
Collecting requests
  Using cached requests-2.26.0-py2.py3-none-any.whl (62 kB)
...
Collecting urllib3<1.27,>=1.21.1
  Using cached urllib3-1.26.6-py2.py3-none-any.whl (138 kB)
...
Installing collected packages: wheel-package
Successfully installed wheel-package-0.0.
```

注意，本例中的依赖项 `requests` 以及所有二级依赖项（如 `urllib3`）都会自动安装。

包管理的强大功能不仅适用于只包含 Python 代码的包。`Wheel` 包最有用的功能之一，是能够生成预编译包，其中包含了针对目标系统的已编译代码。

为了展示此功能，需要生成一些包含将要编译的代码的 Python 模块。做这之前，我们得先迂回一下。

11.5 Cython

Python 环境中可以创建 C 和 C++ 语言的扩展，这些扩展编译后能与 Python 代码进行交互。Python 本身是用 C 语言写的，所以这是一种很自然的扩展。

虽然 Python 有很多强大的功能，但在进行某些操作（如数值运算）时，纯粹的速度并不是它的强项。这正是 C 语言扩展发挥其作用之处，因为通过它就能够访问低级代码，这些代码可以进行优化，运行速度比 Python 快。不要低估创建小型本地化 C 语言扩展的能力，它能有效加速关键代码。

然而，创建 C 语言扩展可能会比较困难。Python 和 C 语言之间的接口并不简单，除非你有丰富的 C 语言工作经验，否则 C 语言中所要求的内存管理方式往往会令人生畏。

如果你想深入研究这个话题并创建自己的 C/C++ 扩展，可以先阅读官方文档，地址是：`https://docs.python.org/3/extending/index.html`。

还有其他方法，比如用 Rust 创建扩展。可以在以下文章中查看如何实现：https://developers.redhat.com/blog/2017/11/16/speed-python-using-rust。

幸运的是，有些替代方法能更容易地完成此任务，Cython 就是一个非常好的选择。

Cython 是一个用于编译包含了 C 语言扩展的 Python 代码的工具，所以用它来编写 C 语言扩展就像编写 Python 代码一样简单。代码中包含了注释，以指明变量是 C 语言类型的，但除此之外，它们看起来非常相似。

对 Cython 及其所有功能的详细讨论超出了本书的范围。这里只是对其做一个简单的介绍。

请查看完整的文档以了解更多信息：https://cython.org/。

Cython 文件被存储为 .pyx 文件。让我们来看一个例子，它将在 wheel_package_compiled.pyx 文件的帮助下确定一个数字是否为质数：

```
def check_if_prime(unsigned int number):
    cdef int counter = 2

    if number == 0:
        return False
while counter < number:
    if number % counter ==  0:
        return False

    counter += 1

return True
```

该代码用于检查一个正数是否为质数：

- 如果输入的数字是 0，则返回 False（假）。
- 它尝试用该数除以从 2 到其本身的数字。如果能被某数整除，则返回 False，因为它不是质数。
- 如果都不能整除，或者输入的数字小于 2，则返回 True（真）。

这段代码并不完全是 Python 风格的，因为它将被翻译成 C 语言，所以执行效率更高，以避免使用 range 或类似的 Python 调用。不要对测试不同的方法有顾虑，多看看用什么方式才能让程序执行得更快。

上面那段代码的实现方法不是太好。总的来说它尝试了太多的除法运算。这里只是为了展示有意义的要编译的代码示例，并且不是太复杂。

当 pyx 文件准备好了，就可以使用 Cython 编译它并将其导入 Python 中。首先，我们需要安装 Cython：

```
$ pip install cython
Collecting cython
  Using cached Cython-0.29.24-cp39-cp39-macosx_10_9_x86_64.whl (1.9 MB)
Installing collected packages: cython
Successfully installed cython-0.29.24
```

现在，就可以使用 `pyximport` 模块，像 py 文件一样直接导入 pyx 模块。如果需要的话，Cython 将会自动编译它：

```
>>> import pyximport
>>> pyximport.install()
(None, <pyximport.pyximport.PyxImporter object at 0x10684a190>)
>>> import wheel_package_compiled
venv/lib/python3.9/site-packages/Cython/Compiler/Main.py:369:
FutureWarning: Cython directive 'language_level' not set, using 2 for
now (Py2). This will change in a later release! File: wheel_package_
compiled.pyx
  tree = Parsing.p_module(s, pxd, full_module_name)
.pyxbld/temp.macosx-11-x86_64-3.9/pyrex/wheel_package_
compiled.c:1149:35: warning: comparison of integers of different signs:
'int' and 'unsigned int' [-Wsign-compare]
    __pyx_t_1 = ((__pyx_v_counter < __pyx_v_number) != 0);
                  ~~~~~~~~~~~~~~~ ^ ~~~~~~~~~~~~~~
1 warning generated.
>>> wheel_package_compiled.check_if_prime(5)
   True
```

可以看到，编译器产生了一个错误，因为进行了 `unsignedint` 和 `int` 变量之间（变量 `counter` 和 `number`）的比较运算。

我们特意留下了这个问题，以清楚地显示编译发生的时间，以及编译过程中所有的反馈信息，如警告或错误。

代码编译完成后，Cython 会同时在目录中创建一个 `wheel_package_compiled.c` 文件和编译后的 `.so` 文件，默认情况下，该编译文件保存在 `$HOME/.pyxbld` 目录中：

注意，具体所在的目录和你所用的系统有关。这里，我们展示的是一个为 macOS 系统编译的模块。

```
$ ls ~/.pyxbld/lib.macosx-11-x86_64-3.9/
wheel_package_compiled.cpython-39-darwin.so
```

使用 `pyximport` 有助于进行本地开发，但我们还可以创建一个包，将其作为构建过程的一部分来编译并打包。

11.6 包含二进制代码的 Python 包

这里还是使用前文中用 Cython 创建的示例代码，来展示如何创建一个将 Python 代码与预编译代码结合在一起的包。最终将生成一个 `Wheel` 文件。

本例中将创建一个名为 `wheel_package_compiled` 的包，它扩展了前面的示例包 `wheel_package`，其中包含了在 Cython 中提供的要编译的代码。

该代码可在 GitHub 上找到：`https://github.com/PacktPublishing/Python-Architecture-Patterns/tree/`。`main/chapter_11_package_management/wheel_package_compiled`。

该软件包的结构会是这样的：

```
wheel_package_compiled
    ├── LICENSE
    ├── README
    ├── src
    │   ├── __init__.py
    │   ├── submodule
    │   │   ├── __init__.py
    │   │   └── submodule.py
    │   ├── wheel_package.py
    │   └── wheel_package_compiled.pyx
    └── setup.py
```

这和之前介绍的包是一样的，但增加了 `.pyx` 文件。`setup.py` 文件也需要做一些调整：

```
import setuptools
from Cython.Build import cythonize
from distutils.extension import Exteldnsion

extensions = [
    Extension("wheel_package_compiled", ["src/wheel_package_compiled.
pyx"]),
]

 with open('README') as readme:
     description = readme.read()


 setuptools.setup(
     name='wheel-package-compiled',
     version='0.0.1',
     author='you',
     author_email='me@you.com',
     description='an example of a package',
     url='http://site.com',
     long_description=description,
     classifiers=[
```

```
        'Programming Language :: Python :: 3',
        'Operating System :: OS Independent',
        'License :: OSI Approved :: MIT License',
    ],
    package_dir={'': 'src'},
    install_requires=[
        'requests',
    ],
    ext_modules=cythonize(extensions),
    packages=setuptools.find_packages(where='src'),
    python_requires='>=3.9',
)
```

除了包的名称改变之外，所有引入的变化都与新的扩展（extension）有关：

```
from Cython.Build import cythonize
from distutils.extension import Extension

extensions = [
    Extension("wheel_package_compiled", ["src/wheel_package_compiled.
pyx"]),
]
...
ext_modules=cythonize(extensions),
```

这个扩展定义了要添加的模块的名称，以及源代码的位置。通过 `cythonize` 函数表示要用 Cython 来编译。

扩展模块是用 C/C++ 编译的。在这个例子中，Cython 将运行中间步骤以确保编译的是正确的 `.c` 源文件。

配置好之后，就可以调用 `setup.py` 来生成 `Wheel` 文件：

```
$ python setup.py bdist_wheel
Compiling src/wheel_package_compiled.pyx because it changed.
[1/1] Cythonizing src/wheel_package_compiled.pyx
...
running bdist_wheel
running build
running build_py
...
creating 'dist/wheel_package_compiled-0.0.1-cp39-cp39-macosx_11_0_
x86_64.whl' and adding 'build/bdist.macosx-11-x86_64/wheel' to it
adding 'wheel_package_compiled.cpython-39-darwin.so'
adding 'submodule/__init__.py'
adding 'submodule/submodule.py'
adding 'wheel_package_compiled-0.0.1.dist-info/LICENSE'
adding 'wheel_package_compiled-0.0.1.dist-info/METADATA'
adding 'wheel_package_compiled-0.0.1.dist-info/WHEEL'
```

```
adding 'wheel_package_compiled-0.0.1.dist-info/top_level.txt'
adding 'wheel_package_compiled-0.0.1.dist-info/RECORD'
removing build/bdist.macosx-11-x86_64/wheel
```

和以前一样，编译后的 Wheel 文件可以在 dist 子目录中找到：

```
$ ls dist
wheel_package_compiled-0.0.1-cp39-cp39-macosx_11_0_x86_64.whl
```

与之前创建的 Wheel 包文件相比，可以看到其文件名中增加了平台和硬件架构（macOS 11 和 x86 64 位，这是编写本书时编译该包所用的计算机）等信息。cp39 表明它使用了 Python 3.9 ABI（Application Binary Interface，应用程序二进制接口）。

创建的 Wheel 包文件可以在相同的架构和系统上使用。Wheel 包直接包含了所有编译后的代码，所以包的安装会非常快，因为只涉及文件复制操作。而且，也不需要安装编译工具和依赖项。

当处理需要在多个架构或系统中安装的软件包时，要为每种情况创建一个单独的 Wheel 包，并添加源代码分发文件，从而让软件包可以用于这些系统。

不过，还需要了解的是，除非你正在创建一个要提交到 PyPI 的通用包，否则该包将仅供自己使用，通常此时为自有的特定环境创建一个 Wheel 包文件即可。

同样，有时还存在类似的问题，例如，如果想和整个 Python 社区分享你的模块，这时该怎么办？

11.7 将包上传到 PyPI

PyPI 是开放的，可以接收来自任何开发人员的软件包。我们可以创建自己的账户并将软件包上传到官方的 Python 模块仓库中，从而让任何项目都可以使用它。

> 像 Python 及其生态系统一样，开源软件项目的主要特点之一，就是能够使用由其他开发人员无私地分享出来的代码。虽然并非是强制性的，但回馈并共享其他开发人员可能感兴趣的代码总是好的，以增加 Python 库的实用性。
>
> 请做一名 Python 生态系统的良好参与者，并分享可能对其他人有用的代码。

为了验证此过程，在 https://test.pypi.org/ 上有一个名为 TestPyPI 的测试站点，可以用来进行测试，而且可以先上传我们的软件包，如图 11-4 所示。

该网站的内容与实际的 PyPI 网站相同，但其顶部的黄色“横幅”（banner）表明它是用于测试的网站。

你可以到 https://test.pypi.org/account/register/ 注册一个新用户。然后需要创建新的 API 令牌，用于上传软件包。

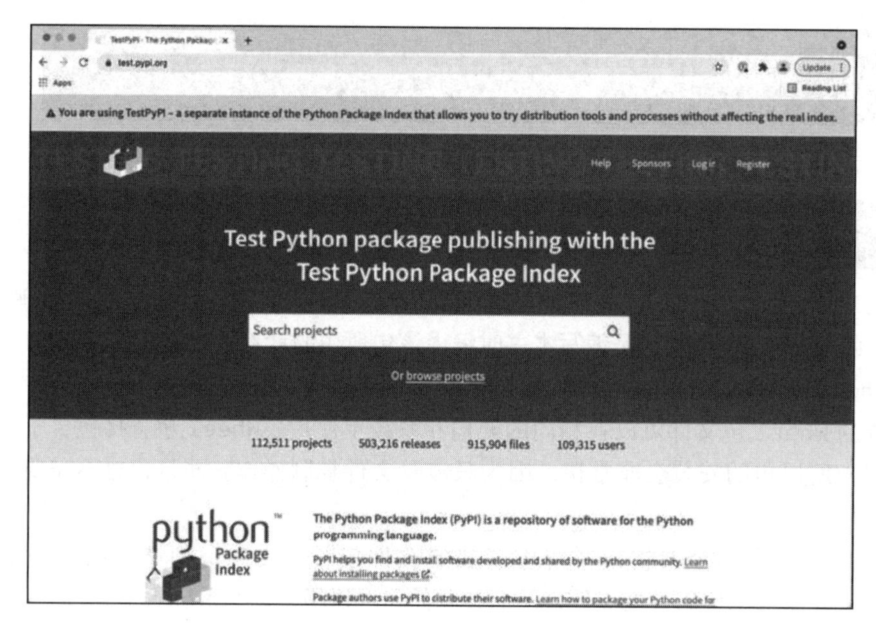

图 11-4 TestPyPI 网站主页面

> 请记住，注册过程中要验证你的电子邮箱。如果没有经过验证的电子邮箱，则无法创建 API 令牌。

如果 API 令牌有问题或者丢失，那么可以随时将其删除并重新添加，如图 11-5 所示。

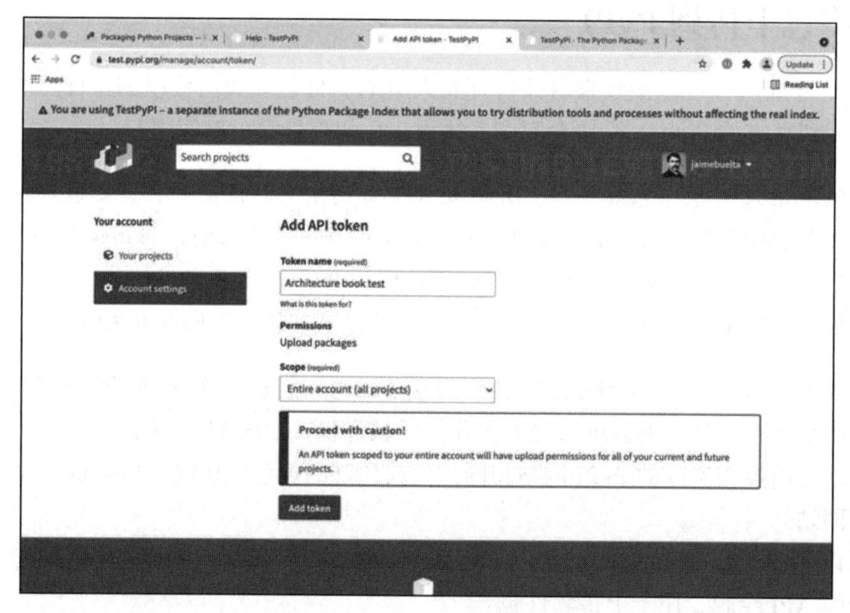

图 11-5 需要将 Scope（范围）设置为 Entire account（整个账号）才能上传新包

创建新的令牌并把它复制到一个安全的地方。为安全起见，该令牌（以 pypi- 开头）信息只会在页面上显示一次，所以要小心使用。

上传软件包时，该令牌会取代登录和密码。我们稍后将看到如何使用。

下一步是安装 twine 包，它可以简化上传操作，请确保在虚拟环境中安装：

```
(venv) $ pip install twine
Collecting twine
  Downloading twine-3.4.2-py3-none-any.whl (34 kB)
...
Installing collected packages: zipp, webencodings, six, Pygments,
importlib-metadata, docutils, bleach, tqdm, rfc3986, requests-toolbelt,
readme-renderer, pkginfo, keyring, colorama, twine
Successfully installed Pygments-2.10.0 bleach-4.1.0 colorama-0.4.4
docutils-0.17.1 importlib-metadata-4.8.1 keyring-23.2.0 pkginfo-1.7.1
readme-renderer-29.0 requests-toolbelt-0.9.1 rfc3986-1.5.0 six-1.16.0
tqdm-4.62.2 twine-3.4.2 webencodings-0.5.1 zipp-3.5.0
```

此时即可上传前面在 dist 子目录下创建的软件包。

在我们的例子中，将使用之前创建的那个包，但请记住，尝试重新上传它可能不会成功，因为 TestPyPI 中也许已经有一个同名的包存在。TestPyPI 的数据不是永久保留的，会定期删除，但作为本书编写过程的一部分，所上传的示例包可能还会在那里。在测试时请使用独特的名称来创建你自己的包。

现在，已经准备好了已编译的 Wheel 包和源代码分发文件：

```
(venv) $ ls dist
wheel-package-compiled-0.0.1.tar.gz
wheel_package_compiled-0.0.1-cp39-cp39-macosx_11_0_x86_64.whl
```

让我们来上传这些软件包文件。需要说明的是，我们要上传到 testpy 的代码仓库。这里将使用 __token__（令牌）作为用户名，使用完整的 API 令牌（包括 pypi- 前缀）作为密码：

```
(venv) $ python -m twine upload --repository testpypi dist/*
Uploading distributions to https://test.pypi.org/legacy/
Enter your username: __token__
Enter your password:
Uploading wheel_package_compiled-0.0.1-cp39-cp39-macosx_11_0_x86_64.whl
100%|████████████████████████████████████████████████████████████
████| 12.6k/12.6k [00:01<00:00, 7.41kB/s]
Uploading wheel-package-compiled-0.0.1.tar.gz
100%|████████████████████████████████████████████████████████████
████| 24.0k/24.0k [00:00<00:00, 24.6kB/s]

View at:
https://test.pypi.org/project/wheel-package-compiled/0.0.1/
```

现在包已经上传完毕！我们可以在 TestPyPI 网站上查看对应的页面，如图 11-6 所示。

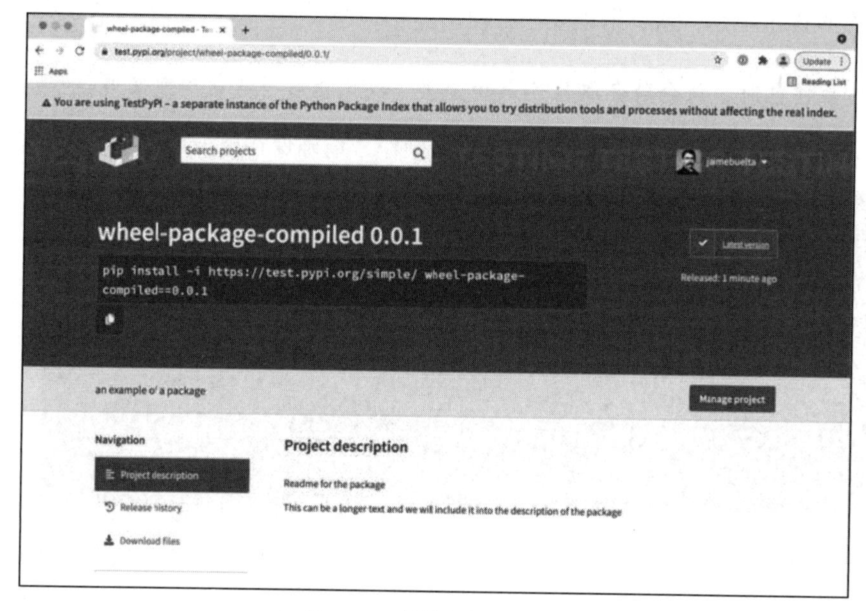

图 11-6　软件包的主页面

可以点击 Download files（下载文件）链接来验证上传的文件正确与否，如图 11-7 所示。

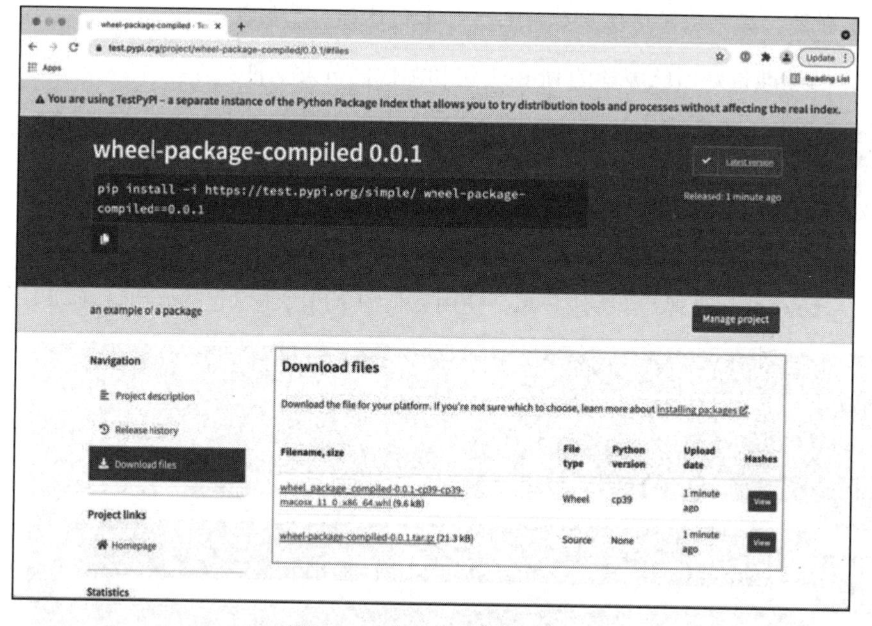

图 11-7　验证已上传的文件

也可以通过搜索功能访问这些包文件，如图 11-8 所示。

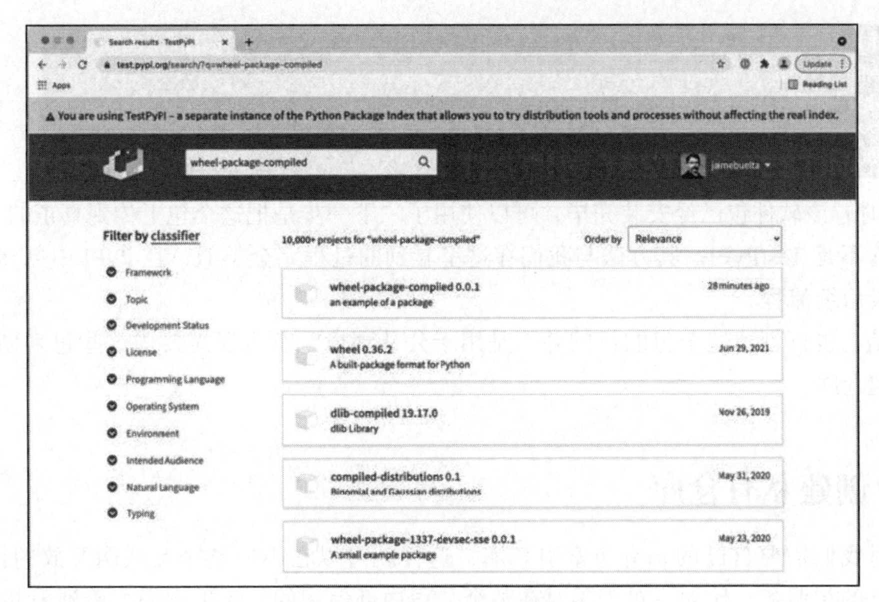

图 11-8 可搜索到该软件包

现在，可以直接通过 `pip` 命令下载该软件包，但需要将所使用的 index 源（即包索引源，亦称包仓库）指定为 TestPyPI。为了确保安装干净，这里先创建一个新的虚拟环境，如下所示：

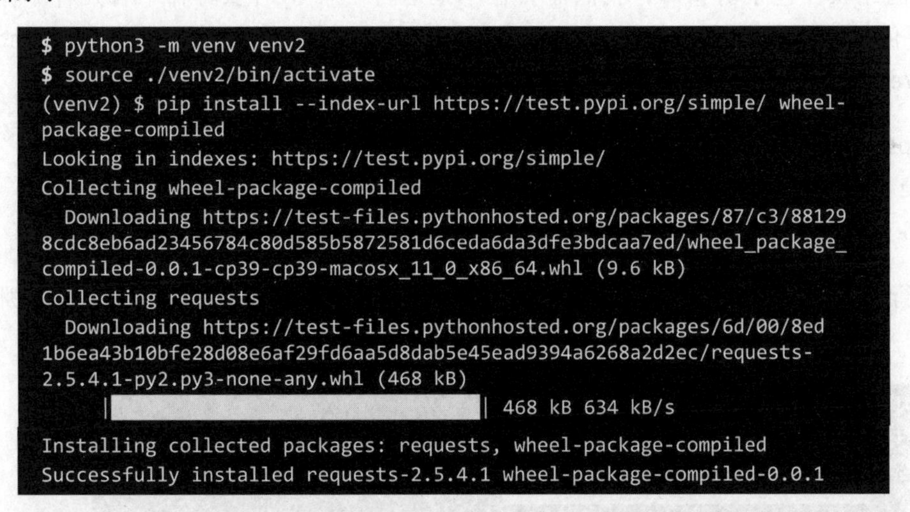

```
$ python3 -m venv venv2
$ source ./venv2/bin/activate
(venv2) $ pip install --index-url https://test.pypi.org/simple/ wheel-
package-compiled
Looking in indexes: https://test.pypi.org/simple/
Collecting wheel-package-compiled
  Downloading https://test-files.pythonhosted.org/packages/87/c3/88129
8cdc8eb6ad23456784c80d585b5872581d6ceda6da3dfe3bdcaa7ed/wheel_package_
compiled-0.0.1-cp39-cp39-macosx_11_0_x86_64.whl (9.6 kB)
Collecting requests
  Downloading https://test-files.pythonhosted.org/packages/6d/00/8ed
1b6ea43b10bfe28d08e6af29fd6aa5d8dab5e45ead9394a6268a2d2ec/requests-
2.5.4.1-py2.py3-none-any.whl (468 kB)
     |████████████████████████████████| 468 kB 634 kB/s
Installing collected packages: requests, wheel-package-compiled
Successfully installed requests-2.5.4.1 wheel-package-compiled-0.0.1
```

请注意，下载的是 `Wheel` 版本的包，因为它针对的是目标环境的已编译版本。它还正确地下载了指定的依赖项 `requests`。

接下来可以用 Python 解释器来测试该软件包：

```
(venv2) $ python
Python 3.9.6 (default, Jun 29 2021, 05:25:02)
```

```
[Clang 12.0.5 (clang-1205.0.22.9)] on darwin
Type "help", "copyright", "credits" or "license" for more information.
>>> import wheel_package_compiled
>>> wheel_package_compiled.check_if_prime(5)
True
```

此时，该软件包已经安装完毕，可以使用了。下一步是把这个包上传到真正的 PyPI 仓库中，而不是 TestPyPI。其方法与我们在这里看到的过程完全类似，在 PyPI 中创建一个账户，以及后续流程。

但是，也许创建这个包的目的并不是用于公共环境？有可能需要用这些包来创建我们自己的包仓库。

11.8 创建私有仓库

有时我们需要自己的私有包索引仓库，这样就可以在不向整个互联网开放的情况下，提供自己的包服务，比如，对于需要在整个公司内部使用的包，把它们上传到公共的 PyPI 仓库上并没有意义。

我们可以创建自己的私有仓库，用来分享这些软件包，并通过访问该索引仓库来安装它们。

为了创建软件包索引仓库，我们需要在本地运行一个 PyPI 服务器。有几种不同的服务器可供使用，其中有一个简单的选择就是 `pypiserver`（`https://github.com/pypiserver/pypiserver`）。

> `pypiserver` 可以通过几种方式安装。我们将看到如何在本地运行它，但为了有效地提供服务，需要按照你所在网络中可用的方式来进行安装。查看文档即可看到各种不同的安装方法，但推荐的方式是使用官方提供的 Docker 容器镜像。

要运行 `pypiserver`，首先需要用 `pip` 安装它，并创建一个目录来存储待发布的那些软件包：

```
$ pip install pypiserver
Collecting pypiserver
  Downloading pypiserver-1.4.2-py2.py3-none-any.whl (77 kB)
     |████████████████████████████████| 77 kB 905 kB/s
Installing collected packages: pypiserver
Successfully installed pypiserver-1.4.2
$ mkdir ./package-library
```

接下来启动 `pypiserver` 服务器，这里我们使用参数 `-p 8080` 以在该端口提供服务，参数 `./package-library` 表明用该目录存储待发布的软件包，参数 `-P . -a .` 表明无须认证以方便软件包上传：

```
$ pypi-server -P . -a . -p 8080 ./package-library
```

打开浏览器，浏览页面 `http://localhost:8080`，如图 11-9 所示。

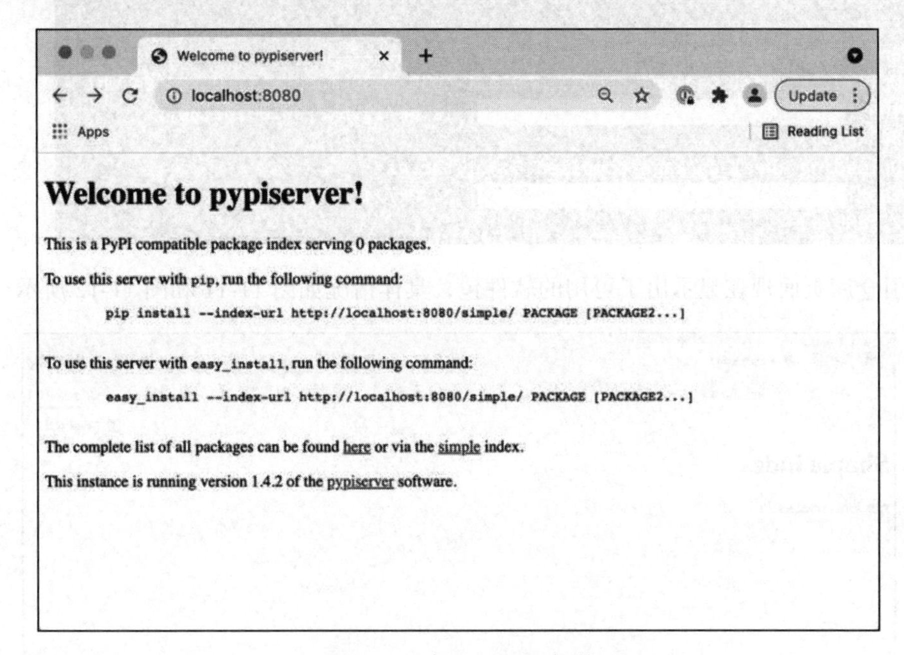

图 11-9 本地 pypi 服务器

可以通过访问 `http://localhost:8080/simple/` 来查看这个索引仓库中可用的软件包，如图 11-10 所示。

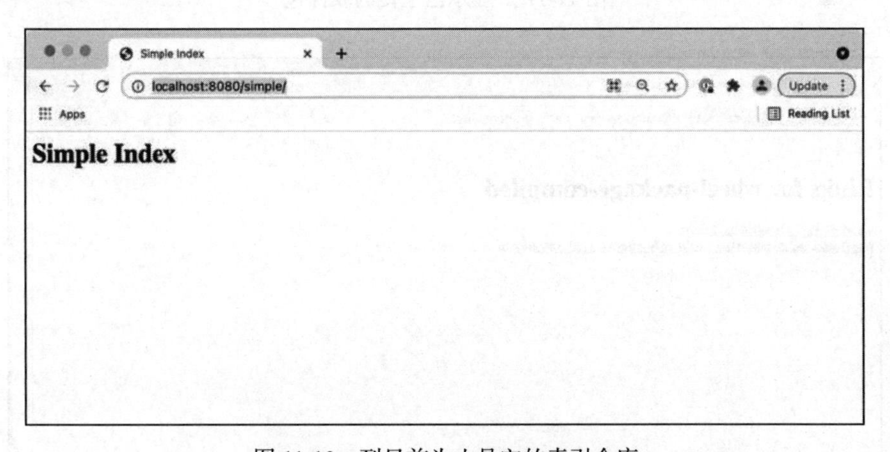

图 11-10 到目前为止是空的索引仓库

现在需要上传软件包，还是使用 `twine`，但要指向我们自己的私有仓库的 URL。根据前面的服务器参数设定，可以在没有认证的情况下进行上传操作，因此这里可以输入一个空的用户名和密码：

```
$ python -m twine upload --repository-url http://localhost:8080 dist/*
Uploading distributions to http://localhost:8080
Enter your username:
Enter your password:
Uploading wheel_package_compiled-0.0.1-cp39-cp39-macosx_11_0_x86_64.whl
100%|██████████████████████████████| 12.6k/12.6k [00:00<00:00,
843kB/s]
Uploading wheel-package-compiled-0.0.1.tar.gz
100%|██████████████████████████████| 24.0k/24.0k [00:00<00:00,
2.18MB/s]
```

索引仓库页面现在显示出了可用的软件包，具体情况如图 11-11 和图 11-12 所示。

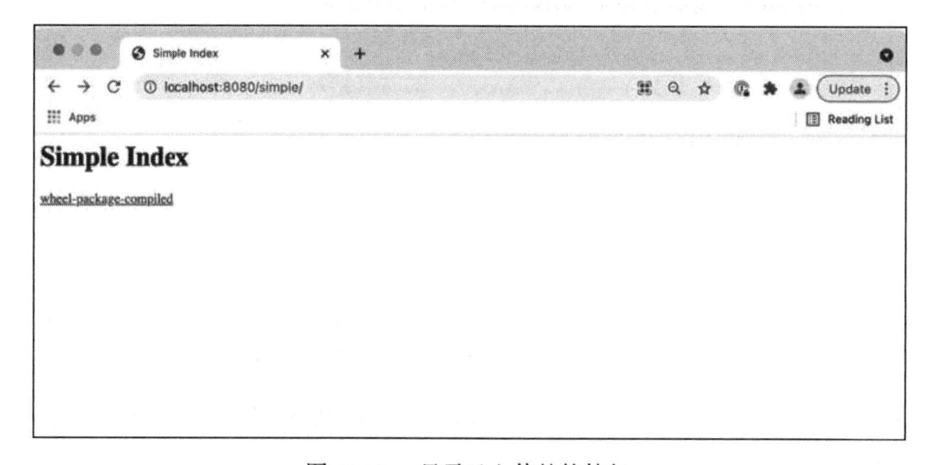

图 11-11 显示已上传的软件包

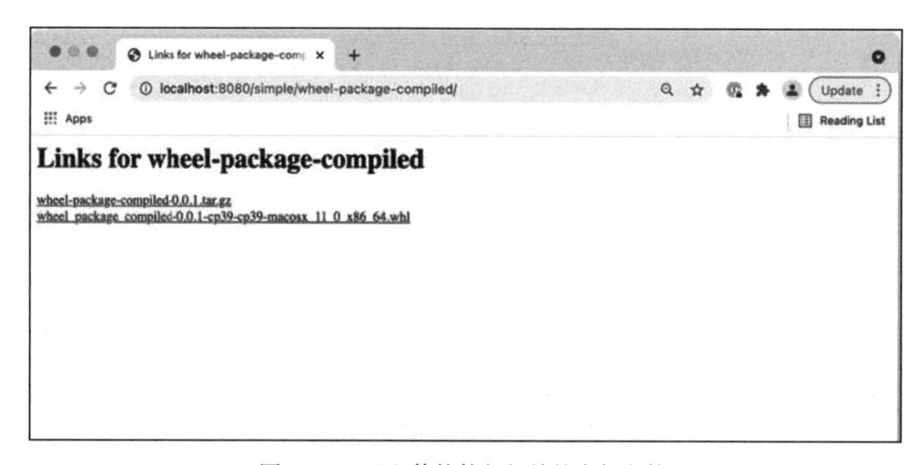

图 11-12 已上传软件包相关的全部文件

这些文件也被上传到 package-library 目录中：

```
$ ls package-library
wheel-package-compiled-0.0.1.tar.gz
wheel_package_compiled-0.0.1-cp39-cp39-macosx_11_0_x86_64.whl
```

所有添加到 `package-library` 目录的文件也会被发布到索引仓库，这样就可以通过将文件移动到该目录中来添加包，尽管当服务器通过网络正确部署那些包以后，这种情况可能会比较复杂。

现在可以下载并安装软件包，使用 `-index-url` 参数将仓库源指向新建的私有索引仓库：

```
$ pip install --index-url http://localhost:8080 wheel-package-compiled
Looking in indexes: http://localhost:8080
Collecting wheel-package-compiled
  Downloading http://localhost:8080/packages/wheel_package_compiled-
0.0.1-cp39-cp39-macosx_11_0_x86_64.whl (9.6 kB)
…
Successfully installed certifi-2021.5.30 charset-normalizer-2.0.4 idna-
3.2 requests-2.26.0 urllib3-1.26.6 wheel-package-compiled-0.0.1
$ python
Python 3.9.6 (default, Jun 29 2021, 05:25:02)
[Clang 12.0.5 (clang-1205.0.22.9)] on darwin
Type "help", "copyright", "credits" or "license" for more information.
>>> import wheel_package_compiled
>>> wheel_package_compiled.check_if_prime(5)
True
```

这样就能验证模块在安装后是否可以导入和执行。

11.9 小结

在本章中，我们介绍了什么时候创建标准软件包是一个好主意，以及相关的注意事项和要求，以确保做出合理的选择。从本质上讲，创建新的包就是创建一个新的软件项目，应该像对待组织中的其他项目一样，分配对应的所有权、文档等。

首先，我们通过基本的结构化代码阐述了 Python 中最简单的包，但它并没有实际的用途。可以将其作为后续包代码结构的基准。

然后介绍了当今的包管理生态环境，以及作为它的一部分的各组成元素（比如 PyPI，它是公开可用的 Python 软件包的官方来源），并介绍了如何创建虚拟环境，以便在需要不同的依赖项时不会交叉污染各系统环境。还介绍了 `Wheel` 格式的包，这是后面要创建的包类型。

接下来讨论了如何生成 `Wheel` 包，即首先要创建一个 `setup.py` 文件。阐述了如何在开发模式下安装包从而进行测试，以及怎样构建、准备软件包。

存在一些创建包而不是使用标准 `setup.py` 文件的替代方法。可以看看 Poetry 包（`https://python-poetry.org/`），从而了解如何以更全面的方式管理包，特别是当包有很多依赖项时。

我们间接地阐述了如何生成由 Cython 编译的代码，这是一种用于创建 Python 扩展的简单方法，采用某些扩充后的 Python 代码编写，并能自动生成 C 语言代码。

本章用 Cython 代码展示了怎样生成一个编译后的 `Wheel` 包，从而可以分发预编译代码，而无须在安装时进行编译。

最后，阐述了如何将软件包上传到 PyPI，以实现公开发布（文中展示了如何将待测试的软件包上传到 TestPyPI）包，并介绍了怎样创建私有软件包索引仓库，以便在内部环境中发布自己的软件包。

第四部分 Part 4

持续运维

系统启动并运行之后，与其架构相关的任务并没有结束。运行中的应用程序需要不断进行维护并付出努力，以保持系统高效运转。

在系统的整个生命周期中，最长的那部分属于运行维护的过程。在此期间，需要增加新的功能，检测和修复缺陷，并分析系统的行为以防止出现问题。

要想成功地实现这一目标，我们需要工具来解决两个方面的问题：

- 可观测性（observability，亦称可观察性）：这是一种了解运行的系统中正在发生的事情的能力。可观测性低的系统会让人难于甚至无法了解其状况，从而导致很难弄清系统中是否存在问题或很难找出导致这些问题的原因。在高可观测性的系统中，则很容易推断其内部状态和系统内部流动的事件，这样就能很容易地检测出问题的关键所在。

观测系统的主要工具是**日志**（log）和**度量**（metric），两者结合使用，可以让我们了解系统并分析其行为。

可观测性是系统本身的一种属性。通常情况下，监控（monitoring）是获取系统当前或过去的状态信息的行为。这都是些术语命名上的差异，但从技术上讲，监控的目的在于收集系统可观测部分的数据。

- 分析（analysis）：为了在更受控的情况下检测问题，我们有两个重要的工具，即**调试**（debugging）和**性能分析**（profiling）。调试是开发过程中的主要工具，根据代码一步步执行的过程来了解一段代码是如何运行的，并确定代码执行的具体细节。性能分析则是对代码进行检测以显示其工作方式，特别是确定哪部分代码执行时所花费的时间最长，以便对其采取措施以提高性能。

这两种工具相辅相成，让我们在检测到各种类型的问题时能够针对性地修复和改进。

在这部分内容中，我们还将谈及在系统运行时对其进行修改所面临的挑战。软件系统中唯一不变的就是变化，在现有系统和新增的功能之间做出权衡，是一种很关键的能力。完成这项任务需要在各个团队之间进行协调，从而让他们意识到对系统进行的修改所产生的影响，并使得软件系统能以一个整体的方式运转。

本书这部分包含以下内容：

- 日志
- 度量
- 性能分析
- 调试
- 持续架构

让我们首先来了解如何使用日志进行监控。

第 12 章 Chapter 12

日　志

监控和可观测性的基本要素之一是日志（log）。日志让我们能够检测正在运行的系统中发生的操作。这些信息可以用来分析系统的行为，特别是那些可能出现的错误或 bug，从而掌握实际正在发生的事情和有价值的信息。

不过，想要正确地使用日志似乎比较困难。日志系统很容易出现收集到的信息过多或过少的情况，或者记录了无效的信息。在本章中，我们将看到有关信息采集选取的某些关键要素，以及为确保日志发挥其最佳效果而应遵循的常规策略。

让我们从日志的基础知识开始学习。

12.1 日志基础知识

日志基本上是系统运行时产生的信息。这些信息是由特定的代码片段在执行时产生的，它让我们能够追踪代码中发生的操作。

日志可以仅是一般性的内容，比如“函数 X 被调用”，也可以包括某些代码执行的具体细节，如“函数 X 被调用，参数为 Y”。

通常情况下，日志是以纯文本信息的形式生成的。虽然还有其他的方式，但纯文本非常容易处理，能轻松读取、格式灵活，而且可以用 grep 等纯文本处理工具进行搜索。这些工具通常都非常快，大多数开发人员和系统管理员都知道如何使用。

除了主要的文本信息之外，每条日志都会包含一些元数据，比如，日志是哪个系统产生的，日志是什么时候创建的，等等。如果日志是文本格式的，这些元数据通常会附在每条日志记录的开头。

采用标准、一致的日志格式有助于检索、过滤日志信息，以及对其进行排序。请确保在各系统中使用一致的日志格式。

还有一个重要的元数据项，就是该日志的严重等级（severity，亦称日志级别）。它让我们可以根据各种日志的相对重要性来对其进行分类。按照从低到高的顺序，标准的严重等级包括 DEBUG（调试）、INFO（信息）、WARNING（警告）和 ERROR（错误）。

CRITICAL（严重错误，亦称关键错误）级日志较少使用，但它对显示灾难性的错误很有用。

用适当的严重等级对其进行分类，并过滤掉不重要的信息，从而把注意力放在更重要的信息上，这样做非常有必要。每个日志记录工具都可以配置为只生成一个或多个严重等级的日志。

可以添加自定义而非预定义的日志级别。这通常不是一个好主意，在大多数情况下都应该避免，因为所有工具和工程师都非常了解标准的日志级别。我们将在本章后面描述怎样为每个级别定义策略，以充分发挥其作用。

在服务于网络请求的系统中，无论是请求–响应模式还是异步模式，大部分日志都是在处理请求时产生的，期间会产生若干日志，表明请求正在做什么。因为通常同时在处理的请求不止一个，所以产生的日志会混在一起。

例如，考虑如下日志：

```
Sept 16 20:42:04.130 10.1.0.34 INFO web: REQUEST GET /login
Sept 16 20:42:04.170 10.1.0.37 INFO api: REQUEST GET /api/login
Sept 16 20:42:04.250 10.1.0.37 INFO api: REQUEST TIME 80 ms
Sept 16 20:42:04.270 10.1.0.37 INFO api: REQUEST STATUS 200
Sept 16 20:42:04.360 10.1.0.34 INFO web: REQUEST TIME 230 ms
Sept 16 20:42:04.370 10.1.0.34 INFO web: REQUEST STATUS 200
```

前面的日志显示了两个不同的服务，正如不同的 IP 地址（10.1.0.34 和 10.1.0.37）和两个不同的服务类型（web 和 api）所显示的。尽管这些信息足以分开这些请求，但针对每个请求者创建单一的请求 ID 是一个好主意，以便能够以下述方式对请求进行分组：

```
Sept 16 20:42:04.130 10.1.0.34 INFO web: [4246953f8] REQUEST GET /login
Sept 16 20:42:04.170 10.1.0.37 INFO api: [fea9f04f3] REQUEST GET /api/
login
Sept 16 20:42:04.250 10.1.0.37 INFO api: [fea9f04f3] REQUEST TIME 80 ms
Sept 16 20:42:04.270 10.1.0.37 INFO api: [fea9f04f3] REQUEST STATUS 200
Sept 16 20:42:04.360 10.1.0.34 INFO web: [4246953f8] REQUEST TIME 230
ms
Sept 16 20:42:04.370 10.1.0.34 INFO web: [4246953f8] REQUEST STATUS 200
```

在微服务环境中，请求会从一个服务流向其他服务，所以创建一个跨服务的共享请求ID是个好办法，这样就可以掌握完整的跨服务的请求流程。

为此，请求ID需要由第一个服务创建，然后传输给下一个服务，通常放在HTTP请求的头部。

正如我们在第5章介绍的，基于日志要素的原则，日志应当被视为事件流。也就是说，应用程序本身不应关注日志的存储和处理。相反，日志应当被引导到stdout（标准输出）。应用程序开发过程中，开发人员可以在请求处理时从标准输出中提取信息。

在生产环境中，为便于其他工具使用，应当捕获stdout信息，并对其进行路由，将所有不同来源的信息并入单一的数据流，然后存储或索引，以供后续查询。这些工具应当由生产环境来负责，而非由应用程序本身来实现。

实现这种重路由操作的工具包括Fluentd（https://github.com/fluent/fluentd）等可选产品，或者采用以前最喜欢的组合，即直接用Linux命令将日志发给logger（记录器）来创建系统日志，然后将这些日志发送到所配置的rsyslog（https://www.rsyslog.com/）服务器，该服务器可以转发、聚合这些日志。

无论我们怎样收集日志，常规的系统都会产生大量的日志，它们需要被储存在某个地方。虽然单独的每条日志都很小，但聚集成千上万条日志会占用大量的空间。任何日志系统都应当配置预期数据存储量的相关策略，以避免日志数据量无限增长。一般来说，基于时间的保留策略（比如保留过去15天的日志）是最好的方法，因为它很容易理解。在需要掌握系统过去多久之前的情况和空间消耗量之间找到平衡非常重要。

启用新的日志服务时一定要检查保留策略，不管是本地的还是基于云的日志，以确保它与定义的保留期限兼容，因为无法分析该时间窗口之前发生的任何事情。仔细检查日志创建的频率是否符合预期，以及空间消耗能否让收集日志的有效时间窗口变小。谁都不希望在跟踪bug时意外地发现日志容量超出了限额。

生成日志信息非常容易，正如我们将在下一节介绍的。

12.2　用Python生成日志

Python包含了一个用于生成日志的标准模块。这个模块非常易于使用，其配置很灵活，但如果你不了解它的运行方式，也许会感到迷茫。

创建日志的基本流程类似下面这样。对应的程序代码basic_logging.py可在GitHub上找到，网址是https://github.com/PacktPublishing/Python-Architecture-Patterns/tree/main/chapter_12_logging：

```
import logging
```

```
# 生成两个不同严重等级（WARNING、INFO）的日志
logging.warning('This is a warning message')
logging.info('This is an info message')
```

代码中，.warning 和 .info 方法将创建带有对应严重等级的日志。日志信息的格式是文本字符串。

程序执行时，其显示如下：

```
$ python3 basic_logging.py
WARNING:root:This is a warning message
```

默认情况下，日志被路由到 stdout，这也是我们想要的方式，但它被配置为不显示 INFO 日志。日志内容的格式也是默认的，不包括时间戳。

为了添加这些信息，我们需要了解 Python 中用于日志记录的三个基本组件：

- 格式化器（formatter），描述完整的日志如何呈现，附加如时间戳或严重等级等元数据。
- 处理程序（handler），决定日志如何传播。它通过上面定义的格式化器来设置日志的格式。
- 记录器（logger），负责生成日志。它有一个或多个处理程序，描述日志的传播方式。

有了这些信息，就可以对日志进行配置，指定我们想要的所有细节信息：

```
import sys
import logging


# 定义格式
FORMAT = '%(asctime)s.%(msecs)dZ:APP:%(name)s:%(levelname)s:%(message)
s'
formatter = logging.Formatter(FORMAT, datefmt="%Y-%m-%dT%H:%M:%S")

# 创建一个将日志发送到标准输出的处理程序
handler = logging.StreamHandler(stream=sys.stdout)
handler.setFormatter(formatter)
# 创建一个名为 'mylogger' 的记录器，添加处理程序并将日志级别
# 设置为 INFO
logger = logging.getLogger('mylogger')
logger.addHandler(handler)
logger.setLevel(logging.INFO)


# 生成三个严重等级的日志
logger.warning('This is a warning message')
logger.info('This is an info message')
logger.debug('This is a debug message, not to be displayed')
```

我们按照前文所述的相同顺序来定义这三个组件。首先是格式化器，然后是设置格式

化器的处理程序，最后是用于添加处理程序的记录器。

格式化器的形式如下：

```
FORMAT = '%(asctime)s.%(msecs)dZ:APP:%(name)s:%(levelname)s:%(message)
s'
formatter = logging.Formatter(FORMAT, datefmt="%Y-%m-%dT%H:%M:%S")
```

这里的 FORMAT 变量是由 Python 的 % 格式组成的，这是一种古老的描述字符串的方式。大多数元素被描述为 %(name)s，其中最后的 s 字符表示字符串格式。下面是各元素的说明：

- asctime 以人类可读的格式设置时间戳。本例遵循 ISO 8601 格式在 datefmt 参数中对其进行了描述。这里还添加了旁边的 msecs（毫秒）和一个 Z，以获得完整的 ISO 8601 格式的时间戳。%(msecs)d 后面有一个 d，意味着将该值输出为整数。这是为了将它限制为毫秒，而不显示包括小数等任何其他精度。
- name 是记录器的名称，我们将在后面说明。这里还添加了字符串 APP 以区分不同的应用程序。
- levelname 是日志的严重等级，比如 INFO、WARNING 或 ERROR。
- message，最后这部分是日志的信息内容。

定义好格式化器之后，接下来是处理程序：

```
handler = logging.StreamHandler(stream=sys.stdout)
handler.setFormatter(formatter)
```

该处理程序是一个 StreamHandler（流处理器），这里将流的目的地设置为 sys.stdout（系统标准输出），也就是 Python 定义的指向 stdout（标准输出）的变量。

还有更多的处理程序可用，比如 FileHandler（文件处理器）可将日志发送到文件，SysLogHandler（syslog 处理器）可将日志发送到 syslog 对象，还有更高级的用法，比如 TimeRotatingFileHandler（滚动文件处理器，亦称时间轮换处理器），它根据时间来滚动保存日志，也就是说，它存储所定义的时间范围内最后时间段的日志，并将旧数据归档。可在以下文档中查看所有可用处理程序的详细信息：https://docs.python.org/3/howto/logging.html#useful-handlers。

一旦完成了处理程序的定义，就可以创建记录器：

```
logger = logging.getLogger('mylogger')
logger.addHandler(handler)
logger.setLevel(logging.INFO)
```

首先要做的是为记录器设定一个名称，此处我们将其设定为 mylogger。通过给记录器命名，就可以将应用程序的日志划分为多个小节。然后，使用 .addHandler 方法来添加处理程序。

最后，我们使用 .setLevel 方法将日志级别设定为 INFO。这样将显示所有 INFO 及以上级别的日志，而低级别的日志则不显示。

运行该文件，就能看到所有相关的日志信息：

```
$ python3 configured_logging.py
2021-09-18T23:15:24.563Z:APP:mylogger:WARNING:This is a warning message
2021-09-18T23:15:24.563Z:APP:mylogger:INFO:This is an info message
```

由此可以看出：

- 时间按 ISO 8601 格式输出为 `2021-09-18T23:15:24.563Z`。这是由 `asctime` 和 `msec` 参数组合而成的。
- `APP` 和 `mylogger` 参数让我们可以按应用程序和子模块进行过滤。
- 显示了日志严重等级。注意，有一条 `DEBUG` 信息没有显示，因为配置的最低日志级别是 `INFO`。

Python 中的日志模块还可进行高级配置。更多相关信息请查看官方文档：`https://docs.python.org/3/library/logging.html`。

12.3 通过日志检测问题

对于正在运行的系统中的任何问题，都可能发生两种类型的错误：预期的和非预期的。在本节中，我们将看到它们在日志方面的差异以及如何进行处理。

12.3.1 检测预期错误

预期错误是指通过在代码中创建 `ERROR` 日志明确检测到的错误。例如，当被访问的 URL 返回的状态码不是 `200 OK` 时，下面的代码会产生一条 `ERROR` 日志：

```
import logging
import requests


URL = 'https://httpbin.org/status/500'

response = requests.get(URL)
status_code = response.status_code
if status_code != 200:
    logging.error(f'Error accessing {URL} status code {status_code}')
```

这段代码在执行时，会触发一条 `ERROR` 日志：

```
$ python3 expected_error.py
ERROR:root:Error accessing https://httpbin.org/status/500 status code
500
```

这是一种常用的验证访问外部 URL 是否成功的模式。产生日志的代码块可以执行一些补救措施或重试相关操作，以及其他一些事情。

在这里，我们使用了 https://httpbin.org 服务，这是一个简单的 HTTP 请求和响应服务，可用于代码测试。特别的是，访问端的 https://httpbin.org/status/<code> 可返回指定的状态码，从而可以很容易地生成错误代码。

这是一个检测预期错误的例子。我们提前考虑了一些不希望发生的事情，但知道其有可能发生。通过提前设计，代码已经准备好处理该错误并充分捕捉它。

在这个例子中，我们可以足够清楚地描述情况，并提供上下文以了解正在发生的事情。问题是显而易见的，即使解决方案或许并不那么简单。

这类错误相对来说比较容易处理，因为它们针对的是可预见的问题。

例如，有时网站不可用，可能是因为出现了认证问题，或者是基本 URL 配置错误所致。

请记住，有些时候，代码可能在处理某些情况时并没有失败，但它仍然被认为是出现了错误。例如，也许你想检测一个旧的认证系统是否还有人在使用。这种在检测到已废弃功能时添加 ERROR 或 WARNING 日志的方法，可以让你采取行动来纠正这种情况。

这类错误的其他例子包括，与数据库的连接出现问题，或数据存储格式过时等。

12.3.2 捕获非预期错误

但是，预期错误并不是唯一可能发生的错误。不幸的是，所有运行中的系统都会通过各种意想不到的行为让你大吃一惊，这些行为会以创造性的方式破坏代码的执行过程。Python 中非预期的错误通常是由某处代码引发的异常产生的，而该异常未被捕获到。

举个例子，设想一下，在对代码做小的修改时，我们出现了一个拼写错误：

```
import logging
import requests


URL = 'https://httpbin.org/status/500'

logging.info(f'GET {URL}')
response = requests.ge(URL)
status_code = response.status_code
if status_code != 200:
    logging.error(f'Error accessing {URL} status code {status_code}')
```

注意，在第 8 行出现的拼写错误如下：

```
response = requests.ge(URL)
```

本应是 .get 的方法调用被输入成了 .ge。当我们运行此代码时，会产生以下错误：

```
$ python3 unexpected_error.py
Traceback (most recent call last):
  File "./unexpected_error.py", line 8, in <module>
    response = requests.ge(URL)
AttributeError: module 'requests' has no attribute 'ge'
```

在 Python 中，默认情况下会在标准输出中显示错误和栈跟踪（stack trace，亦称栈轨迹）信息。当执行的代码属于 Web 服务器的一部分时，这种情况或许足以将这些信息作为 `ERROR` 日志发送出来，这取决于具体配置的情况。

所有 Web 服务器都会捕获这些信息并将其有效地传送到日志中，且生成对应的 HTTP 500 状态码，表明出现了一个意外的错误。此时服务器仍然可用于下一个请求。

如果你需要创建保持不间断运行的脚本，并且要防止任何非预期的错误，那么请务必使用 `try...except` 块，因为它是通用的，所以所有可能出现的异常都会被捕获和处理。

所有被特定 `except` 块正确捕获的 Python 异常，都可以当作预期错误。其中有些可能需要生成 `ERROR` 信息，但另外一些也许无须这些信息就能被捕获并处理。

例如，让我们调整以下代码，使其每隔几秒钟就发出一次请求。该代码可在 GitHub 上找到（`https://github.com/PacktPublishing/Python-Architecture-Patterns/tree/main/chapter_12_logging`）：

```
import logging
import requests
from time import sleep

logger = logging.getLogger()
logger.setLevel(logging.INFO)
while True:

    try:
        sleep(3)
        logging.info('--- New request ---')

        URL = 'https://httpbin.org/status/500'

        logging.info(f'GET {URL}')
        response = requests.ge(URL)
        scode = response.status_code
        if scode != 200:
            logger.error(f'Error accessing {URL} status code {scode}')
    except Exception as err:
        logger.exception(f'ERROR {err}')
```

关键部分是下面的无限循环：

```
while True:
```

```
try:
    code
except Exception as err:
    logger.exception(f'ERROR {err}')
```

`try...except` 块在循环内，所以即使有错误，循环也不会终止。如果出现任何错误，`except Exception` 都能捕获到，无论是什么异常。

这种方式有时被称为 Pokemon 异常处理，就像“ Gotta catch 'em all”（一个都不放过；一款安卓系统上的游戏）。应当将其作为“安全底线”。一般来说，无法准确把握要捕获的异常是很不好的做法，这样会由于非正确的异常处理而造成看不到潜在的错误。而错误不应被悄无声息地略过。

为了确保不仅记录了错误，而且记录了完整的栈跟踪，我们使用 `.exception` 方法而不是 `.error` 来记录日志。这在以 `ERROR` 的严重等级记录信息的同时，让错误信息不只是局限于单条文本消息。

运行此程序时，我们会得到下面这些日志。注意按下 Ctrl + C 键以停止该命令：

```
$ python3 protected_errors.py
INFO:root:--- New request ---
INFO:root:GET https://httpbin.org/status/500
ERROR:root:ERROR module 'requests' has no attribute 'ge'
Traceback (most recent call last):
  File "./protected_errors.py", line 18, in <module>
    response = requests.ge(URL)
AttributeError: module 'requests' has no attribute 'ge'
INFO:root:--- New request ---
INFO:root:GET https://httpbin.org/status/500
ERROR:root:ERROR module 'requests' has no attribute 'ge'
Traceback (most recent call last):
  File "./protected_errors.py", line 18, in <module>
    response = requests.ge(URL)
AttributeError: module 'requests' has no attribute 'ge'
^C
...
KeyboardInterrupt
```

正如所看到的，这些日志包括 `Traceback`（回溯，即前述栈跟踪），它让我们能够通过添加产生异常的来源信息来检测特定的问题。

所有非预期的错误都应被记录为 `ERROR` 日志。理想情况下，还应该对它们进行分析，修改代码以修复问题，或者至少将它们转化为预期错误。有时，由于时间紧迫或基于这类问题的低发生率，这样做不可行，但至少应当部署一些策略，以确保一致性地进行错误处理。

处理非预期错误的一个好工具是 Sentry（`https://sentry.io/`）。在很多常用平台上，该工具能为每个错误创建一个触发器，包括 Python Django、Ruby on Rails、

Node、JavaScript、C#、iOS 和 Android 等平台。Sentry 能汇总检测到的错误，并让我们可以更策略性地处理这些错误，仅通过访问日志通常是很难做到这些的。

有时，非预期错误会展示很多与问题有关的信息，这或许与网络或数据库等外部问题有关。其解决方案可能要从服务本身的范围之外入手。

12.4 日志策略

处理日志时有一个常见的问题，即如何为每个单独的服务选择适当的日志严重等级。这条日志消息应当是 WARNING 还是 ERROR？这条语句到底该不该被添加为 INFO 消息？

大多数有关日志严重等级的界定都有相关描述，例如，程序显示出潜在有害的迹象，或应用程序突出显示了请求的进度异常。这些都是比较模糊的定义，在实际系统中很难采取具体的措施。与其使用这些模糊的定义，不如尝试在界定日志严重等级时，将每个级别与发现问题时应该采取的后续行动联系起来。这样有助于向开发人员说明，当发现一个给定的错误日志时应该怎么做。比如说，"我希望在每次发生这种情况时都被告知吗？"

下表列出了不同日志严重等级的一些例子，以及可以采取的行动：

日志级别（log level）	采取的行动	注解
DEBUG（调试）	无	不记录，仅用于开发时
INFO（信息）	无	INFO 日志显示关于应用程序中操作流程的一般信息，以帮助跟踪系统
WARNING（警告）	跟踪日志的数量。当日志级别提高时发出警报	WARNING 日志跟踪可自动修复的错误，如重新尝试连接到外部服务，或数据库中可修复的格式错误。如果日志数量突然增加，则可能需要进一步分析
ERROR（错误）	跟踪日志的数量。当日志级别提高时发出警报 审查所有的错误	ERROR 日志跟踪无法恢复的错误。如果日志数量突然增加，则可能需要立即采取行动。所有这些都应当定期审查，以修复并减轻常见的故障，之后或许可以把它们移到 WARNING 级别
CRITICAL（严重错误 / 关键错误）	立即响应	CRITICAL 日志表明应用程序出现了灾难性的故障。一条这样的日志就意味着系统完全不能工作，且无法恢复

这样就为如何处理各种情况制定了明确的预案。注意这只是一个示例，你可能需要对其进行调整，以适应具体应用环境的需求。

不同严重等级的层次结构是非常清晰的，在我们的例子中，可以接受一定数量的 ERROR 日志产生。为了让开发团队保持稳健，并非所有的问题都需要立即修复，但应当按照一定的顺序和优先级来处理。

在生产环境中，ERROR 日志通常会按照从"我们完蛋了"（We're doomed）到"没啥影响"（meh）进行分类。开发团队应该积极修复"没啥影响"的日志，或者停止记录此类问题，以消除日志数据中的干扰。可以降低日志的级别，如果这些内容不值得检测的话。ERROR 日志应当尽可能少，这样才能让所有的日志都有意义。

请记住，ERROR 日志会包含非预期错误，这些错误通常需要修复，以完全解决相关问题，或者明确地捕获它，如果它不重要，则应降低其严重等级。

随着应用程序的增长，后续的维护肯定是一个挑战，因为 ERROR 日志的数量会显著增加。这需要花时间进行主动的维护。如果不认真对待，经常因为其他任务而放弃，那么要不了多久，就会影响到应用程序的可靠性。

WARNING 日志表明某些组件可能没有像预期的那样顺利地运转，但总体状况还在可控范围之内，除非这类日志的数量突然增加。INFO 日志仅用于出现问题时提供上下文信息，否则可以忽略。

有一个常见的错误，就是在输入参数不正确的操作中生成 ERROR 日志，例如，在 Web 请求中返回 400 BAD REQUEST 状态码。有些开发人员会认为，用户发送格式异常的请求就意味着一个错误。但是，如果该请求被正确检测出来并返回，开发团队就不应执行任何操作。这是正常的情况，唯一要执行的操作应当是向请求者返回一条有意义的消息，以便他们调整其请求。

如果这种行为在某些关键请求中持续存在，比如反复发送错误的密码，那么可以创建一条 WARNING 日志。当应用程序按预期运行时，创建 ERROR 日志毫无意义。

根据经验，在 Web 应用程序中，ERROR 日志应当仅在状态码是 50X 错误之一（如 500、502 和 503）时创建。请记住，40X 的错误意味着请求发送者有问题，而 50X 则意味着应用程序有问题，你的团队有责任去解决它。

有了整个团队公共、共享的日志级别定义，所有的工程师都会对错误的严重等级有一致的理解，这将有助于形成有意义的行动来改进代码。

注意留出时间来调整、优化所有日志相关的设定。很可能你还得处理在进行设定之前就已经产生了的日志，这需要付出努力才能完成。老旧系统中最大的挑战之一，是要创建有效的日志系统来对问题进行分类，因为其内容很可能是非常繁杂的，让你很难将真正的问题从各种烦扰甚至并非问题的信息中区分出来。

12.5 开发过程中添加日志

所有的测试运行器（test runner）都会在运行测试时捕获日志并将其作为追踪过程中内容的一部分显示出来。

我们在第 10 章介绍的 pytest 会将日志作为测试失败的结果的一部分显示出来。

当功能仍处于开发阶段时，这是检查是否产生了预期日志的好时机，特别是在开发过程采用 TDD 模式时，失败的测试和错误是作为过程的一部分而例行产生的，正如我们在第

10章中看到的那样。所有检查错误的测试也应当添加相应的日志，并在开发相应功能时，检查这些日志是否产生了。

你可以通过使用pytest-catchlog（https://pypi.org/project/pytest-catchlog/）这样的工具，明确地在测试中添加检查，以验证是否生成了日志。

不过，通常情况下，我们只需稍加注意，在使用TDD实践的同时加入检查的做法，将其作为测试失败的初始检查的一部分。然而，要确保开发人员能真正理解，为什么在进行软件开发时加入日志是非常必要的，从而使这个习惯坚持下去。

开发过程中的DEBUG日志可以用来补充有关代码流程的更多信息，这些信息对于生产环境来说是多余的。这些附加的信息能有助于填补开发过程中INFO日志的间隙，并帮助开发人员巩固添加日志的习惯。如果在测试过程中发现某条DEBUG日志对追踪生产中的问题很有帮助，则可将其级别提升为INFO。

此外，在特殊情况下，可以在生产环境中启用DEBUG日志，以追踪某些难以理解的问题。请注意，这对生成的日志数量会有很大影响，可能会导致存储空间相关的问题，这类操作一定要非常谨慎。

对INFO和更高严重等级的日志中显示的信息要保持敏锐。显示的信息内容要避免敏感数据，如密码、密匙、信用卡号码和个人信息等。

生产环境中要注意存储容量相关的限制和日志生成的速度。当系统中增加新功能，或者请求的数量增长，以及系统中Worker的数量增加时，都有可能会导致日志的数据量爆炸式增长。在系统规模加大时，这三种情况都会出现。

仔细检查日志是否被正确地捕获，而且在不同的环境中可用，这始终都是一种好的做法。要完成所有确保正确捕获日志的配置可能需要一些时间，所以最好事先进行这些配置。这涉及捕获生产系统中的非预期错误和其他日志，并检查所有的探测是否正确完成。还有一种方法，就是在遇到真正的问题后才发现日志系统未能有效发挥作用。

12.6 日志的局限性

日志对于了解运行中的系统内所发生的事情非常有用，但它们也有一定的局限性，理解这些局限性非常重要：

- 日志的好坏取决于所包含的信息。好的、描述性的信息是使日志有用的关键。用批判的眼光来审视日志信息，并根据需要对其进行纠正，这对于节省生产环境中宝贵的问题处理时间非常重要。
- 保留适量的日志。太多的日志会让流程混乱，而日志太少则可能没有包含足够的信息让我们去了解问题。大量的日志也会造成存储相关问题。

- 日志应作为问题上下文的信息提示，但它并不会准确地指出问题所在。试图生成特定的日志来完全解释错误，将是不可能完成的任务。相反，要专注于显示操作的一般流程和相关的上下文，以便在本地重现和调试。例如，对于网络请求，确保同时记录下请求及其参数，这样才能重现该请求。
- 日志让我们能跟踪单个实例的执行情况。当使用请求ID或类似的方式对日志进行归类时，可以按执行情况来分组，从而可以追踪请求或任务的流程。然而，日志并不能直接显示汇总的信息。日志回答了“这个任务发生了什么”这样的问题，但并未回答“系统中正在发生什么”。对于这类信息，最好使用度量。

有些工具可以在日志的基础上创建度量。我们将在第13章中更多地讨论相关的内容。

- 日志只能起到追溯的作用。当检测到任务执行中的问题时，日志只能显示事先准备好的信息。因此，很重要的是，要批判地分析和完善这些信息，删除无用的日志，并添加其他相关的上下文信息，以帮助重现问题。

日志是一种非常好的工具，但需要对其进行维护，以确保能够用它来检测错误和问题，并让我们尽可能有效地采取应对措施。

12.7　小结

在本章中，我们首先介绍了日志的基本要素，明确了日志所包含的信息和元数据（如时间戳），并引入了各种日志严重等级的概念。描述了定义请求ID的必要性，通过它来对同一任务相关的日志进行分组。还讨论了在十二要素App方法论中所介绍的应该如何将日志发送到标准输出，以便将日志生成从业务应用程序中分离出来，并将其路由到适当的目的地，从而可以收集系统中的所有日志。

接着，展示了如何使用标准`logging`（日志）模块在Python中产生日志，介绍了记录器、处理程序和格式化器这三个关键组件。然后阐述了系统中可能产生的两种不同类型的错误：预期错误，被理解为可以预见并进行处理的错误；以及非预期错误，指那些没有被预见到且在掌控之外发生的错误。还讨论了针对这些错误的各种日志策略和案例。

本章介绍了几种标准的日志严重等级，以及当检测到某等级的日志时，如何生成对应的行动和操作，而不是按照“它们有多严重”来对日志进行分类，因为那种模糊的指导方针不太管用。

我们还讨论了在开发过程中采用TDD模式时加入日志的几种习惯，通过它来提高日志的实用性。这使得开发人员在编写测试和生成错误时会考虑在日志中要呈现的信息，从而为确保生成的日志能够发挥作用提供了绝佳的机会。

在本章的最后，讨论了日志的局限性以及相关应对措施。

下一章中，我们将研究如何利用汇聚的信息，通过使用度量来了解系统的总体状况。

Chapter 13 第 13 章

度　量

除了日志之外，可观测性的另一个关键因素是度量（metric）。度量让我们能看到系统的总体状况，并关注其趋势和状态，这些状态信息主要是由多个甚至是大量任务同时执行造成的。

> 在本章中，我们将主要使用 Web 服务的例子，比如网络请求的度量。不要受此应用类型的局限，你也可以在其他各种服务中生成度量。

监控正在运行的系统时，度量的指标往往是主要的焦点，因为它能让我们一眼就看出是否一切工作正常。通常情况下，通过度量指标，可以发现系统是否负载过重（例如，传入请求的数量突然增加），同时，还可以通过展现运行趋势来预见问题（如请求数量在持续小幅增加）这使得我们可以先发制人地采取行动，而不必等到问题已经严重的时候。

创建一个好的度量系统来监测系统的生命周期是非常有价值的，以便在问题出现时能够快速反应。度量指标也可以用作自动告警的基础，它能有助于警示某些情况的发生，通常都是需要检查或纠正的问题。

首先，我们来看看度量与另一个主要的可观测性工具——日志的比较。

13.1　度量与日志

正如我们在上一章看到的，日志是代码执行时产生的文本信息。日志能很好地提供系统正在执行的每项具体任务的可见性，但它会产生大量的数据，难以批量消化。事实上，在任何给定的时间内都只能分析一小部分的日志。

通常情况下，所分析的日志都会与某个特定的任务有关。我们在上一章看到了如何使用请求 ID 来实现这一点。但是，有时可能需要检查发生在特定时间窗口内的所有日志，以了解其交叉效应（crossing effect，亦称交叉影响），比如，一台服务器的问题在某些时段影响了其他的任务。

然而，有时重要的信息并不在于具体的请求，而是要了解整个系统的行为特征。比如，与昨天相比，系统的负载是否在增长？返回的错误有多少？处理任务的时间增加了吗？还是减少了？

所有这些问题都无法通过日志来回答，因为此时需要在更高的层次上，用更宽广的视野来观察。为了做到这一点，需要对数据进行汇总，以便将系统作为一个整体来看待。

存储在度量指标中的信息和日志也不一样。每条日志记录都是一段文本信息，而生成的每个度量指标都是一个数值。稍后将对这些数值进行统计处理以汇总信息。

我们将在本章后文中讨论可用作度量指标的各种类型数值。

每条记录中产生的信息量的差异意味着与日志相比，度量要轻得多。为了进一步减少存储的数据量，数据会被自动汇总。

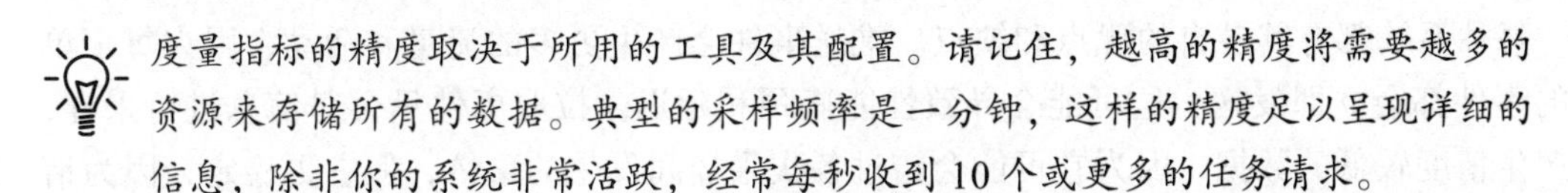

度量指标的精度取决于所用的工具及其配置。请记住，越高的精度将需要越多的资源来存储所有的数据。典型的采样频率是一分钟，这样的精度足以呈现详细的信息，除非你的系统非常活跃，经常每秒收到 10 个或更多的任务请求。

度量指标需要捕获、分析与性能有关的信息，如完成一项任务的平均时间。这使得我们能够发现也许存在的性能瓶颈并迅速采取行动，以提高系统的性能。这一点以汇总的方式更容易实现，因为类似生成的日志这种单一任务的信息，通常无法捕获到足够的数据来了解系统的总体状况。这样做的一个重要结果是能够看到系统运行趋势，而且在情况变得更糟糕之前发现问题并及早补救。与此相比，日志大多是在事后使用，很难作为预防性措施的实现手段。

度量的种类

可以生成不同种类的度量，这取决于具体用于生成度量指标的工具。但一般来说，如下几种度量类型在大多数系统中都很常见：

- **计数器**（counter）：每当发生某事时都会触发一次计数，并汇总到计数器。例如，Web 服务中访问请求的数量或产生错误的数量。计数器对于掌握系统中某个动作的发生次数非常有用。
- **仪表**（gauge，亦称计量）：系统中的一个数字。仪表的数字可以上升或下降，但最后的值会覆盖之前的值，因为它保存着系统的常规状态。例如，队列中元素的数量，或系统中现有 Worker 的数量。

- **测度**（measure，亦称测量）：测度都有与之关联的数值的事件。这些数值能按照某种方式平均、求和或汇总。与仪表相比，测度不同之处在于，之前的测度数据仍然是独立的。例如，当我们发出一个以毫秒为单位的请求时间和以字节为单位的请求大小的度量指标时。

测度也可以作为计数器使用，因为每个发出的事件实质上都是一个计数器。例如，跟踪请求时间的同时也会计算请求的数量，因为每个请求中都会产生一次。工具通常会自动为每个测度创建相关的计数器。

设定采用哪种度量指标才足以衡量特定的值是非常重要的。大多数情况下都会采用测度，从而存储事件所产生的值。计数器通常都比较一目了然（它是没有规则的测度），而仪表往往不那么直观，其使用时机的把握会更具挑战性。

也可以从其他度量中派生出新的度量指标。例如，我们可以用返回错误代码的请求数除以总请求数来生成错误百分比。这种派生指标能有助于以一种更有内涵的方式来理解信息。

根据度量指标的生成方式，还有两种度量系统：

- 每当有度量指标产生时，就会有一个事件被推送到指标采集器中。
- 每个系统都在其内部维护自己的度量指标，定期从度量指标采集器中拉取。

每种系统都有其各自的优点和缺点。推送事件会产生更多的流量和活动，因为每个单独的事件都会立即发送，这可能会导致性能瓶颈和延迟。拉取事件只会对信息进行采样，并产生精度较低的数据，因为它可能会错过各次采样间发生的事情，但它更稳定，因为请求的数量不会随着事件的数量而增加。

这两种方法都在使用，但目前的趋势是在向拉取式系统发展。它们减少了推送系统所需的维护工作量，而且更容易扩展。

我们将使用 Prometheus 的一些例子，这是一个使用拉取方式的度量系统。采用推送方法的最常用的代表性产品是 Graphite。

13.2 用 Prometheus 生成度量

Prometheus 是一款流行的指标度量系统，它有非常好的技术支持且易于使用。我们将在本章中以它为例，说明如何采集度量指标的数据，以及它怎样与其他工具互连以显示度量指标信息。

正如我们之前介绍的，Prometheus 使用拉取的方法来生成度量指标。这意味着所有生成度量数据的系统都需要在其内部运行 Prometheus 客户端，以保持对度量指标的跟踪。

对于 Web 服务来说，可以将 Prometheus 作为一个附属的端点加入系统中，从而为度量提供服务。这正是 `django-prometheus` 模块所采取的方法，它将自动采集 Django Web 服务的许多常见度量指标。

> 我们将从第 6 章介绍的 Django 应用程序代码出发，介绍一个运行中的应用。可在 GitHub 上查看代码：`https://github.com/PacktPublishing/Python-Architecture-Patterns/tree/main/chapter_13_metrics/microposts`。

13.2.1 环境准备

首先需要准备环境，以确保安装所有需要的软件包和代码的依赖项。

我们先创建一个新的虚拟环境，就像第 11 章介绍的那样，以确保生成专门的隔离沙盒来安装软件包：

```
$ python3 -m venv venv
$ source venv/bin/activate
```

接下来安装准备好的存储在 `requirements.txt` 中的需求列表，其中包含了 Django 和 Django REST 框架模块，正如在第 6 章中所看到的，此外还包含了 Prometheus 的依赖项：

```
(venv) $ cat requirements.txt
django
django-rest-framework
django-prometheus
(venv) $ pip install -r requirements.txt
Collecting Django
  Downloading Django-3.2.7-py3-none-any.whl (7.9 MB)
     |████████████████████████████████| 7.9 MB 5.7 MB/s
...
Installing collected packages: djangorestframework, django-rest-
framework
    Running setup.py install for django-rest-framework ... done
Successfully installed django-rest-framework-0.1.0
djangorestframework-3.12.4
```

要启动服务器，需进入 `micropost` 子目录，运行 `runserver` 命令：

```
(venv) $ python3 manage.py runserver 0.0.0.0:8000
Watching for file changes with StatReloader
Performing system checks...

System check identified no issues (0 silenced).
October 01, 2021 - 23:24:26
Django version 3.2.7, using settings 'microposts.settings'
Starting development server at http://0.0.0.0:8000/
Quit the server with CONTROL-C.
```

现在，已经可以访问此应用程序，它的根地址为 `http://localhost:8000`。例如，

可通过 `http://localhost:8000/api/users/jaime/collection` 访问其 API。

注意，我们启动服务器时用的地址 0.0.0.0。这使得 Django 可以为主机的所有 IP 地址服务，而不仅是服务于来自 `localhost` 的请求。这是一个重要的细节，稍后将予以说明。

还要注意的是，直接访问基础地址会返回 404 错误，因为那里没有定义端点。

如果你还记得第 3 章的内容，就知道我们在其中添加了一些初始数据，所以可以通过访问网址 `http://localhost:8000/api/users/jaime/collection` 和 `http://localhost:8000/api/users/dana/collection` 来查看那些数据，如图 13-1 所示。

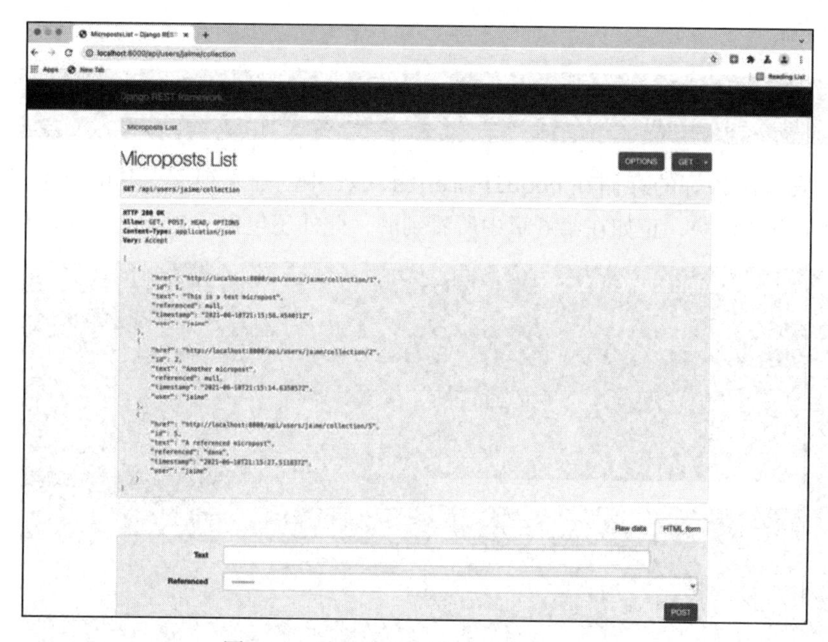

图 13-1 访问应用程序中可用的 URL

多次访问这些页面，以产生供我们以后使用的度量指标数据。

13.2.2 配置 Django Prometheus

`django-prometheus` 模块的配置是在 `microposts/settings.py` 文件中完成的，我们需要做两件事。

首先，将 `django-prometheus` 应用程序添加到已安装的应用程序列表中，这样就可以启用该模块：

```
INSTALLED_APPS = [
    'django.contrib.admin',
    'django.contrib.auth',
```

```
    'django.contrib.contenttypes',
    'django.contrib.sessions',
    'django.contrib.messages',
    'django.contrib.staticfiles',
    'django_prometheus',
    'rest_framework',
    'api',
]
```

其次，还需要包含适当的中间件来追踪请求。要把一个中间件放在请求过程的开始，另一个放在其结尾，以确保捕获并度量整个请求处理过程：

```
MIDDLEWARE = [
    'django_prometheus.middleware.PrometheusBeforeMiddleware',
    'django.middleware.security.SecurityMiddleware',
    'django.contrib.sessions.middleware.SessionMiddleware',
    'django.middleware.common.CommonMiddleware',
    'django.middleware.csrf.CsrfViewMiddleware',
    'django.contrib.auth.middleware.AuthenticationMiddleware',
    'django.contrib.messages.middleware.MessageMiddleware',
    'django.middleware.clickjacking.XFrameOptionsMiddleware',
    'django_prometheus.middleware.PrometheusAfterMiddleware',
]
```

检查 `django_prometheus.middleware.PrometheusBeforeMiddleware` 和 `django_prometheus.middleware.PrometheusAfterMiddleware` 的位置。

还要把 `ALLOWED_HOSTS` 的值改为 `'*'`，以允许来自任何主机名的访问请求。这个细节将稍后解释。

有了这些配置，Prometheus 的度量数据采集现在就启用了，但我们还需要用某种方法来访问它。请记住，对于 Prometheus 系统来说，有一个重要的因素就是，每个应用程序都为自己的度量数据采集服务。

在这个例子中，我们可以给 `microposts/url.py` 文件添加一个端点，用于处理系统的根 URL：

```
from django.contrib import admin
from django.urls import include, path

urlpatterns = [

    path('', include('django_prometheus.urls')),
    path('api/', include('api.urls')),
    path('admin/', admin.site.urls),
]
```

`path('', include('django_prometheus.urls'))` 这一行设置了路径为 `/metrics`

的 URL，现在就可以访问它。

13.2.3 检查度量指标

主 URL 的根路径显示有一个新的端点 `/metrics`，如图 13-2 所示。

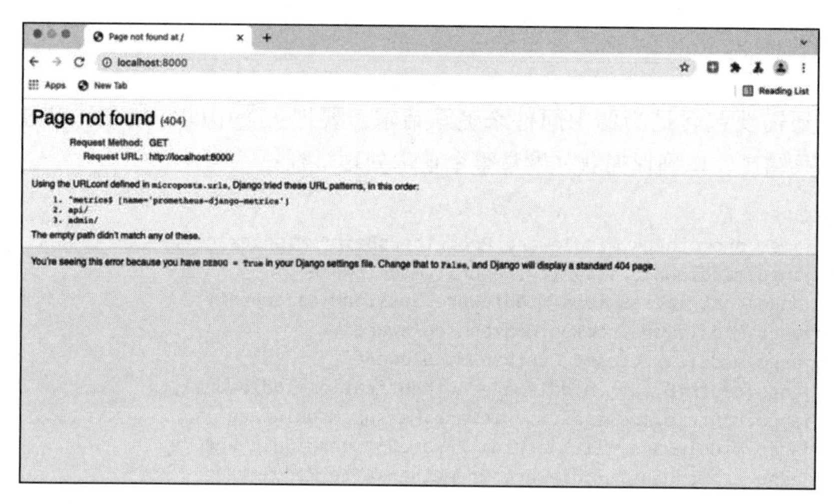

图 13-2　之所以出现这个页面是因为 DEBUG 模式处于激活状态。在生产环境中部署之前，记得要禁用此模式

访问 `/metrics` 端点时，它显示了所有的采集指标。注意，有很多度量指标将被采集。这些都是文本格式的，预期由 Prometheus 度量服务器采集，如图 13-3 所示。

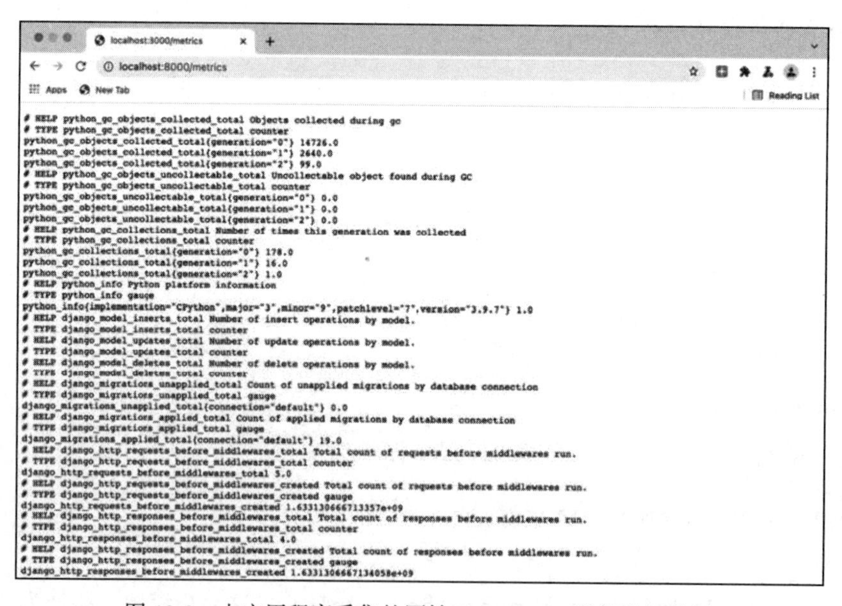

图 13-3　由应用程序采集的原始 Prometheus 度量指标数据

一定要多次访问端点 http://localhost:8000/api/users/jaime/collection 和 http:// localhost:8000/api/users/dana/collection 来产生一些度量指标采集数据。还可以检查另外一些度量指标，比如 django_http_requests_total_by_view_transport_method_total{metho d="GET",transport="http",view="user-collection"}，看看它们是如何增长的。

下一步是启动 Prometheus 服务器，用于拉取并显示信息。

13.2.4 启动 Prometheus 服务器

Prometheus 服务器将定期向所有配置好的、正在采集其度量指标的应用程序拉取指标数据。这些元素在 Prometheus 中称为目标（target）。

启动 Prometheus 服务器最简单的方法是启动它的官方 Docker 镜像。

我们在第 9 章介绍了 Docker。更多相关信息请参考该章内容。

启动 Prometheus 服务器之前，需要在 prometheus.yml 文件中建立相关的配置。可以在 GitHub 上查看这个例子（https://github.com/PacktPublishing/Python-Architecture-Patterns/blob/main/chapter_13_metrics/prometheus.yml）：

```
# 全局配置
global:
  scrape_interval: 15s # 将抓取间隔设置为每15 s一次。默认是每 1 min 一次。
  # 设置为默认值 (10 s)

scrape_configs:
  # 作业名称将作为标签`job=<job_name>`添加到从该配置中抓取的所有时间序列中
  - job_name: "prometheus"

    # metrics_path（度量指标路径）默认为 '/metrics'
    # scheme（协议）默认为'http'

    static_configs:
      # target 需要指向本地 IP 地址
      # 192.168.1.196 仅为示例，在你的系统中不会起作用
      - targets: ["192.168.1.196:8000"]
```

配置文件主要有两部分。第一部分是 global（全局），指明抓取（从目标中读取信息）的频率和其他常规配置值。

第二部分是 scrape_configs，描述从什么地方抓取，主要参数是 targets。在这里，需要配置所有的目标。注意这些目标要用它的外部 IP 来描述，即你所用计算机的 IP。

这个地址不能使用 localhost，因为在 Prometheus Docker 容器内，localhost 会被解析为同一个容器，这不是我们想要的方式。需要找到所用计算机的本地 IP 地址。

> 如果不知道如何通过 ipconfig 或 ifconfig 命令查看 IP 地址，可以看看这篇文章，了解查看方法：https://lifehacker.com/how-to-find-your-local-and-external-ip-address-5833108。请记住，这是你的**本地 IP 地址**，而不是外部地址。

这是为了确保 Prometheus 服务器能够正确访问本地运行的 Django 应用程序。正如前文所述，我们在启动服务器时使用了 `0.0.0.0` 地址选项，并在配置参数 `ALLOWED_HOSTS` 中允许所有主机，因而支持来自任何主机名的访问连接。

仔细检查是否可以访问本地 IP 中的度量指标，如图 13-4 所示。

图 13-4 注意用于访问的 IP。请记住，应使用你自己的本地 IP

有了以上这些信息，现在就可以在 Docker 中用你自己的配置文件来启动 Prometheus 服务器。

请注意，此命令中要使用 `prometheus.yml` 文件的完整路径。如果是在同一个目录下，可以把它定位为 `$(pwd)/prometheus.yml`。

为此，运行以下 `docker` 命令，将整个路径加入配置文件中以便与新容器共享：

```
$ docker run -p 9090:9090  -v /full/path/to/file/prometheus.yml:/etc/
prometheus/prometheus.yml prom/prometheus
level=info ts=2021-10-02T15:24:17.228Z caller=main.go:400 msg="No
```

```
time or size retention was set so using the default time retention"
duration=15d
level=info ts=2021-10-02T15:24:17.228Z caller=main.go:438 msg="Starting
Prometheus" version="(version=2.30.2, branch=HEAD, revision=b30db03f356
51888e34ac101a06e25d27d15b476)"
...
level=info ts=2021-10-02T15:24:17.266Z caller=main.go:794 msg="Server
is ready to receive web requests."
```

该 docker 命令的构成如下：

- -p 9090:9090，将本地的 9090 端口映射到容器内的 9090 端口上。
- -v /full/path/to/file/prometheus.yml:/etc/prometheus/prometheus.yml，将本地文件挂载到 Prometheus 的预期配置路径中（记得添加完整路径或使用 $(pwd)/prometheus.yml）。
- docker run prom/Prometheus，用于运行容器镜像 prom/Prometheus，这是官方的 Prometheus 镜像。

Prometheus 服务器启动并运行后，可以通过地址 http://localhost:9090 来访问，如图 13-5 所示。

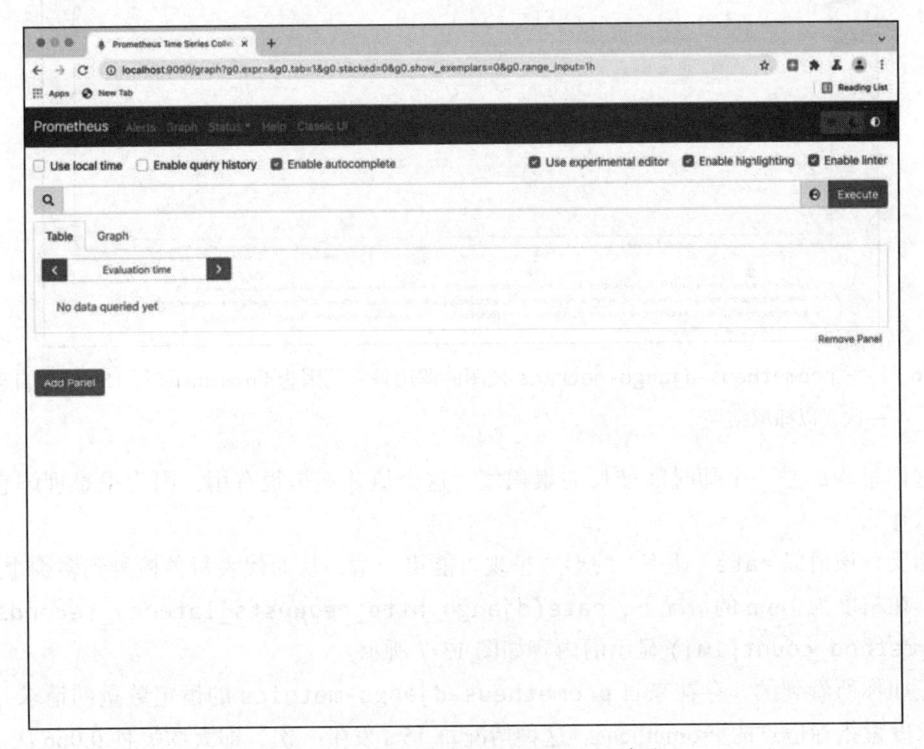

图 13-5　没有图表的 Prometheus 页面

现在，我们就可以查询系统的度量指标信息了。

13.3 查询 Prometheus

Prometheus 有自己的查询系统，名为 PromQL，还有一些操作度量指标的方法，虽然很强大，但在刚开始使用时可能会有点找不到头绪，部分原因在于它拉取度量指标数据的方式。

例如，请求一个要使用的度量指标，如 `django_http_requests_latency_seconds_by_view_method_count`，用于显示每个视图的每个方法被调用了多少次，如图 13-6 所示。

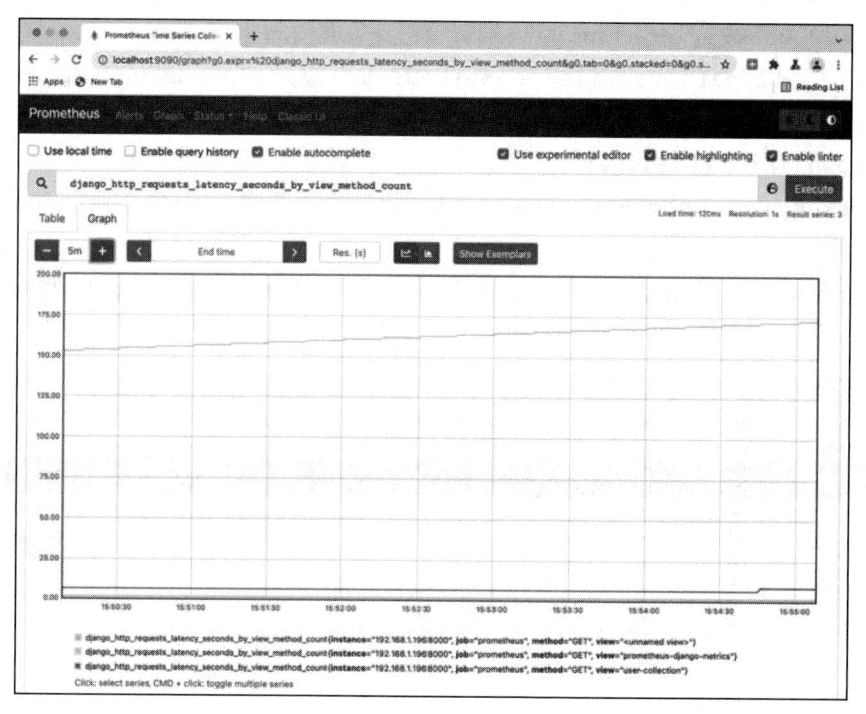

图 13-6 注意 `prometheus-django-metrics` 视图的调用频率，因为 Prometheus 每 15 s 就会自动调用一次，以抓取结果

这样呈现的是一个随时间增长的累积值。这个值并不是很有用，因为很难理解它到底意味着什么。

相反，该值以 `rate`（速率）的形式呈现可能更合适，从而代表每秒检测到多少个请求。例如，在精度为 1min 的情况下，`rate(django_http_requests_latency_seconds_by_view_method_count[1m])` 显示的内容如图 13-7 所示。

正如你所看到的，存在来自 `prometheus-django-metrics` 的恒定数量的请求，这是在请求度量指标信息的 Prometheus。这种情况每 15 s 发生一次，即大约每秒 0.066 次。

在图中，还有一个 `user-collection`（用户采集）方法的峰值发生在 15:55 时刻，在这个时候，我们手动生成了一些服务请求。正如图中所展示的，它的精度是每分钟，和速率（rate）所描述的一致。

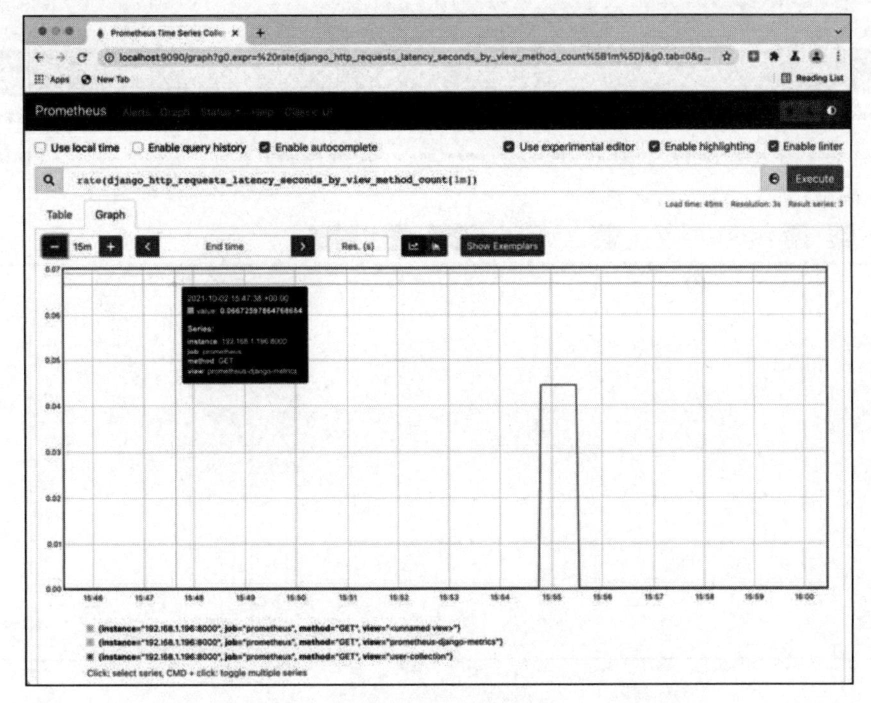

图 13-7　注意，不同的方法和视图显示为不同的线条

如果我们想把所有这些信息都汇总到同一张图中，可以使用 sum 运算符，并指定要汇总的内容。例如，要对所有的 GET 请求进行汇总，可以用这个查询：

```
sum(rate(django_http_requests_latency_seconds_by_view_method_
count[1m])) by (method)
```

这样就会产生另一个图表，如图 13-8 所示。

如果要绘制延迟信息，需要使用的度量指标是 django_http_requests_latency_seconds_by_view_method_bucket。该桶（bucket）指标的生成方式可以和 histogram_quantile（分位数直方图）函数结合起来，以显示特定的分位数，这对于给人以适当的时间感非常有用。

例如，分位数 0.95 意味着该延迟是 95% 的请求中最高的。这比创建平均值更有用，因为平均值会受到高数值的影响。同样，我们可以绘制分位数 0.50（一半请求中延迟的最大值）、分位数 0.90（大多数请求中延迟的最大值）和分位数 0.99（所有返回请求中延迟的最大值）。这样可以获得更好的画面，因为它不同于增长分位数（growing quantile）0.50（大多数请求需要更长的延迟返回）和增长分位数 0.99（一些缓慢的查询正在变得更糟）的情况。

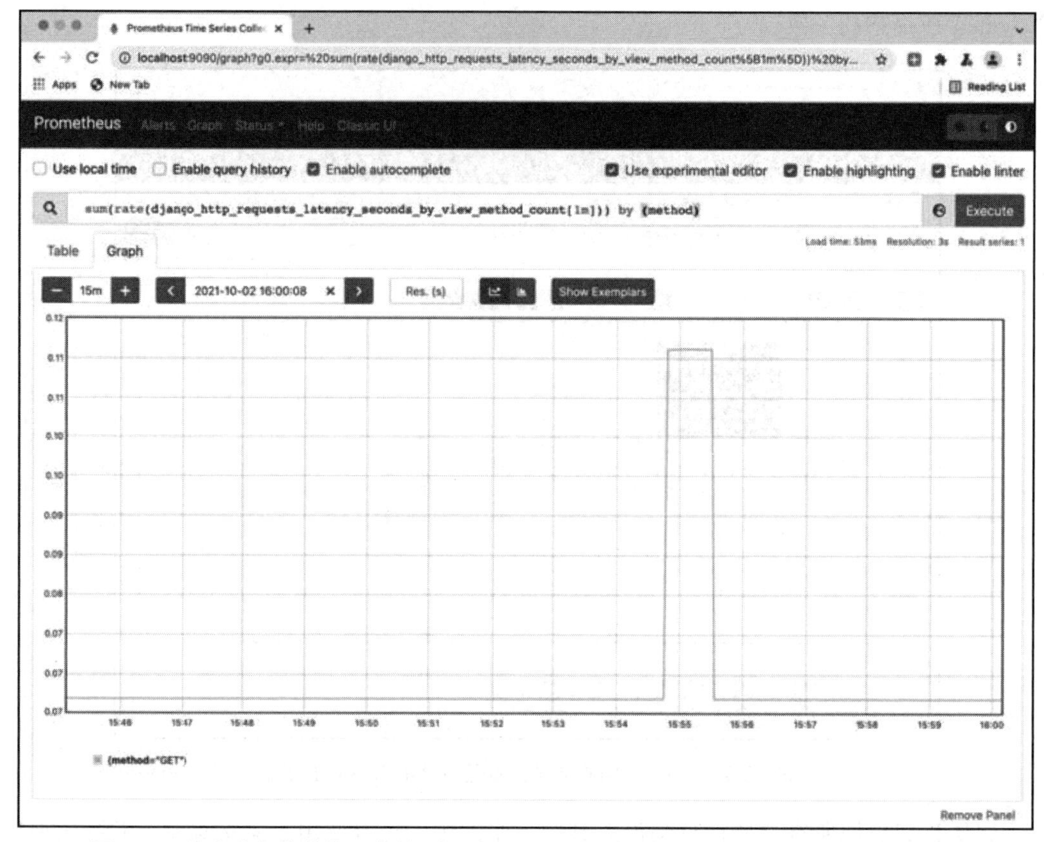

图 13-8 注意底部的数值，它基于调用 prometheus-django-metrics 所创建的基线

为了绘制 5min 内的 0.95 分位数图表，可以采用以下查询：

```
histogram_quantile(0.95, rate(django_http_requests_latency_seconds_by_
view_method_bucket[5m]))
```

运行它之后，应该会看到如图 13-9 所示的画面。

度量指标也可以进行过滤，只显示包含特定标签的内容，其中还包含了大量的函数，可以进行乘法、除法、加法、平均值计算和各种操作。

当试图显示几个度量指标的结果（如成功的请求占总数的百分比）时，Prometheus 的查询可能会有点长且复杂。请务必让测试结果符合你的预期，并在以后安排时间来调整查询，以不断对其进行改进。

该接口有自动完成功能，可以用它帮你找到某些度量指标。

Prometheus 通常与 Grafana 搭配使用。Grafana 是一个开源的交互式可视化工具，可以与 Prometheus 对接，创建丰富的仪表盘。这样能充分利用采集到的度量指标，有助于以更容易理解的方式对系统状态进行可视化呈现。如何使用 Grafana 的细节超出了本书的范围，但强烈建议使用它来显示度量指标：https://grafana.com/。

图 13-9　注意，度量指标采集的速度比用户采集请求快得多

查看关于 Prometheus 查询功能的文档可以了解更多信息：https://prometheus.io/docs/prometheus/latest/querying/basics/。

13.4 积极使用度量

正如我们所看到的，度量指标显示的是整个集群状态的综合态势，可以通过它来检测趋势性的问题，但很难找出单一的伪故障。

不过，我们不必因此而放弃将它们作为有效监控的关键工具，因为通过度量指标可以了解整个系统的健康状况。在一些公司中，最关键的指标始终显示在屏幕上，所以运营团队可以看到它们，并对所有突发问题做出快速反应。

确定哪些是服务的关键指标，并在其间找到适当的平衡，并不像看起来那么简单，这个过程需要时间和经验，以及实验和迭代。

不过，对于在线服务来说，有四个度量指标被认为永远都很重要。它们是：

- **延迟**（latency，亦称时延）：系统需要多少毫秒来响应请求。按照服务的不同，有时可以用秒来代替。根据我的经验，毫秒通常是合适的时间尺度，因为大多数网络应用需要 50 ms ～ 1 s 的响应，取决于具体请求。超过 1 s 的请求通常比较少见，尽管总是有一些，但这取决于系统的具体情况。
- **流量**（traffic）：单位时间内流经系统的请求的数量，例如，每分钟的请求数。
- **错误**（error）：收到的请求中，返回错误的百分比。
- **饱和度**（saturation）：描述集群的资源是否有足够的余量。包括可用的硬盘空间、内存等资源。例如，系统中有 15% 的可用内存。

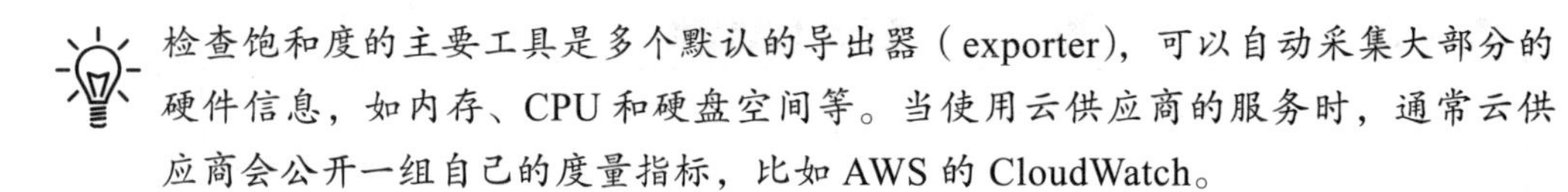

检查饱和度的主要工具是多个默认的导出器（exporter），可以自动采集大部分的硬件信息，如内存、CPU 和硬盘空间等。当使用云供应商的服务时，通常云供应商会公开一组自己的度量指标，比如 AWS 的 CloudWatch。

这些指标可以在 *Google SRE*（Site Reliability Engineering，站点可靠性工程）这本书中找到，这四个黄金指标被认为是实现成功监控的最重要的高级要素。

13.5 告警

当通过度量指标检测到问题时，应触发一个自动告警（alert）。当度量指标满足设定的条件时，Prometheus 所包含的告警系统就会发出告警。

请查看 Prometheus 有关告警的文档以了解更多信息：`https://prometheus.io/docs/alerting/latest/overview/`。

通常情况下，当度量指标值超过某个阈值时，就会产生告警。例如，错误的数量大于 *X*，或者返回请求的时间过长。

告警也可能是由某些度量指标过低造成的。例如，如果系统中的请求数下降到零，这或许是在暗示系统已经停机。

Prometheus 内置的告警管理器（Alertmanager）可以通过某些方式发出告警，比如发送电子邮件，而且它也可以连接到其他工具来执行更复杂的操作。例如，连接到类似 Opsgenie（`https://www.atlassian.com/software/opsgenie`）这样的一体化事件解决方案，可创建告警流程，包括发送电子邮件、短信并呼叫用户等。

虽然告警可以直接从度量指标中生成，但也有一些工具可以让我们直接从日志中生成告警。例如，Sentry（`https://sentry.io/`）会根据日志汇总错误，并可设置阈值，升级为更积极的告警操作，如发送电子邮件。

另一种方法是使用外部日志系统从日志数据中推算出度量指标。这样就可以生成更复杂的指标，例如，根据 ERROR 日志的数量创建一个计数器等。这些系统同样可以根据这些衍生的度量指标来触发告警。

与度量指标一样，对告警的维护是一个持续的过程。在系统最开始运行时，有些关键性的阈值不会很明显，只有具备一定经验后才能发现它们。同样，很可能创建了一些无须主动进行监测的告警，应该断开相关连接，以确保系统中的告警是正确的，并且具有较高的信噪比。

13.6 小结

在本章中，首先介绍了什么是度量，及其与日志的对比。阐明了度量对于分析系统的日常状态是如何发挥作用的，而日志则描述了具体的任务，相对来说难以描述系统的总体情况。

然后列举了不同类型的度量，并引入了 Prometheus，这是一个通用的度量系统，它通过使用拉取的方式来捕获度量指标信息。

本章还讨论了一个示例，说明如何通过安装和配置 django-prometheus 模块在 Django 中自动生成度量指标，以及怎样启动 Prometheus 服务器来抓取生成的度量指标数据。

请记住，也可以生成我们自定义的度量指标，不必仅依赖外部模块中的那些指标。检查 Prometheus 客户端来了解如何实现自定义度量指标，例如，对于 Python，其 Prometheus 客户端位于 https://github.com/prometheus/client_python。

接着阐述了怎样在 Prometheus 中查询度量指标，介绍了 PromQL，并展示了一些常见的例子，包括如何显示度量指标、绘制请求速率以清楚地看到度量指标随时间变化的情况，以及如何使用 histogram_quantile 函数来处理延迟问题。

本章还展示了如何积极主动地运用度量，从而尽快发现常见的问题，以及 Google 所描述的四个黄金度量指标。最后，介绍了告警，这是一种当度量指标超出正常范围时触发通知的机制。使用告警是一种智能的方式，无须手动查看度量指标也能及时通知用户。

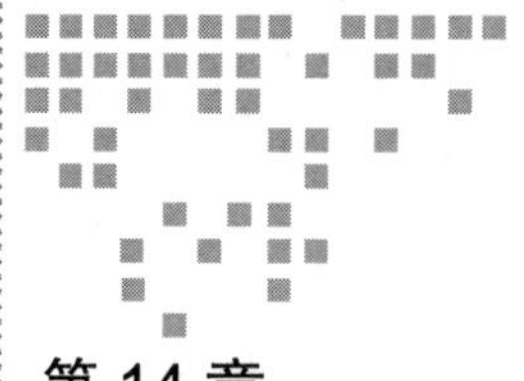

Chapter 14 第 14 章

性能分析

写好的代码在用真实数据测试时表现得并不理想，这是很常见的。除了 bug 之外，我们还会发现代码的性能不足的问题。也许有些请求花费了太多的时间，或者是内存的使用率太高。

在这些情况下，往往很难确切地知道是哪些关键因素导致消耗了最多的时间或内存。虽然可以尝试采取逻辑分析的办法，但一般来说，当代码发布之后，瓶颈往往出现在几乎不可能事先知道的地方。

为了弄清究竟发生了什么，并跟进代码的运行流程，我们可以使用性能分析工具来动态分析代码，以更好地了解代码是如何执行的，特别是大部分时间花在了哪里。这样就能对代码中影响最大的那部分进行调整和改进，并且，分析过程中要用数据说话，而不是凭感觉猜测。

首先，我们来看一下性能分析的基本原理。

14.1 性能分析基础知识

性能分析（profiling）是一种动态分析，它分析代码以了解其运行情况。搜集并提取分析数据信息后，可以用于根据实际情况更好地了解某个特定的操作，因为代码是在照常运行的。这些信息可以用来改进代码。

相对于动态分析，某些静态分析工具可以深入了解代码各方面的情况。例如，可以用它们来检测某些代码是否为无用代码，也就是说，这些代码在整个程序中没有被调用过。或者，可以用它们来检测某些错误，比如使用未定义过的变量、拼写错误等。但是，静态分析工具不能对实际运行的代码中的具体细节起作用。而性能分析会根据所检测的代码生成具体的数据，并能返回更多代码运行过程中的有关信息。

应用性能分析是为了提高被分析代码的性能。通过了解它在实践中的执行方式，来揭示可能导致问题的代码模块及组件的动态信息。然后，就可以在这些特定范围的代码中采取针对性的行动。

可以从两个方面来理解性能：时间性能（代码执行需要多长时间）和内存性能（代码执行需要多少内存）。这两者都有可能成为瓶颈。也许有些代码需要太长的时间来执行，或使用了大量的内存，因而可能会限制执行代码所需的硬件。

在本章中，我们将更多地关注时间性能，因为它通常是更突出的问题，但同时也会对如何使用内存分析工具进行阐述。

软件开发过程中有一个常见的现象，就是在代码执行之前，你并不能确切地知道它会做什么。执行那些貌似罕见的极端情况的代码所花费的时间，可能会比预期的多得多，当程序中有大型数组时，软件的运行方式也会不一样，因为此时有些算法可能不足以处理这种规模的数据。

问题是，在系统运行之前对此进行分析非常困难，而且在大多数情况下是徒劳的，因为有问题的代码片段很可能是完全意想不到的。

> 程序员们浪费了大量的时间来考虑或担心他们程序中非关键部分的运行速度，考虑到调试和维护的成本，这些为提高效率所做的努力实际上会产生很大的负面影响。我们应当暂且忽略非关键代码的效率问题，在大约97%的时候可以说：**过早的优化是万恶之源**。虽然我们不应该放弃关键的3%那部分。
>
> Donald Knuth，“Structured Programming with GOTO Statements”，1974年

性能分析为我们提供了理想的工具，无须过早优化，而是根据真实的、具体的数据来优化。这里的理念是，你无法优化那些不能度量的事情。用性能分析工具（profiler，亦称性能分析器）先进行度量，以便对其采取行动。

上面这句名言有时被简化为“过早的优化是万恶之源”，这个提法有点极简主义倾向，但有着细微的差别。有时，精心设计系统各组件非常重要，而且有可能提前规划。尽管性能分析（或其他技术）很好用，但它们也有其能力局限。重要的是要明白，在大多数情况下，最好采取简单的方法，因为性能通常都会足够好，而且即使少数情况下存在性能不足，后面也还有机会对其进行改进。

性能分析可以通过不同的方式来实现，每种方式都各有其利弊。

14.2 性能分析工具的类型

基于时间的性能分析工具主要有两种：

- **确定性性能分析工具**，通过追踪过程实现。确定性性能分析工具对代码进行测量，并记录每个单独的命令。这使得确定性性能分析工具的数据非常详细，因为它们可以跟进代码的每一步，但与此同时，代码的执行速度会比没有进行测量时要慢一些。

  确定性性能分析工具并不适合持续执行。相反，它们可以在特定情况下被启用以找出问题，比如在离线运行某些测试时。

- **统计式性能分析工具**，通过采样实现。这种性能分析工具不是对代码进行检测，而是在特定时间间隔唤醒并获取当前代码执行堆栈的样本。如果这个过程进行的时间足够长，它就能捕捉到程序的总体运行情况。

在堆栈中采样类似于拍照。想象一下，在火车站或地铁站的大厅里，人们正在各个站台之间穿行。采样类似于定期拍照，例如，每 5min 拍一次。虽然无法确切地知道谁来自哪个站台并转到另一个站台，但经过一整天之后，拍照的数据将能提供足够多的信息，说明有多少人在附近，以及哪些站台最受欢迎。

虽然它们不能像确定性性能分析工具那样提供详细的信息，但统计式性能分析工具要轻得多，不会消耗很多系统资源。它们可以在不影响系统性能的情况下，持续监测运行中的系统。

统计式性能分析工具只对处于相对负载（relative load）下的系统有意义，因为在一个负载并不重的系统中，它在大部分时间都会处于等待状态。

当采样直接在代码解释器上完成时，统计式性能分析工具可以在程序内部实现。如果是通过不同的程序来进行采样，它也可以由外部程序实现。外部性能分析工具的优点是，即使采样过程中有什么问题，也不会影响到被采样的程序。

这两种性能分析工具可以相互补充。统计式性能分析工具对于了解代码中访问量最大的部分以及系统的整体时间消耗非常有效。它们位于运行中的系统内，其中实际代码的执行情况决定着系统的行为特征。

确定性性能分析工具是在开发人员的笔记本电脑的“培养皿”中分析特定代码的工具，可以仔细探究、分析存在问题的程序，以对其进行改进。

在某些方面，统计式性能分析工具类似于度量，而确定性性能分析工具类似于日志。一个是显示汇总的信息，另一个是显示具体的数据。不过，与日志不同的是，在运行的系统中，确定性性能分析工具不是理想的无须关注即可使用的工具。

通常情况下，代码中会出现热点（hotspot），即需要经常执行的、缓慢的那部分。找到需要重点关注的那部分内容，然后对其采取优化措施，是提高整体性能的好方法。

这些热点可以通过性能分析来定位，可以用统计式性能分析工具检查全局热点，也可以用确定性性能分析工具检查某个任务的具体热点所在。前者会显示一般情况下使用最多的那部分代码，这让我们可以弄清楚哪些是执行得更频繁且花费时间最多的代码。确定性性能分析工具可以显示出，对于某个特定的任务，每一行代码需要多长时间，并确定是哪个部分的代码执行得比较慢。

我们不会详细讨论统计式性能分析工具，因为它需要处于负载状态的系统，而且很难在适合本书范围的测试中创建它们。相关内容可以查看 py-spy（https://pypi.org/project/py-spy/）或 pyinstrument（https://pypi.org/project/pyinstrument/）。

还有一种类型，就是内存性能分析工具。内存性能分析工具记录内存何时增加和减少，以追踪内存的使用情况。内存性能分析工具通常用于寻找内存泄漏，对于 Python 程序来说，这种情况很少发生，但并非不存在。

Python 中有一个垃圾回收器（garbage collector），当某个对象不再被引用时，垃圾回收器会自动释放内存。这个过程无须任何人为操作，所以与类似 C/C++ 这样的手动分配内存的编程语言相比，Python 的内存管理更方便。用于 Python 的垃圾回收机制称为引用计数（reference counting），与其他类型的需要等待的垃圾回收器相比，一旦内存对象未被任何人使用，引用计数机制就会立即释放内存。

对 Python 来说，导致内存泄漏主要有三种情况，按可能性从大到小包括：

- 某些对象虽不再使用但依然被引用。出现这种情况的典型场景是，存在将小元素保留在大元素中的长寿命对象，比如，添加而不删除的字典列表。
- 某个内部的 C 语言扩展未能合理管理内存。这种情况需要用专门的 C 语言代码分析工具进一步分析，此内容不在本书讨论范围内。
- 复杂的循环引用。循环引用是一组相互引用的对象，例如，对象 A 引用 B，对象 B 引用 A。虽然 Python 有算法用于检测循环引用并释放内存，但还是存在一定的可能性，比如垃圾回收器被禁用或某些其他错误引起。可以到这里查看关于 Python 垃圾回收器的更多信息：https://docs.python.org/3/library/gc.html。

超预期使用内存最有可能的情况，是需要消耗大量内存的算法，可以借助于内存性能分析工具来检测何时分配了多少内存。

内存性能分析通常比时间性能分析更复杂，需要付出更多的努力。

接下来，我们先介绍一些代码，然后对其进行性能分析。

14.3 代码耗时性能分析

首先创建一个简短的程序，该程序将计算并显示直到某个特定数字的所有质数。质数是指只能被自己和1整除的数字。

先采取一种简单的方法来实现：

```
def check_if_prime(number):
    result = True

    for i in range(2, number):
        if number % i == 0:
            result = False

    return result
```

这段代码将用从2到被测数的每一个数字（不包括它本身），检查该数是否可以用被测数整除。如果其中任意某个数能整除，则说明被测数不是质数。

从1到5 000逐一进行计算，以验证程序没有问题，这里将小于100的质数列表包含在代码中，并对其进行比较。相关代码文件 `primes_1.py` 位于GitHub上（地址是 https://github.com/PacktPublishing/Python-Architecture-Patterns/blob/main/chapter_14_profiling/primes_1.py）：

```
PRIMES = [1, 2, 3, 5, 7, 11, 13, 17, 19, 23, 29, 31, 37, 41, 43, 47,
53,
          59, 61, 67, 71, 73, 79, 83, 89, 97]
NUM_PRIMES_UP_TO = 5000


def check_if_prime(number):
    result = True

    for i in range(2, number):
        if number % i == 0:
            result = False

    return result


if __name__ == '__main__':
    # 计算从1 到NUM_PRIMES_UP_TO 的质数
    primes = [number for number in range(1, NUM_PRIMES_UP_TO)
              if check_if_prime(number)]
    # 比较100 以内的质数，以验证程序执行是否正确
    assert primes[:len(PRIMES)] == PRIMES

    print('Primes')
    print('------')
    for prime in primes:
```

```
        print(prime)
    print('------')
```

质数计算的过程是通过创建一个所有数字（从 1 到 NUM_PRIMES_UP_TO）的列表，并逐一验证能否整除来进行的。只有返回 True 的值才会被保留：

```
# 计算从 1 到 NUM_PRIMES_UP_TO的质数
primes = [number for number in range(1, NUM_PRIMES_UP_TO)
          if check_if_prime(number)]
```

下一行断言前面（100 以内）算出的质数与 PRIMES（质数）列表中定义的质数相同，PRIMES 是一个硬编码的小于 100 的质数列表：

```
assert primes[:len(PRIMES)] == PRIMES
```

质数最后都会被显示出来。让我们来执行这个程序，并对其执行计时：

```
$ time python3 primes_1.py
Primes
------
1
2
3
5
7
11
13
17
19
…
4969
4973
4987
4993
4999
------

Real      0m0.875s
User      0m0.751s
sys 0m0.035s
```

现在，我们开始分析代码，看看其内部发生了什么，是否可以对它进行改进。

14.3.1 使用内置的 cProfile 模块

对一个模块进行性能分析最简单、最快的方法是直接使用 Python 中包含的 cProfile 模块。这个模块包含于标准库中，可直接作为外部调用，像下面这样：

```
$ time python3 -m cProfile primes_1.py
Primes
```

```
------
1
2
3
5
...
4993
4999
------
         5677 function calls in 0.760 seconds

   Ordered by: standard.name

   ncalls  tottime  percall  cumtime  percall filename:lineno(function)
        1    0.002    0.002    0.757    0.757 primes_1.
py:19(<listcomp>)
        1    0.000    0.000    0.760    0.760 primes_1.py:2(<module>)
     4999    0.754    0.000    0.754    0.000 primes_1.py:7(check_if_
prime)
        1    0.000    0.000    0.760    0.760 {built-in method
builtins.exec}
        1    0.000    0.000    0.000    0.000 {built-in method
builtins.len}
      673    0.004    0.000    0.004    0.000 {built-in method
builtins.print}
        1    0.000    0.000    0.000    0.000 {method 'disable' of '_
lsprof.Profiler' objects}



Real      0m0.895s
User      0m0.764s
sys 0m0.032s
```

请注意，这是直接调用脚本时的运行情况，同时也呈现了性能分析数据。该表各列内容显示了：

- ncalls：每个元素被调用的次数。
- tottime：在每个元素上花费的总时间，不包括子调用。
- percall：每个元素每次调用的时间，不包括子调用。
- cumtime：累计时间——在每个元素上花费的总时间，包括子调用。
- percall：每次调用一个元素的时间，包括子调用。
- filename:lineno：所分析的每个元素。

在这个例子中，可以清楚地看到时间基本都花在了 check_if_prime 函数上，这个函数被调用了 4999 次，事实上它几乎占用了全部时间（754 ms，而总共为 760 ms）。

由于这是一个很小的脚本程序，虽然在这里不容易察觉，但其实 cProfile 也增加了代码执行的时间。有一个名为 profile 的功能类似的模块，但采用纯

Python 实现，而不是采用 C 语言扩展。一般来说建议使用 cProfile，因为它更快，但 profile 在某些时候也是有用的，比如尝试扩展功能时。

虽然这个文本表格对于像这种简单的脚本来说已经足够了，但其输出内容也可以保存为文件，然后用其他工具显示：

```
$ time python3 -m cProfile -o primes1.prof  primes_1.py
$ ls primes1.prof
primes1.prof
```

现在，我们需要先安装可视化工具 SnakeViz，可使用 pip 命令安装：

```
$ pip3 install snakeviz
```

最后，用 snakeviz 打开上面的文件，命令执行后将打开一个包含相关信息的浏览器（如图 14-1 所示）：

```
$ snakeviz primes1.prof
snakeviz web server started on 127.0.0.1:8080; enter Ctrl-C to exit
http://127.0.0.1:8080/snakeviz/%2FUsers%2Fjaime%2FDropbox%2FPackt%2Farc
hitecture_book%2Fchapter_13_profiling%2Fprimes1.prof
```

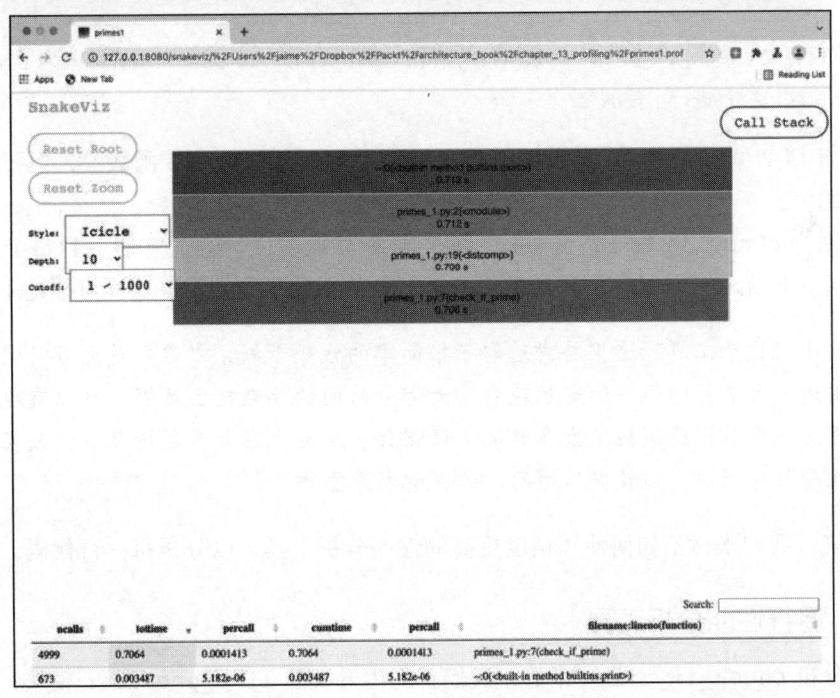

图 14-1　性能分析结果的图形呈现（整个页面太大，无法完全容纳。为了显示部分信息，这里特意进行了裁剪）

这个图表可以交互操作，可点击或将鼠标悬停在各元素上以获得更多信息，如图 14-2 所示。

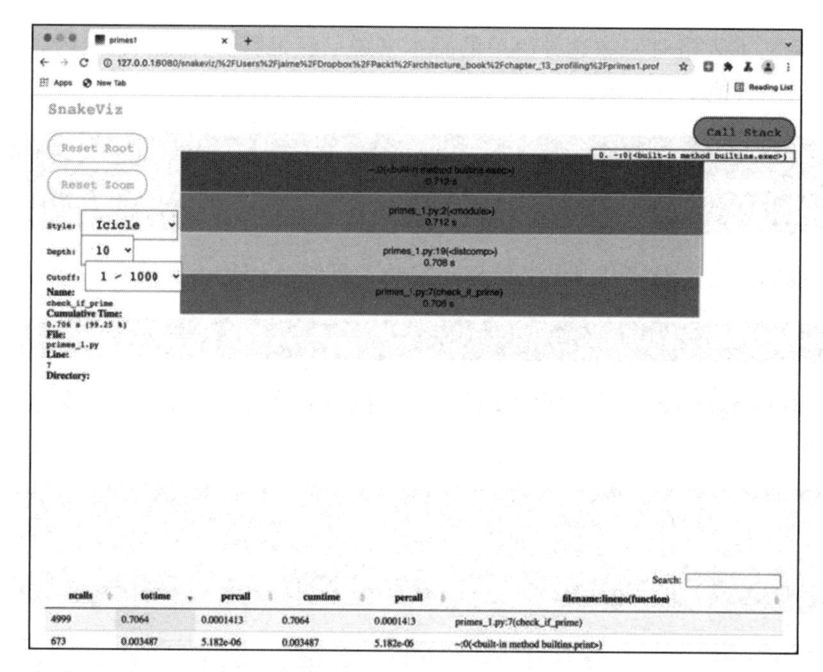

图 14-2 检查有关 check_if_prime 函数执行的信息（整个页面太大，无法完全容纳。为了显示部分信息，这里特意进行了裁剪）

通过图 14-2 可以确认，大部分时间都花在了 check_if_prime 函数上，但我们还未得到其内部的信息。

这是因为 cProfile 只具备函数这一级的性能分析粒度。通过它能看到每个函数调用所花的时间，但无法实现更高的精度。对这个特别简单的函数来说，这样可能还不够。

不要小瞧这个工具。这里特意选取了很简单的代码示例，以避免花太多时间解释其用途。大多数时候，能定位花费了大部分时间的函数就已足够，可以直观地检查并发现那些代码消耗了太多时间。请记住，实际上在大多数情况下，最耗时的往往是外部调用，如数据库访问、远程请求等操作。

接下来，我们来讨论如何使用精度更高的性能分析工具，以分析每一行代码。

14.3.2 逐行性能分析工具

为了分析 check_if_prime 函数，我们首先需要安装 line_profiler 模块：

```
$ pip3 install line_profiler
```

该模块安装完毕后，先要对代码做一个小改动，并将其保存为primes_2.py。我们将为check_if_prime 函数添加装饰器@profile，从而让逐行性能分析工具对此函数进行分析。

请记住，以这种方式进行性能分析时，应当仅限于你想了解更多信息的那部分代码。如果所有的代码都用这种方式来分析，会耗费大量的时间。

相关改动的代码是这样的（其余部分保持不变）。你可以在GitHub上查看完整的文件（https://github.com/PacktPublishing/Python-Architecture-Patterns/blob/main/chapter_14_profiling/primes_2.py）：

```
@profile
def check_if_prime(number):
    result = True

    for i in range(2, number):
        if number % i == 0:
            result = False

    return result
```

现在用kernprof执行代码，它将在安装完line_profiler模块之后自动安装：

```
$ time kernprof -l primes_2.py
Primes
------
1
2
3
5
…
4987
4993
4999
------
Wrote profile results to primes_2.py.lprof

Real      0m12.139s
User      0m11.999s
sys       0m0.098s
```

请注意，执行的时间明显长了——12s，而在没有启用性能分析工具的情况下，执行时间只有几秒。现在我们可以用下面的命令来看一下结果：

```
$ python3 -m line_profiler primes_2.py.lprof
Timer unit: 1e-06 s
```

```
Total time: 6.91213 s
File: primes_2.py
Function: check_if_prime at line 7

Line #      Hits         Time  Per Hit   % Time  Line Contents
==============================================================
     7                                           @profile
     8                                           def check_if_
prime(number):
     9      4999       1504.0      0.3      0.0      result = True
    10
    11  12492502    3151770.0      0.3     45.6      for i in range(2,
number):
    12  12487503    3749127.0      0.3     54.2          if number % i
== 0:
    13     33359       8302.0      0.2      0.1              result =
False
    14
    15      4999       1428.0      0.3      0.0      return result
```

现在，我们开始分析所用算法的具体细节。主要问题似乎是程序中执行了大量的比较操作。程序的第 11 行和第 12 行都被调用了太多次，尽管每次调用的时间很短。所以我们需要找到一种方法来减少调用它们的次数。

这个问题很简单。一旦找到一个 False（假）的结果，就无须等待，可以直接返回而不是继续执行循环。相关修改后的代码是这样的（完整代码保存在 primes_3.py 中，位于 https://github.com/PacktPublishing/Python-Architecture-Patterns/blob/main/chapter_14_profiling/primes_3.py）：

```
@profile
def check_if_prime(number):

    for i in range(2, number):
        if number % i == 0:
            return False

    return True
```

让我们看一下分析器的结果：

```
$ time kernprof -l primes_3.py
...
Real      0m2.117s
User      0m1.713s
sys       0m0.116s

$ python3 -m line_profiler primes_3.py.lprof
Timer unit: 1e-06 s
```

```
Total time: 0.863039 s
File: primes_3.py
Function: check_if_prime at line 7

Line #      Hits         Time  Per Hit   % Time  Line Contents
==============================================================
     7                                           @profile
     8                                           def check_if_
prime(number):
     9
    10   1564538     388011.0      0.2     45.0      for i in range(2,
number):
    11   1563868     473788.0      0.3     54.9          if number % i
== 0:
    12      4329       1078.0      0.2      0.1              return
False
    13
    14       670        162.0      0.2      0.0      return True
```

可以看出，所花费的时间下降了一大截（以时间来衡量，相比之前的 12 s，这次仅用了 2 s），程序花在比较操作上的时间大为减少（之前是 3 749 127 μs，现在是 473 788 μs），主要是因为比较的次数由 12 487 503 次减少到 1 563 868 次。

我们还可以通过限制循环的大小来优化，进一步减少比较操作的次数。

现有的程序中，循环会尝试所有数字直至被测数本身。例如，对于 19，是尝试以下这些数字（因为 19 是一个质数，它不能被除了它自己以外的任何数整除）：

```
Divide 19 between
[2, 3, 4, 5, 6, 7, 8, 9, 10, 11, 12, 13, 14, 15, 16, 17, 18, 19]
```

但事实上，尝试所有这些数字是没有必要的。至少，我们可以跳过其中的一半，因为没有任何数字能被大于自身一半的数整除。例如，19 除以 10 或更大的数字，其结果会小于 2：

```
Divide 19 between
[2, 3, 4, 5, 6, 7, 8, 9, 10]
```

此外，一个数字的任何因子都将小于其平方根。其原因在于，如果某数有一对因子，其中必然有一个因数大于原数的平方根，且另一个因数小于原数的平方根。所以判断是否为质数，我们只需检查截止到其平方根的数字（向下四舍五入）：

```
Divide 19 between
[2, 3, 4]
```

我们还能进一步减少比较操作。只需要检查 2 之后的奇数，因为任何偶数都能被 2 整除。所以，在这个例子中，我们还能进一步优化比较过程：

```
Divide 19 between
[2, 3]
```

为了应用上述优化过程，需要再次调整代码，并将其保存在primes_4.py中，可在GitHub上找到（https://github.com/PacktPublishing/Python-Architecture-Patterns/blob/main/chapter_14_profiling/primes_4.py）：

```
def check_if_prime(number):

    if number % 2 == 0 and number != 2:
        return False

    for i in range(3, math.floor(math.sqrt(number)) + 1, 2):
        if number % i == 0:
            return False

    return True
```

这段代码始终都会检查能否被2整除，除非数字是2，这样做是为了能正确返回2这个质数。

然后，我们创建了一个数字范围，从3开始（我们已经测试了2），直到原数字的平方根。这里使用math（数学）模块来执行此操作，并将数字降到最接近的较小的整数。range函数需要将该数+1，因为它没有包括被测数。最后，range每次循环时递增2个整数，这样所有比较的数字都是奇数，因为我们是从3开始的。

例如，要测试一个类似1000这样的数字，以下是和之前功能一样的代码：

```
>>> import math
>>> math.sqrt(1000)
31.622776601683793
>>> math.floor(math.sqrt(1000))
31
>>> list(range(3, 31 + 1, 2))
[3, 5, 7, 9, 11, 13, 15, 17, 19, 21, 23, 25, 27, 29, 31]
```

请注意，由于我们添加了+1，所以返回了31。

让我们再次对该代码进行性能分析：

```
$ time kernprof -l primes_4.py
Primes
------
1
2
3
5
…
4973
4987
4993
4999
------
```

```
Wrote profile results to primes_4.py.lprof

Real      0m0.477s
User      0m0.353s
sys       0m0.094s
```

可以看到性能又有了很大的提高，让我们看看其逐行性能分析：

```
$ python3 -m line_profiler primes_4.py.lprof
Timer unit: 1e-06 s

Total time: 0.018276 s
File: primes_4.py
Function: check_if_prime at line 8



Line #      Hits         Time  Per Hit   % Time  Line Contents
==============================================================
     8                                           @profile
     9                                           def check_if_
prime(number):
    10
    11      4999       1924.0      0.4     10.5      if number % 2 == 0
and number != 2:
    12      2498        654.0      0.3      3.6          return False
    13
    14     22228       7558.0      0.3     41.4      for i in range(3,
math.floor(math.sqrt(number)) + 1, 2):
    15     21558       7476.0      0.3     40.9          if number % i
== 0:
    16      1831        506.0      0.3      2.8              return
False
    17
    18       670        158.0      0.2      0.9      return True
```

我们已经将循环迭代的次数大幅减少到 22 228 次，前面在 primes_3.py 中是 150 万次，而当我们刚开始逐行性能分析时，在 primes_2.py 中是超过 1200 万次。这是非常大的改进！

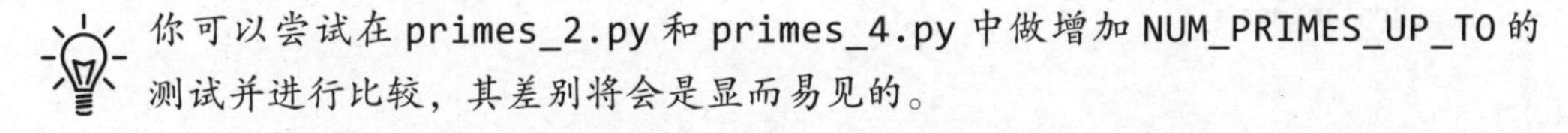

你可以尝试在 primes_2.py 和 primes_4.py 中做增加 NUM_PRIMES_UP_TO 的测试并进行比较，其差别将会是显而易见的。

逐行性能分析的方法应当仅针对小部分代码使用。如前文所述，一般来说 cProfile 用处更多，因为它更易于运行且能提供有用的信息。

本章前面的内容都是基于能够运行整个脚本并得到结果的假设，但有时或许情况并非如此。接下来我们看看如何在程序的各个部分进行性能分析，例如，当收到一个请求的时候。

14.4 局部性能分析

在很多情况下，性能分析工具在运行状态的系统环境中会很有用，而不应等到进程结束后再获取性能分析的结果。典型的场景是 Web 请求。

如果想分析一个特定的 Web 请求，需要先启动 Web 服务器，发起一次单一的请求，然后停止这个过程以获得结果。由于后面将要介绍的某些因素，这个过程其实并不像想象中的那样有效。

但首先，让我们创建一些代码来弄清这种情况。

14.4.1 返回质数的 Web 服务器示例

这里使用的是 `check_if_prime` 函数的最终版本，并创建一个 Web 服务，用于返回所有截止到请求路径中所指定数字的质数。代码如下，其完整版可在 GitHub 上的 `server.py` 文件中找到（`https://github.com/PacktPublishing/Python-Architecture-Patterns/blob/main/chapter_14_profiling/server.py`）：

```
from http.server import BaseHTTPRequestHandler, HTTPServer
import math


def check_if_prime(number):

    if number % 2 == 0 and number != 2:
        return False

    for i in range(3, math.floor(math.sqrt(number)) + 1, 2):
        if number % i == 0:
            return False

    return True


def prime_numbers_up_to(up_to):
    primes = [number for number in range(1, up_to + 1)
              if check_if_prime(number)]

    return primes


def extract_param(path):
    '''
   提取参数并转换为正整数。如果该参数无效，则返回 None（无）
    '''
    raw_param = path.replace('/', '')

    # 尝试转换为数字
```

```
    try:
        param = int(raw_param)
    except ValueError:
        return None

    # 检查是否为正数
    if param < 0:
        return None

    return param


def get_result(path):
    param = extract_param(path)
    if param is None:
        return 'Invalid parameter, please add an integer'

    return prime_numbers_up_to(param)


class MyServer(BaseHTTPRequestHandler):

    def do_GET(self):

        result = get_result(self.path)

        self.send_response(200)
        self.send_header("Content-type", "text/html")
        self.end_headers()
        return_template = '''
            <html>
                <head><title>Example</title></head>
                <body>
                    <p>Add a positive integer number in the path to
display
                    all primes up to that number</p>
                    <p>Result {result}</p>
                </body>
            </html>
        '''

        body = bytes(return_template.format(result=result), 'utf-8')
        self.wfile.write(body)


if __name__ == '__main__':

    HOST = 'localhost'
    PORT = 8000
```

```
    web_server = HTTPServer((HOST, PORT), MyServer)
    print(f'Server available at http://{HOST}:{PORT}')
    print('Use CTR+C to stop it')

    # 通过 KeyboardInterrupt 异常来优雅地捕获服务器的结束动作
    try:
        web_server.serve_forever()
    except KeyboardInterrupt:
        pass

    web_server.server_close()
    print("Server stopped.")
```

如果你从结尾开始看，就能更好地理解这段代码。最后一个块使用 Python 模块 http.server 中的基础函数 HTTPServer 定义，创建了一个 Web 服务器。在此之前，创建了 MyServer 类，它定义了在 do_GET 方法中有 GET 请求时所要做的事。

do_GET 方法会返回一个 HTML 响应，其中包含由 get_result 函数计算的结果。它添加了所有需要的 HTTP 头部信息，并将 HTTP 正文格式化为 HTML 代码。

这个过程中让人感兴趣的部分发生在接下来的函数中。

get_result 是其基础。它首先调用 extract_param 函数获得 Web 请求中指定的数字，用它来作为计算质数的上限。如果正确的话，就将其传给 prime_numbers_up_to 函数：

```
def get_result(path):
    param = extract_param(path)

  if param is None:
      return 'Invalid parameter, please add an integer'

  return prime_numbers_up_to(param)
```

函数 extract_param 将从 URL 路径中提取一个数字。它首先删除所有的 / 字符，然后尝试将其转换为一个整数，并检查该整数是否为正数。如有任何错误，函数都将返回 None（无）：

```
def extract_param(path):
    '''
    提取参数并转换为正整数。
    如果该参数无效，
    则返回 None （无）
    '''
    raw_param = path.replace('/', '')

    # 尝试转换为数字
    try:
        param = int(raw_param)
```

```
    except ValueError:
        return None

    # 检查是否为正数
    if param < 0:
        return None

    return param
```

然后，函数 prime_numbers_up_to 计算质数，直到所指定的上限。其过程和我们在本章前面看到的代码类似：

```
def prime_numbers_up_to(up_to):
    primes = [number for number in range(1, up_to + 1)
              if check_if_prime(number)]

    return primes
```

最后是 check_if_prime 函数，我们在本章前文中详细讨论过，与 primes_4.py 的内容相同。

接下来，性能分析过程可从以下命令开始：

```
$ python3 server.py
Server available at http://localhost:8000
Use CTR+C to stop it
```

然后在浏览器中打开地址为 http://localhost:8000/500 的页面，尝试获取 500 以内的质数进行测试，如图 14-3 所示。

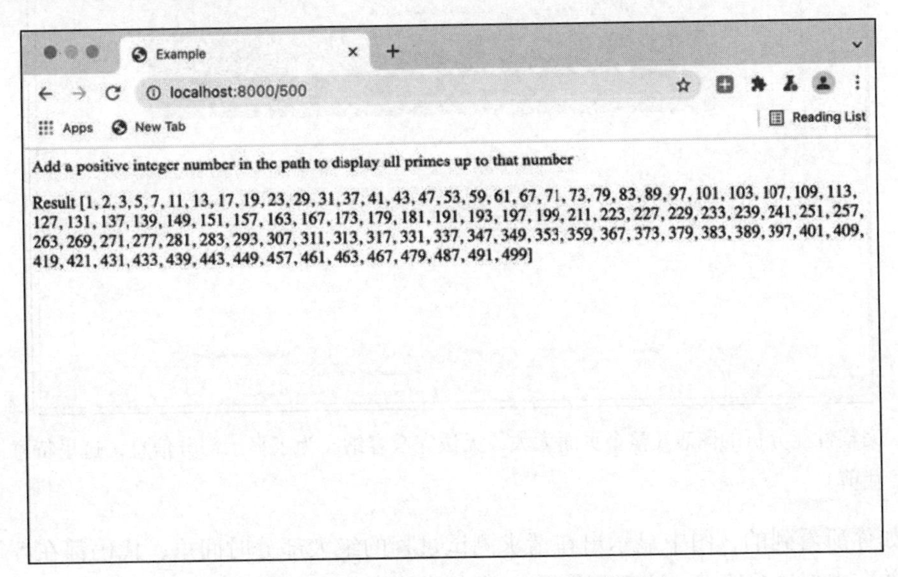

图 14-3 显示 500 以内的所有质数的界面

如你所见，Web 请求返回了易于理解的输出。让我们继续对其过程进行性能分析。

14.4.2 过程性能分析

我们可以通过在 `cProfile` 下启动它然后捕获其输出来分析整个请求过程。用如下命令启动 Web 服务器，再向 `http://localhost:8000/500` 发出一个请求，然后检查结果：

```
$ python3 -m cProfile -o server.prof server.py
Server available at http://localhost:8000
Use CTR+C to stop it
127.0.0.1 - - [10/Oct/2021 14:05:34] "GET /500 HTTP/1.1" 200 -
127.0.0.1 - - [10/Oct/2021 14:05:34] "GET /favicon.ico HTTP/1.1" 200 -
^CServer stopped.
```

我们将结果存储在文件 `server.prof` 中。这个文件可以像之前那样用 `snakeviz` 进行分析：

```
$ snakeviz server.prof
snakeviz web server started on 127.0.0.1:8080; enter Ctrl-C to exit
```

`snakeviz` 命令执行后，显示的图表如图 14-4 所示。

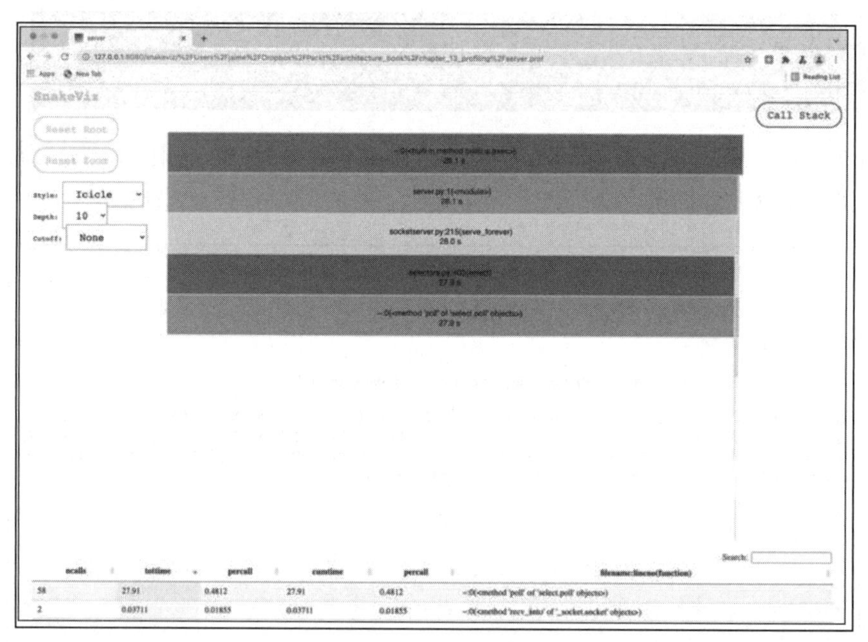

图 14-4 完整性能分析的图表（整个页面太大，无法完全容纳。为了显示部分信息，这里特意进行了裁剪）

正如你所看到的，图中显示出在请求测试过程的绝大部分时间里，代码都在等待新的请求，并在内部进行轮询。这部分是 Web 服务器的代码，不是我们的代码。

为了找到我们所关心的代码，可以在下面的长列表中手动搜索 get_result，这是代码中最受关注的部分。请确保选择 Cutoff:None（截断：无）以显示所有的函数。

选定之后，图表将从这里开始显示。请务必向上滚动从而能看到新的图表，如图 14-5 所示。

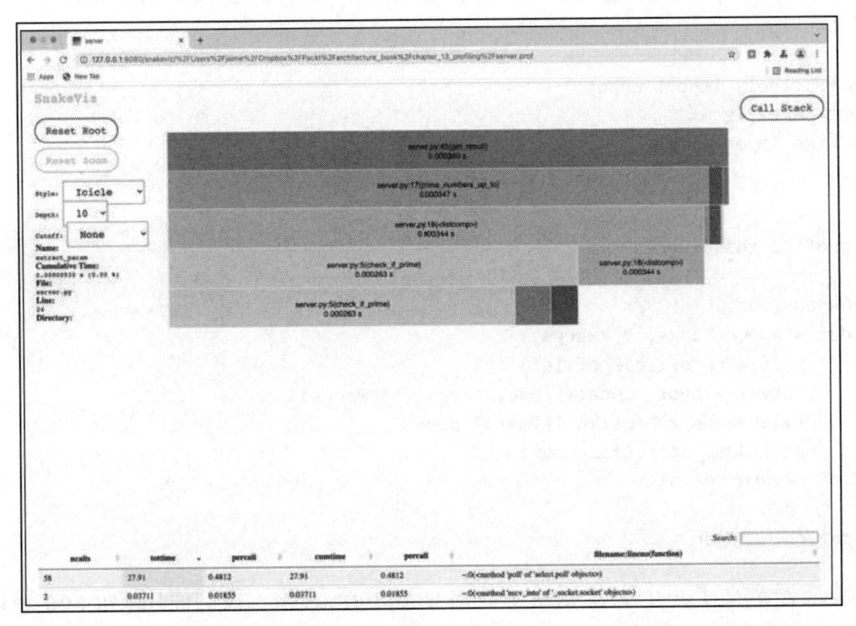

图 14-5　从 get_result 显示的图表（整个页面太大，无法完全容纳。为了显示部分信息，这里特意进行了裁剪）

在这里，可以看到更多代码执行耗时的信息。可以看出，大部分时间都花在了多次 check_if_prime 函数调用上，这些调用构成了 prime_numbers_up_to 函数的主要内容，以及其中包含的质数列表，只有很少的时间花在 extract_param 函数上。

但是，这种方法存在一些问题：

- 首先，我们需要从启动到停止进程，做一次完整周期的操作。这对于网络请求来说是很麻烦的。
- 在整个操作周期内发生的所有事情都被包含在性能分析的过程之中。这给分析过程增加了干扰。幸运的是，我们知道所关注的代码部分是在 get_result 函数中，但有时并不一定那么明显。这个案例中也使用了一个最简单的结构，但在 Django 这种复杂的框架中加入这个结构可能会带来很多问题。
- 如果我们处理两个不同的请求，它们的性能分析结果会被添加并混合到同一个文件中。

这些问题可以通过仅对感兴趣的代码部分进行性能分析，并为每个请求产生一个独立的分析结果文件来解决。

14.4.3 为每个请求生成性能分析文件

为了能够为每个单独的请求生成不同的信息文件，我们需要创建一个装饰器以方便使用，从而在进行性能分析时生成独立的结果文件。

在 `server_profile_by_request.py` 文件中，基于与 `server.py` 相同的代码，但加入了以下装饰器：

```
from functools import wraps
import cProfile
from time import time


def profile_this(func):

    @wraps(func)
    def wrapper(*args, **kwargs):
        prof = cProfile.Profile()
        retval = prof.runcall(func, *args, **kwargs)
        filename = f'profile-{time()}.prof'
        prof.dump_stats(filename)
        return retval

    return wrapper
```

这个装饰器定义了一个取代原始函数的 `wrapper` 函数。我们使用 `@wraps` 装饰器来保留原来的名字和文档字符串（docstring）。

这只是一个标准的装饰器流程。Python 中的装饰器是返回一个函数然后替换原始函数的函数。正如你所看到的，原始函数 `func` 在替换它的 `wrapper` 函数中仍然被调用，但增加了额外的功能。

在装饰器里面，启动了一个性能分析工具，并使用 `runcall` 函数来运行分析。这一行是它的核心——使用生成的性能分析工具，运行了带有参数的原始函数 `func` 并存储其返回值：

```
retval = prof.runcall(func, *args, **kwargs)
```

之后，再生成一个包含当前时间的新文件，并使用 `.dump_stats` 将统计信息转储到其中。

我们还装饰了 `get_result` 函数，所以性能分析是从这里开始的：

```
@profile_this
def get_result(path):
    param = extract_param(path)
    if param is None:
        return 'Invalid parameter, please add an integer'

    return prime_numbers_up_to(param)
```

完整的代码在 server_profile_by_request.py 文件中，可在 GitHub 上找到：https://github.com/PacktPublishing/Python-Architecture-Patterns/blob/main/chapter_14_profiling/server_profile_by_request.py。

现在让我们启动服务器，并通过浏览器发起一些调用，其中一个调用目标地址为 http://localhost:8000/500，另一个调用地址为 http://localhost:8000/800：

```
$ python3 server_profile_by_request.py
Server available at http://localhost:8000
Use CTR+C to stop it
127.0.0.1 - - [10/Oct/2021 17:09:57] "GET /500 HTTP/1.1" 200 -
127.0.0.1 - - [10/Oct/2021 17:10:00] "GET /800 HTTP/1.1" 200 -
```

可以看到新文件是如何创建的：

```
$ ls profile-*
profile-1633882197.634005.prof
profile-1633882200.226291.prof
```

这些文件可以用 snakeviz 来显示（如图 14-6 所示）：

```
$ snakeviz profile-1633882197.634005.prof
snakeviz web server started on 127.0.0.1:8080; enter Ctrl-C to exit
```

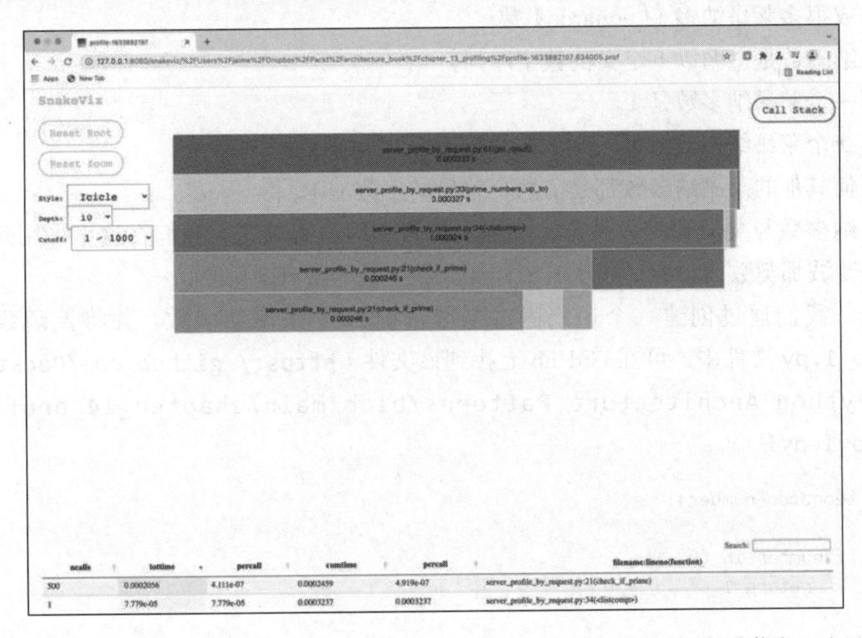

图 14-6 单个请求的性能分析信息（整个页面太大，无法完全容纳。为了显示部分信息，这里特意进行了裁剪）

每个文件都只包含了从 get_result 开始的信息，它只获取到一个点的信息。更重要的是，每个文件仅显示一个特定请求的信息，所以可以单独对其进行性能分析，并有很高的详细程度。

现在，可以对代码进行调整，使得文件名包含更具体的调用参数等细节，这样会很有用。还有一个有趣的可进行的调整是创建随机采样，让 *X* 个调用中仅有 1 个产生性能分析的代码。这样能有助于减少性能分析的开销，同时还能实现针对部分请求的性能分析。

这种方式与统计式性能分析工具不同，因为它仍然会完成部分请求的分析，而不是检测在某个特定的时刻发生了什么。这种方式有助于追踪特定请求所产生的流程。

接下来，我们将讨论如何进行内存性能分析。

14.5 内存性能分析

有时，应用程序会消耗过多的内存。最糟糕的情况是，随着时间的推移，它们所使用的内存越来越多，通常是由所谓内存泄漏造成的，即由于编码中的某些错误，让不再使用的内存一直被占用。其他问题还包括，可能需要改善内存的使用状况，因为它是一种有限的资源。

为了对内存进行性能分析，掌握使用内存的对象是什么，首先需要创建一些示例代码。我们将生成很多莱昂纳多（Leonardo）数。

莱昂纳多数是遵循以下定义的数字序列：

- 第一个莱昂纳多数是 1。
- 第二个莱昂纳多数也是 1。
- 任何其他的莱昂纳多数都是前两个莱昂纳多数加 1。

莱昂纳多数与斐波那契数类似，实际上两者之间也有关联。我们在这里采用莱昂纳多数而不是斐波那契数，是为了展现其多样性。数字是非常有趣的！

首先，我们通过创建一个递归函数来展示前 35 个莱昂纳多数，并将该函数保存在 leonardo_1.py 文件中，可在 GitHub 上找到该文件（https://github.com/PacktPublishing/Python-Architecture-Patterns/blob/main/chapter_14_profiling/leonardo_1.py）：

```
def leonardo(number):

    if number in (0, 1):
        return 1

    return leonardo(number - 1) + leonardo(number - 2) + 1

NUMBER = 35
```

```
for i in range(NUMBER + 1):
    print('leonardo[{}] = {}'.format(i, leonardo(i)))
```

运行这段代码后，可以看到它所花费的时间逐渐变长：

```
$ time python3 leonardo_1.py
leonardo[0] = 1
leonardo[1] = 1
leonardo[2] = 3
leonardo[3] = 5
leonardo[4] = 9
leonardo[5] = 15
...
leonardo[30] = 2692537
leonardo[31] = 4356617
leonardo[32] = 7049155
leonardo[33] = 11405773
leonardo[34] = 18454929
leonardo[35] = 29860703

real    0m9.454s
user    0m8.844s
sys     0m0.183s
```

为了加快这个过程，我们知道可以使用字典查询法，也就是存储其计算结果并使用，而不是每次使用时都进行计算。

我们这样修改代码，创建 `leonardo_2.py` 文件（可在 GitHub 上找到该文件，网址为 https://github.com/PacktPublishing/Python-Architecture-Patterns/blob/main/chapter_14_profiling/leonardo_2.py）：

```
CACHE = {}


def leonardo(number):

    if number in (0, 1):
        return 1

    if number not in CACHE:
        result = leonardo(number - 1) + leonardo(number - 2) + 1
        CACHE[number] = result

    return CACHE[number]

NUMBER = 35000
for i in range(NUMBER + 1):
    print(f'leonardo[{i}] = {leonardo(i)}')
```

这里使用了一个全局字典 CACHE（缓存），用来存储所有的莱昂纳多数，以加快程序执行进程。请注意，我们把要计算的数字从 35 个增加到 35000 个，多了 1000 倍。这个过程运行得相当快：

```
$ time python3 leonardo_2.py
leonardo[0] = 1
leonardo[1] = 1
leonardo[2] = 3
leonardo[3] = 5
leonardo[4] = 9
leonardo[5] = 15
...
leonardo[35000] = ...

real    0m15.973s
user    0m8.309s
sys     0m1.064s
```

接下来看一下程序执行时内存的使用情况。

14.5.1 使用 memory_profiler

现在应用程序正在存储信息，让我们用一个性能分析工具来显示内存的占用情况。

首先需要安装 memory_profiler 包，这个包类似于 line_profiler：

```
$ pip install memory_profiler
```

现在，我们可以在 leonardo 函数（保存在 leonardo_2p.py 文件中，可在 GitHub 上找到：https://github.com/PacktPublishing/Python-Architecture-Patterns/blob/main/chapter_14_profiling/leonardo_2p.py）中添加一个 @profile 装饰器，并使用 memory_profiler 模块运行它。你会发现这次运行得比较慢，但是在平常的结果信息之后，会显示一个表格：

```
$ time python3 -m memory_profiler leonardo_2p.py
...
Filename: leonardo_2p.py

Line #    Mem usage    Increment  Occurences   Line Contents
============================================================
     5  104.277 MiB   97.082 MiB      104999   @profile
     6                                         def leonardo(number):
     7
     8  104.277 MiB    0.000 MiB      104999       if number in (0, 1):
     9   38.332 MiB    0.000 MiB           5           return 1
    10
    11  104.277 MiB    0.000 MiB      104994       if number not in
```

```
CACHE:
    12  104.277 MiB    5.281 MiB       34999           result =
leonardo(number - 1) + leonardo(number - 2) + 1
    13  104.277 MiB    1.914 MiB       34999           CACHE[number] =
result
    14
    15  104.277 MiB    0.000 MiB      104994       return CACHE[number]



Real      0m47.725s
User      0m25.188s
sys       0m10.372s
```

该表格首先显示了内存的使用情况和内存消耗的增量或减量，还有每行代码出现的次数。

可以看到以下情况：

- 第 9 行只被执行了几次。当它执行时，内存消耗约为 38 MiB，这是程序占用内存最小的时刻。
- 使用的总内存约为 105 MiB。
- 整个过程中，内存消耗的增加是在第 12 行和第 13 行，在创建新的莱昂纳多数，以及将其存储在 CACHE 字典中时。请注意，程序到这里从未释放过内存。

其实并不需要在内存中一直保留之前所有的莱昂纳多数，所以可以尝试采用不同的方式，仅少量保留。

14.5.2 内存优化

这一次，我们基于以下代码创建 leonardo_3.py 文件，可在 GitHub 上找到（https://github.com/PacktPublishing/Python-Architecture-Patterns/blob/main/chapter_14_profiling/leonardo_3.py）：

```
CACHE = {}


@profile
def leonardo(number):

    if number in (0, 1):
        return 1

    if number not in CACHE:
        result = leonardo(number - 1) + leonardo(number - 2) + 1
        CACHE[number] = result

    ret_value = CACHE[number]
```

```
    MAX_SIZE = 5
    while len(CACHE) > MAX_SIZE:
        # 允许的最大CACHE（缓存）容量，
        # 删除第一个值，它将会是最前面的那个
        key = list(CACHE.keys())[0]
        del CACHE[key]

    return ret_value


NUMBER = 35000
for i in range(NUMBER + 1):
    print(f'leonardo[{i}] = {leonardo(i)}')
```

注意这里保留了 @profile 装饰器以再次运行内存性能分析工具。大部分代码的内容是一样的，但额外添加了以下代码块：

```
MAX_SIZE = 5
while len(CACHE) > MAX_SIZE:
    # 允许的最大 CACHE（缓存）容量，
    # 删除第一个值，它将会是最前面的那个
key = list(CACHE.keys())[0]
del CACHE[key]
```

这段代码将使 CACHE 字典中的元素数量保持在一定范围之内。当达到限制时，则删除 CACHE.keys() 返回的第一个元素，即最前面的那个。

从 Python 3.6 开始，所有的字典都是有序的，所以它们会按照先前输入的顺序返回其键值，在这里利用了这个特性。注意我们需要将 CACHE.keys()（一个 dict_keys 对象）的结果转换为一个列表（list），以便能获取第一个元素。

这样一来，字典就不会再增长了。现在让我们试着运行它，看看下面的性能分析结果：

```
$ time python3 -m memory_profiler leonardo_3.py
...
Filename: leonardo_3.py

Line #    Mem usage    Increment  Occurences   Line Contents
============================================================
     5   38.441 MiB   38.434 MiB      104999   @profile
     6                                         def leonardo(number):
     7
     8   38.441 MiB    0.000 MiB      104999       if number in (0, 1):
     9   38.367 MiB    0.000 MiB           5           return 1
    10
    11   38.441 MiB    0.000 MiB      104994       if number not in
CACHE:
    12   38.441 MiB    0.008 MiB       34999           result =
```

```
leonardo(number - 1) + leonardo(number - 2) + 1
    13   38.441 MiB    0.000 MiB       34999          CACHE[number] =
result
    14
    15   38.441 MiB    0.000 MiB      104994        ret_value =
CACHE[number]
    16
    17   38.441 MiB    0.000 MiB      104994        MAX_SIZE = 5
    18   38.441 MiB    0.000 MiB      139988        while len(CACHE) >
MAX_SIZE:
                                                      # Maximum size
    19
allowed,
    20                                                # delete the
first value, which will be the oldest
    21   38.441 MiB    0.000 MiB       34994          key =
list(CACHE.keys())[0]
    22   38.441 MiB    0.000 MiB       34994          del CACHE[key]
    23
    24   38.441 MiB    0.000 MiB      104994        return ret_value
```

现在，执行这个程序时，可看到内存消耗始终稳定保持在 38 MiB 左右，这也是其最小值。此时可以注意到，内存的使用量没有增加或减少。其中发生的实际情况是，内存消耗的增量和减量都太小了，以至于难以察觉。因为它们相互抵消了，所以报告输出的结果接近于零。

memory-profiler 模块还能够执行更多的操作，包括根据时间显示内存的使用情况，并将其绘制出来，以便看到内存随时间的增加或减少。可以到 https://pypi.org/project/memory-profiler/ 查看它的完整文档。

14.6 小结

在本章中，我们介绍了什么是性能分析，以及应当什么时候应用性能分析。明白了性能分析是一种动态工具，可以让我们了解代码的运行情况。这些信息对于理解实际环境中程序运行的流程是非常有用的，并且能够基于这些信息来优化代码。代码优化通常是为了执行得更快，但也有其他的用途，比如使用更少的资源（通常是内存）、减少外部访问等。

本章阐述了性能分析工具的主要类型：确定性性能分析工具、统计式性能分析工具和内存性能分析工具。前两者主要用于改善代码的性能，而内存性能分析工具则可分析在代码执行过程中内存的使用情况。确定性性能分析工具对代码进行检测，以详细了解代码执行时的流程。统计式性能分析工具周期性地对代码进行采样，以提供代码中执行频率更高的那些部分的总体视图。

然后，我们展示了如何使用确定性性能分析工具对代码进行分析，并介绍了一个示例。首先用内置模块 cProfile 对其进行了分析，它给出了函数一级的性能分析。还介绍了如何使用图形化工具来显示分析结果。为了更深入地掌握性能分析方法，还使用了第三方模块 `line-profiler`，该模块会对每行代码进行分析。理解了代码的执行流程之后，就能对其进行优化，从而大大减少其执行时间。

接着讨论了如何对打算持续运行的进程进行性能分析，比如一个 Web 服务器。我们展示了在这些场景中想要对整个应用程序进行性能分析时所面临的问题，并阐明了如何对每个单独的请求进行性能分析，以获得清晰的结果。

> 这些技术也适用于其他情况，如有条件的性能分析，即只在某些情况下进行性能分析（比如，仅在某些时候分析，或仅分析每 100 个请求中的一个）。

最后，我们讨论了一个对内存进行性能分析的示例，以了解如何通过使用 `memory-profiler` 模块来实现内存性能分析。

下一章中，我们将学习更多关于如何通过调试技术来发现和修复代码中的问题（包括复杂场景中的问题）等的细节。

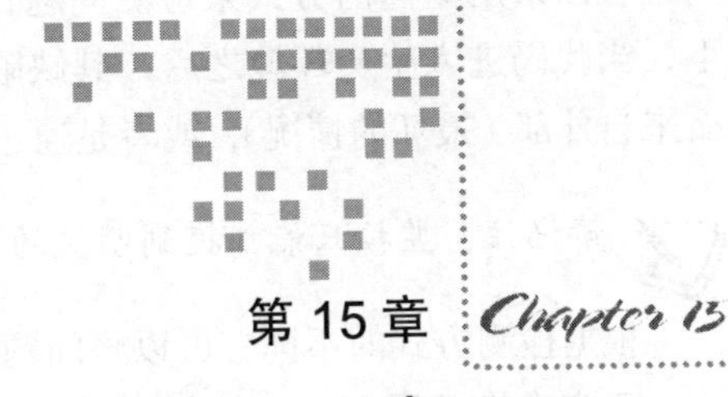

第 15 章 Chapter 15

调　试

一般来说，调试程序代码中的问题时，其流程包括以下步骤：

1. 检测问题。发现新问题或缺陷。
2. 分析该问题并为其分配优先级，以确保把时间花在有意义的问题上，并专注于最重要的问题。
3. 分析问题的确切原因。理想情况下，应当以在本地环境中重现该问题的方式来完成。
4. 在本地重现问题，并深入了解导致问题的具体细节。
5. 解决问题。

正如你所看到的，通常的策略是首先定位和理解问题，这样我们就可以有针对性地调试和修复。

让我们来看看处理程序代码中的缺陷时，首先要做什么。

15.1　检测并处理缺陷

事实上，处理代码的缺陷首先要做的是检测问题。这听起来有点傻，但却是一个非常关键的步骤。

> 虽然我们主要使用“bug”一词来描述程序代码的所有各种缺陷，但请记住，它通常包括诸如性能不佳或意料之外的操作等的细节问题，而这些细节可能并没有被正确地归类为“bug”。修复对应问题所需的工具各不相同，但检测通常是以类似的方式进行的。

可以采用不同的方式来检测问题，其中有些方式可能会比其他方式更直接。通常情况下，当代码进入生产环境之后，其缺陷便会被用户发现，要么来自内部（最好的情况），要么来自外部（最坏的情况），或者是通过监控发现。

请记住，监控只能捕捉到明显的、典型的严重错误。

根据检测方式的不同，可以将问题分为不同的严重等级（severity），例如：

- **灾难性问题**（catastrophic problem），指会导致系统完全停止运行的问题。这类问题意味着所有组件，甚至是同一系统中不相关的任务，都无法运转。
- **关键问题**（critital problem），指会导致某些任务停止执行但不影响其他任务执行的问题。
- **重要问题**（serious problem），仅在某些情况下，会让部分任务停止执行或导致故障。例如，未检查参数并产生异常，或者某些组合对应的任务太慢，以至于出现超时。
- **轻度问题**（mild problem），包括含有错误或执行不正确的任务。例如，任务在某些情况下产生空的结果，或者在用户界面中出现问题，导致不能调用某个功能。
- **细微或小问题**（cosmetic or minor problem），如拼写错误或类似的问题。

因为每个开发团队的能力都是有限的，任何系统都会有很多bug，关键在于采用适当的方法来确定需要关注哪些问题，以及哪些问题要先修复。通常情况下，第一类灾难性问题显然是最为紧迫的，需要立即通过全员行动来修复。但是，对问题进行分类和优先级的划分也非常重要。

清楚地知道下一步要了解什么，将有助于开发人员形成清晰的思路，并将时间花在重要的问题上，而不是花在最新的问题上，才能提高工作效率。团队本身可以对问题进行一定程度的分类，但最好添加一些上下文信息。

请记住，一般来说，你既需要纠正现有系统的错误，同时还要实现新的功能，而这些任务中的每一项都会分散完成其他任务的注意力。

修复代码的bug很重要，不仅是为了提高服务质量，因为任何用户都会觉得使用有bug的服务会令人非常沮丧。同时，它对开发团队也很关键，因为使用低质量的服务对开发人员来说也会有挫败感。

在bug修复和引入新功能之间，需要取得适当的平衡。还要记得为新功能所引入的新bug预留时间。功能就绪并非在它发布的时刻，而是在其bug被修复时。

除了上下文无关的灾难性问题之外，所有被检测到的问题都应该捕捉与导致错误所需的步骤相关的上下文信息。这样做的目的是重现此错误。

重现错误是修复问题的关键因素。最糟糕的情况是，错误是间歇性的，或者似乎是随机出现的，需要对其深入分析，才能了解为什么它会在那个时刻发生。

当某个问题可以重现时，你就成功了一半。最好是在测试环境中重现问题，从而可以对其反复测试，直到问题被弄清并解决。理想的情况下，如果问题影响到某个独立的系统，而且搞明白了所有的条件并可以复制，此时可将其作为一个单元测试。如果问题影响到多个系统，则可能需要采用集成测试。

> 在检查过程中，一种常见的情况是要找出引发问题的具体原因，例如，在生产环境中以特定方式创建的数据引发了某些问题。在这种环境下，找到导致问题的确切原因可能会很复杂。我们将在本章后文中讨论如何在生产环境中寻找问题。

在问题被归类并可重现之后，就可以继续进行分析，以了解其产生原因。

通过目视来检查代码并尝试推断问题和 bug 的位置通常是不够的。即使是非常简单的代码也会存在让人出乎意料的执行方式。能够准确地判断出在特定情况下代码是如何执行的，这对于分析和修复找到的问题至关重要。

15.2 生产环境分析

如果意识到生产环境中出现了问题，我们首先需要了解问题的现有状况，以及导致问题产生的关键因素。

> 需要注意的是，能够重现问题是非常重要的。如果能做到这一点，则可通过测试来产生错误并跟进其后续结果。

在分析产生特定问题的原因时，最重要的工具是可观测性工具。这就是要提前做好准备工作，以确保在需要时能发现问题的原因。

我们在前面的章节中讨论过日志和度量。在调试代码的时候，度量指标通常是不相关的，只是显示了 bug 的相对重要性。发现返回的错误在增加，对于检测代码中有错误存在很重要，但是，要检测出错误是什么，则需要更精准的信息。

尽管如此，也不要小看度量指标的作用。它们有助于快速确定具体哪个组件出现了故障，或者故障是否与其他组件有关联，例如，是否哪个服务器出了故障，或者是否内存、硬盘空间耗尽了。

> 例如，如果外部请求被定向到不同的服务器，那么一台有问题的服务器便可能产生貌似随机的错误，且故障与针对相关服务器的特定请求的组合有关。

但无论如何，在确定代码的哪一部分表现不佳时，日志通常会更有用。正如在第 12 章讨论过的，错误日志可用于检测两类问题：

- **预期错误**。在这类场景中，我们事先已经做了错误调试的工作，要了解发生了什么问题应该会相对容易一些。这类例子包括一个返回错误的外部请求、一个无法连接的数据库等。

这些错误中，大多数与行为不当的外部服务（从引发错误的角度来看）有关。这可能意味着网络问题、配置不当或其他服务中的问题。错误在系统中蔓延的情况并不罕见，因为一个错误可能会引发一连串的问题。但通常情况下，根源往往是非预期错误，其余的通常是预期错误，因为它们会从外部来源接收到错误。

- **非预期错误**。这些错误的标志是表明系统中出了问题的日志，在大多数现代编程语言中，日志中的某些栈跟踪信息会详细说明产生错误时的程序代码在哪一行等内容。

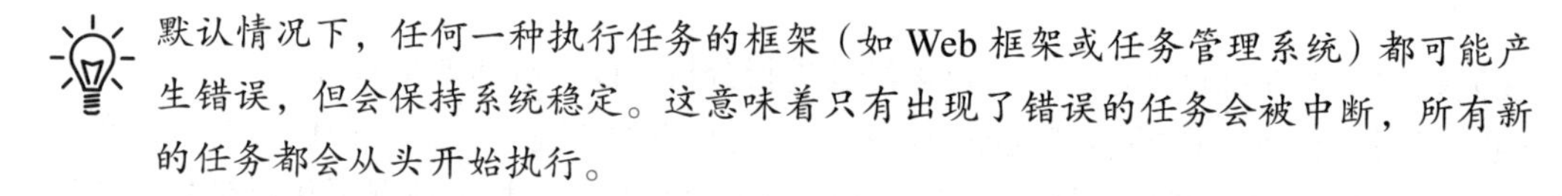

默认情况下，任何一种执行任务的框架（如 Web 框架或任务管理系统）都可能产生错误，但会保持系统稳定。这意味着只有出现了错误的任务会被中断，所有新的任务都会从头开始执行。

系统应当为任务提供适当的处理方法。例如，Web 服务器有可能返回 500 错误，而任务管理系统则会在延迟一段时间后重试该任务。这样可能会导致错误被扩散，正如我们之前看到的。

针对上述两类错误的情况，检测问题之所在的主要工具是日志。要么日志显示了一个已知的问题，该问题被捕获并做好对应的标记，要么日志提供了栈跟踪信息，并指出代码中具体哪个部分出了错。

找到错误来源相关的那部分组件和代码，对于理解和调试具体问题非常重要。这在微服务架构中尤其重要，因为微服务系统中存在多个独立的组成单元。

我们在第 9 章讨论过微服务和单体架构。在 bug 调试方面单体架构更易于处理，因为所有的代码都在同一个地方运行，但无论如何，随着单体架构的发展，系统会变得越来越复杂。

请记住，有时完全避免出错是不现实的。例如，如果某个外部依赖调用有问题的外部 API，那么就有可能触发内部的错误。可以缓解这类错误，让任务优雅地失败，或者生成一个“服务不可用”的状态。但错误的根源也许会无法杜绝。

缓解外部依赖的问题，通常需要建立冗余机制，比如采用不同的服务提供商，以避免单点故障，尽管这有时可能不太现实，因为这些措施通常都比较昂贵。

也可以将这些情况告知开发人员，但短期内无须对它们采取进一步的行动。

在其他情况下，当错误不是很明显并且必须做进一步的检查时，则需要对其进行调试。

15.3 了解生产环境中的问题

复杂系统的挑战在于，检测问题时面临的复杂性会成倍地增加。随着多个层次和模块的加入，以及层次、模块之间的交互，bug往往会变得更加微妙和复杂。

正如我们之前看到的，微服务架构有时会特别难于调试。不同微服务之间的交互会产生复杂的关联，其不同组成部分在整合时会产生难以琢磨的问题。这种环境也许很难通过集成测试来完成，有可能问题的源头是在集成测试的盲点上。

但是，单体架构也会因为系统越来越复杂而出现问题。由于特定的生产数据会以某些意想不到的方式相互作用，可能会产生难以处理的bug。单体架构应用的一大优势是，测试能覆盖整个系统，使其更容易通过单元测试或集成测试来重现。

不过，当前这一阶段的目标应该是在生产环境中分析并找出足够多的问题，以便能够在本地环境中重现它，较小的本地环境规模将使探测和修改变得相对容易，而且对系统的侵入性更低。一旦收集到足够的信息，最好不要去理会生产环境的事，而是专注于问题的具体细节。

请记住，拥有一个可重现的bug就成功了一半以上！一旦能将问题归结为一组可在本地复制的操作步骤，就可以创建一个测试，在受控环境中反复重现该问题并进行调试。

有时，使用常规的日志就足以确定到底是什么错误或者如何在本地重现。这时，就需要研究引发问题的具体原因。

15.3.1 记录请求ID

在分析大量的日志时，其中一个问题是如何将它们关联起来。为了将相互关联的日志正确地分组，我们可以通过生成这些日志的主机进行过滤，并选择较短的时间窗口，但即使这样也不太好用，因为两个或多个不同的任务可能会在同一时间运行。我们需要为每个任务或请求提供唯一的标识符，以便追踪来自同一来源的所有日志。这个标识符称为请求ID，它们在许多框架中会被自动添加。在任务管理器中有时会称之为任务ID。

涉及多个服务时，比如在微服务架构中，保持共同的请求ID非常重要，它可以用来追踪各个服务之间的不同请求。这样就可以追踪并关联系统中来自不同服务但来源相同的日志。

图15-1显示了一个前端和两个存在内部调用关系的后端服务之间的请求流程。请注意，`X-Request-ID`这个HTTP头部是由前端设置的，它被转发到服务A，然后被转发到服务B。

因为它们都有相同的请求ID，所以可以通过该信息对日志进行过滤，以获得有关单个任务的所有信息。

为了实现这一点，我们可以使用`django_log_request_id`模块在Django应用程序中创建请求ID。

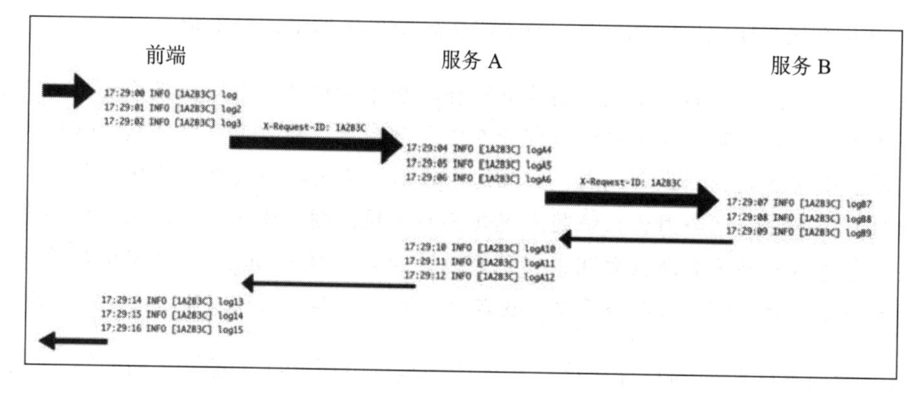

图 15-1 跨越多个服务的请求 ID

可以在 https://github.com/dabapps/django-log-request-id/ 看到完整的文档。

我们按照书中的示例在 GitHub 上展示了一些代码，地址是 https://github.com/PacktPublishing/Python-Architecture-Patterns/tree/main/chapter_15_debug。其运行需要创建一个虚拟环境并安装该软件包，以及其他依赖项：

```
$ python3 -m venv ./venv
$ source ./venv/bin/activate
(venv) $ pip install -r requirements.txt
```

代码已被修改，在 microposts/api/views.py 文件中另外加入了一些日志（见 https://github.com/PacktPublishing/Python-Architecture-Patterns/blob/main/chapter_15_debug/microposts/api/views.py）：

```
from rest_framework.generics import ListCreateAPIView
from rest_framework.generics import RetrieveUpdateDestroyAPIView
from .models import Micropost, Usr
from .serializers import MicropostSerializer
import logging

logger = logging.getLogger(__name__)


class MicropostsListView(ListCreateAPIView):
    serializer_class = MicropostSerializer

    def get_queryset(self):
        logger.info('Getting queryset')
        result = Micropost.objects.filter(user__username=self.
kwargs['username'])
        logger.info(f'Querysert ready {result}')
```

```
        return result

    def perform_create(self, serializer):
        user = Usr.objects.get(username=self.kwargs['username'])
        serializer.save(user=user)


class MicropostView(RetrieveUpdateDestroyAPIView):
    serializer_class = MicropostSerializer

    def get_queryset(self):
        logger.info('Getting queryset for single element')
        result = Micropost.objects.filter(user__username=self.
kwargs['username'])
        logger.info(f'Queryset ready {result}')
        return result
```

请注意，现在访问列表集合页面和单个博文页面时，会生成一些日志。这里将要使用的示例URL为/api/users/jaime/collection/5。

为了启用请求ID，我们需要在microposts/settings.py（https://github.com/PacktPublishing/Python-Architecture-Patterns/blob/main/chapter_15_debug/microposts/settings.py）中创建适当的配置：

```
LOG_REQUEST_ID_HEADER = "HTTP_X_REQUEST_ID"
GENERATE_REQUEST_ID_IF_NOT_IN_HEADER = True

LOGGING = {
    'version': 1,
    'disable_existing_loggers': False,
    'filters': {
        'request_id': {
            '()': 'log_request_id.filters.RequestIDFilter'
        }
    },
    'formatters':
        { 'standard':
        {    'format': '%(levelname)-8s [%(asctime)s] [%(request_id)s]
%(name)s: %(message)s'
        },
    },
    'handlers': {
        'console': {
            'level': 'INFO',
            'class': 'logging.StreamHandler',
            'filters': ['request_id'],
            'formatter': 'standard',
        },
    },
    'root': {
```

```
            'handlers': ['console'],
            'level': 'INFO',
        },
    }
```

LOGGING 字典是 Django 中的特性，它描述了如何记录日志。filters（过滤器）添加了其他一些信息，在本例中，包括 request_id（请求 ID）、formatters（格式化器），以描述具体要使用的日志格式（注意，这里还添加了 request_id 参数，它将显示在括号中）。

handlers（处理程序）描述了对每条消息的处理流程，将 filters 和 formatter 与要显示的级别和消息发送目的地这些信息结合起来。本例中，StreamHandler 将把日志发送到 stdout(标准输出)。我们将根级别上的所有日志都设置为使用这个 handlers 来处理。

更多信息请查看 Django 文档：https://docs.djangoproject.com/en/3.2/topics/logging/。可能需要一点经验才能正确设置 Django 中日志记录相关的所有参数，对其进行配置时需要花一些时间。

下面这两行

```
LOG_REQUEST_ID_HEADER = "HTTP_X_REQUEST_ID"
GENERATE_REQUEST_ID_IF_NOT_IN_HEADER = True
```

规定了，如果没有在输入信息中找到作为 HEADER（HTTP 头部）的请求 ID，则应创建一个新的请求 ID 参数，头部的名称是 X-REQUEST-ID。

一旦所有这些都配置好了，我们就可以启动服务器来运行测试：

```
(venv) $ python3 manage.py runserver
Watching for file changes with StatReloader
2021-10-23 16:11:16,694 INFO     [none] django.utils.autoreload:
Watching for file changes with StatReloader
Performing system checks...

System check identified no issues (0 silenced).
October 23, 2021 - 16:11:16
Django version 3.2.8, using settings 'microposts.settings'
Starting development server at http://127.0.0.1:8000/
Quit the server with CONTROL-C
```

在另一个控制台界面上，用 curl 来调用测试 URL：

```
(venv) $ curl http://localhost:8000/api/users/jaime/collection/5
{"href":"http://localhost:8000/api/users/jaime/
collection/5","id":5,"text":"A referenced micropost","referenced":"dana
","timestamp":"2021-06-10T21:15:27.511837Z","user":"jaime"}
```

与此同时，可看到服务器界面上显示的日志：

```
2021-10-23 16:12:47,969 INFO     [66e9f8f1b43140338ddc3ef569b8e845]
api.views: Getting queryset for single element
2021-10-23 16:12:47,971 INFO     [66e9f8f1b43140338ddc3ef569b8e845]
api.views: Queryset ready <QuerySet [<Micropost: Micropost object (1)>,
<Micropost: Micropost object (2)>, <Micropost: Micropost object (5)>]>
[23/Oct/2021 16:12:47] "GET /api/users/jaime/collection/5 HTTP/1.1" 200
177
```

其中可以看到，增加了请求 ID 这个新元素，本例中是 `66e9f8f1b43140338ddc3ef569b8e845`。

此外，请求 ID 也可以通过适当的 HTTP 头部调用来创建。让我们再试一次，这次发起 `curl` 请求时使用 `-H` 参数来添加头部字段参数：

```
$ curl -H "X-Request-ID:1A2B3C" http://localhost:8000/api/users/jaime/
collection/5
{"href":"http://localhost:8000/api/users/jaime/
collection/5","id":5,"text":"A referenced micropost","referenced":"dana
","timestamp":"2021-06-10T21:15:27.511837Z","user":"jaime"}
```

然后再次检查服务器中的日志：

```
2021-10-23 16:14:41,122 INFO     [1A2B3C] api.views: Getting queryset
for single element
2021-10-23 16:14:41,124 INFO     [1A2B3C] api.views: Queryset ready
<QuerySet [<Micropost: Micropost object (1)>, <Micropost: Micropost
object (2)>, <Micropost: Micropost object (5)>]>
[23/Oct/2021 16:14:41] "GET /api/users/jaime/collection/5 HTTP/1.1" 200
177
```

日志内容表明，请求 ID 已经设置为头部信息中的值。

请求 ID 可以通过使用同一模块中包含的 `Session`（会话）来传递给其他服务，该模块充当 `requests`（请求）模块中的 `Session`：

```
from log_request_id.session import Session
session = Session()
session.get('http://nextservice/url')
```

这样就会在请求中设置适当的头部信息，通过它传递到下一个环节，如服务 A 或服务 B。

请务必查看 `django-log-request-id` 的文档。

15.3.2 分析数据

如果默认的日志不足以了解问题，那么下一步要做的是了解与问题有关的数据。通常可以先检查数据存储，查看任务相关的数据，看看是否有相关的迹象。

这一步可能会因为数据缺失或数据限制而变得很复杂，导致难以或无法获得数据。有时，组织中只有少数人能够拿到所需的数据，从而导致调查延误。另一种可能是无法检索数据。例如，受数据策略影响而未保存数据，或者数据被加密了。这在涉及 PII（Personally Identifiable Information，个人身份信息）、密码或类似数据的案例中是经常发生的。

分析存储的数据可能需要临时对数据库或其他类型的数据存储进行人工查询，以找出相关的数据是否一致，或者是否有任何非预期的参数的组合。

记住，调试的目的是要从生产环境中获取信息，以便能够独立地分析和重现问题。有些时候，在分析生产环境中的问题时，有可能手动修改数据便能解决这个问题。这在某些紧急情况下是可以接受的，但仍然需要搞清楚为什么会出现这种数据不一致的情况，或者应当如何调整服务以处理这类数据问题。然后再对代码进行相应的修改，以确保问题不会再发生。

如果分析数据还不足以弄清问题，则可能需要增加相关的日志信息。

15.3.3 增加日志记录

如果常规的日志和对数据的分析没有结果，那么可能需要根据问题的情况用特殊的日志来增加日志记录的级别。

这是一种不得已而为之的做法，因为它主要有两个方面的问题：

- 任何有关日志的调整都需要进行部署，这使得它的运行成本和费用都很高。
- 系统中的日志数量会增加，这样就需要更多的存储空间。根据系统中的请求数量，这通常会给日志系统带来压力。

因此，这些附加的日志应当仅用作临时的处理方式，并且应该尽快恢复原状。

虽然启用附加的日志级别，比如将日志设置为 DEBUG 级别，在技术上是可行的，但这可能会使日志增加太多，而且会使人陷入大量的日志中而难以判断哪些才是关键的。对于某些 DEBUG 日志，针对所检查的具体内容可以临时提升到 INFO 或更高的级别，以确保它们被正确记录。

对临时记录的日志信息要格外小心。像 PII 这样的机密信息不应被记录下来。相反，应当尽量记录能够有助于发现问题的周边信息。

例如，如果怀疑某些意外的字符可能会导致密码检查算法出问题，可以不记录密码，而是添加一些代码来检测是否有无效的字符。

举个例子，假设一个有表情符号的密码或密钥有问题，我们可以只提取非 ASCII 字符来找出是否是这类问题，像这样：

```
>>> password = 'secret password 😜'
```

```
>>> bad_characters = [c for c in password if not c.isascii()]
>>> bad_characters
['😀']
```

然后再记录变量 bad_characters 中的值到日志中，因为它不会包含完整的密码。

请注意，这个假设可能更容易在没有任何涉密数据的情况下，用单元测试来快速完成。这里只是一个示例。

增加临时性的日志是很麻烦的，因为通常都会涉及几次部署，直到发现问题。尽量减少日志的数量始终都很重要，尽快清理无用的日志，记得在任务结束后彻底删除它们。

请记住，这么做只是为了能够在本地重现问题，这样你就可以更有效地在本地分析和解决这个问题。有时，可能问题在有了某些临时性日志之后看起来比较明显，但是，正如我们第 10 章所讨论的，好的 TDD 实践会测试显示出来的错误，然后修复它。

一旦我们能在本地找到问题，就可以进入下一步了。

15.4　本地调试

本地调试意味着当我们能够在本地重现问题之后，就可以来分析并解决问题。

调试的基本步骤是重现问题，知道当前不正确的结果是什么，以及正确的结果应该是什么。有了这些信息，即可开始调试。

如果可能的话，创建问题重现的一个好方法就是测试。正如我们第 10 章看到的，这是 TDD 的原则。创建一个失败的测试，然后修改代码使其通过。这种方法在修复 bug 时非常有用。

一般来讲，任何代码调试都遵循以下过程：

1. 意识到有问题。
2. 了解正确的程序行为应该是什么样的。
3. 分析并找出系统当前行为不正确的原因。
4. 解决问题。

从本地调试的角度来看，记住这个过程也很有用，尽管在这个时候，很可能第 1 步和第 2 步已经准备好了。绝大多数情况下，最困难的步骤是第 3 步，正如我们在整个章节中看到的。

要理解为何代码执行后会有这样的行为方式，可采取一种类似于科学方法的方式系统地进行：

1. 度量并观察代码。
2. 就产生特定结果的原因提出假设。

3. 如果可能的话，通过分析所产生的状态，或者创建一个特定的“实验”（一些特定的代码，类似测试）来强迫它产生，从而验证或反驳这个假设。
4. 使用结果信息来迭代此过程，直到完全弄清问题的根源所在。

注意，这个过程不一定需要应用于整个问题。也可以聚焦于代码中会影响问题的特定部分。例如，当前是否启用了此设置？代码中的这个循环是否被访问？计算出的数值是否低于某个阈值，该阈值是否会把程序带到不同的执行路径？

所有这些答案都会增加对“代码为什么会有这样的行为”的了解。

调试是一种技能，有些人则说这是一种艺术。无论如何，随着时间的推移，这项技能都会得到改善，因为投入了更多的时间。实践在培养直觉上起着重要的作用，这种直觉包括知道何时对某些而非其他部分的代码进行更深入的观察，以定位可能导致问题的那部分代码。

在进行调试时，有些普遍性的原则会很有帮助：

- **分而治之**。采取小步骤的方式，并隔离代码区域，这样就有可能简化代码，使其易于理解。与了解代码中何时有问题同样重要的是，检测何时没有问题，这样我们就可以把注意力集中在相关的关键部分。

Edward J. Gauss 在 1982 年的一篇文章中描述了这种方法，他称之为“wolf fence algorithm”（狼围栏算法）：

阿拉斯加有一只狼，该如何找到它？首先在该州中部建起一道围栏，等待狼的嚎叫，确定它在围栏的哪一边。然后在这一边重复此过程，直到可以看到狼所在的地方。

- **从可见错误回退**。很常见的情况是，问题的根源并非在出现错误或很明显的地方，而是在那之前。一种好的方法是，从发现问题之处回退，然后验证流程。这样就可以忽略所有问题产生之后的代码，并且有着清晰的分析路径。
- **大胆假设，小心求证**。程序代码是非常复杂的，我们不可能把所有的代码库都记在脑子里。相反，关注焦点要仔细覆盖到各个不同的部分，并对其余部分返回的内容做出假设。

正如夏洛克·福尔摩斯曾经说过的：

当你排除了所有不可能的事情之后，剩下的无论多么难以置信，都一定是真相。

要做到排除一切可能性是非常艰巨的任务，但从头脑中消除已被证实的假设，能有效减少需要分析、验证的代码量。

需要注意的是，这些假设要进行验证，以确切证明它们是正确的，否则有可能做出错误的判断。我们很容易陷入错误的假设，认为问题出在代码的某一部分，而实际上问题出在其他地方。

虽然有着丰富多样的用于代码调试的技术和方法，但还是会存在错综复杂、难以检测和修复的 bug，不过，大多数 bug 通常是容易弄清和修复的。也许是一个拼写错误、差一错误（off-by-one error），或是一个需要检查的类型错误。

保持代码简单对后期的故障调试有很大帮助。简单的代码易于理解和调试。

在继续讨论具体技术之前，我们需要了解 Python 中的工具对代码分析的帮助。

15.5 Python 自省工具

由于 Python 是一种动态语言，所以它非常灵活，允许你对其对象进行操作以获取对象的属性或类型。

这种特性称为自省（introspection），它让我们可以在没有太多所要了解的对象的上下文信息的情况下探查其元素。此操作可以在运行时进行，因而可以在代码调试时使用，以了解对象的所有属性和方法。

自省的应用主要从 type（类型）函数开始。type 函数只是返回某个对象的类，例如：

```
>>> my_object = {'example': True}
>>> type(my_object)
<class 'dict'>
>>> another_object = {'example'}
>>> type(another_object)
<class 'set'>
```

这可以用来仔细检查对象是否属于预期的类型。

举个典型的错误例子，因为一个变量既可以是一个对象，也可以是 None。这时，处理变量的错误可能导致有必要仔细检查其类型是否为预期的那样。

虽然 type 函数在调试环境中很有用，但应避免在你的代码中直接使用它。

例如，要避免将 None、True 和 False 的默认值与它们的类型进行比较，因为它们是作为单例（singleton）创建的。这意味着每个对象都有一个实例，所以每次我们需要验证对象是否为 None 时，最好采用一致性比较，像这样：

```
>>> object = None
>>> object is None
True
```

一致性比较可以防止在 if 块中无法区分 None 或 False 的问题：

```
>>> object = False
>>> if not object:
...     print('Check valid')
...
Check valid
>>> object = None
>>> if not object:
...     print('Check valid')
```

```
...
Check valid
```

改为一致性比较，则可正确地检测出 None 的值，从而与 False 有效区分：

```
>>> object = False
>>> if object is None:
...     print('object is None')
...
>>> object = None
>>> if object is None:
...     print('object is None')
...
object is None
```

同样的方法也可以用在布尔值上：

```
>>> bool('Testing') is True
True
```

对于其他情况，有一个 isinstance 函数，它可以用来确认某个对象是否为某个类的实例：

```
>>> class A:
...     pass
...
>>> a = A()
>>> isinstance(a, A)
True
```

这种方式比用 type 函数进行比较要好，因为它知道可能存在的所有继承关系。例如，在下面的代码中，我们可以看到继承自另一个类的对象，isinstance 会返回它是两个类的实例，而 type 函数只会返回一个：

```
>>> class A:
...     pass
...
>>> class B(A):
...     pass
...
>>> b = B()
>>> isinstance(b, B)
True
>>> isinstance(b, A)
True
>>> type(b)
<class '__main__.B'>
```

不过，最有用的内省函数是 dir。通过 dir 可以看到一个对象中的所有方法和属性，在分析来源不明确的对象时，或在接口不明确的位置，它特别有用：

```
>>> d = {}
>>> dir(d)
['__class__', '__class_getitem__', '__contains__', '__delattr__', '__
delitem__', '__dir__', '__doc__', '__eq__', '__format__', '__ge__', '__
getattribute__', '__getitem__', '__gt__', '__hash__', '__init__', '__
init_subclass__', '__ior__', '__iter__', '__le__', '__len__', '__lt__',
'__ne__', '__new__', '__or__', '__reduce__', '__reduce_ex__', '__
repr__', '__reversed__', '__ror__', '__setattr__', '__setitem__', '__
sizeof__', '__str__', '__subclasshook__', 'clear', 'copy', 'fromkeys',
'get', 'items', 'keys', 'pop', 'popitem', 'setdefault', 'update',
'values']
```

在某些情况下，获取对象所有的属性可能太多了点，所以可以过滤掉返回值中包含双下划线的属性，以减少干扰，并能更容易地检测出可以提供有关对象使用线索的属性：

```
>>> [attr for attr in dir(d) if not attr.startswith('__')]
['clear', 'copy', 'fromkeys', 'get', 'items', 'keys', 'pop', 'popitem',
'setdefault', 'update', 'values']
```

另外还有一个有趣的功能就是 help，它可显示对象的帮助。这对了解对象的方法特别有用：

```
>>> help(d.pop)
Help on built-in function pop:

pop(...) method of builtins.dict instance
    D.pop(k[,d]) -> v, remove specified key and return the
corresponding value.

    If key is not found, default is returned if given, otherwise
KeyError is raised
```

这个函数显示了对象中定义的 docstring（文档字符串）：

```
>>> class C:
...     '''
...     This is an example docstring
...     '''
...     pass
...
>>> c = C()
>>> help(c)
Help on C in module __main__ object:

class C(builtins.object)
 |  This is an example docstring
 |
 |  Data descriptors defined here:
 |
 |  __dict__
 |      dictionary for instance variables (if defined)
```

```
 |
 |  __weakref__
 |      list of weak references to the object (if defined)
```

所有这些方法都可以帮助你在不是专家的情况下浏览新的或正在分析的代码，并避免对那些难以探查的代码进行大量的检查。

添加适当的文档说明非常有用，不仅可以为代码提供良好的注释，还能给使用代码的开发人员提供上下文信息，同时还可以在使用函数或对象的时候进行调试。

你可以在 PEP 257 文档中了解更多关于文档字符串的相关信息：https://www.python.org/dev/peps/pep-0257/。

使用这些工具是非常有效的，接下来让我们看看如何了解代码的行为。

15.6 用日志进行调试

检测系统中正在发生什么，以及代码是如何执行的，有一个简单而有效的方法就是在代码执行时添加注释信息，这些注释要么包含诸如 `starting the loop here`（此处开始循环）之类的说明，要么包括类似 `Value of A=X`（A 的值 = X）这样的变量值。通过策略性地定位这类输出信息，开发者就能了解程序的流程。

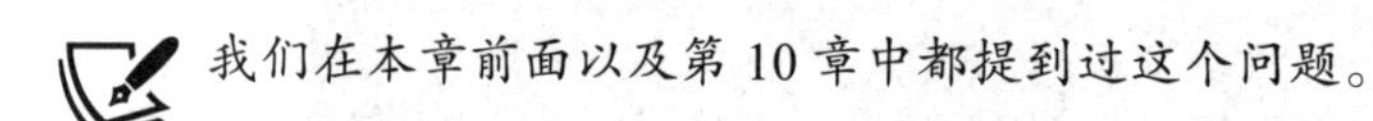

我们在本章前面以及第 10 章中都提到过这个问题。

这种方法的最简单的形式是**输出调试信息**，它通过添加在界面上输出（`print`）提示信息的语句，以便程序执行时能查看，这种方法通常用于测试本地执行代码或类似情况时。

对有些人来说，显示调试信息可能会有点争议。它已经存在了很久，而且被认为是一种简陋的调试方式。不管怎么样，这种方式非常敏捷而且灵活，并能很好地适应某些调试的场景，正如我们将看到的。

显而易见，这些输出信息的语句应当在调试过程结束后删除。对这种技术的主要抱怨之一也在于此，有时某些用于调试的输出语句没有删除，这也是一个常见的错误。

不过，这个问题可以进行改善，不直接使用信息输出语句，而是用日志来代替，我们在第 12 章中介绍过。

理想情况下，这些日志应当是 DEBUG 日志，只有在运行测试时才会显示，但在生产环境中不会产生。

虽然可以添加日志而不是稍后生成日志，但无论何时，在修复 bug 后就删除所有临时性日志是一个好习惯。日志会积累起来，除非定期处理，否则会有过多的日志。在一大堆文字中寻找所需信息会非常困难。

这种方法的优点是可以快速实现，而且还可以用来浏览修改之后作为永久日志的内容。

另一个重要的优点是，这样就能非常快地运行测试，因为增加日志是很简单的操作，而且日志不会妨碍代码的执行。这使得它与 TDD 实践有了很好的结合。

日志不会干扰代码，代码能不受影响地运行，从而让某些基于并发模式执行、难以处理的 bug 更容易调试，因为在这类场景中，中断操作流程会影响 bug 的行为。

并发程序的 bug 处理相当复杂。当两个独立的线程以某种意想不到的方式进行交互时，也许就会产生这样的 bug。由于线程的启动和停止以及一个线程的操作何时会影响到另一个线程都具有不确定性，因此，它们通常需要大量的日志来尝试捕获导致问题的具体原因。

虽然通过日志进行调试相当方便，但它需要一定的经验，知道在哪里以及设置什么样的日志来获得相关信息。所有未被记录到日志的信息在下一次运行时都无法看到。这种经验可以通过逐步探索来获得，并且需要时间来确定相关的信息，从而达到修复 bug 的目的。

另一个问题是新的日志意味着新的代码，如果有错误引入，比如不当假设或拼写错误，它们也会产生问题。这通常都很容易修复，但也会带来一定的烦恼，且需要重新运行程序。

请记住，本章前面提到的所有自省工具都是可以使用的。

15.7 用断点进行调试

在其他情况下调试程序，最好是停止代码执行，看一下当前的状态。鉴于 Python 是一种动态语言，这意味着，如果程序停止执行并进入解释器，我们可以运行任何类型的代码并查看其结果。

这种方式正是通过使用 `breakpoint`（断点）函数来实现的。

`breakpoint` 是 Python 中一项相对较新的附加功能，从 Python 3.7 开始可用。在此之前，需要导入 `pdb` 模块，典型的做法是用一行代码来导入：

```
import pdb; pdb.set_trace()
```

除了使用方便之外，`breakpoint` 还有其他一些我们将会看到的优点。

当 Python 解释器发现一个 `breakpoint` 调用时，它会停止执行代码并打开一个交互式解释器。在这个交互式解释器中，可以检查代码的当前状态，并且能进行各种检查，只需执行对应的代码。这让我们能够以交互操作的方式了解代码正在做什么。

让我们来看一些代码，分析一下它是如何运行的。这段代码可以在 GitHub 上找到（`https://github.com/PacktPublishing/Python-Architecture-Patterns/blob/main/chapter_15_debug/debug.py`），其内容如下：

```
def valid(candidate):

    if candidate <= 1:
        return False

    lower = candidate - 1


    while lower > 1:
        if candidate / lower == candidate // lower:
            return False

    return True


assert not valid(1)
assert valid(3)
assert not valid(15)
assert not valid(18)
assert not valid(50)
assert valid(53)
```

也许你能理解这些代码的作用，但现在让我们以交互的方式来看一下。可以先检查一下结尾处的所有 `assert` 语句是否正确：

```
$ python3 debug.py
```

现在，我们在第 9 行之前加入了一个 `breakpoint` 调用，就在 `while` 循环的开始处：

```
while lower > 1:
    breakpoint()
    if candidate / lower == candidate // lower:
        return False
```

再次执行该程序，现在程序停在这一行，并出现 `(Pdb)` 交互式提示：

```
$ python3 debug.py
> ./debug.py(10)valid()
-> if candidate / lower == candidate // lower:
(Pdb)
```

检查变量 `candidate` 和这一行代码中所执行的两个操作的值：

```
(Pdb) candidate
3
(Pdb) candidate / lower
1.5
(Pdb) candidate // lower
1
```

这一行是在检查 candidate 除以 lower（小数）是否产生一个精确的整数，因为在这个例子，两个操作将返回相同的结果。输入 n(ext) 命令中的字符 n 并回车，以执行下一行代码，检查循环是否结束并返回 True：

```
(Pdb) n
> ./debug.py(13)valid()
-> lower -= 1
(Pdb) n
> ./debug.py(8)valid()
-> while lower > 1:
(Pdb) n
> ./debug.py(15)valid()
-> return True
(Pdb) n
--Return--
> ./debug.py(15)valid()->True
-> return True
```

继续执行，直到出现一个新的断点，使用命令 c，即 c(ontinue)。注意这次的断点是发生在对 valid 函数的下一次调用时，它的输入是 15：

```
(Pdb) c
> ./debug.py(10)valid()
-> if candidate / lower == candidate // lower:
(Pdb) candidate
15
```

还可以用命令 l(ist) 来显示当前这一行附近的代码：

```
(Pdb) l
  5
  6             lower = candidate - 1
  7
  8             while lower > 1:
  9                 breakpoint()
 10  ->             if candidate / lower == candidate // lower:
 11                     return False
 12
 13                 lower -= 1
 14
 15             return True
```

继续分析相关代码。完成后，运行 q(uit) 退出。

```
(Pdb) q
bdb.BdbQuit
```

仔细分析这段代码后，你可能已经明白了它是做什么用的。这段代码通过检查一个数字是否能被任意比该数字本身小的数整除，从而判断该数是否为质数。

我们在第 14 章讨论过类似的代码及其改进。毫无疑问，这并不是最有效的检查质数的方法，但出于学习的目的，我们把它作为示例加了进来。

另外还有两个有用的调试命令，是 `s(tep)`(用来进入函数调用的内部）和 `r(eturn)`(执行代码直至当前函数返回到调用处)。

`breakpoint` 函数也可以自定义调用其他代码调试器（debugger)，而不仅是 `pdb`。其他 Python 调试器能包含更多的上下文信息，以及更高级的用法，比如 `ipdb`（`https://pypi.org/project/ipdb/`)。使用这些调试器，需要在安装之后，用调试器的端点来设置 `PYTHONBREAKPOINT` 环境变量：

```
$ pip3 install ipdb
…
$ PYTHONBREAKPOINT=IPython.core.debugger.set_trace python3 debug.py
> ./debug.py(10)valid()
      8     while lower > 1:
      9         breakpoint()
---> 10         if candidate / lower == candidate // lower:
     11             return False
     12

ipdb>
```

这个环境变量可以设置为 0，以跳过所有断点，从而有效地禁用调试过程：`PYTHONBREAKPOINT=0`。可以将这作为一种故障保护措施，避免程序被没有及时删除的 `breakpoint` 语句中断，或者快速运行代码而不被打断。

可以使用多种调试器，包括受 Visual Studio 或 PyCharm 等 IDE 工具支持的调试器。下面是另外两个调试器的例子：

- `pudb`（`https://github.com/inducer/pudb`)：有着基于控制台的图形界面，以及更多与代码和变量相关的上下文信息。
- `remote-pdb`（`https://github.com/ionelmc/python-remote-pdb`)：可以通过 TCP 套接字连接，进行远程调试。这样就可以调试在不同机器上运行的程序，或者在不能很好地访问进程的标准输出的情况下触发调试器，例如，因为程序是在后台运行。

正确地使用调试器是一项需要花时间学习的技能。一定要尝试不同的方法并熟练掌握。在运行测试时也会用到调试，正如我们在第 10 章所介绍的。

15.8 小结

在本章中，我们介绍了检测和修复代码问题的常规流程。在复杂的系统中，其挑战之一是如何有效地对各种情况进行检测和归类，以确保它们能优先处理。能够可靠地重现问题，以呈现导致问题的所有前提条件和上下文，这是非常重要的。

如果认为某个问题重要，就需对其发生的原因进行分析。可以在运行中的代码上进行，并使用生产环境中可利用的工具，看看能否弄清问题发生的缘由。这种分析过程的目的是要能够在本地重现此问题。

大多数问题都比较容易在本地重现并对其进行研究，本章还介绍了一些工具，以应对问题产生的原因难以判定的情况。由于了解生产环境中代码行为的主要工具是日志，因此还讨论了如何在日志中创建请求 ID，它可以帮助我们追踪不同的调用，并将来自不同系统的日志联系起来。还分析了为什么环境中的数据可能是导致问题发生的关键。如果有必要的话，可能还需要增加程序执行时日志的数量，以便从程序运行过程中提取信息，不过这种做法应当仅针对非常难以处理的 bug。

然后，我们阐述了如何在重现问题后进行本地调试，最好是像在第 10 章中看到的那样，以单元测试的形式进行。文中给出了一些有助于调试的常用方法，但必须指出的是，调试是一种需要实践经验的技能。

调试的技能是可以学习和改进的，所以这是一个有丰富经验的开发人员可以帮助其新手同行的领域。一定要创建一个团队，当面临困难的时候，鼓励他们在需要时协助完成调试。两双眼睛看到的东西比一双眼睛看到的更多！

接着介绍了一些用于 Python 程序代码调试的工具，它们利用了 Python 提供的自省功能特性。由于 Python 是一种动态语言，有着强大的功能，它能够执行任何代码，包括对各种自省特性的支持。

本章还讨论了如何通过创建日志来调试代码，这是对在界面上输出调试信息方式的改进，如果以有组织的方式进行，能有助于创建更好的日志。最后，阐明了如何使用 `breakpoint` 函数调用进行调试，它可以停止程序的执行，允许你检查和了解该时刻代码执行的状态，还可继续代码执行流程。

在下一章，我们将探讨当业务系统正在运行同时又需要继续演化时，系统架构所面临的挑战。

Chapter 16 第16章

持续架构

就像软件本身永远不会真正完成一样，软件架构也是一项永无止境的任务。为了不断改进系统，总是会有一些变化、调整和优化需要进行：增加新的功能、提高性能，以及修复安全问题。虽然好的架构需要我们深刻理解如何设计一个系统，但现实中所做的却更多在于其修改和完善。

我们将在本章中讨论其中的部分内容，以及在实际业务系统中进行架构调整相关的一些技术和方法。请记住，通过反思这个过程是如何进行的，并遵循某些准则来确保在服务客户的同时系统能不断地进行调整，可以实现对此过程的持续改进。

让我们先看看为什么要对系统的架构进行调整。

16.1 调整系统架构

虽然在本书的大部分内容中，我们一直在谈论系统设计，这是架构师的基本职责，但他们日常工作的大部分很可能更侧重于修改和调整设计。

这永远是一项无止境的任务，因为运行中的软件系统总是在不断修改和扩充。需要调整系统架构的部分原因在于：

- 为了提供某些以前没有的功能或特性——例如，增加一个事件驱动的系统来运行异步任务，从而避免使用以前那些请求 - 响应模式。
- 目前的架构存在着瓶颈或限制。例如，系统中只有一个数据库，而且可以运行的查询数量也有限制。
- 随着系统的发展，可能需要对其进行拆分，以便更好地管理和控制——例如，将一个单体应用拆分为微服务应用，正如我们在第 8 章中看到的。

- 为了提高系统的安全性——例如，删除或加密所存储的或许很敏感的信息，包括电子邮件地址和其他 PII（Personally Identifiable Information，个人身份信息）等。
- 大的 API 变更，比如在内部或外部引入一个新版本的 API。例如，为了让其他内部系统执行某些操作的效果更好，而增加一个新的端点，其中的调用服务应当进行迁移。
- 存储系统的变化，包括我们在第 3 章谈到分布式数据库时讨论的各种方法，还包括增加或替换现有的存储系统。
- 适应过时的技术。这种情况发生在有着不再被支持的关键组件或基础安全问题的遗留系统中。例如，用一个能使用新安全流程的新模块替换旧模块，因为旧模块已经不再维护且依赖于过时的加密方式。
- 使用新语言或技术重写。如果之前用某种语言创建了系统，在一段时间后，决定让它与最常用的语言保持一致，以便更好地维护，那么就可以用新语言重写以实现技术整合。这种情况通常出现在那些经历了成长的组织中。起初，团队决定使用他们最喜欢的语言创建一个服务。一段时间以后，由于缺乏这种语言的专业知识而导致维护工作复杂化，继而造成问题。如果最初的开发人员已经离开了组织，情况会更加糟糕。最好的办法是调整或重写该服务，将其整合到现有的服务中，或用更合适的语言实现同样功能的服务来取代它。
- 其他类型的技术负债——例如，重构以精简代码且使其更具可读性，或者更改组件的名称使其描述更准确等。

上述内容仅是一些例子，但实际上，所有的系统都需要不断更新和调整，因为极少有软件会是一项已彻底完成的任务。

挑战不仅在于设计这些变更以达到预期的效果，还在于如何确保在实施过程中，变更操作对系统的干扰最小。如今，人们期望在线系统的服务始终都不会中断，因而对变更的方法提出了更高的要求。

为了实现这一目标，需要格外小心地逐步进行调整，以确保系统在任何时刻都可用。

16.2 计划内停机

虽然在理想情况下，系统不应该由于所做的调整而中断，但有时根本不可能在不中断系统的情况下进行大的调整。

何时以及是否有合理的停机时间，可能在很大程度上取决于系统的具体情况。例如，流行网站 Stack Overflow（`https://stackoverflow.com/`）在其运营的前几年，经常出现停机，最初甚至每天都有，在欧洲的早晨时段，其网站会返回“停机维护”的页面。这种情况后来得到改进，现在很少看到这种信息了。

不过，在项目的早期阶段这是可以接受的，因为大部分用户都是按照北美的时间来访问该网站的，而且它是（现在也是）一个免费的网站。

安排停机时间始终都是一种办法，但其代价高昂，所以需要将其设计成对运营影响最小的方式。如果系统已经在提供对客户至关重要的 24 小时 ×7 天的服务，或者在运行为企业创造收入（例如一个网络商店）的业务，那么任何停机时间都会付出相当高的代价。

在其他情况下，比如一个小型的新服务，只有很少的流量，客户对停机会比较理解，甚至很有可能不受影响。

应事先将计划的停机时间告知受影响的客户。这种沟通可以采取多种形式，并在很大程度上取决于服务的种类。例如，一家公共 Web 网络商店可能会整周都在其页面上用横幅广告条预告停机时间，告知用户周日早上将无法使用，但为银行业务安排停机可能需要提前数月通知，并就何时是最佳时机进行协商。

如果可能的话，设定维护窗口是一个很好的做法，可以明确地设定预期服务将要或可能中断的高风险时段。

维护窗口

维护窗口是指事先告知要进行维护的时段。其目的是保证系统在维护窗口时段之外的稳定性，同时明确地安排将要进行系统维护的时间。

维护窗口可以设置在周末，或是在系统最活跃的工作日的晚上。这样，当系统最繁忙的时候，服务能保持不间断，只有在特别紧迫的情况下才会进行维护，比如在防止或修复重大事故时。

维护窗口与计划内停机不同。虽然在某些情况下会发生，但并非每个维护窗口都会涉及停机——只是有可能发生。

并非每个维护窗口都需要等同对待——有些维护窗口可能比其他的更安全，能够在更大的时间范围内进行操作。例如，周末可能会预留给计划内停机时间，但工作日的晚上可能会进行定期部署。

提前沟通维护窗口非常重要，例如，设计一个如下的表格：

周几	时间	维护窗口类型	风险	注解
周一至周四	08:00 – 12:00 UTC	定期维护	低风险	定期部署视为低风险。对服务没有影响
周六	08:00 – 18:00 UTC	重要维护	高风险	系统调整视为有风险。虽然期望服务完全可用，但有可能在窗口期间的某个时刻中断
周六	08:00 – 18:00 UTC	已通知的计划内停机	服务不可用	提前一个月通知。基础性维护，期间服务不可用

有关维护窗口的一个重要细节是，它们应当足够大，以便有充足的时间来进行维护。要确保时间宽松，最好设定一个大的维护窗口，而不是一个经常需要延长的小的窗口，从

而能够妥善应对任何可能出现的情况。

虽然计划内停机和维护窗口能有助于确定系统服务的活跃时间，以及哪些时段对用户来说风险更高，但仍有可能出现某些问题导致系统故障。

16.3 事故

不幸的是，在其生命周期中的某个时刻，系统也许会无法正常运行。有时会产生一个非常致命的错误，需要立即处理。

事故（incident）指的是严重影响所提供的服务，以至于需要采取紧急响应措施的问题。

这并不一定意味着整个服务完全中断——可能是外部服务明显降级，或者是某个内部服务的问题，导致降低了整体服务质量。例如，如果一个异步任务处理程序有 50% 的时间是失败的，外部客户也许只会看到他们的任务需要更长时间才能完成，当然这也很重要，应当引起重视并采取纠正措施。

在事故发生期间，充分利用现有的监控工具对于尽快发现问题并及时纠正至关重要。响应时间应尽可能短，同时将纠正措施的风险保持在尽可能低的水平。这里需要进行权衡，根据事故的性质，可以采取风险较高的操作，例如，当系统完全瘫痪时，恢复系统服务更为紧迫。

事故恢复处理通常会受两个方面因素的制约：

- 监控工具检测和理解问题的能力如何。
- 在系统中进行调整有多快，取决于改变参数或部署新代码的速度。

上述第一点是分析问题，第二点是解决问题（尽管有时需要进行调整以更好地了解问题，正如我们在第 14 章中看到的）。

本书涵盖了这两个方面的问题，涉及在第 11 章和第 12 章中讨论过的可观测性工具，同时还需要使用第 14 章中介绍的技术。

向系统引入变化与第 4 章中讨论的 CI 技术密切相关。快速的 CI 管道能大幅节省准备和部署新代码所需的时间。

这就是可观测性以及系统调整所需时间这两个因素如此重要的原因。大多数情况下，花很长时间来部署或进行系统调整通常只是个小麻烦，但在危急时刻，它可能对有助于系统恢复运转的修复措施造成阻碍。

面对事故时的响应是一个复杂的过程，需要灵活把握并随机应变，这种能力会随着经验的积累而得到提高。但也需要通过持续不断地改进，从而增加系统的正常运行时间，了解系统最薄弱的部分，以避免问题发生或将其最小化。

16.3.1 事后分析

事后分析（postmortem analysis），也称为事故后审查（post-incident review），是当问题影响到服务后所进行的分析。其目的在于了解问题在哪里、为什么，并采取纠正措施以确保问题不再发生，或至少能减轻其影响。

通常情况下，事后分析是从参与纠正问题的人员填写模板表格开始的。预设的模板有助于促进讨论，并专注于要执行的补救措施。

网上有很多用于事后分析的模板，可以搜索一下，看看是否有你喜欢的，或者只是为了开阔思路。与过程中所有其他部分一样，它应当随着修复过程的进行而改进和完善。请记住，有必要创建、调整你自己的模板。

基本的模板应当从所发生**事件**的主要细节开始，然后是发生**原因**，最后是最重要的部分：接下来用什么**行动**来纠正这个问题？

请记住，事后分析是在事故结束后进行的。虽然在事故过程中做一些记录也很有必要，但在事故发生时首要任务是先解决它。应先关注最重要的问题。

例如，一个简单的模板可以是这样的：

事故报告

1. **摘要**。简要描述所发生的事情。

   示例：11 月 5 日 08:30 至 9:45（UTC）期间，服务中断。

2. **影响**。描述问题产生的影响。外部问题是什么？外部用户受到了什么样的影响？

   示例：所有的用户请求都返回 HTTP 500 错误。

3. **检测**。描述最初是如何检测到它的。能否更早发现？

   示例：在请求 100% 都返回错误 5min 之后，监控系统于 8:35（UTC）发出有关问题的告警。

4. **响应**。为纠正问题所采取的行动。

   示例：约翰清理了数据库服务器的磁盘空间，并重新启动了数据库。

5. **时间线**。用事件的时间线来了解其发展过程，每个阶段花了多长时间。

   示例：

   8:30 开始出现问题。

   8:35 监控系统中的一个告警被触发。约翰开始检查这个问题。

   8:37 检测到数据库没有反应，不能重启。

   9:05 经过检查，约翰发现数据库磁盘已满。

   9:30 数据库服务器中的日志已经填满了磁盘空间，导致数据库服务器崩溃。

   9:40 从服务器上删除旧的日志，释放了磁盘空间。重新启动数据库。

   9:45 服务恢复。

6. **根本原因**。对已确定的问题根源的描述，如果修复，将完全杜绝此类问题。

检测事故的根本原因不一定那么简单，因为有时会涉及一连串的事件。为了有助于找到根本原因，你可以使用“五个为什么”的技巧。首先描述影响，问为什么会发生。然后问为什么会出现这种情况，以此类推。不断重复，直到你问了五次“为什么？”，其结果就是根本原因。不要误认为必须恰好问五次“为什么？”，但要继续下去，直到获得确切的答案。

比起发生事故时所采取的恢复服务的措施，进行事故分析更进了一步，在事故中快速修复也许就足以摆脱困境。

示例：

服务器返回错误。为什么？

因为数据库崩溃了。为什么？

因为数据库服务器的空间用完了。为什么？

因为空间被日志完全填满了。为什么？

因为磁盘上的日志空间没有限制，可以无限地增长。

7. **经验教训**。在事故处理过程中可以改进的地方，以及所有其他进展顺利、可能有用的经验，比如分析问题时某个工具或度量指标的使用情况。

示例：

任何情况下，都应该限制日志使用的磁盘空间容量。

在磁盘空间完全耗尽之前，没有对磁盘空间进行监控或提醒。

告警系统太慢了，而且在告警之前需要有很高的错误级别。

8. **下一步行动**。其是这个过程中最重要的部分。描述应该采取什么行动来消除问题，或者，如果不可能消除的话，该如何缓解问题。要确保这些行动有明确的负责人，并保持跟进。

如果有一个工单管理系统（ticketing system），这些行动应当转化为工单，并确定相应的优先次序，以确保由适当的团队来实施。

不仅要从根本上解决问题，还要针对任何可能进行的改进总结经验教训。

示例：

行动：启用日志轮换，以限制日志在所有服务器中占用的空间，首先是数据库。分配给运营团队。

行动：对磁盘空间进行监控和告警，如果磁盘空间少于总可用空间的20%，就会发出告警，以便更快地做出反应。分配给运营团队。

行动：调整错误告警，改为仅当一分钟内有30%或更多请求错误时发出告警。分配给运营团队。

注意，模板不必一次性都填写完。通常情况下，先尽可能多地填写其内容，并召开事后总结会，届时可以分析事故并填完模板，包括下一步行动的内容在内，这也是分析过程中最重要的部分。

请记住，事后分析过程的重点是改进系统，而不是对问题进行追责，这一点很关键。该过程的目的是发现系统的薄弱环节，并尽力确保问题不再出现。

近年来，试图预见问题的类似流程已经建立，特别是在重要事件发生之前。

16.3.2 事前分析

事前分析（premortem analysis）是一种尝试在重要事件发生之前，分析可能出现的问题的工作方式。可能是一些里程碑式的事件、产品发布会或类似的事件，预计会对系统的状况产生显著影响。

“premortem”是一个非常有趣的新词，它参考的是代表事后分析、含义类似于“postmortem”(剖析）的这个词。事前分析意味着情况没那么糟，系统还在运转。其也被称为前期分析（preparation analysis)。

例如，准备开展一场营销活动，预计流量会是之前的两倍或三倍。

事前分析与事后分析相反。把思绪放在未来，尝试自问：什么地方出了问题？最坏的情况是什么？在那里验证对系统的假设，并为之做相应的准备。

比如，对上述例子进行分析，系统中的流量将增加三倍。我们是否可以模拟这种流量的负载，来验证系统已经准备好了？系统的哪些部分还不够健壮？

所有这些考虑因素都可以针对不同情况进行规划并运行测试，以确保系统能够为将要进行的调整做好准备。

在做任何事前分析时，一定要有足够的时间来执行必要的操作和测试，以准备好系统。像往常一样，应当对要采取的行动进行优先级排序，以确保时间得到妥善利用。但请记住，这种准备工作可能是一项没完没了的任务，由于时间有限，精力要集中在系统最重要或敏感的部分。要确保尽可能多地采取数据驱动的模式，并将分析的重点放在真实的数据上，而不是靠直觉。

16.4 负载测试

进行系统架构调整时，其准备工作的关键因素之一是负载测试（load testing)。

负载测试是创建一个模拟的负载，该负载会增加系统访问的流量。负载测试可采取探索的方式进行，例如，尝试找出系统的极限是什么。负载测试也可按照确认的方式进行，即仔细检查验证，系统能否承载这个级别的流量。

实施负载测试通常不是在生产环境而是在测试环境中，需要复制生产环境中的配置和硬件，不过，最终用负载测试来验证生产环境中的配置是否正确，也是常规操作。

在云环境中做负载测试分析时，其中一个有趣的部分是，需要确保系统的自动扩展机制能正常运转，因此它会在接收到更大的负载时自动提供更多的硬件资源，并在没有必要时将资源删除。这里需要谨慎操作，因为对集群的最大容量进行全面的负载测试时，每次扩展所分配的资源都会非常昂贵。

负载测试的基本方法是模拟一个典型的用户在系统上进行操作。例如，典型的用户操作包括登录、查看几个页面、添加一些信息，然后退出。我们可以使用在外部接口上运行的自动化工具来复制这些行为。

使用这些工具的一个好方法是重复使用所有已创建的自动化测试，并将其作为模拟用户操作的基础。通过这种方式，就能将整体框架或系统测试框架作为实现负载测试的单元。

然后，可以把模拟单个用户操作行为的测试单元复制多次，即可模拟N个用户操作的效果，从而产生足够多的负载来测试我们的系统。

为简单起见，最好使用由典型用户操作行为的组合构成的单一的模拟，而不是尝试产生多个较小的模拟来复制不同的用户。

正如我们之前所说的，仔细检查确认操作与系统中的典型情况相匹配之后，采用一些系统测试来检验系统的主体功能，其效果非常好。

如有必要，或者为了进行调整，可以对日志进行分析，以生成用户所使用的典型接口的运行概况。注意尽可能采用中转数据。不过，在没有可靠数据的情况下，有时也需要进行负载测试，因为测试通常是在引入新功能时进行的，所以需要进行评估。

注意监控每次模拟负载的结果，特别是有关错误的。这样能有助于发现可能存在的问题。负载测试同时也检验了对系统的监控，因此，这是一种很好的检测系统薄弱环节并加以改进的方式。

负载测试越密集，就越能捕捉到更多的问题。当系统面临真正的业务流量时，就可以避免这些问题。

请记住，创建负载也会受到测试环境自身瓶颈的制约。要增加模拟的负载量，可能需要使用多台服务器，并确保测试环境中的网络能支持这些流量。

要增加测试模拟的规模，可以通过多次启动负载模拟程序来实现。这个过程虽然操作简单，但很有效，可以用简单的脚本来控制。而且这种方式非常灵活，能模拟任何操作，包括使用任何现有软件进行重新调整后的系统测试。这样就加快了负载测试的准备工作，并建立起对模拟准确性的信任，因为它重用了之前测试过的现有软件。

也可以使用针对HTTP接口等常见场景的专用工具，例如Locust（`https://locust.io/`）。这个工具可以创建Web会话，并模拟用户访问系统。Locust的最大优势在于它内嵌了一个报告系统，并且可以通过最少的准备工作实现功能扩展。不过，它需要为负载测试明确地创建一个新的会话，并且只能基于Web界面操作。

负载测试的目的还包括在生产集群中预留一定的余量，以验证负载始终处于可控范围，因此应当在负载增长的情况下而不是在常规操作中去寻找系统瓶颈，以避免产生事故。

16.5 版本管理

在对服务进行修改时，需要有一个系统来追踪各种变化。这样，我们就可以掌握系统是什么时候部署的，以及与上周相比系统有什么变化。

在出现系统事故时，这些信息真的非常有用。系统最危险的时刻之一，就是在进行新版本部署时，因为新的代码会带来新的问题。由于新版本的发布而导致事故并不罕见。

版本管理（versioning）意味着为每个服务或系统分配一个独特的代码版本。它让我们很容易就知道已经部署了哪些软件，并跟踪从某个版本到另一个版本之间发生的变化。

版本号通常是在源码控制系统的特定阶段分配的，以准确定位该时刻的代码。设定版本号的意义在于，对该特定版本下的代码有着精确的定义。适用于代码多个迭代的版本号是没有用的。

版本号表达了涉及同一个项目的不同快照时代码的差异。设置版本号的主要目的在于沟通，不仅是在团队内部，同样也适用于外部，它能让我们了解软件是如何演变的。

传统上，版本与打包的软件，以及软件的不同版本高度相关，它们被装在包装盒里作为市场版出售。当需要内部版本时，就使用构建版本号（build number），这是一个基于软件编译次数的连续数字。

版本不仅适用于整个软件，也适用于软件的各组成部分，如API版本、库版本等。同样，不同的版本可以用于同一个软件，例如为技术团队创建一个内部版本号，但出于营销目的同时还创建一个外部版本号。

例如，某个软件可以以Awesome Software `v4`版出售，它采用API `v2`，而在内部则描述为Build Number `v4.356`。

在现代软件中，由于频繁发布，所以版本号需要经常调整，仅用这种简单的方法是不够的，而是要创建不同的版本模式。最常见的是语义化版本管理（semantic versioning）。

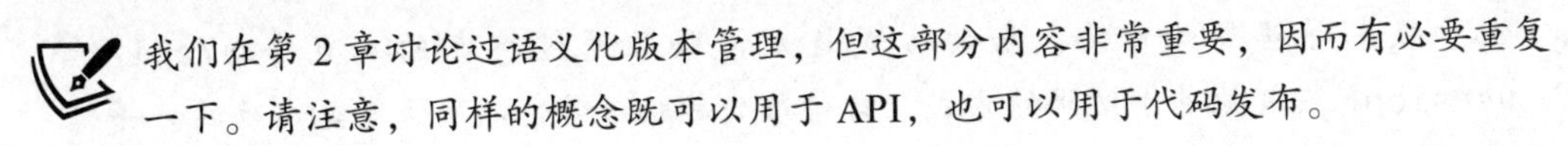

我们在第 2 章讨论过语义化版本管理，但这部分内容非常重要，因而有必要重复一下。请注意，同样的概念既可以用于 API，也可以用于代码发布。

语义化版本管理使用两个或三个数字，用点来分隔。还有一个可选的 v 前缀，以表明它指的是一个版本号：

```
vX.Y.Z
```

第一个数字（X）称为主版本号。第二个数字（Y）是次版本号，第三个数字（Z）是修订版本号。这些数字会随着新版本的产生而增加：

- 主版本号的增加表明该版本与之前版本的软件不兼容。
- 次版本号的增加意味着这个版本包含新的功能，但它们不会破坏与旧版本的兼容性。
- 最后，修订版本号的增加只包括错误修复和其他改进，如安全补丁。它修复了问题，但不影响系统的兼容性。

请记住，增加主版本号也可能会包含通常出现在次版本号更新中的变化。主版本号的变化通常会带来新的功能以及重大的调整。

这种版本管理机制有一个很好的例子，就是 Python 解释器本身：

- Python 3 是主版本的更新，因此，Python 2 的代码需要修改才能在 Python 3 下运行。
- 与 Python 3.8 相比，Python 3.9 引入了新的特性，例如，新的字典联合运算符。
- Python 3.9.7 在之前的补丁版的基础上增加了错误修复和改进。

语义化版本管理非常流行，在处理 API 和将在外部使用的库时特别有用。它提供了一个明确的预期，即仅从版本号来看，在添加新功能时对系统调整具体有哪些期待。

不过，这种版本管理方式对于某些项目，特别是对于内部接口来说，可能过于严格。因为它的运作方式是小规模迭代，以保持系统的兼容性，只有在功能过时后才会弃用，这种方式更像是一个在不断发展的窗口。因此，很难提供有意义的版本号。

例如，Linux 内核受这个原因影响决定不再使用语义化版本，而是将新的主版本用于小的调整，不会对系统进行大的修改，也不会带有任何特殊的含义：`http://lkml.iu.edu/hypermail/linux/kernel/1804.1/06654.html`。

在处理内部 API 的版本问题（尤其是微服务或内部库）时，它们的变化都很频繁，并且被组织内其他部门使用，最好是放宽规则，在使用类似语义化版本管理机制时，仅将其作为一个通用工具，按照一致的方式增加版本号，以提供对代码变化的理解，但不一定要强制更改主版本号或次版本号。

不过，在通过外部API进行通信时，版本号不仅具有技术上的意义，同时还具备营销价值。使用语义化版本管理为API的能力提供了强有力的保证。

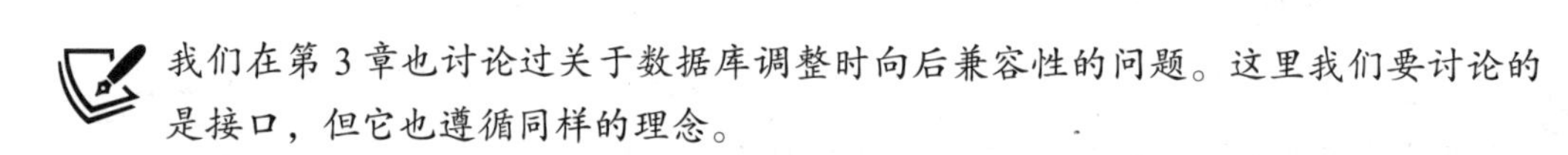
由于版本管理如此重要，好的方式是允许服务通过特定的端点（如 /api/version）或其他易于访问的方式来自行报告其版本号，以确保它是准确的，并且可以被依赖它的服务查询。

请记住，可以为整个系统创建一个总的版本，即使在内部其不同组件有着自己独立的版本。不过，类似在线服务这样的场景中，这样做可能比较棘手或者意义不大。相反，重点应该放在保持向后兼容性上。

16.6 向后兼容性

在一个处于运行状态的系统中，调整其架构的关键是必须始终保持其接口和API的向后兼容性。

我们在第 3 章也讨论过关于数据库调整时向后兼容性的问题。这里我们要讨论的是接口，但它也遵循同样的理念。

向后兼容性意味着系统能保持其旧的接口按原有方式工作，因此所有系统调用都不会受到架构调整的影响。这使得在任何时候都可以对系统进行升级，而不会中断服务。

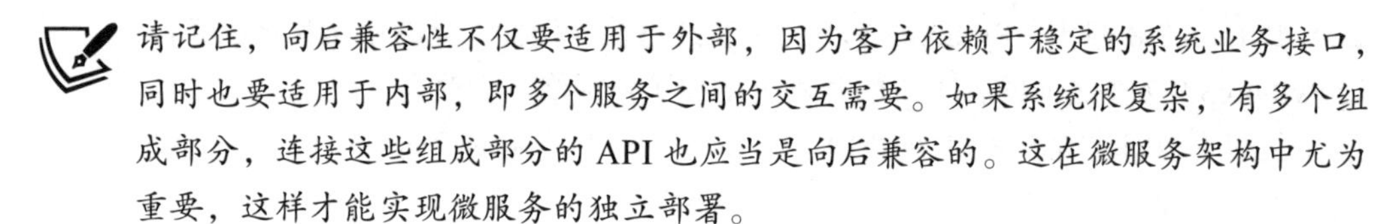
请记住，向后兼容性不仅要适用于外部，因为客户依赖于稳定的系统业务接口，同时也要适用于内部，即多个服务之间的交互需要。如果系统很复杂，有多个组成部分，连接这些组成部分的API也应当是向后兼容的。这在微服务架构中尤为重要，这样才能实现微服务的独立部署。

这个概念很简单，但它对需要如何设计和实施系统变更有着显著影响：

- 变更应该始终是附加式的。这意味着要增加功能，而不应移除功能。这样就可以让所有当前对系统的调用都能继续使用现有的功能和特性，而不会破坏这些调用。
- 移除功能时应当格外小心，并且只有在确认它们不再被使用之后才能进行。为了实现有效检测，我们需要修改监控系统，以便清楚地提供可靠、真实的数据，以确认这些功能是否还在使用。

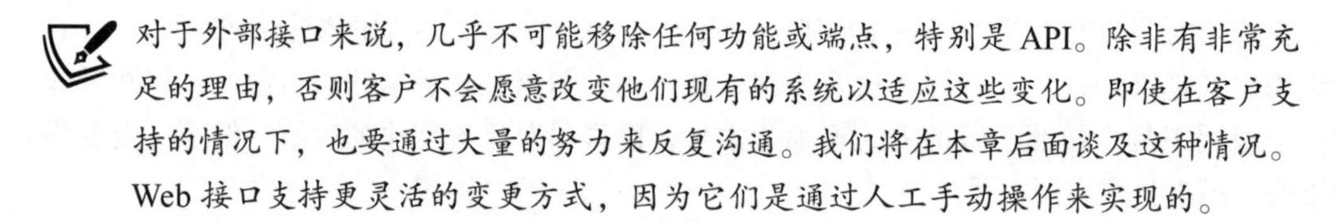
对于外部接口来说，几乎不可能移除任何功能或端点，特别是API。除非有非常充足的理由，否则客户不会愿意改变他们现有的系统以适应这些变化。即使在客户支持的情况下，也要通过大量的努力来反复沟通。我们将在本章后面谈及这种情况。Web接口支持更灵活的变更方式，因为它们是通过人工手动操作来实现的。

- 对外部可访问 API 来说，即使是附加式的更改也很难进行。外部的客户倾向于使用原有方式访问 API，所以改变现有调用的格式会非常困难，即使只是增加一个新的字段。这取决于所使用的格式。在 JSON 对象中添加一个新的字段比修改 SOAP 对象的定义更安全，因为 SOAP 需要事先进行对象定义。这也是 JSON 如此受欢迎的原因之一——因为它在定义返回的对象时非常灵活。

  尽管如此，对于外部 API 来说，如果有必要，增加新的端点可能会更安全。API 的改变通常是分阶段进行的，创建一个新版本的 API，并尝试鼓励客户改为使用新的、更好的 API。这种迁移可能是漫长而艰巨的，因为需要有明显的优势，才能说服外部用户采用新的 API。

从 Python 2 到 Python 3 的迁移就是一个很好的例子，说明 API 的变更会有多痛苦。早在 2008 年 Python 3 就可以使用了，但花了很长时间才得到一定程度的支持，因为需要修改用 Python 2 编写的程序。迁移过程相当漫长，甚至到了最后一个版本的 Python 2 解释器（Python 2.7）都被支持了十年的地步，从 2010 年的第一个版本到 2020 年。即使有这么长的过程，遗留系统中仍然有代码在使用 Python 2。这充分表明了，如果不重视向后兼容性问题，从一个 API 迁移到另一个 API 其难度之大。

- 现有的测试，包括单元和集成测试，是确保 API 向后兼容的最好方法。从本质上讲，所有的新功能应该都能顺利通过测试，因为旧的行为不会改变。对 API 功能的良好测试覆盖是保持兼容性的最好方法。

在外部接口中引入变更是比较复杂的，通常需要定义更严格的 API 并采取更慢的调整节奏。内部接口的灵活性更大，因为其变更能以渐进的方式在整个组织内推进，这样就可以在任何时候都不中断服务的情况下进行调整。

16.6.1 渐进式变更

对系统进行渐进式的变更，放慢修改和调整 API 的节奏，在涉及多个服务的情况下可以采取依次发布的方式。同时，这些变更也需要依次应用，并牢记做到向后兼容。

例如，假设我们有两个服务：服务 A 用于生成一个显示参加考试的学生的界面，并调用服务 B 以获得考生名单。这是通过调用一个内部端点完成的：

```
GET /examinees (v1)
[
    {
        "examinee_id": <student id>,
        "name": <name of the examinee>
    }, …
]
```

要在服务 A 中引入一个新的功能，这个功能需要考生提供额外的信息，了解每个考生尝试某项考试的次数，以便按照这个参数对他们进行排序。基于目前的信息，这是不可能实现的，但可以调整服务 B 以返回此信息。

要做到这一点，需要对 API 进行扩展，使服务 B 能返回该信息：

```
GET /examinees (v2)
[
    {
         "examinee_id": <student id>,
         "name": <name of the examinee>,
         "exam_tries", <num tries>
    }, …
]
```

只有当此修改正确完成并部署后，服务 A 才能使用它。这个过程由以下几个阶段构成：

1. 初始阶段。
2. 部署带有 /examinees(v2) 的服务 B。请注意，服务 A 将忽略这个额外的字段，继续正常工作。
3. 部署服务 A，读取并使用新参数 exam_tries（考试次数）。

所有的步骤都很稳定。在每个步骤中服务都运行正常，所以实现了各服务间的分离。

这种分离很重要，因为在部署出现问题时可以回退，且只会影响一个服务，迅速恢复到之前稳定的状态，直到问题被修复。最麻烦的情况是，有两个服务的变更需要同时进行，因为一个的故障会影响到另一个，让系统回到之前的状态可能并不容易。更糟的是，问题可能出现在两者间的交互过程中，此时，不清楚哪一方要负责，因为有可能是两者都有问题。重点在于，要保持小的单个步骤的变更节奏，确保每一步都是坚实可靠的。

这种操作方式让我们可以实现更大的变更，例如，重新命名一个字段。比如说，我们不喜欢 examinee_id 这个字段名，想把它改成更合适的 student_id。其过程将是这样的：

1. 更新返回的对象，令其包含一个名为 student_id 的新字段，并复制服务 B 中以前的值：

```
GET /examinees (v3)
[
    {
         "examinee_id": <student id>,
         "student_id": <student id>,
         "name": <name of the examinee>,
         "exam_tries", <num tries>
    }, …
]
```

2. 更新并部署服务 A，使用 `student_id` 而不是 `examinee_id`。
3. 在可能调用服务 B 的所有其他服务中做同样的事情。

使用监控工具和日志进行验证。

4. 从服务 B 中删除旧的字段，并部署该服务：

```
GET /examinees (v3)
[
    {
        "examinee_id": <student id>,
        "student_id": <student id>,
        "name": <name of the examinee>,
        "exam_tries", <num tries>
    }, …
]
```

这一步从技术上讲是可选的，尽管出于维护考虑，从 API 中删除这些杂物是件好事。但是日常工作的现实意味着它很可能会留在那里，只是不再被访问。我们需要在保持其便利性和维护一个干净且最新的 API 之间找到适当的平衡。

上述过程说明了在不中断正在部署的服务的情况下，如何实施系统变更。但是，怎样才能确保在部署新版本时，服务始终可用？

16.6.2 不中断式部署

为了能在不中断服务的情况下持续发布系统，我们需要采取向后兼容的系统变更方式，并在服务仍在响应时部署它们。

要做到这一点，最好的助手是负载均衡器。

我们在第 5 章和第 8 章中介绍了负载均衡器。它们真的很有用！

顺利完成部署的过程需要更新服务的几个实例，如下所示：

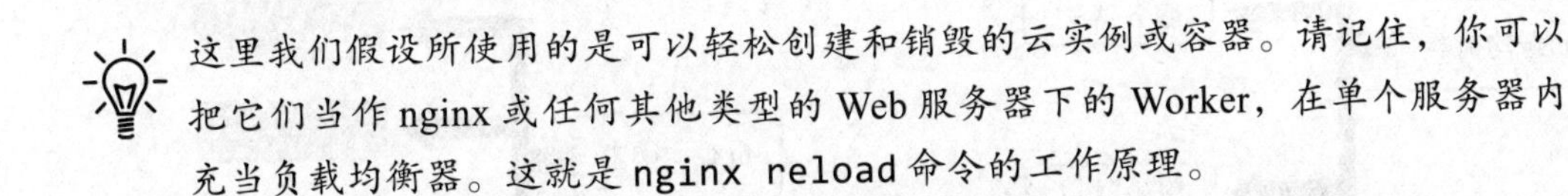

这里我们假设所使用的是可以轻松创建和销毁的云实例或容器。请记住，你可以把它们当作 nginx 或任何其他类型的 Web 服务器下的 Worker，在单个服务器内充当负载均衡器。这就是 `nginx reload` 命令的工作原理。

1. 这是初始阶段，所有实例都有 v1 版的服务需要更新，如图 16-1 所示。
2. 创建了一个带有 v2 版服务的新实例。请注意，它还没有被添加到负载均衡器中，如图 16-2 所示。
3. 新版本被添加到负载均衡器中。现在，请求会被引导到 v1 版或 v2 版服务器。不过，如果我们遵循向后兼容的原则，这应该不会造成任何问题，如图 16-3 所示。

4. 为了保持实例的数量不变，需要删除一个旧的实例。这里谨慎的做法是先禁用负载均衡器中的旧实例，这样它就不会处理新的请求。当服务完成所有进行中的请求后（记住，将不会有新的请求发送到此实例），这个实例就被有效地禁用了，可以从负载均衡器中完全删除，如图 16-4 所示。

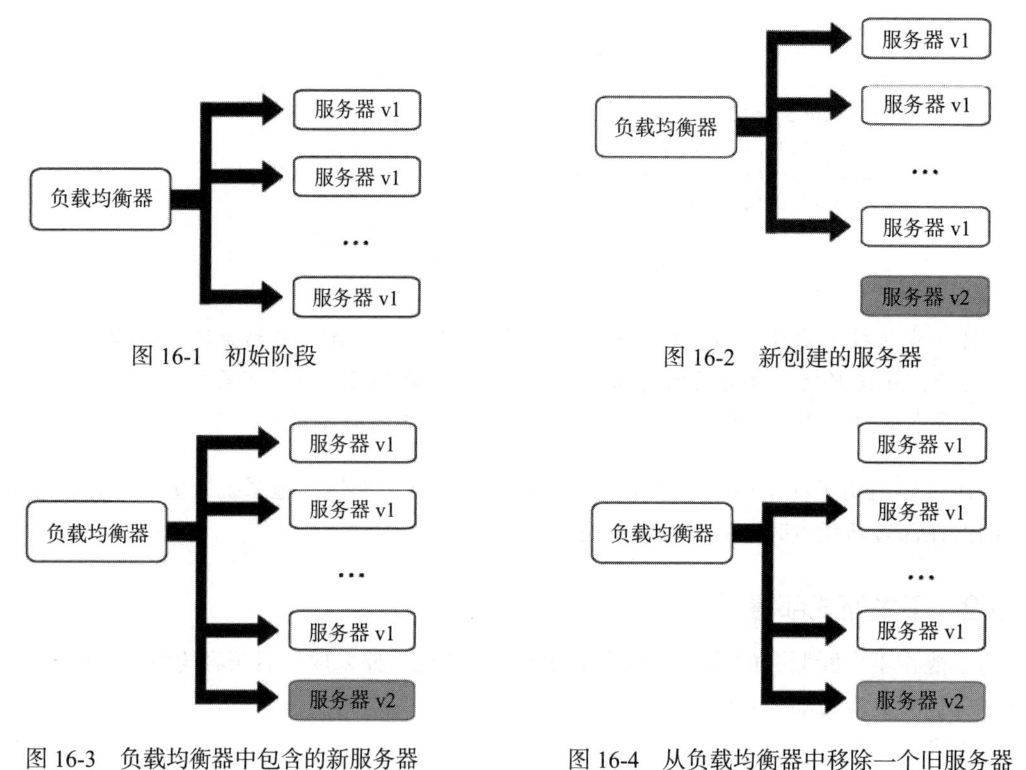

图 16-1 初始阶段

图 16-2 新创建的服务器

图 16-3 负载均衡器中包含的新服务器

图 16-4 从负载均衡器中移除一个旧服务器

5. 此时可以销毁 / 回收旧实例，如图 16-5 所示。

6. 这个过程可以重复进行，直到所有实例都处于 v2 版，如图 16-6 所示。

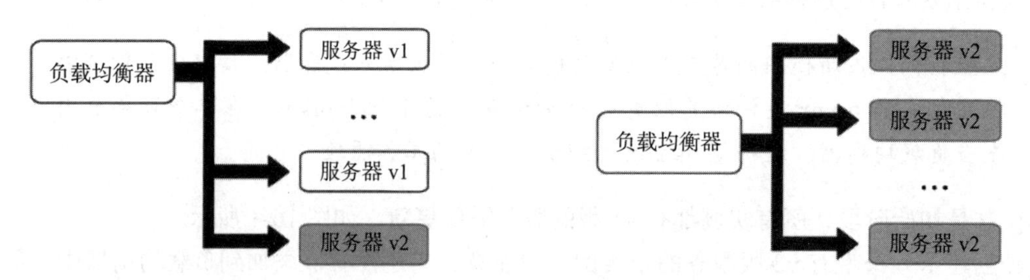

图 16-5 旧服务器已被完全删除

图 16-6 最后阶段，所有服务器都是新版本

有些工具能让我们自动完成这个过程。例如，Kubernetes 会在对容器进行更改时自动

执行这个过程。我们还知道，像 nginx 或 Apache 这样的 Web 服务也会这样做。但同样的操作也可以手动进行，或者，在不常见的场景下，需要开发自定义工具。

16.7 功能标志

功能标志（feature flag）的思路是，隐藏那些在架构调整时仍未准备好发布的功能。遵循渐进式和快速迭代的原则，因而不会产生大的变更，比如新的用户接口。

让事情变得更复杂的是，这些大的变更很可能会与其他的调整同时发生。而且在新用户接口正常工作之前，不可能将整个发布过程推迟 6 个月或更久。

创建一个单独的长生命周期分支也不是很好的解决方案，因为合并这个分支将会是一场噩梦。长生命周期的分支管理起来非常复杂，而且总是很难使用。

一个更好的解决方案是创建一个配置参数来启用或禁用这个功能。然后，此功能可以在特定的环境中进行测试，而所有的开发都按正常的进度继续进行。

这意味着其他的变更，如错误修复或性能改进，仍在进行并部署。而在大的新功能上所做的工作也像往常一样经常合并到主分支中。也就是说，大的新功能的开发进展也会发布到生产环境中，但它们还没有被启用。

测试需要确保两个选项——启用和禁用功能——都能正常工作，但以渐进式递增的方式进行，能使这个过程相对容易完成。

然后，该功能将以小幅递增的方式开发，直到准备好发布。最后，只需通过简单地修改配置来启用它。

请注意，该功能可能对某些用户或环境是有效的。这就是针对测试版功能的测试方式：让某些用户在功能完全发布之前就能访问这些功能。最初的测试用户也许是组织内部的人员，如 QA 团队、项目经理、产品所有者等，因此他们可以对该功能提供反馈，但会使用生产数据。

这种方式能让我们在不用放弃渐进式变更方法的前提下，增强对新版系统的信心，并发布大的功能。

16.8 变更中的团队合作

软件架构不仅是技术问题，在很大程度上它还依赖于团队沟通和人的因素。

系统在实施变更的过程中，有些影响团队合作的人为因素需要考虑到。

下面是一些例子：

- 请记住，软件架构师的工作通常在于管理多个团队之间的沟通，这需要保持小心谨慎，也需要软技能，既要积极听取团队的意见，又要解释或协调设计的变更。根据组织规模的不同，这也许会是一个挑战，因为不同的团队会有截然不同的文化。
- 一个组织中技术变革的速度和接受程度，与该组织的文化（或亚文化）密切相关。组织工作方式的改变通常要慢得多，尽管那些能够快速调整技术的组织在适应整个组织的变化时往往也会更快。
- 同样，技术变革需要支持和培训，即使是纯粹组织内部的变革。当需要进行一些大的技术变革时，一定要有一个联络点，团队可以去那里解决疑惑和问题。

  通过解释为什么需要进行系统调整并基于此开始工作，可以解决很多问题。
- 还记得我们在第 1 章讨论软件架构的康威定律时，谈到组织沟通的结构和软件的架构是如何相关的。某个方面的变化很可能会影响到其他方面，这意味着足够大的软件系统架构变化会导致组织结构的重组，从而带来其自身的挑战。
- 同时，变化可能在受影响的团队中产生赢家和输家。有的工程师可能会感受到威胁，因为他们将不能使用自己喜欢的编程语言。同样，他们的伙伴也会感到格外兴奋，因为现在有机会使用他们最喜欢的技术了。

  当人员四处流动或创建新团队时，这个问题在团队改组时可能会特别突出。影响系统开发效率的重要因素之一，是要有一个高效的团队，对团队进行调整会对他们的沟通和效率产生影响。要考虑到这种影响并进行分析。
- 对系统的维护工作需要当作组织日常运营的一部分定期进行。定期维护应当包括所有的安全更新，也包括升级操作系统版本、依赖项等任务。

  准备一份处理这种日常维护的总体计划，将为系统运营提供清晰和明确的预期。例如，操作系统版本将在新的 LTS 版本发布后的 3 ～ 6 个月内进行升级。这样就具备了可预测性，并给出了明确的目标，使系统得到持续的改进。

  同样，检测安全漏洞的自动化工具，能让团队很容易就知道什么时候应当对代码中或底层系统中的依赖项进行升级。
- 还有，需要培养及时偿还技术负债的习惯，以确保系统的健康。技术负债通常是由团队自己发现的，因为他们会对其有最深刻的理解，并且表现为代码变更的速度逐渐变慢。如果不解决技术负债，它们就会变得越来越复杂，使开发过程更加困难，并有可能让开发人员产生倦怠感。一定要在问题失控之前安排时间来解决。

作为一般性的原则，请记住架构的调整需要由团队的成员来执行，并且需要有效地传达消息、执行通知。就像任何其他以沟通为重要组成部分的任务一样，这也带来了自身的挑战和问题，因为与人沟通，尤其是与多个人沟通，可以说是在软件开发中最困难的任务之一。任何软件架构设计者都需要意识到这一点，并分配足够的时间，以确保一方面充分沟通计划，另一方面接收反馈并做出相应调整，以获得最佳效果。

16.9 小结

在本章中，我们讨论了在开发和调整系统时，要保持其运行涉及包括架构在内的各方面的因素和面临的挑战。

首先介绍了不同的架构调整和变更方式。然后讨论了如何管理变更，包括在一些指定的时间内系统不能使用的方法，并介绍了维护窗口的概念，以明确传达对稳定性和变更的期望。

其次讨论了出现问题时可能发生的各种事故，以及对系统的影响。我们回顾了在此类事故发生后必要的持续改进和反思过程，同时研究了在重大事故发生前风险加剧时可以提前采取的准备措施，例如，由于市场推广预计会增加系统的负载。

为了解决这个问题，接下来介绍了负载测试，以及如何用它来验证系统面对确定的负载时的承载能力，以确保系统能够支持预期的流量。还谈到了创建版本管理系统的必要性，该系统可以清楚地传达当前部署的软件的版本。

再次讨论了向后兼容性的关键内容，以及小而快的渐进式增量变更的重要性，这是持续改进和进步的关键所在。并介绍了如何使用功能标志，将其作为一个整体启用的更大功能，从而实现混合发布的过程。

最后，我们分析了系统和架构的变化，怎样影响着开发人员的协作和交流，以及在对系统进行修改时需要考虑的问题，特别是可能会影响到团队结构的调整，正如我们所看到的，这种调整将会倾向于复制软件系统的结构。

推荐阅读

机器学习
开发实战
Introducing
Machine
Learning

Python机器学习
基于PyTorch
和Scikit-Learn
Machine Learning with PyTorch and Scikit-Learn

机器视觉入门与实战
人脸识别与人体识别

基于NLP的
内容理解
Content Understanding
with NLP

Python
深度学习
基于PyTorch
第2版
Deep Learning
with Python and PyTorch

Python
深度学习
基于TensorFlow
第2版

O'REILLY
MLOps
实战
机器学习模型的开发、部署与应用
Introducing MLOps

O'REILLY
自然语言处理实战
预训练模型应用及其产品化
Applied Natural Language Processing
in the Enterprise

Machine Learning
with
TensorFlow
TensorFlow
机器学习
(原书第2版)

推荐阅读

软件架构：架构模式、特征及实践指南

[美] Mark Richards 等 译者：杨洋 等 书号：978-7-111-68219-6 定价：129.00 元

畅销书《卓有成效的程序员》作者的全新力作，从现代角度，全面系统地阐释软件架构的模式、工具及权衡分析等。

本书全面概述了软件架构的方方面面，涉及架构特征、架构模式、组件识别、图表化和展示架构、演进架构，以及许多其他主题。本书分为三部分。第 1 部分介绍关于组件化、模块化、耦合和度量软件复杂度的基本概念和术语。第 2 部分详细介绍各种架构风格：分层架构风格、管道架构风格、微内核架构风格、基于服务的架构风格、事件驱动的架构风格、基于空间的架构风格、编制驱动的面向服务的架构、微服务架构。第 3 部分介绍成为一个成功的软件架构师所必需的关键技巧和软技能。